中国生态文明研究与促进会

生态文明·共治共享
谱写美丽中国新篇章

——中国生态文明论坛海口年会资料汇编·2016

中国生态文明研究与促进会　编

中国环境出版社·北京

图书在版编目（CIP）数据

生态文明·共治共享：谱写美丽中国新篇章：中国生态文明论坛海口年会资料汇编：2016/中国生态文明研究与促进会编. —北京：中国环境出版社，2017.5

ISBN 978-7-5111-3171-3

Ⅰ. ①生…　Ⅱ. ①中…　Ⅲ. ①生态文明—建设—中国—文集　Ⅳ. ①X321.2-53

中国版本图书馆 CIP 数据核字（2017）第 094822 号

出 版 人　王新程
策划编辑　徐于红
责任编辑　赵　艳
责任校对　尹　芳
封面设计　岳　帅

出版发行　中国环境出版社
（100062　北京市东城区广渠门内大街 16 号）
网　　址：http：//www.cesp.com.cn
电子邮箱：bjgl@cesp.com.cn
联系电话：010-67112765 编辑管理部
010-67147349 生态分社
发行热线：010-67125803，010-67113405（传真）

印　　刷　北京市联华印刷厂
版　　次　2017 年 5 月第 1 版
印　　次　2017 年 5 月第 1 次印刷
开　　本　787×1092　1/16
印　　张　36
字　　数　543 千字
定　　价　55 元

生态文明·共治共享——谱写美丽中国新篇章

——中国生态文明论坛海口年会资料汇编·2016

编委会

前　言

2016 年，是“十三五”的开局之年。在全国上下深入学习贯彻习近平总书记关于生态文明建设的系列重要讲话精神和党中央、国务院关于推进生态文明建设的战略部署之际，2016 年 12 月 17—18 日在海南省海口市，以“生态文明·共治共享——谱写美丽中国新篇章”为主题的中国生态文明论坛海口年会圆满召开。本次论坛围绕推动绿色发展、建设生态文明的理论与实践问题，深入研讨生态文明建设的新形势、新任务、新经验、新对策，为“十三五”战略机遇期的生态文明建设，集思广益，谏言献策。

论坛共设置开幕式及高峰论坛，实践创新·厅局长论坛、示范创建·区县长论坛、绿色家园·美丽乡村论坛、生态农业·土壤修复论坛、环保装备·中国制造论坛、社区发展·生态旅游论坛、经济转型·绿色金融论坛、传承弘扬·生态文化论坛、开放互通·生态环境大数据论坛、共建共享·一带一路国际论坛等 10 个分论坛，热点对话和闭幕式环节。此外，还同时举办了中国生态文明研究与促进会五年工作展、首届中国生态文明奖先进集体和先进个人主要事迹展、环保装备展、海南生态文明建设成果展等。

环境保护部、国土资源部、农业部、国家海洋局、国家林业局和海南省等领导出席论坛并发表演讲。来自不同领域的党政领导、专家学者、企业代表和基层一线代表齐聚一堂，围绕年会主题和当前生态文明建设的重点、难点问题，进行了深入研讨和交流，对推进生态文明建设与绿色发展提出了很多切实可行的思路、举措、建议。大会发布了《生态文明·海口倡议》和《中国省域生态文明状况评价报告》。

新华社、人民日报、中国环境报等近 40 家全国性媒体、网站和海南、海口当地媒体进行了大量的现场报道和专题采访，《中国生态文明》杂志、中国生态文明网以及微博、微信公众号等研促会自有平台进行了专题宣传报道，各类门户网站发稿达数百条，网络转载30多万条，引起社会各界的广泛关注。

中国生态文明论坛海口年会由环境保护部和海南省人民政府指导，海口市人民政府、海南省生态环保厅承办，海南省、海口市为论坛成功举办付出了巨大的努力和辛勤的劳动，我们向对本届论坛给予支持指导以及参与论坛筹备和会务组织的各级领导、全体工作人员表示诚挚感谢！

本书内容分为"领导讲话与高峰论坛"、10个分论坛、"热点对话"及《海口倡议》等部分，收录了参会领导、专家及代表的讲话、致辞、发言、对话和倡议等各类文章。为尊重参会领导和专家的个人意见，部分领导、专家及代表的发言未予收录，在此谨表歉意。

中国生态文明研究与促进会秘书处

2016年12月

目 录

一、领导讲话与高峰论坛

二、实践创新·厅局长论坛

三、示范创建·区县长论坛

四、绿色家园·美丽乡村论坛

五、生态农业·土壤修复论坛

六、环保装备·中国制造论坛

七、社区发展·生态旅游论坛

八、经济转型·绿色金融论坛

九、传承弘扬·生态文化论坛

十、开放互通·生态环境大数据论坛

十一、共建共享·一带一路国际论坛

十二、热点对话

十三、海口倡议

一、领导讲话与高峰论坛

姜春云同志在中国生态文明研究与促进会第二次会员代表大会、中国生态文明论坛海口年会上的讲话

中国生态文明研究与促进会总顾问
中共中央原政治局委员
国务院原副总理
九届全国人大副委员长
姜春云

今天，我们在这里举行中国生态文明研究与促进会第二届会员代表大会，同时举办生态文明论坛海口年会，回顾总结中国生态文明研究与促进会成立以来的工作，贯彻习近平总书记关于生态文明建设的系列重要讲话精神和党中央、国务院关于推进生态文明建设的战略部署，围绕“生态文明·共治共享——谱写美丽中国新篇章”的主题，深入研讨生态文明建设的新形势、新任务、新经验、新对策，以及做好中国生态文明研促会的换届选举工作等。应当说，这次大会和论坛，议题重要，内容丰富，意义重大而深远。

近日，全国生态文明建设工作推进会在浙江省湖州市召开，习近平同志、李克强同志做出了重要指示。习近平同志强调指出，生态文明建设是“五位一体”总体布局和“四个全面”战略布局的重要内容。各地区各部门要切实贯彻新发展理念，树立“绿水青山就是金山银山”的强烈意识，努力走向社会主义生态文明新时代。这充分体现了以习近平同志为核心的党中央对生态文明建设的高度重视，深刻阐明了建设生态文明的方向和目标任务，为我国生态文明建设注入了新的强大动力。我们这次大会和论坛的全体同志，要认真学习，深刻领会，全面贯彻落实。

一、研促会的诞生与发展

中国生态文明研究与促进会（以下简称研促会）是六年前，我和陈宗兴、曲格平、孙文盛、祝光耀、万宝瑞等同志发起成立的。当时，提出了申请报告，中央有关领导同志作了批示。2010 年 10 月 18 日，民政部批复同意筹备成立。于当年 12 月 27 日召开了第一届会员代表大会，2011 年 11 月 11 日举行研促会成立大会。习近平、李克强等中央领导同志对研促会的成立非常关心重视，专门发了贺信或做出重要批示。几年来，在党中央、国务院的亲切关怀下，在民政部、环保部等部委的大力支持下，经过研促会全体同志的共同努力，中国生态文明研究与促进会的工作取得了显著成绩。无论是生态文明的课题研究、促进工作、宣传教育，还是自身的组织建设、业务建设，都有较大的发展与突破，效果比预想的要好，为我国生态文明建设做出了应有的贡献。

具体地说，研促会自成立以来，认真贯彻党的十八大，十八届三中、四中、五中、六中全会精神和习近平总书记的系列重要讲话，紧紧围绕服务生态文明建设大局，主要做了以下几个方面的工作：一是生态文明课题研究。较好地完成了生态文明建设指标体系和绩效评估、生态资源价值等国家部委和地方重点课题。陈宗兴、祝光耀同志牵头组织编写出版的《生态文明建设（理论卷、实践卷）》等专著，对深化生态文明理论研究、宣传生态文明理念产生了积极作用。二是向党和政府建言献策。针对生态文明建设中的重点问题开展调查研究，向十八大起草组、全国“两会”和有关职能部门提交了若干具有前瞻性、战略性和可操作性的建议，有的得到中央有关领导同志批示，有的得到国家相关部门采纳。三是促进生态文明建设示范创建工作。在全国率先提出省域和湾区城市生态文明状况评价指标体系和评价方法，完成了全国多个地区的生态文明建设咨询服务和规划。经中央批准，由环保部主办、研促会承担，组织了中国生态文明奖表彰奖励活动。这是国家面向生态文明建设一线设立的首个奖项。四是打造信息交流合作发展平台。创办了《中国生态文明》期刊，搭建了中国生态文明网、官方微博、微信公众号等新媒体平台。开展了“六·五”世界环境日百所高校主题活动、生态文明建设大讲堂等公益宣传。五是举办生态文明论坛等活动。先后在苏州、珠海、杭州、成都、福州成功举办中国生态文明论坛，成为带有品牌性的大型论坛活动。与美国克莱蒙市合作举办生态文明国际论坛，论坛提出的“生态文明的希望在中国”等观点产生了广泛的影响。六是加强组织机构建设。研促会成立时设立了总顾问、顾问、理事会、会长副会长、专委会等组织架构，有相当一批省部级以上的老同志、领导同志，“两院”院士，知名专家学者和实际工作者参加，为研促会的初创和发展奠定了坚实的基础。几年来，研促会相继建立了纺织、煤炭等行业委员会，成立了生态旅游分会和生态文明研究院，组织机构不断发展壮大。

在肯定成绩的同时，我们要清醒地看到，研促会的工作距离党和人民群众的期待，距离建会初期提出的“国内一流、国际知名”的目标，还有不小的差距。今后，研促会要发扬优势，克服不足，努力提高思想理论水平、业务素质水平和创新服务能力，为生态文明建设做出新的更大贡献。

二、生态文明建设面临新的形势和任务

党的十八大以来，以习近平同志为核心的党中央，确立并推进“五位一体”的顶层设计和“四个全面”战略布局，把“绿色发展”作为“十三五”时期五大发展理念之一，形成了生态文明建设的总体方略和战略部署。《关于加快推进生态文明建设的意见》《生态文明体制改革总体方案》等相继出台，彰显了党和国家在全面建成小康社会进程中对生态文明建设的高度重视。同时，全国各级、各行、各业和广大人民群众的生态意识、环保意识明显增强，行动也更加自觉。整个生态文明建设和环保工作，正在步入标准化、信息化、制度化、系列化的新阶段。这标志着我国生态环境领域正在实现由被动应付向主动作为、由恶性演变向良性循环的伟大转变。

必须明确，贯彻落实中央关于生态文明建设一系列新的理念和战略部署，结合供给侧结构性改革、经济转型升级，推动绿色、循环、低碳发展，形成节约资源、保护环境的生产生活方式，是生态文明研促会最重要的使命和责任。实践证明，落实中央的战略决策部署，重在改革创新，求真务实，出实招、求实效，力求有新的突破。我举两个实例。

一个是中央设立和实行环保督察制度。这是中央在实行反腐败巡视制度后又一次国家层面的督察行动。环保督察坚持问题导向，重点盯住中央高度关注、群众反映强烈、社会影响恶劣的环境问题，重点督察地方党政以及有关部门环保不作为、乱作为等问题。截至2016年11月，在不长的时间内，全国共问责3422人，约谈2176人，310人因破坏生态和污染环境被拘留，罚款累计1.98亿元，使一大批环境老大难问题得到解决，效果非常好。可见，要真正治理生态环境，必须直面现实，勇于督察，解决实际问题。

另一个是绿水青山就是金山银山。浙江省湖州市充分认识到自然生态的巨大价值，他们做精生态农业、做强绿色工业、做优现代服务业，让绿水青山“变现”、生态红利惠及城乡人民。近年来，湖州累计投入20多亿元，清除太湖水面养殖围网，关闭涉污企业，实现工业污染“零排放”。生态环境好了，环太湖的生态农业、生态旅游业迅速崛起，红红火火。2016年上半年，湖州旅游总收入434.24亿元，增长39.6%，接待游客总人数增长21.1%。他们的体会是“越美丽越赚钱”，生态资源就是发展资本，绿水青山就是金山银山。

当前，我国环境保护和生态文明建设形势总体向好，但在现代化建设的大格局中，仍然是弱项、短板。在一些地区、行业和领域，大气污染、水污染、土壤污染等影响可持续发展和人民健康的环境问题，仍然相当严重。国家卫生计生委公布的数据显示，目前我国肺癌发病率以每年26.9%的速度增长，近几十年来每10年到15年肺癌患者人数就增加一倍。国际癌症研究机构数据显示，全球2010年因肺癌死亡患者中，有22.3万人与大气污染直接相关。2013 年，世界卫生组织把“室外空气污染”列为一类致癌物。

特别值得指出的是，一些重化工企业至今仍然经年累月地排放有害废气、废水、废料，污染大气、水和土壤，毒化环境。尽管群众反映强烈，环保部门加大查处力度，但个别地方和单位的领导者，却为了所谓“政绩”“脸面”，对解决环境污染问题缺乏应有的自觉，很少作为。

这些现象表明，在经济发展新常态下，落实新《环境保护法》和大气、水、土壤污染防治计划，实现绿色转型发展的任务仍然十分艰巨繁重。

必须明确，生态环境治理的实质是一个重大政治问题、民生问题、全局意识和群众观点问题。必须把生态文明建设纳入法治轨道，坚持法治和德治并重，把新发展理念和“绿水青山就是金山银山”的强烈意识，融入各级党政、部门、企事业单位和社会公众行为的方方面面，形成群防群治、多元共治的新局面。

生态文明研促会作为一个社会组织，应当认清我国生态文明建设的新形势、新变化和新特点，创造性地开展工作，在以下几个方面取得新的成效和突破：（1）服务中心工作。紧紧围绕党中央、国务院关于生态文明建设的总体设计和制度安排谋划工作，充分发挥全国性生态文明高端智库的作用。（2）课题研究。坚持问题导向，把当前现实研究与长远战略研究结合起来，多出高水平、有影响的重大成果，并继续为党和国家建言献策。（3）推进生态文明实践。选择一批不同类型的地市县（含重点扶贫县），深入调查研究，提供解决问题的实践经验，树立典型，示范推广。（4）生态文明宣传。加强信息交流，发挥好一刊一网和新媒体平台作用，全方位弘扬生态文明主流价值观。（5）国际交流合作。积极配合实施“一带一路”的国家战略，把我国的生态文明理念推向世界，共谋全球生态文明建设大计。

三、关于加强研促会自身建设

研促会要适应生态文明建设的新形势，承担起研究和促进生态文明的重任，必须加强自身建设。要坚持正确的办会方向，讲政治、守规矩，切实增强政治意识、大局意识、核心意识、看齐意识，特别是核心意识、看齐意识。要坚定不移地向中央看齐、向党的理论和路线方针政策看齐，向党中央的决策部署看齐，坚决维护党中央的权威和集中统一领导，维护习近平同志的党的领导核心地位。坚持党建工作和业务工作同步推进。严格依法依规、按《章程》等制度办事，实行民主办会、廉洁办会，勇于创新，真抓实干。要加强人才队伍建设，以能力建设为重点，补短板，强素质，着力培养懂理论、能谋划、善管理、会经营、高素质的复合型人才，并积极引进各类优秀人才。建立健全科学的人才评价和激励机制，努力建设一支结构合理、乐于奉献、充满活力的专业队伍，真正把研促会办成学习型、创新型、有作为的社团组织。

海南是全国第一个提出建设生态省的省份。我曾多次到海南调研和参加生态文化论坛活动，对海南有深厚的感情。时隔几年再次来到这里，感到海南在经济社会持续快速发展的同时，环境保护和生态文明建设取得了重大进展和突破。海南自然生态资源得天独厚。习近平同志曾明确指出，“海南良好的生态是全国人民的宝贝，一定要保护好”，要求海南“为全国生态文明建设当个表率”。近年来，海南大力推进国际旅游岛建设，把建设全国生态文明示范区定位为战略目标，在多规合一、划定生态保护红线、建设文明生态村以及生态补偿等方面做了诸多有益的探索，取得了良好效果和宝贵的经验，可喜可贺。海口市在污染减排、水源地保护、生活垃圾无害化处理、城市河道水系治理等方面做了大量实实在在的工作，成效显著，环境空气质量在全国 113 个环保重点城市中名列前茅，很值得效法。希望海南省和海口市牢记习近平总书记的嘱托，再接再厉，持之以恒，在推进生态文明建设和绿色发展方面走在全国前列，取得新的更大成绩。

生态文明建设使命光荣，任重道远。让我们紧密团结在以习近平同志为核心的党中央周围，同心协力，开拓进取、扎实工作，把生态文明建设这项神圣、伟大、意义深远的事业做得更好，为建设美丽中国，实现中华民族伟大复兴的中国梦做出应有贡献！

秉承宗旨 继往开来 持续推进生态文明建设

十一届全国政协副主席
中国生态文明研究与促进会会长 陈宗兴

今天，我们相聚在美丽的海南，召开中国生态文明研究与促进会（以下简称我会或研促会）第二次会员代表大会，总结过去，谋划未来，选举产生新一届研促会领导机构，为持续推动生态文明研究与促进事业提高认识，明确方向，提供组织保证。同时，我们以“生态文明·共治共享——谱写美丽中国新篇章”为主题，召开中国生态文明论坛海口年会，围绕推动绿色发展、建设生态文明的理论与实践问题深入研讨，凝心聚力。

刚才春云总顾问就研促会的工作与发展作了重要讲话，我完全同意。现在，我代表研促会第一届理事会，向大会报告工作，请各位代表审议。

一、研促会成立以来的主要工作

中国生态文明研究与促进会是由姜春云等老同志发起，经国务院批准、民政部注册，由环保部业务主管的全国性社会组织。2010年12月27日，我会召开第一次会员代表大会。2011年11月11日，我会在人民大会堂举行成立大会，习近平、李克强等中央领导同志发来贺信或做出批示，对研促会工作提出殷切期望和明确指示。从成立至今五年多来，我会以十八大，十八届三中、四中、五中、六中全会精神和习近平总书记系列重要讲话为指导，遵照党和国家推进生态文明建设的方针政策与战略部署，聚集全国有志于生态文明建设的力量，深入推进生态文明理论研究与实践创新，组织机构稳步发展，自身建设不断加强，社会影响日益扩大，先后被评为全国先进社会组织、环境保护部先进集体，获得联合国经社理事会特别咨商地位。

我会发起人姜春云总顾问、顾问和常务副会长、副会长、专委会主任、副主任等第一届理事会的老领导、老同志们对研促会给予了亲切关怀、大力支持和悉心指导，带领研促会取得了不平凡的工作成绩。研促会的成立和发展，也是民政部、环保部等有关部门与社会各界人士大力支持和帮助的结果。在此，我代表研促会，向为我会倾注了大量心血和精力，做出重要贡献的老领导、老同志们和第一届理事会全体成员，向关心和支持研促会的国家有关部门和同志们，表示诚挚的敬意和衷心的感谢!

五年多来，我们围绕中心、服务大局，积极发挥智囊智库、支撑服务、桥梁纽带三大作用，主要做了以下工作。

一是围绕生态文明建设重大问题，做好建言献策工作。研促会有党和国家老领导，有30多位省部级领导和老同志，有享有很高声誉的“两院”院士，有一批奋发有为的相关负责同志和专家学者，为建言献策提供了很好的平台和工作基础。2012年，我们向党的十八大报告起草组提交建议报告，相关意见在十八大报告中得到了充分体现。每年“两会”期间，通过会内成员中的全国人大代表和政协委员，提交建议和提案。“生态文明和环境权入宪”“构建统一规范的生态文明试验区”等不少建议得到全国人大、政协以及国务院相关部门的重视与反馈。关于使用洁净燃料解决京津冀地区用煤污染、推进化肥减量、土壤污染防治等调研、研讨成果得到国务院有关领导和部委的批示与重视。

二是聚焦基础性创新性课题，深化生态文明研究交流。完成国家公益性科研项目“基于分区管理的生态文明建设指标体系和绩效评估方法研究”和环保部、水利部及地方生态文明制度创新研究等课题。组织出版了《生态文明建设》等专著，每年向社会发布“中国生态文明建设十件大事”。举办了县域生态文明建设与绿色发展、长江流域生态文明、水生态文明、湾区城市生态文明、生态红线与生态红利和生态文明国际论坛等研讨交流活动。

三是服务区域、行业示范创建，促进生态文明实践探索。推动“生态建设示范区”更名和承担相关创建的支撑服务工作。发布了省域、湾区城市生态文明状况评价报告。完成长沙大河西先导区、浙江仙居等地区的生态文明建设规划编制以及“美丽杭州建设战略”“珠海市生态文明建设路径与机制创新”等咨询服务，承担中国工程院“典型地区生态文明示范创建经验专题研究”课题。成立生态旅游分会和纺织、煤炭工作委员会等分支机构，开展多种形式的示范创建活动。

四是深入开展宣传教育，大力弘扬生态文明理念。创办《中国生态文明》杂志、“中国生态文明网”“中国生态文明”微信公众号和官方微博，建设生态文明宣传教育媒体平台。开展央视新闻频道、首都机场、北京地铁生态文明公益宣传。经中央批准，由环保部主办、我会承办的中国生态文明奖表彰活动，2016 年表彰了先进集体 19 个、先进个人 33 名，对基层推进生态文明建设事业起到了很大的鼓舞作用。

五是举办高端论坛年会，打造生态文明活动品牌。我会成立以来，已经举办五届中国生态文明论坛年会，交流研究成果与实践经验，对社会各界学习、理解、落实国家关于推进生态文明建设的决策部署起到了积极的促进作用。2015 年，中宣部关于进一步加强生态文明建设宣传的有关文件中特别强调要加大中国生态文明研究与促进会年会的宣传报道。

六是加强机构队伍建设，不断夯实发展基础。按照中央部署要求，加强党员教育和党组织建设，严格执行中央八项规定。按照《章程》履行程序，推动工作。重视社会组织制度建设，制定了会员发展与分支机构等管理办法。成立华南和华东地区代表机构，推进区域生态文明建设。与一些科研教育单位合作成立生态文明研究院等，汇聚各种社会资源和力量开展生态文明研究。

我会经历了十八大以来中央、国务院大力推进生态文明建设和绿色发展的大好时期，见证和参与了全国上下、各行各业积极实践，社会各界广泛投入生态文明建设的发展历程，面临了前所未有的机遇和挑战。总体上看，取得了不少成绩，积累了一定经验，提高了我们的认识水平和工作能力，值得今后继续坚持和发扬光大。

一是始终坚持正确办会方向。我会以习近平总书记系列重要讲话精神为指导，紧紧围绕中央关于推进生态文明建设的战略部署开展工作，讲政治、守规矩，按章程和制度办会，坚持党建工作与业务工作同时部署、同步推进。二是始终坚持问题导向。全会上下十分重视调查研究，针对生态文明理论与实践的重点、热点和难点，从解决问题入手，集中力量进行调研。比如，我们与苏州吴中连续几年开展生态资源价值系列研究，把推进湾区城市生态文明建设作为坚持陆海统筹的突破口，开展海绵城市、美丽乡村、绿色金融等专题性调研，取得了比较好的效果。三是始终坚持主动作为。我们努力发扬敢为人先的精神，自我加压、主动作为，一方面为党和国家推进生态文明建设做好支撑服务，另一方面关注关系群众生产、生活的民生工程，担当起一个全国性社会组织的责任。四是始终坚持广泛汇聚社会力量。五年多来，研促会得到了全国人大、政协以及相关部委的大力支持，与一些省区及若干企业进行了深入合作，支持全国一些地区的生态文明研究与促进相关社会组织的建立和发展，展现出蓬勃生机与发展活力。

在总结成绩和经验的同时，也要看到研促会工作中存在的不足，我们的自身能力与党和国家加快推进生态文明建设的战略部署、与人民群众对良好生态环境的殷切期待还不相适应。为此，要尽快制订实现“国内一流、国际驰名”发展目标的中长期规划，在生态文明建设重大理论和实践项目上努力取得更多有影响力的成果；要调动会内外各方面研究力量与合作资源，适当扩大机构规模，拓展工作领域，完善会员服务，加强自身建设；要针对存在的突出问题改进工作、补足短板、寻求突破，不断加强规章制度建设和自身素质提高，努力推进各项工作的规范化、程序化、制度化，以良好工作作风和精神状态开拓创新，推动生态文明研究和促进工作迈上新台阶。

二、未来五年的重点工作

“十三五”是全面建成小康社会、推进生态文明建设的攻坚期，是国家推进社会组织改革发展的重要时期，也是我会承前启后、继往开来、加快发展的重要阶段。应当要做好以下几个方面的工作。

一是充分发挥智囊智库作用。“积极为党和国家推动生态文明建设建言献策”是习近平总书记对我会提出的明确要求。研促会要充分发挥高端平台优势，协调组织跨领域、跨行业专家团队为党和国家建言献策；要结合京津冀协同发展、长江经济带、“一带一路”等国家重大战略，组织开展专题研讨和调研，提出相关对策建议；要加强在生态文明建设领域典型案例、制度创新方面的研究，从理论和实践的结合上形成一批高水平的研究成果。二是不断拓展生态文明服务领域。要提高承接政府公共服务的能力和水平，加强面向生态文明建设示范区、试验区和行业企业生态文明建设的支撑服务，加大生态文明培训的覆盖面和工作力度，为各地区、各行业培养生态文明建设骨干人才。三是加大生态文明宣传教育力度。要全方位、多领域推进生态文明宣传教育，创建一批生态文明教育基地，发展和培育生态文明公益宣传志愿者队伍，在学校、企业、社区开展生态文明教育活动，面向国际社会讲好中国生态文明故事。四是凝聚形成推进生态文明建设的社会合力。要按照社会性、广泛性、包容性的原则，加大会员发展力度；要扩大分支机构，分步骤、有重点地设立一批行业分会、专题研究院和培训基地（学院）；要大力支持各地各级成立和发展具有本地特色的生态文明研究与促进社会组织，汇集来自五湖四海的社会力量共同推进生态文明建设。五是全面加强研促会自身建设。正如姜春云总顾问着重强调的，要完善以《章程》为核心的内部管理制度，建立任务明确、分工合理、运转有序的工作机制，保障工作质量、工作效率和管理规范的同步提升；要持之以恒加强作风建设，抓常、抓细、抓实；要加强秘书处人才队伍和能力建设，大胆创新，勇于开拓，把生态文明研究与促进工作推向一个新水平。

下面，结合学习贯彻习近平总书记近日对生态文明建设做出的重要指示，我就当前推进生态文明建设的几个重要问题，借此次论坛年会的机会，谈几点认识。

不久前，习近平总书记对生态文明建设做出重要指示，强调生态文明建设是“五位一体”总体布局和“四个全面”战略布局的重要内容，各地区各部门要切实贯彻新发展理念，树立“绿水青山就是金山银山”的强烈意识，努力走向社会主义生态文明新时代。习近平总书记的重要指示是对推进生态文明建设的再动员、再部署，为我们的工作提供了根本遵循。

我们要清醒地认识到，当前经济社会发展不平衡、不协调、不可持续的问题仍然突出，多阶段、多领域、多类型生态环境问题交织，生态环境与人民群众需求和期待差距较大，生态文明建设水平和生态环境治理能力还需要进一步上台阶。提升生态文明建设水平，关键是要牢固树立底线思维、系统思维和人本思维，把绿色发展理念贯穿到制度建设、生态系统修复和城乡一体化建设之中，增强生态产品生产能力，切实提高人民群众的生活质量。一是强化底线意识，严守资源环境生态红线。推进生态文明建设要结合各地区实际情况，统筹考虑资源禀赋、环境容量、生态状况等基本区情，根据本地发展的阶段性特征及全面建成小康社会目标的要求，严守资源消耗上限，加强能源、水、土地等资源管控；严守环境质量底线，将大气、水、土壤等环境质量“只能更好、不能变坏”作为地方各级政府环保责任红线；划定并严守生态保护红线，严格生态空间征、占用管理，确保生态功能不降低、面积不减少、性质不改变。二是实施系统治理，整体推进山水林田湖保护修复。随着城镇化、工业化等进程的加快，我国提供农产品、工业产品和服务产品的能力迅速增强，与此同时，一些城乡生态系统退化严重，人民群众对提高生态产品生产能力的需求也越来越强烈。山水林田湖，各有其权益，但更是一个生命共同体。要改变过去治山、治水、种树、护田各自为政的工作方式，对生态环境进行整体保护、系统修复、综合治理，增强生态系统循环能力，协同维护生态平衡。三是坚持以人为本，全面推进新型城镇化。新型城镇化是经济发展的重要动力，也是一项重要的民生工程。要以生态文明建设引领新型城镇化建设，完善城市功能，发展绿色建筑、绿色交通，建设美丽城镇。要以创造优良人居环境为目标，以解决损害群众健康突出环境问题为重点，加大农业面源污染防治和农村环境综合整治力度。要完善对城市衰退区、国企老工业区、外来人口聚集区、城乡交错边缘区等发展较为落后的城镇区域的政策保障和改造建设，让人民群众拥有更多的获得感、归属感和幸福感。

海南岛是一个相对独立的自然地理单元。近年来，海南充分发挥自身优势，牢牢守住生态与发展两条底线，转化和升级生态价值，实现和扩大生态红利；推动陆海统筹，主动融入国家“一带一路”和南海生态保护战略，构建陆地文明与海洋文明相容并济的发展格局；坚持生态立省，一张蓝图抓到底，促进了人与自然、经济与社会、城镇与农村的协调发展。海口积极发挥生态环境、经济特区、国际旅游岛优势，努力实现绿色崛起。我相信并祝愿，在山河湖海一体化的生态保护与修复以及生态扶贫、生态岛礁工程建设中，海南和海口一定能够创新探索出更多的生态文明建设新路子，取得更好、更大的生态示范带动效应。

“十三五”是全面建成小康社会的决战决胜期，也是全面推进生态文明建设的重要历史机遇期。希望各位离任的老领导、老同志和理事们继续一如既往地关心和支持研促会工作，用你们的智慧、经验和影响力，推动中国生态文明研究与促进会不断前进。我们要牢记责任，不辱使命，紧密团结在以习近平同志为核心的党中央周围，努力当好生态文明建设的引领者、推动者和实践者，为建设美丽中国，走向生态文明新时代做出新的更大贡献！

坚持走绿色发展之路　打造滨江滨海花园城市

海口市委副书记、市长　倪　强

欢迎来到美丽的南海之滨、椰城海口，参加中国生态文明论坛海口年会。希望海口这座美丽的生态城市给各位留下美好的回忆，也恳请各位专家、领导为海口的生态文明建设工作多提宝贵意见。

2013 年 4 月，习近平总书记视察海南时指出“保护海南生态环境，不仅是海南自身发展的需要，也是我们国家的需要”“良好生态环境是最公平的公共产品，是最普惠的民生福祉”，并要求“争创中国特色社会主义实践范例、谱写美丽中国海南篇章”。海南省委、省政府坚持生态立省、绿色崛起战略，充分发挥“生态环境、经济特区、国际旅游岛”三大优势，不断加强生态文明建设，生态环境质量继续保持全国领先，核心竞争优势进一步凸显。近年来，海口市义不容辞地扛起省会城市的责任担当，自觉践行“五大”发展理念，统筹推进“五位一体”总体布局和协调推进“四个全面”战略布局，经济社会发展取得了长足的进步。预计 2016 年，全市实现地区生产总值同比增长 8%左右；固定资产投资同比增长 25%左右，增速在全国 35 个大中城市中名列前茅。我们在加快经济社会发展的同时，始终坚守生态底线，保持发展定力，坚决落实习近平总书记“像保护眼睛一样保护生态环境，像对待生命一样对待生态环境”的指示，绝不以牺牲环境之代价换取经济一时之增长，悉心呵护青山绿水和碧海蓝天，不断巩固和发展生态环境优势，努力实现海口经济发展与生态保护双赢。

一、坚持以“多规合一”为引领，统筹城乡空间布局、资源配置和产业布局

统筹协调国民经济与社会发展规划、城市总体规划、环境保护规划等各类规划，落实到一张蓝图上；以资源环境承载能力为基础，科学划定生态保护红线、环境质量底线、资源消耗上限，强化对水源保护区、自然保护区、重要湿地、森林等区域的生态保护。严禁高能耗、高污染、高排放企业进入，否决不符合环保要求的项目150多个，促进绿色、循环、低碳发展。

二、坚持以创建“全国文明城市”“国家卫生城市”为抓手，开展生态修复、城市修补，建设滨江滨海花园城市

在“双创”工作中，我们紧扣中央城市工作会议“五个统筹”的要求，完善功能，补足短板，美化环境，扎实开展生态环境“六大”专项整治，连续打响城市治理“九大战役”，全面启动城市景观“三大改造”和修复，在全国率先推行环卫一体化 PPP 示范，城市面貌焕然一新，城市管理治理水平快速提升，文明向上的社会氛围日益浓厚，海口城市颜值、城市气质深度蜕变。

三、坚持落实主体责任，建立权责清晰的“大环保”体制

成立市生态环境保护委员会，建立宏观决策和引导机制，“大环保”管理模式初步成型。制定《海口市环境保护“一岗双责”责任制实施办法》等，强化主体责任，落实环保“一岗双责”“党政同责”，全面推行河长制，建立起了市、区、镇（街）、村（居）四级网格化环境监管执法格局，形成横向到边、纵向到底的环境监管体系。

四、坚持加强生态环境立法，通过地方立法保护生态环境

先后颁布城市绿线管理办法、公园条例等地方性法规规章。我们采取市人大地方立法，将东寨港红树林湿地保护和控制范围从 5 万亩扩大到 12 万亩。经过科学修复，新增红树林 4500 亩，全球濒危的国家一级保护动物黑脸琵鹭时隔 7 年重现东寨港湿地。

通过不懈努力，海口的生态环境质量始终一流。空气质量优良率达 98.3%，连续 6 年在全国 74 个城市排名第一；饮用水水源地、近岸海域海水等水质达标率均为 100%。良好的生态环境已成为海口持续发展的优势资源和营销宣传的最靓名片，在《中国城市竞争力报告 2016》发布的 289 座城市中名列“宜居城市”第五，曾先后荣获国家环境保护模范城市、中国人居环境奖、国家园林城市等多项荣誉称号。

“十三五”期间，海口将继续坚持生态立市战略，认真贯彻落实全国生态文明建设工作推进会精神，特别是习近平总书记重要指示精神，牢固树立“绿水青山就是金山银山”的强烈意识，坚持生态环境保护与生态环境建设并举，加强重点领域、区域综合整治和生态建设，提高环境综合承载能力；大力发展绿色经济，促进低碳循环发展；构建生态文明制度和生态环保法规体系，完善环境保护监管和考核、生态保护补偿机制，创建全国生态文明示范城市。

践行绿色生活，建设生态文明，形成符合生态文明理念的生产、生活方式是政府、企业和公众的共同目标和责任。海口全市上下将更加紧密地团结在以习近平同志为核心的党中央周围，在中国生态文明研究与促进会和各部委的指导支持下，在省委、省政府的坚强领导下，以全国生态文明论坛海口年会为契机，进一步推动绿色发展，着力打造文明和谐宜居的滨江滨海花园城市，为“争创中国特色社会主义实践范例、谱写美丽中国海南篇章”做出更大的贡献。

（本文为作者在中国生态文明论坛海口年会上的演讲，略有删节）

李军同志在中国生态文明研究与促进会第二次会员代表大会、中国生态文明论坛海口年会上的致辞

中共海南省委副书记　李　军

尊敬的姜春云老首长，陈宗兴会长，各位领导、各位专家、各位来宾，今天在这里见到这么多老领导、老朋友，我感到特别高兴。首先，我代表海南省委、省政府，向中国生态文明研究与促进会第二次会员代表大会及中国生态文明论坛海口年会的召开表示热烈祝贺！向各位领导、各位专家、各位来宾莅临海南表示热烈欢迎和衷心感谢！

大会安排我致辞，我感到非常荣幸。利用这个非常难得的机会，我想说几句表达深深敬意的话。姜春云老首长是中国生态文明研究与促进会的主要创始人，没有他老人家的亲自谋划、大力推动，发挥特殊作用，就没有研促会的诞生，就没有研促会这些年来的蓬勃发展。这是我们应当永远铭记在心的。这些年来，姜春云老首长以超前的眼光、务实的作风和极大的热情，孜孜不倦、呕心沥血、殚精竭虑，为我们党和国家的生态文明建设理论和实践做了大量工作，做出了极为卓越的贡献。今天，他以 86 岁高龄亲自参加年会和换届会，还要作重要讲话，真是高山仰止、让人感佩。姜春云老首长多年来对我本人、对我曾经服务过的贵阳市，也给予了很多热情支持和帮助。记得是在 9 年前，贵阳市举办建设生态文明城市领导干部专题研讨班，他老人家专门派人宣读了他的辅导报告。2012 年年底，中国人民大学出版社编辑出版《迈向生态文明新时代——贵阳行进录》一书，他亲自撰写了序言《贵阳的实践说明了什么》。这些年，我多次以各种方式向姜春云老首长请教生态文明建设问题，他都欣然会见，予以点拨，

使我受益匪浅。如果说，中国生态文明领域今后要设立终身成就奖或功勋大奖，我看非他老人家莫属。我提议，大家以热烈的掌声向姜春云老首长表示崇高的敬意！还有陈宗兴会长、张维庆主任以及其他很多从重要岗位上退下来、投身生态环保事业的老领导，生态环保领域的各位专家学者，不辞辛劳办论坛、办网站、办杂志、出专著、搞各种各样富有成效的活动，为构建中国生态文明大厦添砖加瓦，做出了重要贡献。我相信，你们都是值得历史记住的人，值得后人敬仰和感谢的人！

党的十八大以来，习近平总书记带领我们走进社会主义生态文明新时代、建设美丽中国新时代。曾几何时，有些地方、有些同志把保护和发展对立起来，以 GDP 论英雄，全然不管那些 GDP 是绿色还是黑色、黄色、褐色、灰色、白色的甚至是带血色的。在那个时期，生态文明的声音不那么响亮，从事生态环保工作的同志在有的地方、有的同志那里不那么受待见，甚至受了不少窝囊气。现在好了，以习近平同志为核心的党中央将生态文明建设纳入“五位一体”总布局，将生态文明建设的地位提升到前所未有的高度，开启了生态文明建设的新时代。学习习近平总书记系列重要讲话，追溯他的从政历程，可以发现习总书记是一个有着浓浓生态情怀的人，无论是在大队支书、县委书记、地委书记、市委书记，还是在省长、省委书记直至党的总书记的岗位上，推进生态文明建设始终“干在实处、走在前列”，实践之早、历时之长、论述之多、阐释之深、作风之实，在我们党内是很罕见的。他关于生态文明建设的一系列新观点、新思想、新论述，已然成为深受普通老百姓欢迎的名言警句；他对生态文明建设的身体力行，“踏石留印、抓铁有痕”，为我们树立了光辉的典范。我想，在当代中国，如果要让老百姓推选知名度、美誉度最高的字眼，“生态文明”“美丽中国”一定会在其中。这样一个伟大时代，为各位有识之士共襄生态文明建设盛举提供了大有可为的广阔舞台，我们都应该以身处这样的时代为荣，积极投身到生态环保这一功在当代、利在千秋的伟大事业中，不遗余力、敢于担当，给子孙后代留下更多的蓝天，留下更多的绿地，留下新鲜的空气和清洁的水。

海南是环保部指导建设的中国第一个生态示范省。多年来，在中央和国家有关部委的关心支持下，海南省委、省政府坚持实施生态立省战略，生态省建设成效明显，生态环境质量始终保持全国一流，“请到海南深呼吸”“要想身体好、常来海南岛”成为知名度、认同度很高的广告词。海口在生态文明建设中做了大量工作，大家可以发现，近年来海口发生了很大变化。而且，令我们感到自豪的是，海口的空气质量已经连续多年在全国 74 个重点考核城市中名列第一。当然我们也清醒地认识到，海南的生态环保工作也存在一些差距和不足。我们特别感谢中国生态文明研究与促进会把这次论坛年会和换届大会放在海口召开，这等于是把各地生态文明建设的先进经验和各位专家学者的最新研究成果给我们送上门来了，给我们提供了一次在家门口学习的难得机会。衷心希望大家对海南的生态文明建设多提宝贵意见建议，我们将老老实实地学习、借鉴、吸收，加强与各地在生态文明建设领域的交流合作，推动海南生态文明建设再上新台阶，谱写好美丽中国的海南篇章。

深入学习领会习近平总书记重要指示精神 努力走向社会主义生态文明新时代

环境保护部副部长 黄润秋

今天，中国生态文明研究与促进会第二次会员代表大会、中国生态文明论坛年会在美丽的海口举办，这是我国生态文明建设领域的一件盛事。环境保护部党组书记、部长陈吉宁同志委托我参会，并向会员大会和论坛年会表示祝贺，向长期以来支持生态环境保护工作的社会各界人士表示崇高的敬意！

刚才，姜春云总顾问的重要讲话和陈宗兴会长的工作报告，思想深刻，内容丰富。下面，我就“深入学习领会习近平总书记重要指示精神　努力走向社会主义生态文明新时代”这个主题，跟大家分享几点体会。

一、习近平总书记重要指示精神是加快推进生态文明建设的根本遵循

党的十八大以来，中央就生态文明建设作出一系列决策部署。党的十八大把生态文明建设纳入中国特色社会主义事业“五位一体”总体布局。十八届三中全会提出加快建立系统完整的生态文明制度体系。十八届四中全会要求用严格的法律制度保护生态环境。十八届五中全会提出“创新、协调、绿色、开放、共享”的五大发展理念，将绿色发展作为“十三五”乃至更长时期经济社会发展的一个重要理念。十八届六中全会要求全面从严治党，为生态文明建设提供了重要的政治保障。2015 年中共中央、国务院出台《关于加快推进生态文明建设的意见》《生态文明体制改革总体方案》等文件，对生态文明建设做出了系统部署、搭建了制度构架，强化

了顶层设计。

近期，习近平总书记针对生态文明建设做出重要批示：生态文明建设是“五位一体”总体布局和“四个全面”战略布局的重要内容。李克强总理也对生态文明建设做出重要批示，张高丽副总理对于加快推进生态文明建设提出明确要求。各地区各部门要切实贯彻落实新发展理念，树立“绿水青山就是金山银山”的强烈意识，努力走向社会主义生态文明新时代。要深化生态文明体制改革，尽快把生态文明制度的“四梁八柱”建立起来，把生态文明建设纳入制度化、法制化轨道。要结合推进供给侧结构性改革，加快推进绿色、循环、低碳发展，形成节约资源、保护环境的生产生活方式。要加大环境督查工作力度，严肃查处违纪违法行为，着力解决生态环境方面突出问题，让人民群众不断感受到生态环境的改善。各级党委、政府及各有关方面要把生态文明建设作为一项重要任务，扎实工作、合力攻坚，坚持不懈、务求实效，切实把党中央关于生态文明建设的决策部署落到实处，为建设美丽中国、维护全球生态安全做出更大贡献。

学习领会习近平总书记重要指示精神，我们体会到，生态文明建设的战略定位更加清晰；要把“绿水青山就是金山银山”作为意识引领；要加快建立制度体系，为生态文明建设提供保障；要结合供给侧结构性改革形成节约资源保护环境的生产生活方式；要通过加强环境督查，解决突出环境问题；要落实生态文明建设的责任，确保生态文明建设的成效。总书记的重要指示，既高瞻远瞩又非常务实，既是顶层设计又是详细任务，既是宏观要求又有实现途径，为加快推进生态文明建设指明了方向。

二、正确处理保护与发展的关系，推进绿色发展

生态环境是人类生存和发展的基础，生态环境通过生态系统服务来支撑人类福祉，而人类活动反过来又对生态环境和生态系统服务产生影响。生态环境问题是涉及经济、政治、社会、文化等多层次多维度的问题复合体，究其本质是发展道路、经济结构、增长方式和消费模式问题，反映的

是人与自然、人与人、经济与环境等方方面面的利益矛盾冲突，归根结底是保护与发展或者是环境与发展的关系问题。环境保护的历史就是正确认识和处理环境与发展的关系史。加快推进生态文明必须将正确认识和处理保护与发展的关系摆在首要位置。

（一）发展与保护是辩证的统一。习近平总书记关于绿水青山就是金山银山的论述是对这一辩证关系的生动描述。良好生态环境对于经济社会发展具有基础性意义。世界环境与发展的历程表明，“没有环境保护的繁荣是推迟执行的灾难”；不保护环境，经济就会陷入“增长的极限”；通过保护环境优化经济增长，经济则会有“无限的增长”。过去我们大多认为发展就是 GDP，没有把生态产品作为人的生存发展的必需品，没有树立自然价值和自然资本的概念，也没有在人和自然的关系中学会怎么样去约束人的行为。所以“两山论”[①]从根本上更新了我们关于自然资源无价、环境无价的认识，打破了把发展和保护对立起来的这样一个固有思维，指出了发展和保护之间是内在统一、相互促进和协调共生的方法论，带来的是发展理念和方式的深刻转变。

（二）保护环境就是保护生产力。在实践中对绿水青山和金山银山之间关系的认识经过了三个阶段：第一个阶段是用绿水青山去换金山银山，不考虑或者很少考虑环境的承载能力，一味索取资源。第二个阶段是既要金山银山，但是也要保住绿水青山，这时候经济发展和资源匮乏、环境恶化之间的矛盾开始凸显出来，人们意识到环境是我们生存发展的根本，要留得青山在，才能有柴烧。第三个阶段是认识到绿水青山可以源源不断地带来金山银山，绿水青山本身就是金山银山，生态优势可以转变为经济优势，经济发展和生态环境保护形成了浑然一体、和谐统一的关系，两者相互促进、相得益彰。

（三）以环境保护优化经济发展。加快推进生态文明建设，在于调整

① 即“绿水青山就是金山银山”。

环境保护与经济发展的关系，以保护环境优化经济发展。为此，要树立生态优先理念，实现从以环境换取经济增长向以环境优化经济增长转变。要把环境保护作为决策的重要环节，实行环境与发展综合决策。要建立体现生态文明要求的目标体系、考核办法、奖惩机制，强化绿色发展的刚性约束，把环境保护真正作为推动经济转型升级的动力，把生态环保培育成新的发展优势，探索绿色循环低碳发展新模式。

三、以习近平总书记重要指示精神为指引进一步明确生态文明建设的主要任务

习近平总书记强调，“山水林田湖是一个生命共同体”。这个重要论述，深刻阐明了自然生态各要素的空间系统性。我们要按照生态系统的整体性、系统性及其内在规律，统筹考虑自然生态各要素、山上山下、地上地下、陆地海洋以及流域上下游，进行整体保护、系统修复、综合治理，增强生态系统循环能力，维护生态平衡。

（一）建立生态空间保障体系，守住生态空间。国土是生态文明建设的空间载体，优化国土空间开发格局，关键是要守住生态空间。要划定并严守生态保护红线。“生态保护红线”是国家生态安全的“底线”和“生命线”。目前，《关于划定并严守生态保护红线的若干意见》已经中央深化改革领导小组会议审议通过。文件正式印发后，要抓紧研究制定配套的管理办法，从“划”和“守”两方面统筹推进。“划”是指导各省、市、自治区划定生态保护红线；“守”是建立严格的生态保护红线管控制度，建设生态保护红线监管平台，开展生态保护红线常态化监管。要切实加强自然保护区监督管理。建立健全天地一体化遥感监控体系，严肃查处各类违法违规行为。新建一批保护区，并推进已有保护区的精细化管理。

（二）加大生态环境保护力度，切实改善生态环境质量。环境质量改善是生态环境保护的根本目标，也是提高人民群众生活质量的增长点。深化大气污染治理。落实地方政府大气环境质量改善责任。加快推进燃煤电

厂超低排放改造。全面推进石化行业挥发性有机污染物综合整治，强化移动源污染监管，深化重点区域联防联控，启动冬季重污染天气“削峰”工作。深化水污染防治。督促出台《水十条》[①]相关配套政策措施。加强流域水环境综合治理，整治城市黑臭水体，加大农村环境综合整治力度。切实保护饮用水水源地。全面实施《土十条》[②]。制定考核办法，抓紧出台配套的政策措施。启动全国土壤污染状况详查，推进污染场地试点示范。推进土壤污染防治立法。此外，还要实施工业污染源全面达标排放计划，启动实施生物多样性保护重大工程，加大环境风险防控力度，妥善处置突发环境事件，确保核与辐射安全，加强化学物质和危险废物环境管理。

（三）构建生态文明建设的制度体系。认真落实中央已经出台的各项改革措施，开展中央环保督察，严格生态环境损害责任追究。推进省以下环保机构监测监察执法垂直管理。上收环境监测事权，建立全国统一实时在线环境监控系统。运用市场手段推进环境治理与保护，鼓励各类投资进入环保市场。认真谋划下一步的改革举措，筑牢生态文明建设的制度基础。

（四）大力推进生产生活方式绿色化。要大力发展绿色经济、循环经济、低碳经济，深入推进全社会节能减排，实现各类资源能源节约高效利用。积极培育生态文化、生态道德，使生态文明成为社会主流价值观。建立制度化、系统化、大众化的生态文明教育体系。倡导环境友好型消费、普及绿色出行、发展绿色休闲。加大政府采购环境标志产品力度，鼓励公众优先购买节水节电环保产品。构建全民行动体系，形成推进生产生活方式绿色化的强大合力。

（五）开展生态文明建设试点示范。协调配合推进生态文明试验区，开展生态文明建设目标评价考核。改革生态文明建设示范区创建工作，将其打造成为生态文明试验区制度成果的转化载体、推动生态环保工作和改善环境质量的有效平台。加强生态文明建设示范区经验总结和推广，发挥

① 《水污染防治行动计划》。

② 《土壤污染防治行动计划》。

其应有的典型示范作用。继续开展中国生态文明奖评选表彰。

四、对新一届研促会的几点建议

加快推进生态文明建设，不仅需要政府及相关部门的大力推动，也需要社会各界的共同努力。特别是中国生态文明研究与促进会等社会团体，可以发挥不可替代的作用。

中国生态文明研究与促进会成立五年多来，紧紧围绕党中央、国务院关于生态文明建设的重大战略部署，创造性地开展工作，成为推动生态文明建设的一支重要力量。希望研促会按照姜春云总顾问、陈宗兴会长的重要讲话要求，继续坚持“智囊智库、支撑服务、桥梁纽带”角色定位，加快“学习型、研究型、创新型、务实型”社会团体建设，力争早日成为“国内一流、国际驰名”社团组织。

在此，我代表环境保护部，对中国生态文明研究与促进会的工作提出几点建议。

一是要深入学习领会习近平总书记重要指示精神，用习近平总书记生态文明建设重要论述武装头脑，不断增强政治责任感和使命感。这是做好生态文明建设研究与促进工作的思想基础，也是学习型社会组织建设的核心内容。要始终把中国生态文明研究与促进会的工作融入生态文明建设的大格局，唱响主旋律，做出大贡献，争取成为我国生态文明建设领域的一面旗帜。

二是继续发挥智囊智库优势，为生态文明建设贡献更多智慧。习近平总书记5年前对研促会做出的“积极为党和国家推动生态文明建设建言献策”的重要指示，我们要认真落实。既要深入研究生态文明建设中具有前瞻性、全局性、战略性的重大课题，解读党和国家关于生态文明建设的大政方针，又要密切关注地方创造的新经验以及遇到的新问题，解读具有典型和指导意义的实践样本。

三是不断提升工作能力，为生态文明建设提供高质量的技术支撑。要组织好中国生态文明奖的评选工作，加强对区域和行业生态文明示范建设的技术指导和支持，研究优化省域生态文明状况指数评价体系并开展试评工作，适时总结成功经验和模式，促进生态文明创建活动不断走向深入。

四是继续发挥宣传和引导作用，为生态文明建设营造更加浓厚的舆论氛围。特别是要办好《中国生态文明》杂志、中国生态文明网、“中国生态文明”微信公众号和微博公众平台等，传播生态文明理念，讲好中国生态文明故事，努力打造全国生态文明建设研究与宣传的第一品牌。

五是继续发挥社会组织的桥梁纽带作用，积极联系有志于参与生态文明建设的专家、学者和社会各界人士，凝聚力量，回应关切，形成生态文明建设最广泛的统一战线。

中国生态文明研究与促进会的工作，需要有关方面的关心和支持。环境保护部各司局、派出机构、直属单位将积极支持研促会的工作。也希望各有关部门、地方各级党委、政府重视和支持研促会的工作，加强与研促会的联系合作。

生态文明建设，是一项伟大事业，能够参与其中，我们感到无比自豪，也感到责任重大。让我们紧密团结在以习近平同志为核心的党中央周围，勇于担当，积极作为，不辱使命，为生态文明建设做出更大贡献！

推进生态文明建设　共筑共享美丽海洋

国家海洋局副局长　孙书贤

一、党中央高度重视海洋生态文明建设工作

十八大以来，以习近平同志为核心的党中央高度重视生态文明建设和海洋强国建设，从战略和全局的高度提出了一系列新思想、新论断、新要求，将我国的生态文明建设和海洋强国建设推到了前所未有的历史高度。

习近平总书记早在浙江省工作时就曾指出：生态兴则文明兴，生态衰则文明衰。不重视生态的政府是不清醒的政府，不重视生态的领导是不称职的领导，不重视生态的企业是没有希望的企业，不重视生态的公民不能算是具备现代文明意识的公民。习总书记强调，要把生态环境保护放在更加突出位置，像保护眼睛一样保护生态环境，像对待生命一样对待生态环境，在生态环境保护上一定要算大账、算长远账、算整体账、算综合账，不能因小失大、顾此失彼、寅吃卯粮、急功近利。生态环境保护是一个长期任务，要久久为功。2013 年 7 月 30 日，习总书记在中共中央政治局就建设海洋强国研究进行第八次集体学习明确指出："要保护海洋生态环境，下决心采取措施，全力遏制海洋生态环境不断恶化趋势，让我国海洋生态环境有一个明显改观，让人民群众吃上绿色、安全、放心的海产品，享受到碧海蓝天、洁净沙滩。要把海洋生态文明建设纳入海洋开发总体布局之中，坚持开发和保护并重，污染防治和生态修复并举，科学合理开发利用海洋资源，维护海洋自然再生产能力。"2013 年 4 月 8—10 日，习总书记在海南考察时指出："保护生态环境就是保护生产力，改善生态环境就是发展生产力。良好生态环境是最公平的公共产品，是最普惠的民生福

祉。青山绿水、碧海蓝天是建设国际旅游岛的最大本钱，必须倍加珍爱、精心呵护。希望海南处理好发展和保护的关系，着力在‘增绿’‘护蓝’上下功夫，为全国生态文明建设当个表率，为子孙后代留下可持续发展的‘绿色银行’。”这都是海洋生态文明建设事业的根本遵循和重要指南。

二、国家海洋局积极推动海洋生态文明建设实践

按照中央的部署和要求，近年来，国家海洋局配合有关部门积极推动海洋生态文明建设实践，重点开展了以下几方面的工作：

一是加强规划引领。先后编制了《海洋主体功能区规划》《全国海洋功能区划》和《海岛保护规划》等规划，推动形成可持续发展的海洋开发保护格局。制定了《国家海洋局海洋生态文明建设实施方案》，确定了 31 项主要任务和 20 项重大项目工程，为海洋生态文明建设提供了“路线图”和“时间表”。

二是强化法治建设。制定修订了《海洋环境保护法》《海岛保护法》，2016 年又颁布实施了《深海海底区域资源勘探开发法》，近期中央深改组还审议通过了《海岸线保护与利用管理办法》《围填海管控办法》，发出了加强海洋生态环境保护的 “重音”“强音”，为推进海洋生态文明建设提供了法律支撑。

三是抓好示范引领。先后批准建立了海南三亚等 24 处国家级海洋生态文明建设示范区，为沿海地区推进海洋生态文明建设提供“新标杆”和“试验田”。开展海洋综合管理示范区建设，以深圳为试点创建基于海洋生态系统的国家级海洋综合管理示范区。

四是推进制度建设。2014 年率先在渤海全面建立海洋生态红线制度，2016 年印发在全国全面建立海洋生态红线制度的意见；海洋督察制度已经提交国务院审议；海洋生态补偿制度已在山东、江苏、广东等省先期实施；海洋生态损害赔偿制度框架已经搭建；围填海计划总量控制制度和海域分级有偿使用制度不断完善。

五是实施保护与整治修复。近年来，国家海洋局先后推动建立了 77 个国家级海洋保护区。“十二五”期间，沿海地方先后利用中央分成海域使用金实施生态整治修复项目 235 个。2016 年，在沿海 18 个城市安排专项资金 26 亿元对 140 余千米岸线、5300 公顷滨海湿地、6400 公顷海域实施整治修复，推动海洋生态环境质量逐步改善趋好。

六是夯实能力基础。不断完善国家和地方相结合的海洋环境监测业务体系，全国海洋环境监测机构总数达到 235 个，年均开展 14 大类 8000 余个站位的监测，年均获得监测数据 240 万个以上，建设在线监测设备近百台（套），为推进海洋生态文明建设提供基本保障，同时建成了海域使用动态监视监测系统和海岛监视监测业务体系，对我国海域海岛资源实施常态化监视监测，并在国际上产生了重大影响。

七是加大执法检查力度。健全完善环境监督执法体系，构建海洋环境违法活动“高压网”，开展“碧海行动”等海洋生态环境专项执法检查活动，“十二五”期间，共开展生态保护检查 20 余万次，检查项目约 4.3 万次，查处海洋生态违法案件 3426 次，有效地震慑了海洋生态破坏行为。

三、“十三五”海洋生态文明建设的总体思路

进入“十三五”，中央更加重视海洋生态文明建设。《中华人民共和国国民经济和社会发展第十三个五年规划纲要》中专列了蓝色海湾整治、南红北柳、生态岛礁等重大工程。按照中央的要求，国家海洋局提出了“生态+”的理念，紧扣实施基于生态系统的海洋综合管理一条主线，瞄准实现海洋经济发展质量的整体提升和海洋生态环境质量整体改善两个目标，把握“点上开发、面上保护、根上治理”三条原则，重点做好优布局、促转型、建体系、抓治理、提能力、促共建六项工作，推动海洋生态文明建设水平在“十三五”有一个较大提升，早日实现“水清、岸绿、滩净、湾美、物丰”的建设目标。

下一步，我们将重点抓好以下工作：一是优化开发布局，采取规划引

领、区划指导、红线划定等多种手段调整优化海洋开发利用活动布局，切实提高开发效率；二是调整经济结构，从资源总量控制、市场化配置、严格资源环境管理三个方面来促进海洋资源的节约利用，切实优化海洋经济结构；三是健全制度体系，加快推进海洋督察、生态红线、区域限批、总量控制等重点制度，加快提升海洋资源环境管理的依法行政水平，用最严格的制度和最严密的法治来保护环境、保护资源；四是加强治理修复，实施好蓝色海湾整治、南红北柳、生态岛礁等重大项目工程，发挥好重大项目工程的引领带动作用，有效修复受损海湾、河口、湿地等重点区域；五是提升整体能力，积极实施智慧海洋、海洋环境实时在线监控建设、“一站多能”等重大工程，切实提高海洋监测评价、应急响应、生态保护修复等基础能力；六是建立共治机制，抓好统筹协调，做好各涉海部门之间横向协调和各级政府之间的纵向联动，强化公众参与，形成人人、事事、处处、时时崇尚生态文明的良好氛围。

海南省是我国海洋生态文明建设的重点区域。近年来，海南省立足于“生态立省”和建设国际旅游岛战略定位，在海洋生态文明建设方面做了诸多积极有益的探索，特别是“多规合一”、生态红线、海岸带管理、海洋环保公益组织建设等工作走在了全国前列，对助推当地经济社会发展起到了重大作用，给全国海洋生态文明建设工作作出了很好的榜样示范。

海洋作为全球最大的自然地理单元，在生态文明建设事业中占据重要地位。美丽中国离不开美丽海洋。我们衷心希望通过我们大家的共同努力，海洋生态文明建设不断推进，美丽海洋目标早日实现！也希望海南省在新一轮发展中，继续秉承“生态”主线，依托并发挥海洋资源优势，深入做好“生态+海洋”文章，保护好、建设好海洋生态环境，为海洋生态文明建设做出更好的示范、更大的贡献！

让全社会共享森林之美

国家林业局总工程师　封加平

2016年中国生态文明论坛在具有“生态立省、经济特区、国际旅游岛”三大特色的海南省举办，并确定以“生态文明·共治共享——谱写美丽中国新篇章”为主题，为我们展现森林之美、生态之美提供了契机。

森林是人类文明的摇篮，展现了文明之美。人类文明发展，离不开森林。原始文明，人类以叶为衣、摘果为食、构木为巢，没有离开森林。农业文明，人类辟林为田、驯兽养禽、采桑植麻，没有离开森林。工业文明，木材成为四大基础原材料之一，人们的衣食住行也没有离开森林。今天的生态文明，更是离不开森林。正是因为人类对森林的过度利用，森林已从人类文明初期的76亿公顷减少到20世纪末的34亿公顷。联合国指出，全球森林已减少了50%，难以支撑人类文明大厦。人类文明的发展史告诉我们，森林哺育了人类，没有森林，就没有人类文明，失去森林，将会失去未来，失去一切。

森林是维护生态安全的根基，展现了生态之美。习近平总书记深刻指出，森林是陆地生态的主体，是国家、民族最大的生存资本，是人类生存的根基，关系生存安全、淡水安全、国土安全、物种安全、气候安全。这样的实例古今中外屡见不鲜。美国前副总统戈尔在《濒临失衡的地球》一书中写道，“在埃塞俄比亚可以找到丧失森林然后丧失水源的悲惨例证。埃塞俄比亚在过去40年间，林地所占的比重由40%下降到1%。降水量大幅度下降，使这个国家迅速变成一片荒原，产生了史诗般的悲剧。”仅20世纪80年代发生的干旱，就夺走了埃塞俄比亚近百万人的生命。破坏森林造成的灾难在我国也有发生。2010年8月，甘肃舟曲发生的特大泥石流，导致了 1254 人遇难，490 人失踪。专家评估，这与舟曲的森林长期遭受严重破坏密切相关。而与舟曲同属白龙江水系的四川九寨沟，由于森林得到了很好的保护，现在已成为世界著名的自然遗产和旅游胜地。这些实例说明，有了森林，才有生态安全，才有生态之美；失去森林，就会失去自然生态的和谐，就会失去生态安全。

森林是绿色发展的潜力所在，展现了绿色之美。森林是利用太阳能和地力创造生态资本和绿色财富规模最大的绿色经济体。据国际专家估算，生物多样性对人类的贡献每年达到 33 万亿美元。目前，我国已成为森林资源增长最多和林业产业发展最快的国家。据联合国粮农组织公布的《2015 年全球森林资源评估报告》，1990—2015 年，全球森林面积减少了 19.35 亿亩，而中国的森林面积增长了 11.2 亿亩。在森林增长的同时，我国林业产业总产值从 2001 年的 4090 亿元增加到 2015 年的 5.94 万亿元，15 年增长了 13.5 倍，对 7 亿多农村人口脱贫致富做出了重大贡献，对“绿水青山就是金山银山”作出了最好的诠释。特别是在创新发展的今天，我国林业科学家和林业企业家，又创造了竹材资源利用、农林废弃物利用等具有自主知识产权的世界上最先进的新技术新发明，生产出竹缠绕复合压力管、石墨烯、乙酰丙酸、农林废弃物多联产、木变油等造福人类、有可能改变世界的新材料，成为绿色发展的典范，展现出创新之美、绿色之美。

森林是民生福祉的重要体现，展现了共享之美。2013 年 4 月，习近平总书记在海南省考察时指出，“良好的生态环境是最公平的公共产品，是最普惠的民生福祉。”森林不仅是全社会生态福祉的提供者，还是全球就业人数最多的领域之一。2015 年 5 月联合国森林论坛指出，全球有超过 16 亿人的生存、生计、工作和增收都依赖于森林，森林为地球上的生命和人类福祉提供了多重效益。联合国认为，森林可持续经营对推动变革性改变和消除贫困、经济增长、可持续生计、人类健康等主要挑战发挥着关键作用。随着森林食品、森林康养、生物制药等林业新兴产业的兴起，森林还将为建设“健康中国”带来新的福祉。人们共同呵护森林，才能带来人类共有的生态福祉，这样的共治共享，充分体现了人类的普世价值，充分体现了森林的普惠之美、共享之美。

森林是永续发展的基本保障，展现了永恒之美。中华文明是世界四大古文明中唯一没有断裂的文明，为什么没有断裂？当然有多种因素，其中一个根本因素就是中华大地曾经得到了茂密森林的庇护。早在2500多年前，我国古代思想家就提出了“草木不植成，国之贫也，草木植成，国之富也”“斧斤以时入山林，材木不可胜用也”的可持续发展思想。这些道法自然的古代哲学思想，无疑对中华民族的延续产生了重大影响。2012年7月，联合国可持续发展大会在《我们希望的未来》中指出，人类的生计、经济福祉、社会福祉、物质福祉及文化遗产，都直接依赖于生态系统，它是永续发展和人类福祉的重要基础。2015年3月9日，新华社发表的《为了中华民族永续发展》一文中写了这样一段话，“放眼人类文明，审视当代中国，习近平总书记的思考深邃而迫切——中华文明已延续了5000多年，能不能再延续5000年直至实现永续发展？”总书记进一步指出，“不可想象，没有森林，地球和人类会是什么样子”“森林是我们从祖宗继承来的，要流传给子孙后代，上对得起祖宗，下对得起子孙”“必须从中华民族历史发展的高度来看待这个问题，为子孙后代留下美丽家园，让历史的春秋之笔为当代中国人留下正能量的记录”。这是中华民族生生不息的永恒主题，也是森林的永续发展为中华民族留下美丽家园的永恒之美。

森林更是海岛的命脉，对海南建设国际旅游岛更具有特殊意义。智利境内世界著名的复活节岛，被称为“太平洋肚脐”。这里原是一片繁茂的热带雨林，生态十分优美，曾经居住着7000多人。后来由于森林遭到破坏，物种灭绝，土壤侵蚀，干旱频繁，农作物减产，最终成了人类无法居住的荒岛。海南岛也有过深刻的教训，海南岛森林覆盖率曾高达90%以上，到1949年下降到35%，到1987年下降到历史最低点25.55%，热带森林遭受严重破坏，野生黄花梨几乎绝迹，海南特有的橙胸绿鸠、紫林鸽等野生动物也濒临绝迹，水土流失加剧，一些河流枯水期流量减少甚至断流。

1994 年海南省在全国率先停止天然林采伐，1999 年率先实行生态立省，2008 年率先建立覆盖全省的森林生态效益补偿制度，使森林得到有效恢复。目前，全省森林覆盖率达到 55.38%，森林蓄积量增长近 1 倍，生态状况得到改善。据中国林科院海南尖峰岭热带林生态系统定位研究站的监测数据，热带原始林多年的年平均固碳量为每公顷 2.38～2.78 吨，为天然林的碳汇功能提供了有力证据。

森林就是美丽的象征，是人们休闲旅游观光康养的理想之地。新加坡是一个寸土寸金的国度，全国用于农业生产的土地仅占国土面积的 1%，而绿化覆盖率却高达 58%，使其成为世界著名的绿色之国、花园之国。早在 1997 年，3 亿人口的美国就有 20 亿人次到森林中休闲旅游。“十二五”期间，我国林业休闲旅游人数平均每年达到 16 亿人次，其中 2015 年达到 23 亿人次。海南有着三亚海滩和热带雨林等独特的景观资源，随着森林景观的改善和森林食品、森林运动、森林体验、森林医疗等森林康养产业的兴起，海南这一国际旅游岛必将增添新的魅力。

700 多年前，世界著名旅行家马可•波罗曾把中国描绘成一个美丽富饶的国度。400 多年前，利玛窦在他的《中国札记》中这样写道：“中国整个看来像一座大花园……淡水、河流分布其间……两岸树木成荫，真是柳暗花明，处处一片青翠。”60 多年前，新中国第一任林业部部长梁希先生提出“新中国的林人，也是新中国的艺人”，并把“无山不绿，有水皆清，四时花香，万壑鸟鸣，替河山妆成锦绣，把国土绘成丹青”作为中国务林人的追求和使命。今天，各级林业部门正按照党中央、国务院的部署，紧紧围绕建设生态文明、建设美丽中国，着力推进国土绿化，着力提高森林质量，着力开展森林城市建设，着力建设国家公园，让森林平衡生态，让森林美化家园，让森林普惠民生，让全社会共享森林之美、生态之福。

实干创造绿色价值，责任淬炼生态文化

中国光大国际有限公司行政总裁　陈小平

今天，借中国生态文明论坛2016年会及中国生态文明研究与促进会第二次会员代表大会的召开，我们有幸相聚美丽的海口沐浴椰风海韵。我作为企业界代表，现将本人对生态文明建设的理解与思考，与大家交流分享。我演讲的题目是："实干创造绿色价值，责任淬炼生态文化"。

一、集聚众力，实干铸就生态文明

2013年，世界银行与国务院发展研究中心联合发布的一份报告中指出：中国过去30多年的经济绩效，无论以何种标准衡量都取得了举世瞩目的成就，GDP年均增速高达10%，5亿多人口脱贫，成为世界最大的出口国、制造国和全球第二大经济体。预计到2020年，中国的GDP总量将超过美国，2030年前跻身高收入国家，成为世界第一大经济体。然而，在分享巨大"财富蛋糕"的同时，越来越多的人也切身感到经济增长的资源环境代价太大，资源利用效率不高、环境污染严重、生态系统退化等，将严重制约着经济社会的可持续发展。目前水资源短缺、水源污染、土地污染、土地荒漠化、垃圾围城、雾霾锁城等危机已是当务之急。

当今中国，正在经历一场跨时代的发展和变革，自然资源和自然生态的匮乏已绝不允许走传统发展的老路，正如习总书记所说："生态环境没有替代品，用之不觉，失之难存。"

中国的发展要在生态文明的道路上走得更远，必须付出"脱胎换骨"的努力。我认为：生态文明建设不只是一个理念、一项政策，而是必须付诸实践的、涉及生产方式和生活方式根本性转变的战略任务，是一场涉及复杂利益调整的深刻变革。生态文明建设和践行绿色低碳生活也绝不是靠一句句口号实现，必须沉下心来，脚踏实地予以推进。古代先贤荀子曰：“道虽迩，不行不至；事虽小，不为不成。”任何伟大的事业，都始于梦想而成于实干。目标方向明确，唯有实干才是推进生态文明最好的方法、最快的路径。

二、砥砺前行，责任淬炼生态文明

1962 年，美国海洋生物学家蕾切尔·卡逊女士所著的《寂静的春天》一书，为人类过度使用现代生产方式，破坏自身生存环境的行为发出了环保史上第一次预警。半个多世纪来，全球环保组织和环保人士为自然资源和自然生态的改善作了艰苦卓绝的努力。

在中国，自 20 世纪 90 年代国家将环保市场专营权逐步放开，中国的环保事业千帆竞渡、风生水起，有相当一批企业坚守初衷，从最普通的点滴做起，脚踏实地、积累经验、历经挫折、不断修正，以高度的责任与担当，建立了中国环保的技术自信、设备自信、标准自信和项目自信。以垃圾发电为例，其一，针对中国以及发展中国家城市垃圾“高水分、高灰分、低热值、未经分类”的特征，摸索出一套“自主研发为主＋引进技术＋产学研合作”的技术发展路线，在焚烧炉排、烟气净化、渗滤液处理及自动化控制等方面形成了自主知识产权的核心技术；其二，通过艰苦创业孕育出精益求精的工匠精神，全部实现关键核心设备的中国制造，并取得欧盟 CE 认证，获得国际社会高度认可；其三，涌现了一批技术和设备领先的企业，建成了一批排放优于欧盟 2010 标准、“二噁英”排放近乎零的行业领先、具有国际水准的标杆项目。与欧美发达国家的同类企业相比，中国垃圾发电企业无论是在技术开发、工程建设，还是在装备制造、标准制定方面，都具备了强有力的竞争优势。劳累是必然的，压力也是空前的。我国一批优秀的环保企业用不到 20 年的时间达到了发达国家近百年的行业发展水平，这正是环境治理和生态文明建设的希望所在。我愿意与更多的环保同行在责任与担当中，为生态文明建设的推进与发展，成为践行者、排头兵。

三、福祉共享，担当弘扬生态文明

山水相连，水系相通，人类与自然生态是一个水乳交融的共同体。当前，在建设美丽中国伟大梦想的征程中，中国生态文明的感知度在与日俱增，占全球总人口五分之一的民族，在九百六十多万平方千米的国土上，开人类之先河，确立了全面建设生态文明的基本国策。在经济发展和生态文明为纵向、横向的宏伟坐标系中，"一带一路"也点燃人类文明进步和精神传承的薪火，这是一条互信共赢之路，也是一条和平绿色发展之路，更是一条责任共担福祉共享之路。作为一个负责任的大国，启动绿色"一带一路"，让中国的环保企业和治理"走出去"，带动周边国家经济发展和环境改善，是一种更大的责任和担当。

诗云：墙内开花墙外香，一杯醇酒香满堂。2016 年 6 月，联合国 PPP 中心主任汉密尔顿先生一行参观了南京垃圾发电项目后表示："这是我见过最干净、最漂亮、运营最好的项目。中国企业在环境与企业社会责任上的出色表现让我们感到十分钦佩，我相信中国企业绝对有能力为提高中国乃至全世界的公众生活环境质量提供全方位、一站式的服务，与联合国 PPP 中心携手打造可持续发展的世界。"来自瑞典驻上海总领事吴斐（Fredrik Uddenfeldt）先生参观后表示："要请欧洲的企业来向你们来学习！"2016 年 9 月，由科技部主办的 2016 年垃圾焚烧发电技术国际培训班在常州举办，来自"一带一路"沿线 11 个国家政府、院校和科研机构的环保专业人士，参观常州的设备制造和垃圾发电项目后，对中国企业的技术水平、项目运营管理及优美和谐的外围环境甚为惊叹，纷纷表示期待能够帮助他们国家建设出如此高水平的环保项目。2016 年 10 月，在美国哥伦比亚大学举行的全球垃圾焚烧发电技术研究年会上，全球垃圾发电技术著名专家、美国工程院资深院士、哥伦比亚大学教授德米雷斯先生对中国在垃圾发电方面取得的成就给予高度赞誉和充分肯定，他表示："全球垃圾发电的亮点在中国""世界环保标准的制定如果少了中国企业的参与是不完整的。"以上说明，中国在环保的某些领域已经取得了相当的成就及应有的国际地位，也完全具备了"走出去"的基础和能力，中国的环保技术正如一轮皎洁的明月，既圆又亮，释放光芒，中国人虽不能因此妄自尊大，但再也不必妄自菲薄。

地球在呼唤绿色，中国作为发展中的大国，生态文明建设事业已渐入佳境。善弈者，谋大势。企业作为环境整治和生态文明建设的主题，应积极将成熟的环保技术、装备、产品积极"推出去"，在国际上历练，并不断壮大成长。尤其是在标准的制定上，政府部门更应鼓励支持企业"走出去"并推动企业去主导或参与世界环保标准的制定，增强中国企业在国际上的"话语权"，提升中国企业的国际竞争力。切不能人为地设置门槛、打造枷锁，束缚手脚，以致失去竞争优势，错失发展良机。

良好的生态环境是最公平的公共产品，也是最普惠的民生福祉。深化生态文明事业，建设美丽中国，实现绿色发展，是我们共同的目标与责任。聚合澎湃之力，铸造锋芒利器，让我们携手努力共同推动生态文明的建设，为人类的绿色发展贡献更大的智慧和力量！

二、实践创新·厅局长论坛

张维庆同志在实践创新·厅局长论坛上的致辞

第十一届全国政协常委、人口资源环境委员会主任
原国家人口计生委主任　　张维庆

人类文明的发展历史历经了原始文明、农耕文明、工业文明，现在开始走向了生态文明。这是人类历史的发展规律。党的十七大报告把生态文明建设写入其中，党的十八大的报告把政治、经济、社会、文化和生态"五位一体"总体布局写进报告之中，十八大以来以习近平同志为核心的党中央，把生态文明的建设提升到了一个前所未有的高度。

可以说生态文明建设和环境保护工作迎来了一个天时、地利、人和的难得历史机遇，党中央、国务院采取了一系列的重大举措和部署，已经初步形成了生态文明建设的理论基础、顶层设计、制度框架和政策体系。

新常态下的经济转型，推动了产业结构、能源结构的初步调整，也推动了国家空间布局的逐步优化，单位产品的污染正在稳步地降低，一大批高耗能、高污染企业关停并转，一部分不作为、乱作为导致生态环境破坏的官员或者其他人被查处，生态文明建设和环境保护工作取得了明显的进展和可喜的成绩。但是我们应该清醒地看到，人类文明的历史对自然形成的生态环境所造成的恶果绝非短时期内能够解决，改革开放以来，30 多年的巨大成就，我们也付出了沉痛的代价，偿还代价也需要很长的时间。

目前围绕大气、水源、土壤的严重污染状况，我国生态文明建设只是万里长征迈出了第一步，生态文明建设和环境保护工作像这次论坛主题——改善环境质量，是一场长期而艰巨的历史任务，是一次从思想观念、生产方式、生活方式、消费方式和管理方式的深刻变革，也是一次走绿色发展道路，实现可持续发展的一次新的长征。

目前，我国的生态状况和环境形势仍然十分严峻，特别是直接影响人民群众幸福生活和健康水平的空气、水源、土壤等污染状况不容乐观，有些地区还处在继续恶化的态势。特别是农业面源污染程度将会更大，持续时间将会更长。所以要解决当前这些问题需要我们经过十几年、几十年甚至更长时间的久久为功才能取得举世瞩目的成绩。

“十三五”时期是全面建成小康社会决胜时期。环境质量的改善，进入了一个攻坚的时期。在这个时期能不能够取得重大突破，能不能有所作为，直接关系到全面建成小康社会的承诺能不能真正兑现，所以它既是一个生态问题，更是一个政治问题。

随着全面改革的深化所创造的政府红利，全面依法治国所创造的法治红利，绿色发展所带来的技术红利，环境意识的迅速觉醒带来的精神红利，以及国际社会应对全球气候变化实现可持续发展共识所带来的国际红利，都使我们必须拿出踏石留印、抓铁有痕、一万年太久只争朝夕的精神，抓紧时间把生态环境建设和环境保护工作做到更大、更快、更好。

我在人口计生委当主任14年，参加10年中央人口资源环境工作座谈会，在政协工作5年，又担任了人口、资源、环境委员会的主任，使我对中国环境的恶化状况有了更加深切的了解，对生态环境建设也有了更深刻的思考，我先后写了4篇上万字的论文，送给党中央、国务院领导，得到了他们的高度关注。

第1篇是对统筹解决中国人口问题的思考；第2篇是对中国可持续发展问题的思考；第3篇是关于建设社会主义生态文明的思考；第4篇是居安思危方能长治久安。我讲到了中国四大危机：发展中的危机、精神危机、生态危机、外交危机，提出了若干重大的政策建议，得到了中央高层的认可，并且纳入了决策之中。

我在政协工作期间，和政协人口资源环境委员会的80多名大家、名家、专家、学者、企业家和各位领导共同组织了50多次的大型专题调研，举办了20多次论坛和有关重大活动，给党中央、国务院报送了70多份调研报告。这些报告都有批示，更重要的是这些批示有力地推动了跟踪调研使大多数的问题程度不同地得到了重视和解决，产生了积极的成果。

我组织参加了节能减排、防治污染、发展新能源、城镇污水处理、千岛湖水资源保护、海南国际旅游岛、贵阳生态文明会议的调研等，取得了可喜的成果。我深切地感到，目前大政方针已经确定，目标已经十分明确，环保部也制定了《水十条》《土十条》《大气十条》[①]。现在的问题是：从我了解的情况看，我们相当一部分地方包括中央各部门，官员不担责任、不愿作为的现象较为普遍，懒政的问题比较突出。再好的决策，再好的宣言，如果没有一步一个脚印的行动，都是一纸空文、一句空话。党中央采取了督查的力度。现在情况有所好转但并不乐观，所以我们目前必须拿出实干兴邦的劲头，忠诚、干净、担当，把党中央、国务院的关于生态文明建设和环境保护工作的各项政策举措真正落到实处，生根、发芽、开花、结果。

一千个宣言不如一个切实的行动，一次一次高调的表态并不证明你真心地拥护中央，而要看你能不能做到知行合一。所以我们现在要振奋起精神，人民给了我们权力，我们为人民服务，就必须自省自律，放下包袱担起责任，把十几亿中国人民的事情办好。

另外还想说一点因为我搞计划生育 14 年，刚才福建环保厅的厅长说生态文明建设和环境保护工作不是哪一个部门的问题，是全党的大事，是全国人民的大事，各个部门的大事，要融入所有政策，那我们怎么办？就得像当年抓计划生育那样抓今天的环保，党政“一把手”亲自抓负总责，环保厅局长当好参谋助手，而且是高参，是得力的助手。要学会做党政领导的工作，现在条件这么好，我们宣传党的领导，让他们切实负起责任，我们宣传各部门的领导，让他们切实抓好各自分管领域的环境保护工作，上下同心，齐心协力这个事情才能真正地办好。

---

① 《大气污染防治行动计划》。

最后我想讲一下，中央提出了建设美丽中国，也提出了建设健康中国，这两个中国是密切相关的，建设健康中国必须走预防为主、中西并重、改革创新之路，建设美丽中国必须走绿色发展生态文明之路。

但是，绿色发展生态文明是为人民服务的，是为人民的健康水平和幸福生活服务的，所以二者之间是密切相关的、缺一不可的。我希望通过我们大家的共同努力，我们既要建设好美丽中国，还要建设好健康中国，实现总书记所提出的人民对幸福生活的向往，就是我们的奋斗目标。

李瑞农同志在实践创新·厅局长论坛上的致辞

中国环境报社社长　李瑞农

改善环境质量既是党中央、国务院对环境保护提出的明确要求，也是广大人民群众的热切期盼。改善环境质量是做好环保工作的出发点和落脚点，是评判一切工作的最终标尺。正如陈吉宁部长所指出的，党中央作出以改善环境质量为核心、实现生态环境质量总体改善等一系列决策部署，这就是我们环保工作的政治，就是大局。广大环保工作者要把以改善环境质量为核心谋划好、细化好、落实好，并且要作为政治纪律来坚守。

2016年是确定“十三五”环境保护顶层设计的一年，也是“十三五”的开局之年，更是生态环保改革加快推进的一年。一年来，中央在生态文明建设和生态环境保护改革方面出台了一系列重大战略性、全局性的政策措施，实行省以下环保机构监测监察执法垂直管理，建立覆盖所有固定污染源的控制污染物排放许可制，推进环境监测体制机制改革，全面推进河长制等。此外，以雷霆之势开展了两轮共15个省区市的中央环境保护督察。这些改革和举措相互衔接、彼此呼应，旨在全面落实地方党委、政府环境责任和企业治污主体责任，从根本上改善环境质量。《“十三五”生态环境保护规划》近日编制出台，旨在通过谋划一系列重大工程、重大项目和重大政策，把党中央、国务院有关生态文明和环境保护的重大安排部署变成施工图。特别是习近平总书记最近关于生态文明建设批示精神，我们要深入学习、深刻领会，把“绿水青山就是金山银山”重要思想学习好、贯彻好、落实好。所有这些，都为我们指明了政治方向，并从顶层设计上为改善环境质量夯实了政策和制度基础。

当前，我国生态环保领域改革已进入深水区和落地见效的关键期，改革创新势在必行。一年来，各地结合地方实际，加大工作力度，不断创新环境管理体制机制，取得了初步成效。为推进污染防治、改善环境质量，在制度建设和制度创新上奠定了坚实基础。

我国当前环境形势仍然严峻，环保工作面临的压力很大，亟须提高环境管理的系统化、科学化、法治化、精细化和信息化水平，不断提升环境管理的质量和效能。全国环保厅局长论坛是经环境保护部批准的环保厅局长年度交流和探讨的重要平台，旨在针对环保重点工作重大进展和新的工作和任务以及趋势，进行深入的交流和探讨。自2007年首次举办以来，在全国环保系统及社会各界产生了重大影响。2017年是实施“十三五”规划的重要之年。面对新的形势、新的任务和新的开端，期待这次论坛能够汇聚思想、凝聚智慧，为推动“十三五”环保工作、迎接党的十九大的胜利召开贡献智慧和力量。

控制污染物排放许可制改革顶层设计

环境保护部环境工程评估中心副主任 邹世英

一、改革背景

改革背景1——国际上通行做法

- 美国、欧盟、日本等都已对排放水、大气污染物的行为实行许可管理，取得明显成效。
- 美国自1972年实施排污许可制度以来，全美50多个行业及16000多个市政污水处理厂被纳入NPDES排污许可证管理，水污染物排放总量减少59.2%，重金属排放量减少90.5%，目前美国超过三分之二的水体可用于游泳和钓鱼。
- 二氧化硫排放总量从2832万吨下降到469万吨，氮氧化物排放量从2439万吨降到1190万吨，空气质量改善成效明显。

一、改革背景

改革背景2——党中央、国务院的要求

- **《中共中央关于全面深化改革若干重大问题的决定》**（2013年11月12日十八届三中全会通过）将“完善污染物排放许可制”作为改革生态环境保护管理体制的重要任务。
- **《中共中央国务院关于加快推进生态文明建设的意见》**（2015年4月25日）中将“完善污染物排放许可证制度”确定为完善生态环境监管制度的重要内容。
- **《生态文明体制改革总体方案》**（2015年9月11日中央政治局会议审议通过）要求完善污染物排放许可制，尽快在全国范围建立统一公平、覆盖所有固定污染源的企业排放许可制。
- **《中共中央关于制定国民经济和社会发展第十三个五年规划的建议》**（2015年10月29日十八届五中全会通过）提出**“改革环境治理基础制度，建立覆盖所有固定污染源的企业排放许可制”**。
- “制定污染物排放许可制实施方案”是**中央全面深化改革领导小组**确定的2016年重点改革任务之一。

一、改革背景

改革背景3——推进排污许可改革工作的迫切需要

- **管理现状**
  - 试点时间：从20世纪80年代后期开始，地方试点实施污染物排放许可制
  - 试点省份：至今共有28个省（区、市）出台了排污许可管理相关地方法规、规章或规范性文件
  - 发放数量：总计向约24万家企业发放了排污许可证
- **存在四大方面问题**
  - 一是基础核心地位不突出，多项环境管理制度并行交叉重复，未能有效衔接，污染源“数出多门”、“多头管理”，加重了企业负担，降低了行政效率。
  - 二是发证范围和种类不全，证照空乏，重证轻管，许可内容单一
  - 三是企业环境保护主体责任不明确，污染治理要求不落实，环保主管部门监管靠“出现场、抓现行”
  - 四是缺乏统一规定，不同地区发证对象、许可要求、有效期等不同，难以实现统一公平

一、改革背景

改革原则

- ■既不放松现有的总量控制、排放标准等对固定源的环境管理要求，也不加严现有管理要求。
- ■通过排污许可证核发将所有固定污染源纳入管理范围。
- ■地方可结合环境质量改善需求，依法扩大管理范围和加严管理要求，加强对固定源的环境管理。

二、工作过程

2.深入调研座谈

3.组织方案编制

4.广泛征求意见

✓ 2016年1月初，成立以陈吉宁部长为组长的排污许可证实施领导小组；下设综合组、大气组、水组三个工作组，开展制度顶层设计。

✓ 2016年5月，根据部改革工作总体部署，成立排污许可专项小组，下设办公室。

二、工作过程

广泛征求意见

- 部长座谈会：翟青、赵英民副部长先后4次组织召开座谈会，就实施方案听取省市环保部门和基层一线执法人员意见。
- 部内各司局：两次征求意见并基本达成一致。
- 外部征求意见：征求中财办和发改委、工信部、财政部、住建部、水利部、农业部以及各省、计划单列市、省会城市环保部门等54家单位意见。

二、工作过程

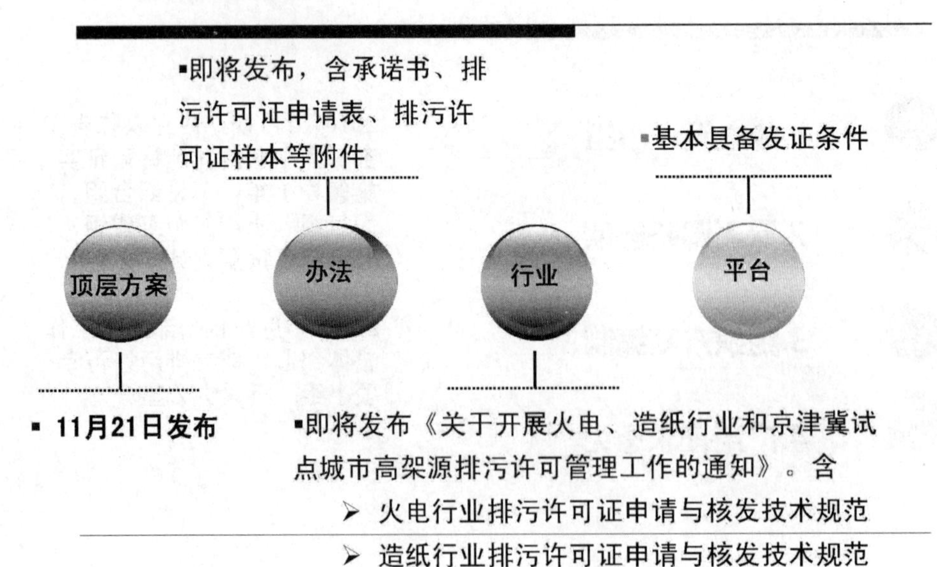

三、改革思路

（一）改革目标

两个核心

- 以环境质量改善为核心
- 将排污许可制度建设成为固定污染源环境管理的核心制度

三、改革思路

（二）总体设计

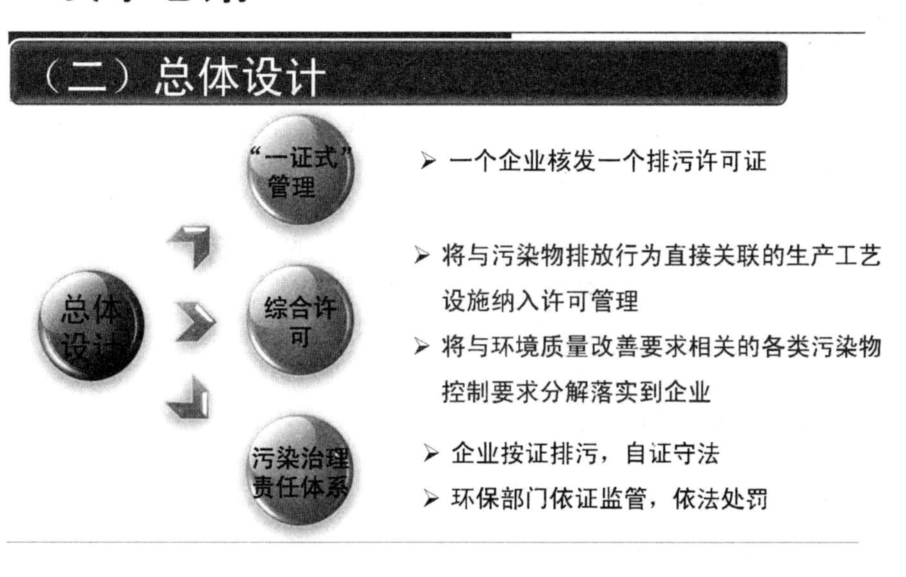

四、主要任务

（一）制度改革

整合总量制度

在总量分配上：取消自上而下层层分解，由排污许可证确定企业污染物排放总量控制指标

在总量考核上：改变现有考核方式，将总量控制由过去的行政命令上升为法定义务

在控制因子上：逐步扩大到影响环境质量的重点污染物

在控制范围上：统一到固定污染源

四、主要任务

融合其他制度

- 以实际排放数据为桥梁，衔接污染源监测、排污收费、环境统计等制度，从根本上解决多套数据的问题。
- 企业按照许可证的要求开展自行监测、台账记录、执行报告，相关污染物排放数据统一纳入许可管理信息平台，并未其他制度提供统一污染物排放数据。

■ **制度整合预期效果**

- 可减少3项管理事项，减少和整合7项检查及考核事项。

四、主要任务

（二）改善环境质量

1. 合理确定许可排放量

- 现有污染源（2015年1月1日前 实际排污）：按照排放标准及总量控制要求从严确定
- 新增污染源（2015年1月1日后 实际排污）：按照排放标准及总量控制要求、环评文件及批复要求从严确定

2. 精确计算实际排放量

- 按以下顺序确定核算方法：
  1. 在线监测数据
  2. 手工监测数据（含执法监测和企业自行监测数据）
  3. 排污系数或物料衡算法；
  4. 应采用自动监测而未采用自行监测或监测数据明显不合理的，按直排核算。

四、主要任务

（二）改善环境质量

3. 基于排污许可大数据的环境质量管理

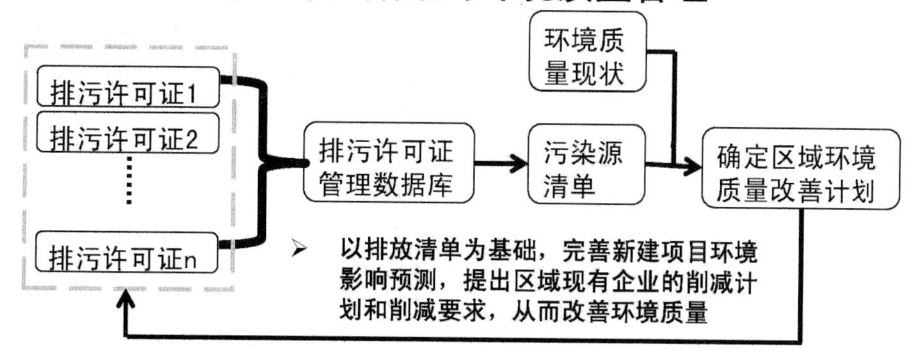

四、主要任务

（三）监督管理

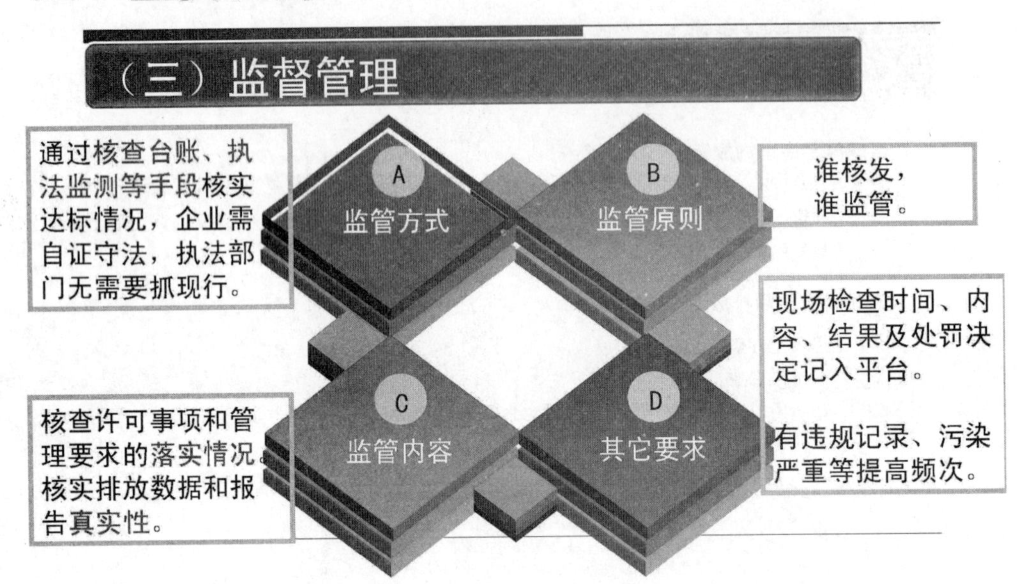

四、主要任务

（三）监督管理-守法激励

自愿加严 加大电价等价格激励措施力度，享受相关环保、资源综合利用等方面的优惠政策。

与环保税衔接 交换共享实际排放数据和纳税申报数据，引导企业按证排污、诚信纳税。

排污交易 许可证是排污权凭证、排污交易载体，通过淘汰落后、清洁生产、技术改造等产生的污染物削减量可用于交易。

四、主要任务

（三）监督管理——违法惩戒

无证和不按证排污行为：按日连续处罚、限制生产、停产整治、停业、关闭等。

拟排污单位自我举证制度、加强对连续违法行为的处罚力度。

四、主要任务

（三）监督管理- 提高信息化水平

- 建设全国排污许可证管理信息平台，许可证申领、核发、监管纳入平台。
- 各地现有平台逐步接入。
- 在全国统一社会信用代码基础上，制定统一许可证编码
- 通过统一采集、储存信息，实现各级联网、数据集成、信息共享、社会公开。

四、主要任务

（四）严格落实企业环保主体责任

■ 落实按证排污责任

- 基本要求：持证排污、按证排污，不得无证排污。
- 对申请内容负责：及时申领排污许可证，对申请材料真实性、准确性、完整性负责，承诺按证排污。
- 责任到人：明确单位负责人和相关人员环保责任。
- 责任和义务明确：落实措施和环境管理要求，不断改进污染治理和环境管理水平；自觉接受监督检查。
- 自我承诺，自证守法，建立企业的环保诚信体系：自行监测、台账记录、执行报告、信息公开。

四、主要任务

（五）制度推进

■ 原则：国家统一要求，同时兼顾地方差异性。

- ➢国家统一许可范围、技术规范、核发程序、许可内容等。
- ➢地方可根据需要，依法加快推进进程，增加许可内容、加严许可要求。

四、主要任务

推进时序

- 2016年6月底完成火电、造纸行业核发，开展京津冀重点城市钢铁、水泥行业试点，开展山东、浙江、江苏典型流域试点，海南VOC试点。
- 2017年完成《水十条》、《气十条》其他重点行业及产能过剩行业核发。
- 2020年完成管理名录中规定所有行业核发，实现全覆盖。

四、主要任务

支撑文件

排污许可证管理暂行办法

排污许可证监督管理暂行办法

排污许可管理名录

三大方面技术规范性文件

→ 排污许可管理条例

四、主要任务

行业系列标准
- 行业排放达标判定方法
- 行业排污许可申请与核发技术规范
- 行业污染源源强核算技术指南
- 行业最佳可行技术指南
- 行业排污单位自行监测指南

环保标准
- 环境管理台账及排污许可证执行报告技术规范
- 固定污染源（水、大气）编码规则
- 信息平台建设数据标准

四、主要任务

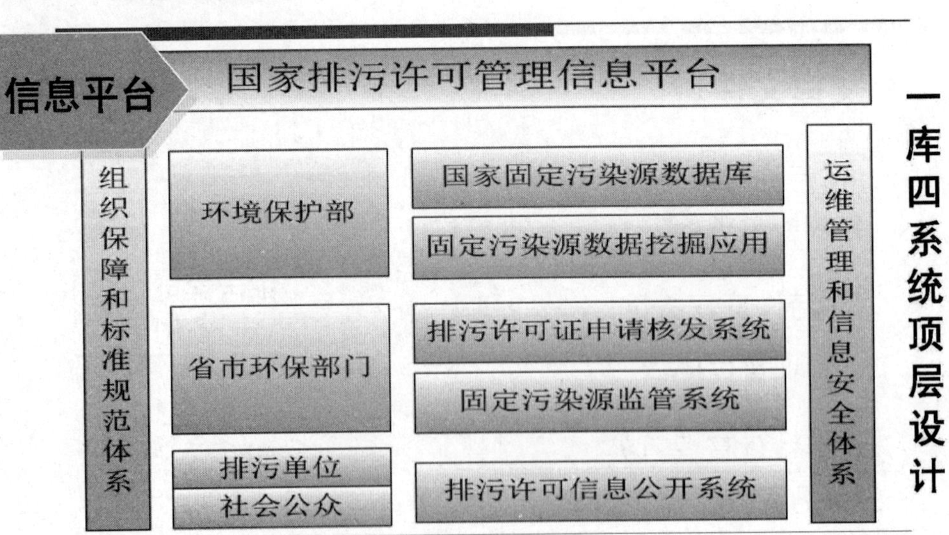

四、主要任务

■ 申请核发系统

✓ **排污单位**在线申请、变更、延续、注销、撤销、遗失补办等功能

✓ **核发机关**利用信息平台在线受理、审查排污许可证申请信息

✓ **平台辅助审查**，通过整合污染源源强核算手册、最佳可行技术标准、许可排放量核定方法，实现许可排放量**在线自动计算、最佳可行技术自动判别、填报数据逻辑分析与纠错**

■ 监督管理系统

✓ 为**现场检查执法人员**核实台账的真实性提供数据支撑

✓ 与**排污收费、环境税、排污权交易**实现信息共享

四、主要任务

■ 信息公开系统

✓ 管理要求和规范文件公开
✓ 许可证申领核发情况公开
✓ 许可证监管执法情况公开
✓ 与环保举报平台共享信息

■ 固定污染源数据库

✓ 建立全国统一的与排污相关的**生产设施、污染治理设施、排污口的统一编码**，形成全国固定污染源数据库

■ 数据挖掘应用系统

✓ 制定固定污染源动态排放清单
✓ 提供环境质量预测预警服务
✓ 开展区域或流域资源环境承载力与污染负荷分析

开展水环境目标的质量管理

中国科学院生态环境研究中心研究员　王子健

2016 年出台的《水污染防治法（修订草案）》提出，建立兼顾流域和行政区划特点的水环境质量目标管理体系。

水质目标管理与总量管理的区别，首先是原理不同。总量控制希望通过降低点源排放达到水质改善的目的。而水质目标的管理是根据设定的水体功能来达到相应的水环境质量标准。其次，对象不一样。总量控制主要针对点源，但是对水质目标管理来讲，就不仅仅是点源的问题，很大一部分是面源和城市雨污的问题。还有就是污染物种类不一样。总量控制针对污染源，而污染源对水体功能产生的影响并不十分明确。这种情况下如果从水质目标管理看，就存在两方面问题：一方面，水质标准有没有达到；另一方面，水质标准达到了但是功能是否达到。这两个方面都是水质目标管理的问题。目前我国总量控制相对成熟，而水质目标管理相对不成熟。

我国一些省市虽然也在做自己的功能区划，但是只是地方标准。现行国家标准中有一个问题就是缺乏相应的水质标准，这导致在做功能分区时没有相应的标准来评价水体功能是否达到了功能区的要求。用总量控制或者其他方式来做，目前地表水分类的标准是可以用的。但是如果将来按照水环境质量目标管理，就很可能出现问题。因为将同样的一个功能划分到不同的类别，而且这个功能划分之后评价指标跟不上，就没有办法把评价指标与功能一对一地关联起来。

建议未来在做水质目标管理时，将饮用水水源区列为第一个保护目标，制定以人体健康保护为核心的水源水质标准，与饮用水卫生标准接轨。第二个目标是保护水生生物，制定保护水生生物的水质标准，与渔业用水标准接轨。第三个目标设定为景观娱乐，制、修订景观娱乐水质标准。第四个目标是工业用水区，制、修订行业用水、再生水工业利用标准。第五个目标是农业用水区，制、修订灌溉用水标准和再生水灌溉水质标准。

（本文根据作者要求删减后整理）

我国大气污染综合防治现状与进展

中国环境科学研究院研究员、原副院长 柴发合

报告内容

我国大气复合污染特征

我国大气污染防治进展

“十三五”：大气污染控制攻坚期

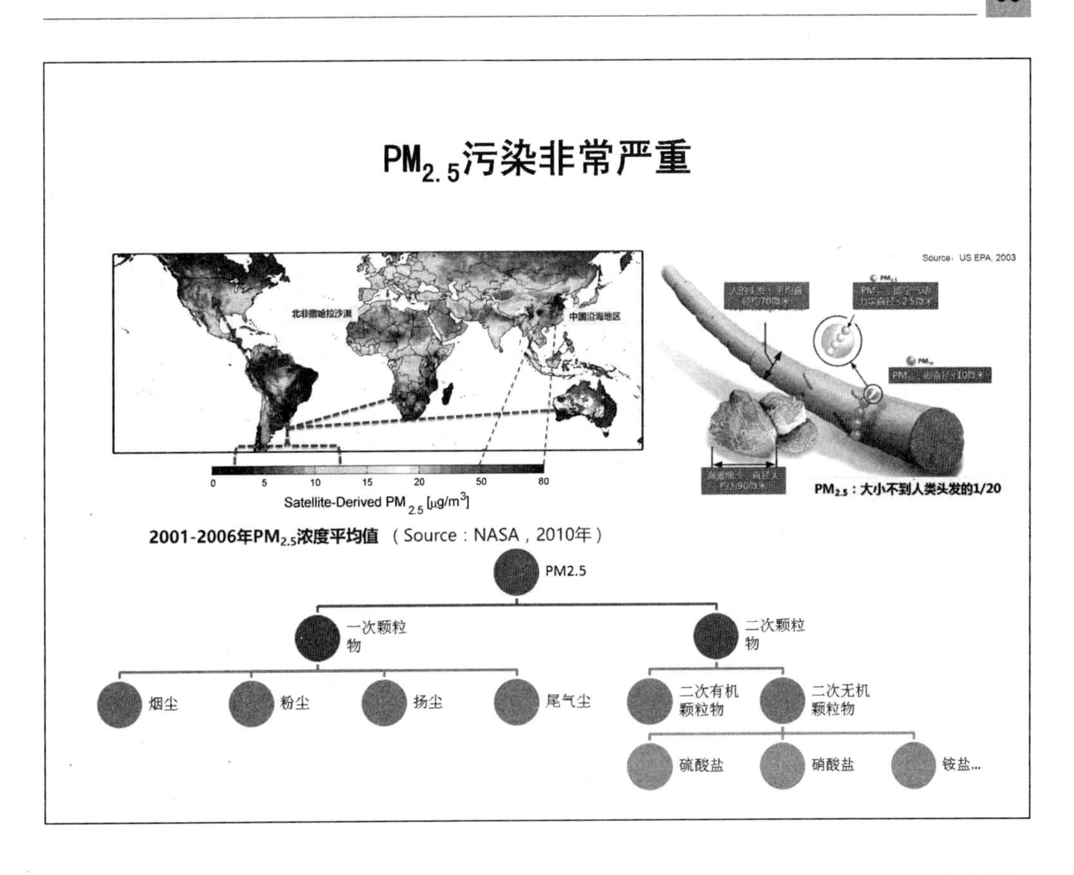

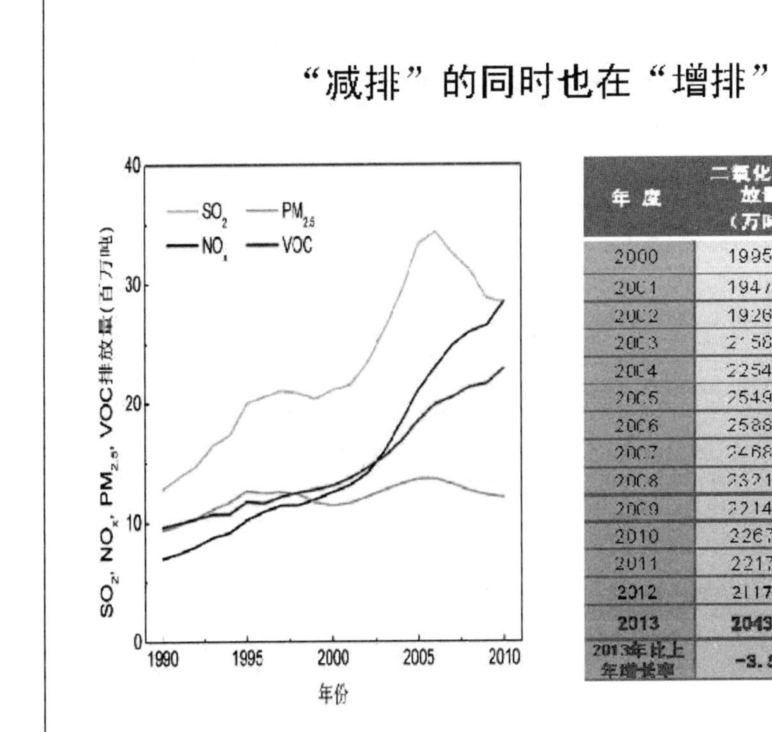

年度	二氧化硫排放量（万吨）	氮氧化物排放量（万吨）
2000	1995.1*	-
2001	1947.8*	-
2002	1926.6*	-
2003	2158.7*	-
2004	2254.9*	-
2005	2549.3*	-
2006	2588.8*	1523.8*
2007	2468.1*	1643.4*
2008	2321.2*	1624.5*
2009	2214.4*	1692.7*
2010	2267.8	2273.6
2011	2217.9	2404.3
2012	2117.6	2337.8
2013	**2043.9**	**2227.3**
2013年比上年增长率	-3.5%	-4.7%

$PM_{2.5}$的危害——人体健康的影响

根据粒径大小分为

- 总悬浮颗粒物(粒径≤100 μm)
- 可吸入颗粒物(PM_{10}，≤10 μm)
- 细颗粒物($PM_{2.5}$，≤2.5 μm)
- 超细颗粒物($PM_{0.1}$，≤0.1 μm)

特征：颗粒物粒径越小，比表面积越大，吸附有害物越多，侵入机体越深，健康危害越大。

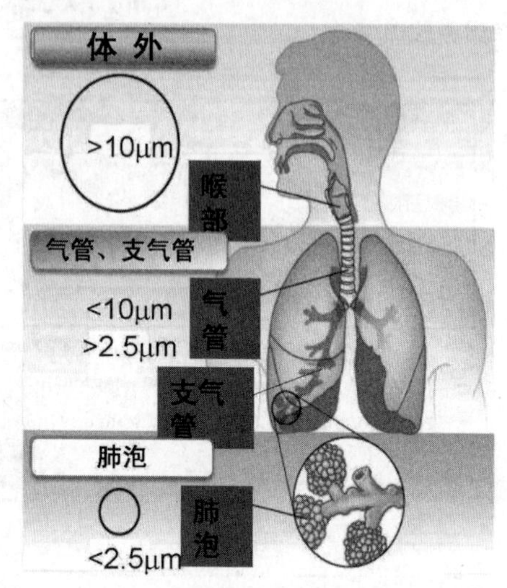

J Exp Sci Environ Epidemiol (2010)

关于推进大气污染联防联控工作改善区域空气质量的指导意见

- 指导思想：以科学发展观为指导，以改善空气质量为目的，以增强区域环境保护合力为主线，以全面削减大气污染物排放为手段，建立统一规划、统一监测、统一监管、统一评估、统一协调的区域大气污染联防联控工作机制，扎实做好大气污染防治工作。
- 基本原则：坚持环境保护与经济发展相结合，促进区域环境与经济协调发展；坚持属地管理与区域联动相结合，提升区域大气污染防治整体水平；坚持先行先试与整体推进相结合，率先在重点区域取得突破。
- 工作目标：到2015年，建立大气污染联防联控机制，形成区域大气环境管理的法规、标准和政策体系，主要大气污染物排放总量显著下降，重点企业全面达标排放，重点区域内所有城市空气质量达到或好于国家二级标准，酸雨、灰霾和光化学烟雾污染明显减少，区域空气质量大幅改善。确保2010年上海世博会和广州亚运会空气质量良好。

环境空气质量标准（GB 3095—2012）

经国务院常务会议审议，2012年2月29日发布，2016年1月1日起在全国正式实施。

- 将三类功能区调整并入二类。
- 新增$PM_{2.5}$年平均、24小时平均浓度限值；增加臭氧（O_3）8小时平均浓度限值。
- 收紧PM_{10}和NO_2浓度限值。
- 加严了苯并[a]芘的浓度限值。
- 提高监测数据统计的有效性要求
- 加严了铅，提出了部分重金属参考浓度限值。

表1 环境空气污染物基本项目浓度限值

序号	污染物项目	平均时间	浓度限值		单位
			一级	二级	
1	二氧化硫（SO_2）	年平均	20	60	μg/m³
		24小时平均	50	150	
		1小时平均	150	500	
2	二氧化氮（NO_2）	年平均	40	40	
		24小时平均	80	80	
		1小时平均	200	200	
3	一氧化碳（CO）	24小时平均	4	4	mg/m³
		1小时平均	10	10	
4	臭氧（O_3）	日最大8小时平均	100	160	μg/m³
		1小时平均	160	200	
5	颗粒物（粒径小于等于10 μm）	年平均	40	70	
		24小时平均	50	150	
6	颗粒物（粒径小于等于2.5 μm）	年平均	15	35	
		24小时平均	35	75	

- 第一个受到各界广泛关注的环境标准。
- 第一个经国务院常务会议审议的环境标准。
- 第一个分期实施的空气质量标准。
- 二氧化氮、臭氧限值基本与国际标准接轨。
- 颗粒物限值与WHO空气质量导则低轨相接。

大气污染防治行动计划

奋斗目标：经过5年努力，全国空气质量总体改善，重污染天气较大幅度减少；京津冀、长三角、珠三角等区域空气质量明显好转。力争再用5年或更长时间，逐步消除重污染天气，全国空气质量明显改善。

具体指标：到2017年

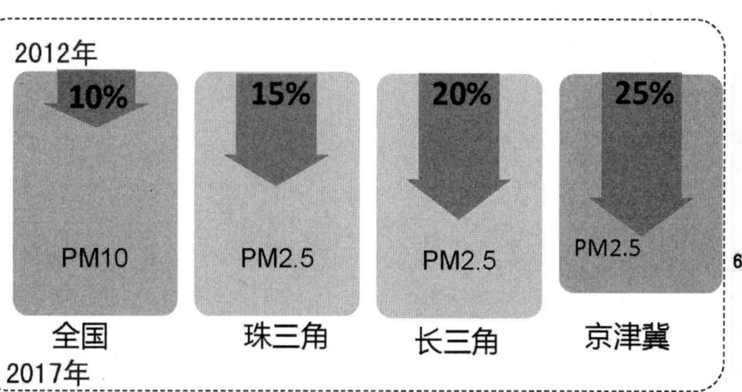

2017年北京市$PM_{2.5}$浓度60 μg/m³左右

落实《大气十条》任务措施

1. 加大综合治理力度，减少多污染物排放
2. 调整优化产业结构，推动产业转型升级
3. 加快企业技术改造，提高科技创新能力
4. 加快调整能源结构，增加清洁能源供应
5. 严格节能环保准入，优化产业空间布局
6. 发挥市场机制作用，完善环境经济政策
7. 健全法律法规体系，严格依法监督管理
8. 建立区域协作机制，统筹区域环境治理
9. 建立监测预警应急体系，妥善应对重污染天气
10. 明确政府企业和社会的责任，动员全民参与环境保护

京津冀及周边地区落实大气污染防治行动计划
实施细则

北京市、天津市、河北省细颗粒物（$PM_{2.5}$）浓度在 2012 年基础上下降 25%左右，其中，北京市细颗粒物年均浓度控制在 60 微克/立方米左右。

山西省、山东省下降细颗粒物（$PM_{2.5}$）浓度在 2012 年基础上下降 20%，内蒙古自治区下降10%。2015年，河南省纳入京津冀及周边地区。

中华人民共和国大气污染防治法

1987年版

- 第一章　总　则
- 第二章　大气污染防治的监督管理
- 第三章　防治烟尘污染
- 第四章　防治废气、粉尘和恶臭污染
- 第五章　法律责任
- 第六章　附　则　（共41条）

1995年版

- 第一章　总　则
- 第二章　大气污染防治的监督管理
- 第三章　防治燃煤产生的大气污染
- 第四章　防治废气、粉尘和恶臭污染
- 第五章　法律责任
- 第六章　附　则　（共50条）

2000年版

- 第一章　总　则
- 第二章　大气污染防治的监督管理
- 第三章　防治燃煤产生的大气污染
- 第四章　防治机动车船排放污染
- 第五章　防治废气、尘和恶臭污染
- 第六章　法律责任
- 第七章　附　则（共66条）

2015年版

- 第一章 总则
- 第二章 大气污染防治标准和限期达标规划
- 第三章 大气污染防治的监督管理
- 第四章 大气污染防治措施
- 第一节 燃煤和其他能源污染防治；
- 第二节 工业污染防治；
- 第三节 机动车船等污染防治；
- 第四节 扬尘污染防治；
- 第五节 农业和其他污染防治
- 第五章 重点区域大气污染联合防治
- 第六章 重污染天气应对
- 第七章 法律责任
- 第八章 附则（共129条）

主要强化措施

- 限时完成农村散煤清洁替代
- 限时完成燃煤锅炉“清零”任务
- 划定禁煤区和煤炭质量控制区
- 限时完成关停淘汰任务
- 加强机动车污染治理
- 加大挥发性有机物（VOC）综合治理力度
- 传输通道城市限时完成重点行业污染治理
- 传输通道城市工业企业生产调控措施

2013—2015年
空气质量总体转好

2015年74个城市：2015年12个城市$PM_{2.5}$达标，平均达标天数为 71.2%，京津冀区域13个城市平均达标比例为52.4%；2014年8个城市达标，达标天数66.0%；3013年仅3个城市达标，达标天数仅60.5%。

2015年74个城市平均浓度

PM_{10} 93μg/m^3；

$PM_{2.5}$ 55μg/m^3，

SO_2 25μg/m^3；

NO_2 39μg/m^3。

区域	省份	2013年	2014年	变化幅度
京津冀	北京	89.5	85.9	-4.0%
	天津	96	83	-13.5%
	河北	108	95	-12.0%
长三角	上海	62	52	-16.1%
	江苏	73	66	-9.6%
	浙江	61	53	-13.1%
珠三角	9城市	47	42	-10.6%

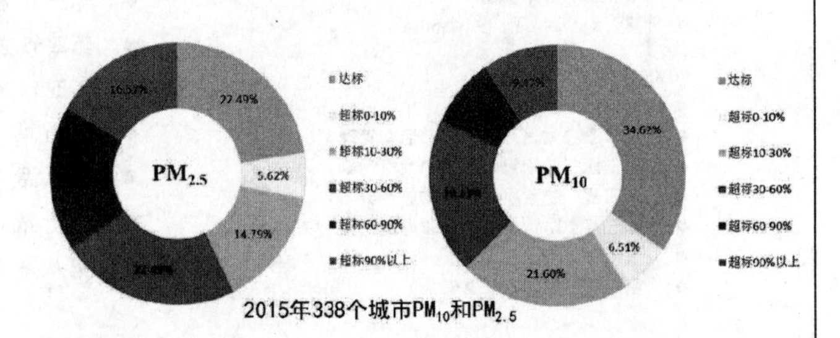

2015年338个城市PM_{10}和$PM_{2.5}$

资源环境十三五指标

指标		2015年	2020年	年均增速[累计]	属性
➢ 经济发展					
（1）国内生产总值（GDP）（万亿元）		67.7	>92.7	>6.5%	预期性
➢ 资源环境					
（16）耕地保有量（亿亩）		18.65	18.65	[0]	约束性
（17）新增建设用地规模（万亩）		-	-	[<3256]	约束性
（18）万元GDP用水量下降（%）		-	-	[23]	约束性
（19）单位GDP能源消耗降低（%）		-	-	[15]	约束性
（20）非化石能源占一次能源消费比重（%）		12	15	[3]	约束性
（21）单位GDP二氧化碳排放降低（%）		-	-	[18]	约束性
（22）森林发展	森林覆盖率（%）	21.66	23.04	[1.38]	约束性
	森林蓄积量（亿立方米）	151	165	[14]	
（23）空气质量	地级及以上城市空气质量优良天数比率（%）	76.7	>80	-	约束性
	细颗粒物（$PM_{2.5}$）未达标地级及以上城市浓度下降（%）	-	-	[18]	
（24）地表水质量	达到或好于Ⅲ类水体比例（%）	66	>70	-	约束性
	劣Ⅴ类水体比例（%）	9.7	<5	-	
（25）主要污染物排放总量减少（%）	化学需氧量	-	-	[10]	约束性
	氨氮			[10]	
	二氧化硫			[15]	
	氮氧化物			[15]	

- 地级及以上城市重污染天数减少25%；
- 京津冀细颗粒物浓度下降 25%以上；
- 在重点区域、重点行业推进挥发性有机物排放总量控制，全国排放总量下降 10%以上。

$PM_{2.5}$仍然是“心肺之患”

- 2015年全国338个地级以上城市$PM_{2.5}$年均浓度范围为11～125 μg/m³，平均为50 μg/m³（超过国家二级标准0.43倍）；日均值超标天数占监测天数的比例为17.5%；达标城市比例为22.5%。
- 2015年74个城市$PM_{2.5}$年均浓度范围为22～107 μg/m³，虽然比2014年下降14.1%，但平均浓度仍达55 μg/m³。其中京津冀比2014年下降17.2%，$M_{2.5}$平均浓度为77 μg/m³（超过国家二级标准1.20倍）。

采暖期是重点防控期
重污染过程调控是关键

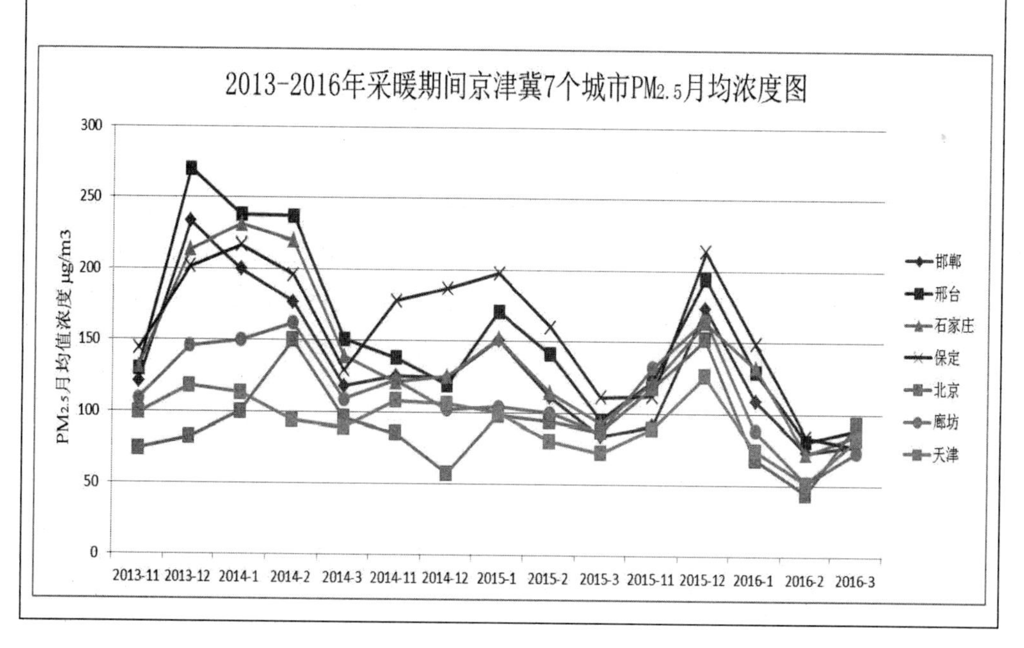

2016年11月京津冀主要城市空气质量级别分布

城市	优	良	轻度	中度	重度	严重	重度及以上
石家庄市	0	2	7	3	10	5	15
保定市	1	3	4	9	7	3	10
北京市	3	9	6	2	6	1	7
唐山市	2	9	6	3	6	1	7
邢台市	1	4	8	7	5	1	6
天津市	2	9	5	6	5	0	5
邯郸市	1	6	10	5	5	0	5
衡水市	1	5	9	8	3	1	4
廊坊市	2	10	9	3	3	0	3
秦皇岛市	4	14	4	4	1	0	1
沧州市	2	5	10	9	1	0	1
承德市	4	15	7	1	0	0	0
张家口市	5	15	5	2	0	0	0

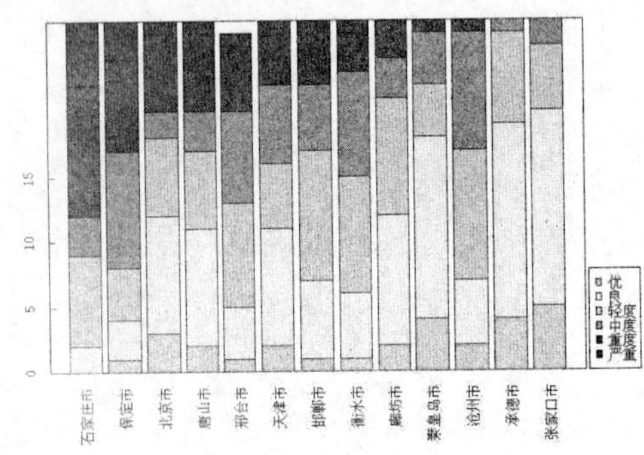

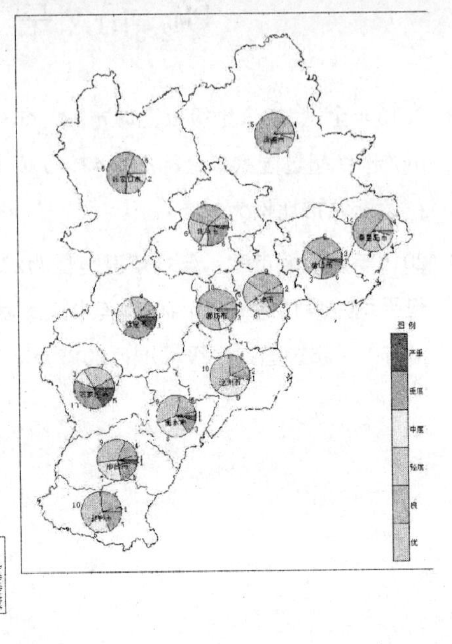

臭氧污染受到广泛关注

◆ 2015年全国338个地级以上城市03日最大8小时平均值第90百分位数浓度范围为62～203μg/m³，平均为134μg/m³；日均值超标天数占监测天数的比例为4.6%。

◆ 2015年74个城市03日最大8小时平均值第90百分位数浓度范围为95～203 μg/m³，平均为150μg/m³，比2014年上升3.4%；达标城市比例为62.2%，比2014年下降5.4个百分点。其中京津冀03日最大8小时均值第90百分位数浓度为162μg/m³，与2014年持平；长三角浓度为163 μg/m³，比2014年上升5.8%，有16个城市超标；珠三角浓度为145 μg/m³，比2014年下降7.1%，有1个城市超标。

颗粒物污染得到逐步下降，臭氧污染悄然加重

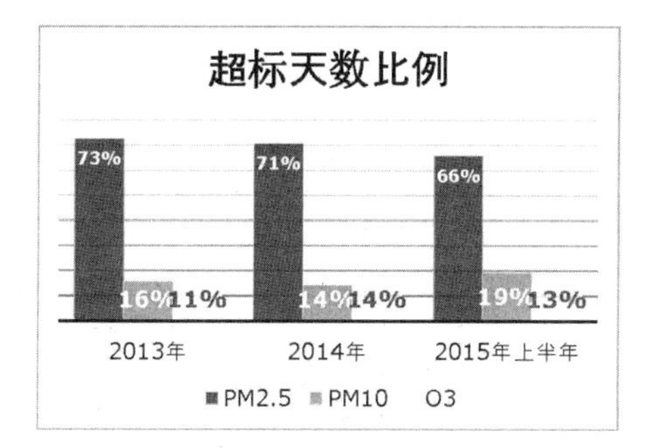

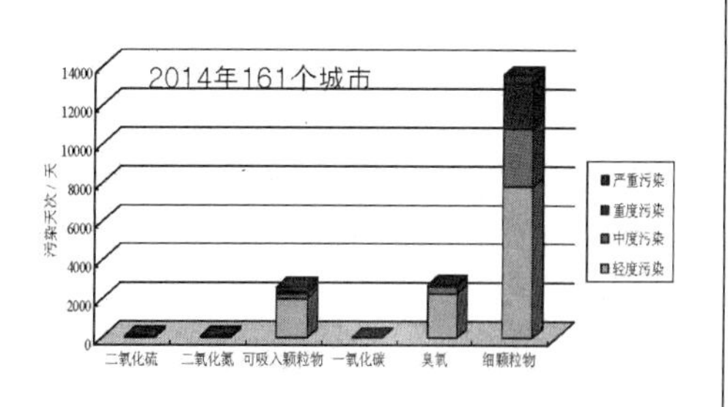

备注：2013年，74个；2014年，161个；2015年上半年，338个城市。

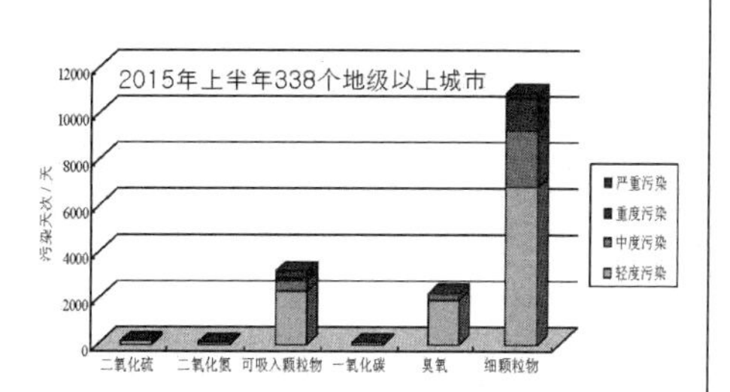

挥发性有机物排污收费试点办法

财政部、国家发展改革委、环境保护部，2015年6月18日

- 直接向大气排放VOCs的试点行业企业（以下简称排污者）缴纳VOCs排污费。
- 每一排放口排放的VOCs均征收VOCs排污费，不受对前3项污染物征收排污费限制。
- VOCs排污费按VOCs排放量折合的污染当量数计征。VOCs污染当量值暂定为0.95千克。

试点行业	行业类别[a]	
	代码	类别名称
石油化工	C2511	原油加工及石油制品制造
	C2614	有机化学原料制造
	C2651	初级形态塑料及合成树脂制造
	C2652	合成橡胶制造
	C2653	合成纤维单（聚合）体制造
	G5990	仓储业
包装印刷	C2319	包装装潢印刷

典型省市VOCs排放收费标准

北京：通过挥发性有机物清洁生产评估、排放浓度不高于北京市排放限值的50%，且当月未因污染环境受到环保部门处罚的收费标准为10元/公斤；未安装废气治理设施，或废气治理设施运行不正常，或挥发性有机物超标排放等环境污染行为的收费标准为40元/公斤；其他情况的收费标准为20元/公斤。收费包括石油化工、汽车制造、电子、印刷、家具制造。

上海：第一阶段收费标准为10元/千克；第二阶段收费标准为15元/千克；第三阶段收费标准为20元/千克。排放浓度低于或等于排放限值的50%，按收费标准的50%计收；对于未按方案要求完成废气治理的，或废气治理设施运行不正常，或挥发性有机物超标排放等环境污染行为的，按收费标准的2倍计收。对淘汰类相关企业按收费标准的2倍计收，对限制类相关企业按收费标准的1.5倍计。第一阶段：石油化工、包装印刷、油墨生产、汽车制造、船舶制造； 第二阶段：增加工业涂装和工业涂； 第三阶段：增加家具制造、医药制造、电子、橡胶塑料和木材加工。

典型省市VOCs排放收费标准

- **天津**：VOCs排污费征收标准为每公斤10元；VOCs排放浓度值低于国家或地方规定的污染物排放限值50%（含50%），减半征收排污费；VOCs排放浓度值高于规定的排放限值，或者VOCs排放量高于规定的排放总量指标的，加一倍征收排污费；同时存在本项中上述两种情况的，加二倍征收排污费；对属于淘汰类生产工艺装备或产品的，加一倍征收排污费。
- **江苏**：2016年1月1日至2017年12月31日，VOCs排污费征收标准为每污染当量3.6元；2018年1月1日起，VOCs排污费征收标准为每污染当量4.8元。
- **浙江**：2016年7月1日至2017年12月31日，VOCs排污费征收标准为每污染当量3.6元；2018年1月1日起，VOCs排污费征收标准为每污染当量4.8元。
- **山东**：第一阶段收费标准为3.0元/污染当量；第二阶段收费标准为6.0元/污染当量。
- **河北**：2016年1月1日起，每污染当量2.4元；2017年1月1日起，每污染当量4.8元；2020年1月1日起，每污染当量6元。
- **辽宁**：每污染当量1.2元
- **四川**：每污染当量1.2元
- **湖南**：每污染当量1.2元
- **安徽**：每污染当量1.2元。

针对$PM_{2.5}$和臭氧
美国区域联防联控

- 按《清洁大气法》中的“好邻里”条款制定，削减严重影响下风向空气质量达标和维护问题的传输污染。
- 美国近年制定《跨州大气污染条例》，要求23个州同时削减二氧化硫和氮氧化物排放以使下风向区域$PM_{2.5}$24小时平均浓度和年平均浓度达标；要求25个削减臭氧季节的氮氧化物排放量以使下风向区域臭氧8小时平均浓度达标。

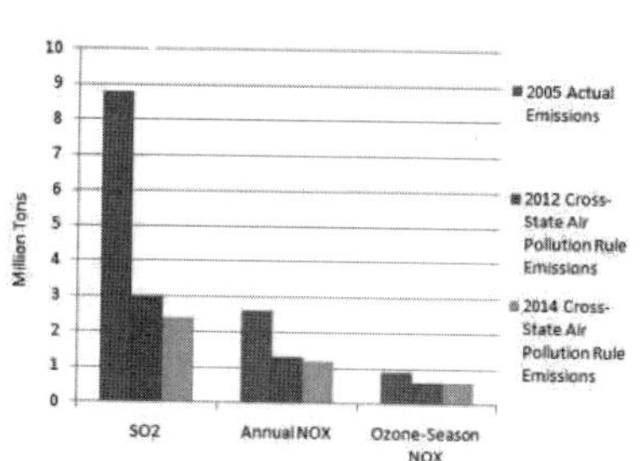

伦敦烟雾事件

成因

- 冬季大雪、天气异常寒冷
- 静风、逆温
- 市民取暖使用大量煤炭
- 工业生产过程产生大量黑烟

主要污染物

- SO_2
- 黑烟

主要污染源

- 家用供暖燃烧
- 工业煤炭燃烧

在烟雾事件期间，伦敦空气中的黑烟(颗粒物)和SO_2的浓度都达到了非常高的水平。根据伦敦政府的监测数据，空气中黑烟的浓度峰值达到了4460μg/m³，SO_2的浓度峰值则为3830μg/m³，污染物的浓度水平比伦敦平常情况高出了大约10倍。

“十三五”生态环境保护规划

以提高环境质量为核心，实施最严格的环境保护制度，打好大气、水、土壤污染防治三大战役，加强生态保护与修复，严密防控生态环境风险，加快推进生态环境领域国家治理体系和治理能力现代化，不断提高生态环境管理系统化、科学化、法治化、精细化、信息化水平，为人民提供更多优质生态产品。

实施目标管理和限期达标规划

对照国家大气环境质量标准，定期考核并公布大气环境质量信息。强化目标和任务的过程管理，深入推进钢铁、水泥等重污染行业过剩产能退出，大力推进清洁能源使用，推进机动车和油品标准升级，加强油品等能源产品质量监管，加强移动源污染治理，加大城市扬尘和小微企业分散源、生活源污染整治力度。深入实施《大气污染防治行动计划》，大幅削减二氧化硫、氮氧化物和颗粒物的排放量，全面启动挥发性有机物污染防治，开展大气氨排放控制试点，实现全国地级及以上城市二氧化硫、一氧化碳浓度全部达标，细颗粒物、可吸入颗粒物浓度明显下降，二氧化氮浓度继续下降，臭氧浓度保持稳定、力争改善。实施城市大气环境质量目标管理，已经达标的城市，应当加强保护并持续改善；未达标的城市，应确定达标期限，向社会公布，并制定实施限期达标规划，明确达标时间表、路线图和重点任务。

加强重污染天气应对

强化各级空气质量预报中心运行管理，提高预报准确性，及时发布空气质量预报信息，实现预报信息全国共享、联网发布。完善重度及以上污染天气的区域联合预警机制，加强东北、西北、成渝和华中区域大气环境质量预测预报能力。健全应急预案体系，制定重污染天气应急预案实施情况评估技术规程，加强对预案实施情况的检查和评估。各省（区、市）和地级及以上城市及时修编重污染天气应急预案，开展重污染天气成因分析和污染物来源解析，科学制定针对性减排措施，每年更新应急减排措施项目清单。及时启动应急响应措施，提高重污染天气应对的有效性。强化监管和督察，对应对不及时、措施不力的地方政府，视情况予以约谈、通报、挂牌督办。

深化区域大气污染联防联控

全面深化京津冀及周边地区、长三角、珠三角等区域大气污染联防联控，建立常态化区域协作机制，区域内统一规划、统一标准、统一监测、统一防治。对重点行业、领域制定实施统一的环保标准、排污收费政策、能源消费政策，统一老旧车辆淘汰和在用车辆管理标准。重点区域严格控制煤炭消费总量，京津冀及山东、长三角、珠三角等区域，以及空气质量排名较差的前10位城市中受燃煤影响较大的城市要实现煤炭消费负增长。通过市场化方式促进老旧车辆、船舶加速淘汰以及防污设施设备改造，强化新生产机动车、非道路移动机械环保达标监管。开展清洁柴油机行动，加强高排放工程机械、重型柴油车、农业机械等管理，重点区域开展柴油车注册登记环保查验，对货运车、客运车、公交车等开展入户环保检查。提高公共车辆中新能源汽车占比，具备条件的城市在2017年底前基本实现公交新能源化。落实珠三角、长三角、环渤海京津冀水域船舶排放控制区管理政策，靠港船舶优先使用岸电，建设船舶大气污染物排放遥感监测和油品质量监测网点，开展船舶排放控制区内船舶排放监测和联合监管，构建机动车船和油品环保达标监管体系。加快非道路移动源油品升级。强化城市道路、施工等扬尘监管和城市综合管理。

显著降低京津冀及周边地区颗粒物浓度

以北京市、保定市、廊坊市为重点，突出抓好冬季散煤治理、重点行业综合治理、机动车监管、重污染天气应对，强化高架源的治理和监管，改善区域空气质量。提高接受外输电比例，增加非化石能源供应，重点城市实施天然气替代煤炭工程，推进电力替代煤炭，大幅减少冬季散煤使用量，北京、天津、河北、山东、河南五省（市）煤炭消费总量下降10%左右。加快区域内机动车排污监控平台建设，重点治理重型柴油车和高排放车辆。到2020年，区域细颗粒物污染形势显著好转，臭氧浓度基本稳定。

明显降低长三角区域细颗粒物浓度

加快产业结构调整，依法淘汰能耗、环保等不达标的产能。“十三五”期间，上海、江苏、浙江、安徽四省（市）煤炭消费总量下降5%左右，地级及以上城市建成区基本淘汰35蒸吨以下燃煤锅炉。全面推进炼油、石化、工业涂装、印刷等行业挥发性有机物综合整治。到2020年，长三角区域细颗粒物浓度显著下降，臭氧浓度基本稳定。

珠三角区域率先实现大气环境质量基本达标

统筹做好细颗粒物和臭氧污染防控，重点抓好挥发性有机物和氮氧化物协同控制。加快区域内产业转型升级，调整和优化能源结构，工业园区与产业聚集区实施集中供热，有条件的发展大型燃气供热锅炉，珠三角区域煤炭消费总量下降10%左右。重点推进石化、化工、油品储运销、汽车制造、船舶制造（维修）、集装箱制造、印刷、家具制造、制鞋等行业开展挥发性有机物综合整治。到2020年，实现珠三角区域大气环境质量基本达标，基本消除重度及以上污染天气。

区域重污染应急体系建立

- 环保部成立了以陈吉宁部长为组长的重污染应对领导小组，以大气司为主、多部门参加的工作机制
- 环保部统一了京津冀及周边重污染预警类别划分标准。
- 建立了以中国环境监测总站为主，各地方站合作的重污染预报预警技术平台。
- 建立了中国环科院与监测总站联合建设的$PM_{2.5}$成分、来源、成因观测分析网。
- 建立 了多部门和专家相结合的重污染会商制度。
- 建立了环保部统一发布预报信息应对建议，各地按预报信息和建议发布预警和采取对应应对措施的联动机制。
- 建立了区域重污染督办监察机制。

- 预报表明，2016年12月16—21日，受极端不利气象条件影响，京津冀及周边地区包括北京、天津、河北、山西、山东、河南等6省市，将发生入秋以来最严重的区域性重污染天气过程。
- 环境保护部12月14日晚提前函告北京市、天津市、河北省、山西省、山东省、河南省人民政府，提示各地按照预测预报情况及时发布相应级别重污染天气预警，实施区域联动，共同应对重污染天气。
- 各地人民政府高度重视，立即部署重污染天气应对工作。16日40个城市发布相应级别重污染天气预警。北京市，天津市，河北省石家庄、保定、廊坊、邢台、衡水、邯郸、唐山、沧州市，山西省太原、临汾、晋中、运城市，山东省德州、聊城市，河南省郑州、濮阳、新乡、安阳、焦作、鹤壁市等22个城市发布了红色预警；河南省平顶山、开封、洛阳、三门峡、驻马店市，山西省吕梁、长治、忻州、 朔州、阳泉、晋城市，山东省济南、菏泽、淄博、泰安、济宁、莱芜、滨州市等18个城市发布了橙色预警。
- 环境保护部派出了13个督查组对各地重污染天气应对措施落实情况开展督查。

深化生态文明体制改革

环境保护部人事司原司长　李庆瑞

一、体改背景过程

（一）背 景

- 十八大“五位一体”总体布局。
- 三中全会《决定》：紧紧围绕建设美丽中国深化生态文明体制改革，改革生态环境保护管理体制。
- 五中全会《决定》：省以下环保机构监测监察执法垂直管理。
- 2016年12月初，习近平批示：要深化生态文明体制改革，尽快把生态文明制度的“四梁八柱”建立起来。

（二）现 状

生态环保体制：环保部门统一监管、有关部门分工负责。

但职责分散交叉，形成岸上岸下、地上地下、海上陆上、二氧化碳一氧化碳分割管理，与生态环保系统完整性不符。

- **环保部门**：强调环保是生态文明建设的主阵地和根本措施。
- **林业部门**：强调林业是生态文明建设的首要任务。
- **发改部门**：牵头制定《关于推进生态文明建设的意见》开展生态文明先行示范区建设。
- **水利部门**：开展水生态文明建设。

一、体改背景过程

（三）过 程

2015年1月，经济体制和生态文明体制改革专项小组成立

4月，**生态文明体制“1+6”改革方案全面启动**

9月，**习近平主持中央政治局会议，审议通过《生态文明体制改革总体方案》**

9月，国务院新闻办公室举行新闻发布会

此后，内容不断增加，如《关于设立统一规范的国家生态文明试验区的意见 》《关于省以下环保机构监测监察执法垂直管理制度改革试点工作的指导意见》《关于划定并严守生态保护红线的若干意见》等。

（四）意 义

- 科学设置、改善体制、理顺机制。
- 促进各级领导干部牢固树立尊重自然、顺应自然、保护自然的生态文明理念。
- 健全生态文明制度体系。
- 体现有权必有责、权责一致。
- 不能让环保责任都成为环保部门责任。

二、主要内容介绍

（一）《生态文明体制改革总体方案》主要内容

六大理念	六项原则
尊重自然、顺应自然、保护自然	坚持正确方向
发展和保护统一	自然资源公有
绿水青山就是金山银山	城乡环境治理体系统一
自然价值和自然资本	激励和约束并举
空间均衡	主动行为和国际合作结合
山水林田湖是生命共同体	试点先行与整体推进结合

（一）《生态文明体制改革总体方案》主要内容

八项制度	
《生态文明体制改革总体方案》提出了建立健全八项制度，是生态文明体制的“四梁八柱”。	核心
自然资源资产产权制度	“清晰”
国土开发保护制度	“主体功能”
空间规划体系	“一张图”
资源总量管理和节约制度	“扩围”
资源有偿使用和补偿制度	“有价”
环境治理体系	“共治”
环境治理和生态保护的市场体系	“市场机制”
绩效考核和责任追究制度	“履责”

（二）《环境保护督察方案（试行）》主要内容

第一部分指导思想：主要明确指导思想、职责定位、工作原则和目标导向

第二部分督察对象与组织实施：

国务院统筹部署，环境保护部负责组织实施

主要针对地方省级党委和政府及其有关部门

必要时可下沉到地市级党委和政府

第三部分督察内容：

- ✓ 贯彻落实党中央国务院环保决策部署
- ✓ 环境保护责任落实情况等
- ✓ 落实党政同责、一岗双责等

第四部分督察步骤：分为督察准备、督察进驻、督察报告、督察反馈、移交移送和整改落实六个阶段

第五部分工作要求：对督察组和督察对象分别提出要求，督察组一事一授权，不干预被督察地方工作，不处理具体问题

（三）《生态环境监测网络建设方案》主要内容

按照明晰事权、落实责任、科学监测、创新驱动、综合集成、测管协同的原则，提出到2020年，初步建成陆海统筹、天地一体、上下协同、信息共享的生态环境监测网络。提出全面设点、全国联网、自动预警、依法追责的四项任务。

（四）《生态环境损害赔偿制度改革试点方案》主要内容

2015—2017年，选择部分省份开展生态环境损害赔偿制度改革试点，2018年在全国试行。到2020年，力争在全国范围内初步构建责任明确、途径畅通、技术规范、保障有力、赔偿到位、修复有效的生态环境损害赔偿制度。

（五）《党政领导干部生态环境损害责任追究办法（试行）》主要内容

(1) 概 况

⊙ 共19条、2700余字

⊙ **第 1—4 条**：属于总则性质

办法的目的和依据、原则、适用范围

⊙ **第 5—8 条**：追责的对象和情形

⊙ **第 9 条**：党委及其组织部门对追责结果的运用

⊙ **第10—15条**：追责的形式、主体和程序

⊙ **第16—19条**：属于附则性质

（五）《党政领导干部生态环境损害责任追究办法（试行）》主要内容

(2) 对 象

⊙县级以上地方各级党委和政府及其有关工作部门的领导成员

⊙中央和国家机关有关工作部门领导成员

⊙上列工作部门的有关机构领导人员

⊙（有关机构：内设机构、派出机构和有执法管理权的直属事业单位等）

（五）《党政领导干部生态环境损害责任追究办法（试行）》主要内容

（3）形 式

诫勉、责令公开道歉

组织处理：调离岗位、引咎辞职、责令辞职、免职、降职

党纪政纪处分

- 党纪5种：警告、严重警告、撤销党内职务、留党察看、开除党籍
- 政纪6种：警告、记过、记大过、降级、降职、撤职、开除

- 共计："2+5+5+6"18种形式

（五）《党政领导干部生态环境损害责任追究办法（试行）》主要内容

（4）情 形

依据4类有关党政领导成员：

- 相关地方党政主要领导成员
- 相关地方党政有关领导成员
- 政府有关工作部门领导成员
- 党政领导干部利用职务影响

（5）亮 点

- 党政同责
- 一岗双责
- 联动追责
- 主体追责
- 终身追责

各省（区、市）环保职责分工、督察方案、追责细则制定情况（2016.10）

序号	省份	职责分工（17）	督察方案（16）	实施细则（21）
1	北京	正在起草	正在制定	正在制定
2	天津	方案编制完成	正在制定	2016年8月12日
3	河北	2016年2月19日	2016年3月31日	2016年3月1日
4	山西	2016年6月24日	2016年6月19日	正在制定
5	内蒙	2015年12月31日	2016年7月8日	2016年3月23日
6	辽宁	已送审省政府	未制定	2016年9月23日
7	吉林	正在筹划制定	2016年7月	2016年9月6日
8	龙江	2016年7月	2016年7月8日	2016年9月29日
9	上海	2016年6月29日	未	2016年6月29日
10	江苏	2016年8月22日	正在制定	2016年2月29日
11	浙江	2016年9月6日	2016年9月9日	2016年9月6日
12	安徽	2016.9.13省常务	2015.12	正在制定
13	福建	年初分工责任	2016.3.17	未
14	江西	报省委组织部	2016年7月9日	正在制定
15	山东	2016年6月20日	正在制定	2016年8月22日
16	河南	2016年7月3日印	正在制定	2016年7月3日
17	湖北	2016年8月	正在制定	2016年8月14日
18	湖南	2016年2月3日	2016年7月8日	2016年8月4日
19	广东	已经开始制定	2016.2.24	2016.5.7
20	广西	正在计划之中	正在制定	正在制定
21	海南	已完成编制	正在制定	2016.5.11
22	重庆	2016.9已上市委常	正在制定	正在制定
23	四川	已报省委深改组	2016.5.11	2016.4.18
24	贵州	2016年8月24日	2016年8月24日	2015年4月4日
25	云南	2016年8月10日	正在制定	2016年1月26日
26	西藏	正在征求意见。	未制定。	正在制定
27	陕西	2015年12月22日	2016年5月25日	2016年3月31日
28	甘肃	2016年8月7日	2016年6月2日	2016年6月23日
29	青海	未制定	未制定	2016.8.1
30	宁夏	2016年7月1日	正在制定	正在制定
31	新疆	正在征求意见	2016.6.8	正在制定
32	兵团	正在征求意见	未制定	未

（六）《编制自然资源资产负债表试点方案》主要内容

按照优先核算具有重要生态功能的自然资源的考虑，试点地区主要是探索编制土地资源、林木资源、水资源实物量资产负债表，有条件的还可以探索编制矿产资源实物量资产负债表。

（七）《开展领导干部自然资源资产离任审计试点方案》主要内容

近年来依法开展了对土地和矿产资源的管理情况、对节能减排和环境保护政策的落实情况，还有重点流域水污染的防治等进行了专项审计，涉及水、土地、矿产、森林、海洋、草原等多种重要资源，以及废弃物的处置、生态环境的保护、节能减排等多个领域。一方面通过经济责任审计，促进建设好“金山银山”，另一方面通过自然资源资产离任审计，促进建设好“绿水青山”。

（八）推行省以下环保机构监测监察执法垂直管理体制改革

000661

中共中央办公厅文件

中办发〔2016〕63号

**中共中央办公厅　国务院办公厅
印发《关于省以下环保机构监测监察执法
垂直管理制度改革试点工作的
指导意见》的通知**

各省、自治区、直辖市党委和人民政府，中央和国家机关各部委，解放军各大单位、中央军委机关各部门，各人民团体：

《关于省以下环保机构监测监察执法垂直管理制度改革试点工作的指导意见》已经中央领导同志同意，现印发给你

— 1 —

（1）主要内容

- ✓ 分解环境保护责任，党政同责、一岗双责
- ✓ 环境监察赋予新内涵
- ✓ 列入执法部门序列，统一着装和执法装备
- ✓ 环境监测考核上收
- ✓ 领导班子、党组任免程序
- ✓ 省级环保部门增加了调控能力
- ✓ 市级环保部门增强了执行能力
- ✓ 保留了干部交流出口
- ✓ 建立环保委，协调力度加大，县政府保有力量

（2）特　征

一是突出问题导向：

1）解决各部门职能交叉不清问题

2）通过干部任免、财政供养关系变革减少地方干预

3）省级环保部门可以探索按流域设置环境执法和行政监管机构

4）规范机构人员性质，逐步全部转化为行政单位

二是突出目标导向

1）“两个加强”：加强地方党政环保责任的落实
加强党政环保责任落实的监督

2）“两个聚焦”：省级环保部门聚焦环境质量监测考核和对相关部门环保履职情况的监督
市县级聚焦日常执法和执法性监测

3）“两个健全”：
健全环境保护委员会议事协调机制
健全环境监测执法信息共享和联动机制

（3）亮　点

第一，重新界定环境监察内涵，实现监察执法分离：
改革强调督政：监察上收、执法下移
设立派驻机构，强化省级环保部门对市县政府及其相关部门环保履责情况的监察
执法与督政相互配合衔接

第二，重新划分生态环境质量监测事权：收生态环境质量监测
留环境执法监测

省级上收市级环境监测机构和队伍，主要负责质量监测
县级环境监测机构还是留在属地，主要负责执法监测

目前，重庆、河北等12个省（市、区）正在先行试点

结束语

《生态文明体制改革总体方案》《党政领导干部生态环境损害责任追究办法（试行）》《环境保护督察方案（试行）》《关于省以下环保机构监测监察执法垂直管理制度改革试点工作的指导意见》等已经实施，愿我们抢抓机遇，变压力为动力，变不适应为新常态，深入学习研究，坚决贯彻落实，使之切实成为保护生态环境、建设美丽中国的又一重器。

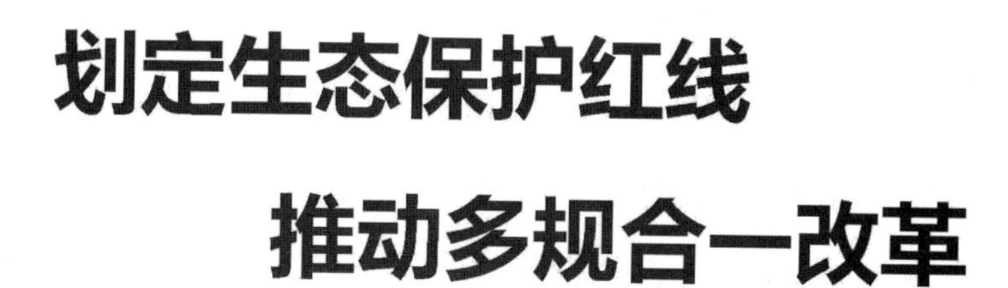

划定生态保护红线 推动多规合一改革

海南省生态环境保护厅厅长 邓小刚

一、工作背景及海南“多规合一”基本情况

海南省被列入中央改革试点

- **2015年6月5日，中央全面深化改革领导小组召开第十三次会议。同意海南省就统筹经济社会发展规划、城乡规划、土地利用规划等开展省域“多规合一”改革试点。**

海南“多规合一”基本思路

- 贯彻落实十八届三中、四中、五中全会精神的重要举措，是以中央“四个全面”战略布局和“创新、协调、绿色、开放、共享”五大发展理念为指导，严守生态底线，以生态立省、科学发展、绿色崛起和国际旅游岛建设为主线，坚持把海南岛及其近海海域作为一个整体来组织编制和实施规划。

二、生态保护红线划定结果和主要做法

（一）生态保护红线划定结果

海 南 省 人 民 政 府

琼府函〔2016〕175号

海南省人民政府
关于划定海南省生态保护红线的批复

各市、县、自治县人民政府，省政府直属各部门：

《海南省生态保护红线》已经六届省政府第51次常务会议审议通过，现批复如下：

一、同意省生态环境保护厅会同有关部门编制的《海南省生态保护红线》，请认真组织实施。

二、《海南省生态保护红线》划定陆域生态保护红线总面积11535平方公里，占陆域面积33.5%，其中Ⅰ类生态保护红线区面积5544平方公里，Ⅱ类生态保护红线区面积5991平方公里，分别占陆域面积的16.1%和17.4%；划定近岸海域生态保护红线总面积8316.6平方公里，占近岸海域总面积35.1%，其中Ⅰ类生态保护红线区总面积343.3平方公里，Ⅱ类生态保护红线区总面积7973.3平方公里，分别占近岸海域面积的1.5%和33.6%。

三、划定并严守生态保护红线是贯彻落实党中央国务院全面深化改革和推进生态文明建设、构建我省生态安全格局、遏制生

海南省人民政府文件

琼府〔2016〕90号

海南省人民政府
关于划定海南省生态保护红线的通告

海南省生态保护红线包括陆域生态保护红线和近岸海域生态保护红线两部分。依据我省生态资源特征和生态环境保护需求，划定陆域生态保护红线总面积11535平方公里，占陆域面积33.5%，划定近岸海域生态保护红线总面积8316.6平方公里，占海南岛近岸海域总面积35.1%。在空间上基于山形水系框架，以中部山区的霸王岭、五指山、鹦哥岭、黎母山、吊罗山、尖峰岭等主要山体为核心，以松涛、大广坝、牛路岭等重要湖库为空间节点，以自然保护区廊道、主要河流和海岸带为生态廊道，形

— 1 —

二、生态保护红线划定结果和主要做法

（二）主要做法

❖1. 确立生态保护红线的法律地位。

- 在推进“多规合一”工作中，为强化生态保护红线管理，我省同步开展了生态保护红线的立法研究，由省人大立法出台了《海南省生态保护红线管理规定》，确立了红线的法律地位，确保红线管理有法可依。

二、生态保护红线划定结果和主要做法

❖2. 着力解决陆海分割，实现海陆统筹。

由于部门职责分割，现有各类生态保护规划空间范围陆海分割问题较为突出，如海洋部门规划保护范围只涉及到海岸线向海一侧，国土、环保规划保护范围只涉及到海岸线向陆一侧。

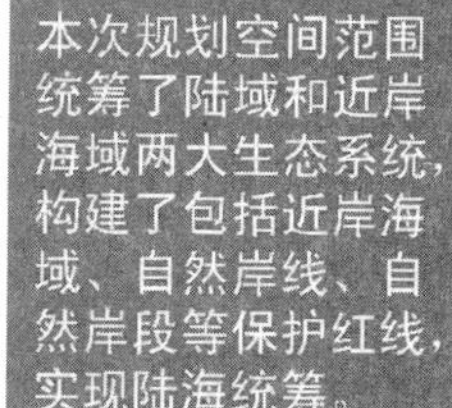

本次规划空间范围统筹了陆域和近岸海域两大生态系统，构建了包括近岸海域、自然岸线、自然岸段等保护红线，实现陆海统筹。

在保护自然岸线的基础上，创新性地提出了自然岸段保护红线，依据海岸性质将全岛自然岸线向陆域一侧划定了100-300米不等的保护红线，并确定了40%的保有量目标。

二、生态保护红线划定结果和主要做法

❖3. 着力构建更加完善的生态保护红线格局。

- 目前环保、国土、林业、水务、海洋等部门在空间上均提出了不同类型的保护红线，各部门虽然都从各自的职责上划定保护空间，但生态红线覆盖不全问题较为突出。一些需要保护的区域未能纳入红线进行保护，如河湖周边、湿地、海岸带自然岸段等。
- 本次生态保护红线划定过程中，有效整合环保、海洋、林业、水务、国土资源等各部门的红线，将主要河流两岸50米、湖库周边100~400米、重要湿地、海岸带高潮位线向陆域300米以内的区域划入生态保护红线，构建了“一心多廊、山海相连、河湖相串”的生态保护红线格局，有力地保障了生态安全。

二、生态保护红线划定结果和主要做法

❖4. 着力解决各类规划冲突问题。

- 现有土地利用、林地保护、城市与产业发展等各类空间规划之间均存在严重冲突。例如海南省永久基本农田空间范围与林地保护空间范围重叠面积达151万亩，占全省永久基本农田总面积的16%，占规划林地总面积的5%。

耕地与林地冲突面积1007平方公里

二、生态保护红线划定结果和主要做法

❖5. 着力解决现有生态保护规划不落地的问题。

以第二次土地利用普查数据为基础，以高分遥感数据为校核，将红线划定结果与“二调”数据进行空间套核，按照“二调”地块进行红线斑块落地，明确红线区边界、土地权属、用地性质，为红线管控奠定基础。

二、生态保护红线划定结果和主要做法

❖6. 着力解决管控措施不到位的问题。

◆ 原有各类保护空间规划部门分割，管控措施和边界均较为宏观，缺乏可操作性。

◆ 本次“多规合一”过程中，对I类红线和II类红线分类提出了管控要求。

I类红线区

- 原则上不得从事一切形式的开发建设活动。
- 国家和省重大基础设施、重大民生项目，选址确实无法避开已划定的生态保护红线区，须依法批准。

II类红线区

- 严格控制开发强度，禁止工业项目建设、矿产资源开发、房地产建设、规模化养殖及其它破坏主要生态功能和生态环境的工程项目。
- 实施准入目录管理，严格控制开发强度，按生态服务功能实施“一区一策”的分区分类管控措施。

二、生态保护红线划定结果和主要做法

❖6. 着力解决管控措施不到位的问题。

◆ 在“多规合一”过程中，全省部署开展了打击违章建筑、海岸带执法检查、环境综合整治、城镇内河内湖污染整治等专项行动，着力打击破坏资源和生态环境行为。下一步，还将建立健全生态环境监测体系，开展环境保护督察、落实党政领导干部生态环境损害责任追究等措施。

海南省人民政府文件

琼府〔2015〕74号

海南省人民政府关于印发海南省城镇内河（湖）水污染治理三年行动方案的通知

各市、县、自治县人民政府，省政府直属各单位：

《海南省城镇内河（湖）水污染治理三年行动方案》已经省政府同意，现印发给你们，请认真组织实施。

（此件主动公开）

— 1 —

三、几点体会

（一）领导高度重视。

- 红线划定从启动到具体划定及各类冲突问题的解决，均得到省政府主要领导的高度重视，省长亲自确定生态保护红线划定的重大事项和重要原则，为红线划定奠定了坚实基础。

- 刘赐贵省长先后6次召开专题会议，分管副省长十余次召开成员单位协调会，听取红线划定工作汇报。

研究确定了生态保护红线空间格局、总量规模、分区体系、管控措施，明确产业布局、项目布局、园区布局、基础设施建设必须以红线为基础，为解决各类冲突问题奠定基础。

三、几点体会

（二）建立资源环境生态红线工作联动协调机制。

- 建立工作组

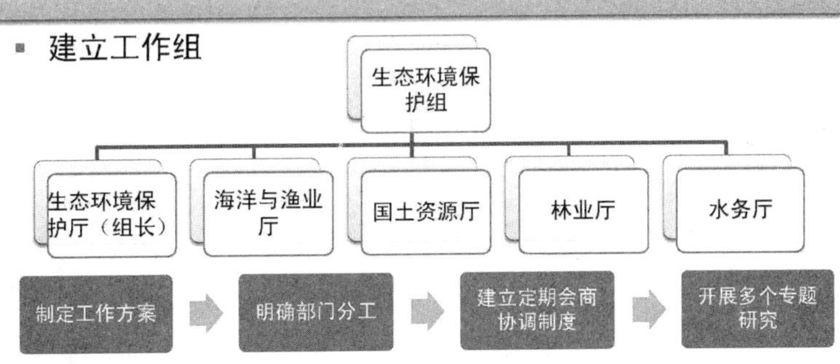

- 建立省、市县协同推进工作模式，制定下发《海南省市县生态保护红线划定技术指引》，指导市县同步划定红线。
- 省国土和林业部门在开展省级规划衔接的同时，指导市县同步开展规划调整，实现了市县规划冲突早协调，永久基本农田和林地保有量指标能落地。

三、几点体会

（三）明确生态红线的重要地位。

◆省委省政府明确，在本次“多规合一”工作中要严守资源环境生态红线，将资源利用上限、环境质量底线和生态保护红线作为“多规合一”的刚性约束。

◆城镇建设、产业发展和基础设施布局必须服从生态红线，最大限度守住生态红线，让良好的生态环境真正成为牢不可破的底线、无法逾越的红线和带电的“高压线”。

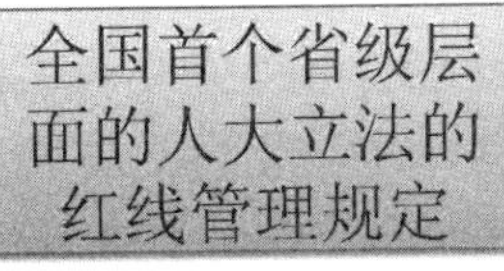

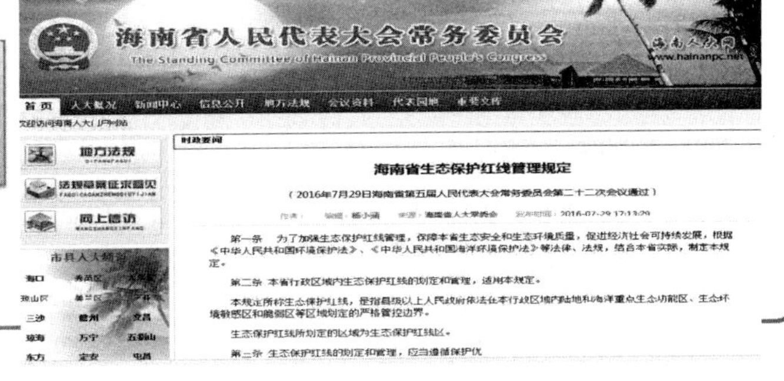

海南省生态保护红线管理规定

（2016年7月29日海南省第五届人民代表大会常务委员会第二十二次会议通过）

第一条　为了加强生态保护红线管理，保障本省生态安全和生态环境质量，促进经济社会可持续发展，根据《中华人民共和国环境保护法》、《中华人民共和国海洋环境保护法》等法律、法规，结合本省实际，制定本规定。

第二条　本省行政区域内生态保护红线的划定和管理，适用本规定。

本规定所称生态保护红线，是指县级以上人民政府依法在本行政区域内陆地和海洋重点生态功能区、生态环境敏感区和脆弱区等区域划定的严格管控边界。

生态保护红线所划定的区域为生态保护红线区。

第三条　生态保护红线的划定和管理，应当遵循保护优

三、几点体会

（四）建立强有力的技术支撑队伍。

- 省生态环境保护厅成立了由25人组成的红线划定技术组，其中高级技术职称人员占80%以上，11人具有博士学位。
- 林业、海洋、水务、国土资源等部门也相应成立了强有力的技术支撑队伍。

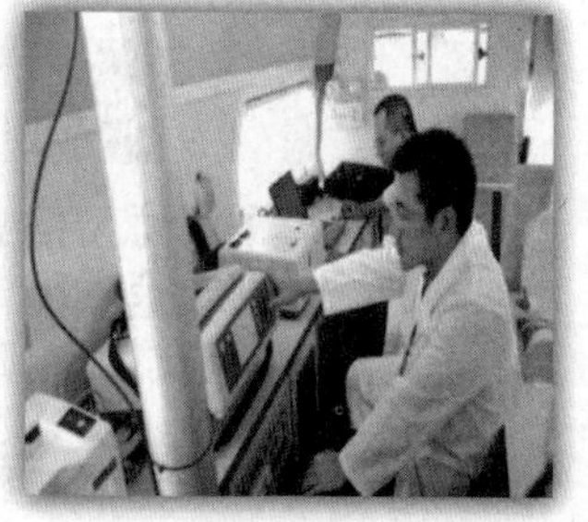

三、几点体会

（五）以翔实的高精数据作为红线划定基础。

- 省政府成立了以海南测绘地理信息局为组长单位，多部门参加的空间规划组，整合各部门空间数据，将各部门空间规划、区划转换为统一的数据格式和坐标体系，建立海南省“多规合一”信息数字化管理平台，为红线划定奠定坚实基础。

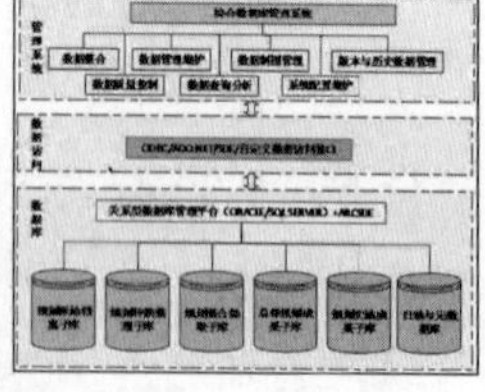

- 生态环保组依托高清遥感影像、高精地理国情普查数据、长时间序列的生态环境质量数据等资料，准确划定生态保护红线和确定环境质量底线。

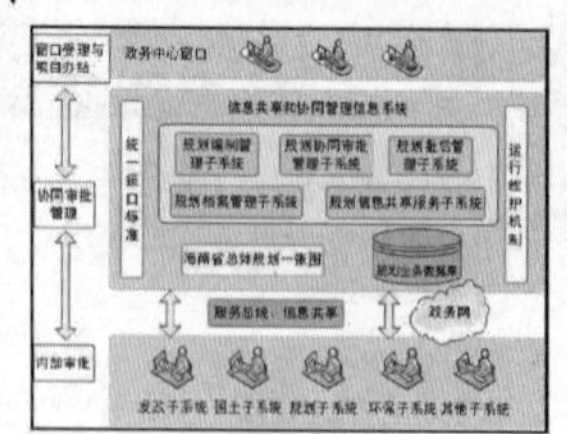

四、有关严守生态保护红线的几点思考

生态保护红线划定后，需要我们“严防死守”，如何守？着重要解决好的问题是：

1．主体责任和部门职责如何界定，如何有效监测监管？

2．生态保护红线内土地、林木等资产所有人权益如何保障？

因此，严守生态保护红线，既需建立“事前严防、过程严管、后果严惩”的生态保护红线管控制度体系，使生态保护红线成为生态环境保护的“高压线”，又需制定和出台系统配套的激励政策及措施，实施生态补偿和“惠益” 分享，使红线区内的民众利益得到有效保护。

四、有关严守生态保护红线的几点思考

海南省人民政府办公厅文件

琼府办〔2016〕70号

海南省人民政府办公厅关于印发
海南省生态保护红线管控试点工作方案的通知

各市、县、自治县人民政府，省政府直属有关单位：

《海南省生态保护红线管控试点工作方案》已经省政府同意，现印发给你们，请认真组织实施。

海南省人民政府办公厅
2016年1月8日

（此件依申请公开）

— 1 —

“4+1”的管控体系

- ☑ 1.《海南省生态保护红线管理规定》
- ☑ 2.《海南省生态保护红线开发建设管理目录》
- ☐ 3.《海南省生态保护红线区生态补偿实施细则》
- ☐ 4.《海南省生态保护红线评估考核细则》
- ☐ 1个生态保护红线监测平台

攻坚补短　精准发力
强力破解突出环境问题

江苏省环保厅厅长　陈蒙蒙

这些年，江苏生态文明建设取得长足进步，但离群众期盼还有不小差距，不少环境问题成为经济转型的“难点”、民生改善的“痛点”。2016年7月15日—8月15日，中央第三环保督察组对江苏省开展了督察，既充分肯定了江苏环保工作取得的成绩，也严肃尖锐地指出了存在的问题。这份精准的环保“诊断书”，这副辛辣的环保“清醒剂”，正是江苏急需的。我们抓住这一重大契机，调查处理了2451件群众举报问题，其中立案处罚1384件、罚款9750万元，刑事拘留87人、行政拘留21人、约谈618人、问责449人。同时，深刻反思，举一反三，有针对性地出台了“两减六治三提升”专项行动方案，力求抓住矛盾中的主要矛盾，问题中的突出问题，精准发力，标本兼治，让群众实实在在、真真切切感受到身边环境的明显变化。

“两减”就是以减少煤炭消费总量、减少落后化工产能为重点，大力推动经济结构绿色调整，从源头上为生态环境减负。江苏煤炭消费总量虽然越过“峰值”、出现“拐点”，但用量仍然较大，去年高达2.61亿吨，单位国土面积的耗煤量远远高于全国平均水平。所以在“减煤”上，我们将严控新增用煤，大范围整合热电，进一步提高锅炉整治标准，加快淘汰钢铁、水泥等重点行业的落后产能，把“十三五”减煤目标增加到3200万吨。江苏还是一个化工大省，经过三轮专项整治，仍有6000多家化工生产企业，项目低端、工艺落后、布局不合理等问题仍然突出，化工污染一直是江苏的心腹之患。我们将进一步加大“减化”力度，制定落后化工产能淘汰的地方标准，实施“关停一批、转移一批、升级一批、重组一批”的“四个一批”专项行动，加快调整化工行业结构。今后，江苏一律不批新的化工园区，对企业数量少、基础设施差、群众投诉多的化工园区，逐步取消化工定位。

“六治”就是治太湖、治垃圾、治黑臭、治畜禽、治 VOCs、治隐患，抓住当前问题最突出、老百姓反映最强烈的六个短板，实施“加强版”的治污行动。太湖治理是江苏生态文明建设的标志性工程。近年来，我省坚持科学治太、铁腕治太，连续九年实现“两个确保”，应该说成效还是明显的。但湖体氮磷污染仍然较重，蓝藻爆发的“温床”还在。我们将大幅削减太湖上游地区的污染负荷，在整个流域执行严于全省的氮、磷总量控制和污染物排放标准，力争通过 5 年努力，使湖体总磷浓度下降到Ⅲ类，水质提升一个等级，以太湖水质的持续改善，验证苏南地区科学发展、转型发展的实际成果。垃圾围城、水体黑臭、养殖污染都是百姓身边的环境问题，现象很直观，出门就看见。不把这些问题解决好，环保工作就很难获得群众认同。我们将全面开展城乡生活垃圾分类收集，大幅提高垃圾减量化、资源化、无害化水平。系统治理黑臭水体，坚持截污纳管、疏浚清淤、活水循环、生态修复、长效管护多管齐下，明年县以上城市污水处理厂全部达到一级 A 排放标准。严格执行禁养、限养政策，对治理不能达标、严重污染水体的规模化畜禽养殖场，限期关闭或搬迁。当前，臭氧超标问题日益突出，已经成为影响空气质量达标的重要因素，而挥发性有机污染物是形成地面臭氧的重要前驱物。我们将大力削减石化行业 VOCs 排放总量，在全省所有化工园区推广泄漏检测与修复技术，明年完成家具、汽车制造等重点行业低 VOCs 含量的水性涂料替代。出台淘汰高污染车辆的政策措施，全面设立船舶排放控制区，同步推进机动车船治理。治理环境隐患，保障环境安全，防止发生重特大污染事件是必须坚守的一条“底线”。对于江苏来说，首要任务是确保长江饮用水水源安全。我们将制定长江岸线利用和产业准入的负面清单，限期关闭搬迁水源保护区内的违法违规项目，开展沿江危化品仓储码头和运输船舶专项整治，从根本上减少风险源。同时，加快建设危险废物安全处置设施，继续实施重点风险企业环境安全达标工程，强化“退二进三”污染地块的环境监管和治理修复，时刻绷紧污染事故防范这根“弦”。

“三提升”就是进一步提升生态保护水平、提升环境经济政策调控水平、提升环境监管执法水平，用改革创新的办法，为生态文明建设提供坚实保障。一是实施更大尺度的生态空间保护。着力打造“一圈、一带、一网、两区”的生态保护大格局，即建设太湖生态保护圈、长江生态安全带、苏北苏中生态保护网和若干生态保护引领区、生态保护特区。这里，突破比较大的是，我们要在全省选择一批生态本底较好、保护意义突出的地区，开展“生态保护引领区”建设，实施全域整体性保护，实行生态优先的差异化考核，引导他们发展具有地方特色的绿色产业，确保生态环境质量明显好于其他地区。盐城珍禽、大丰麋鹿、泗洪湿地三个国家级自然保护区是江苏在全国，乃至全世界最闪亮的生态名片，把它们保护好，生态价值巨大，标杆意义突出。我们将对这三个保护区的管理体制作出调整，设置独立的“生态保护特区”，给予特殊的政策支持。这个“特区”的主要使命就是把保护区管好，绝不允许出现违规开发和生态破坏问题。二是实施更加有效的环境经济政策。落实与污染物排放总量直接挂钩的财政政策，明年我们将根据各地四项主要污染物排放总量进行收费，苏南每吨 1500 元，苏中 1200 元，苏北 1000 元，2018 年后逐步提高收取标准。完成年度减排和环境质量改善目标的，大部分返还；未完成的，按一定比例扣减，扣减资金全部用于环境治理和生态修复，并设立环境质量达标奖，做到奖罚分明。深化水环境资源“双向”补偿制度，将补偿断面由 66 个扩大到 112 个，分类提高补偿标准。同时，全面推开排污权有偿使用和交易制度，严格落实企业排污差别化收费制度，建立生态环境保护投资基金，开展生态环境损害赔偿试点，我们就是要跟各地党委政府、各类排污单位算一笔“多治受益、多排吃亏”的“大账”，进一步发挥经济政策的引导和倒逼作用。三是实施更加严格的环境监管执法。牢固树立“全面从严”的环境监管执法理念，借鉴中央环保督察模式，建立省级环保督察机制，把环境保护“党政同责、一岗双责”进一步压紧压实。有效落实网格化环境监管体系，完善环境司法联动机制，制定环保失信企业联合惩戒办法，严厉打击各类环境违法行为。加快推进排污许可制改革，以此为核心，有效捏合项目环评、总量控制、排污权交易以及双随机、信用评价等事中事后监管制度。完善“一企一档、统一规范、动态更新”的污染源监管信息平台，开展环保大数据应用试点，全面提升环境监管的信息化水平。出台环保公众参与实施办法，在省主要媒体设立专栏，加大突出环境问题的公开曝光力度，敢于亮短揭丑，推动群防共治，画出更大的环保“同心圆”。

总之，我们将抓住中央环保督察整改契机，以“263”专项行动为主要抓手，加快推进江苏生态环境质量改善，为经济转型注入绿色动力，为人民群众增添生态福祉，在高水平全面建成小康社会的伟大征程中交出一份合格的环保答卷。

持之以恒实施生态省战略
加快建设国家生态文明试验区

福建省环境保护厅厅长　朱华

2012年习近平总书记看望出席全国“两会”福建代表团时，殷切嘱咐：

生态资源是福建最宝贵的资源，

生态优势是福建最具竞争力的优势，

生态文明建设应当是福建最花力气抓的建设。

生态环境质量继续保持全国领先，是全国水、大气、生态全优的省份之一。

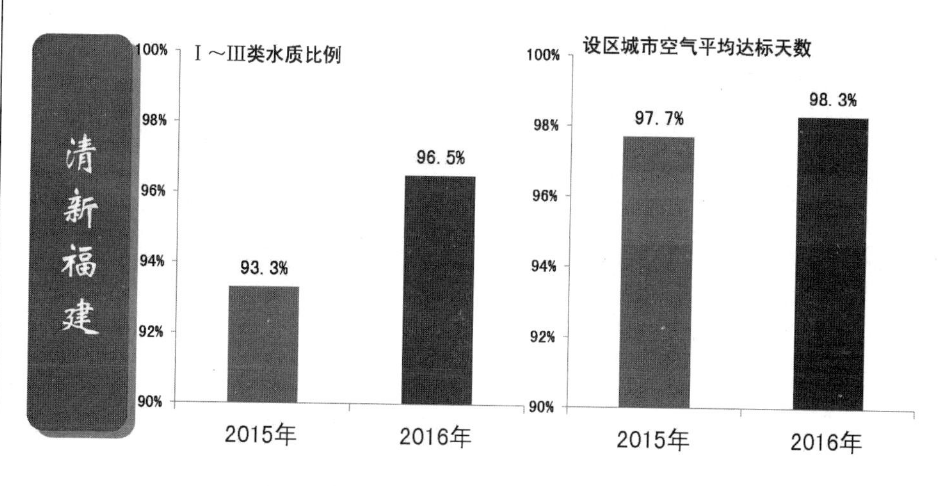

森林覆盖率连续38年领先全国。

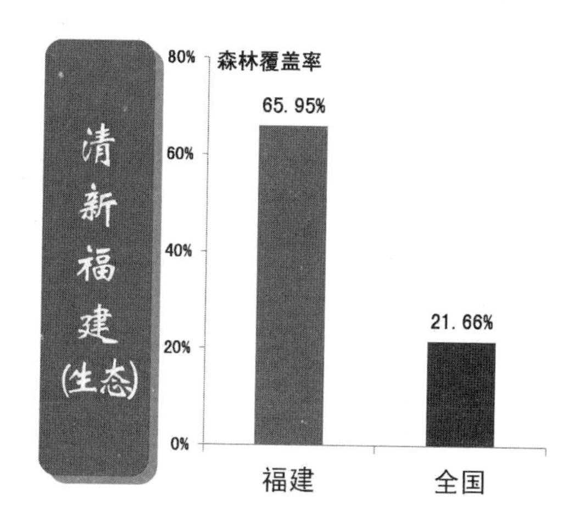

2015年森林覆盖率

建设国家生态文明实验区

全国首批国家生态文明试验区

2016年6月27日，中央全面深化改革领导小组第25次会议审议通过了《国家生态文明实验区（福建）实施方案》，将福建确立为全国首批国家生态文明试验区。

《国家生态文明实验区（福建）实施方案》正式出台

8月12日，中共中央办公厅、国务院办公厅印发了《福建方案》。

打造国家生态文明试验区“福建样板”

始终做到“四个坚持”

一、坚持把一脉相承的生态文明理念作为根本遵循，
做到持之以恒、久久为功。

绿水青山就是金山银山

早在2000年，时任福建省省长的习近平总书记就极具前瞻性地提出了建设生态省的战略构想，亲自组织制定了《福建生态省建设总体规划纲要》。

二、坚持把体制机制创新作为强大动力，

1. 创新生态环保目标责任制

强化顶层设计、绿色导向。

- 率先实行生态环保“党政同责”
- 强化环保“一岗双责”
- 开展环保督察
- 开展“一季一通报”
- 建立差异化考核评价制度
- 开展领导干部自然资源资产离任审计试点
- 探索编制自然资源资产负债表

省委书记与各设区市市委书记签字责任书

省长与各设区市市长签订责任书

2. 创新环境管理体制

- □建立生态红线管控制度
- □创新开展流域补偿机制
- □建立环境质量会商机制
- □实行环保网格化监管
- □建立大气、水环境质量排名制度
- □建设生态环境大数据（生态云）平台
- □开展生态环境损害赔偿
- □推进环境信用评价
- □开展GEP核算体系和核算机制试点工作

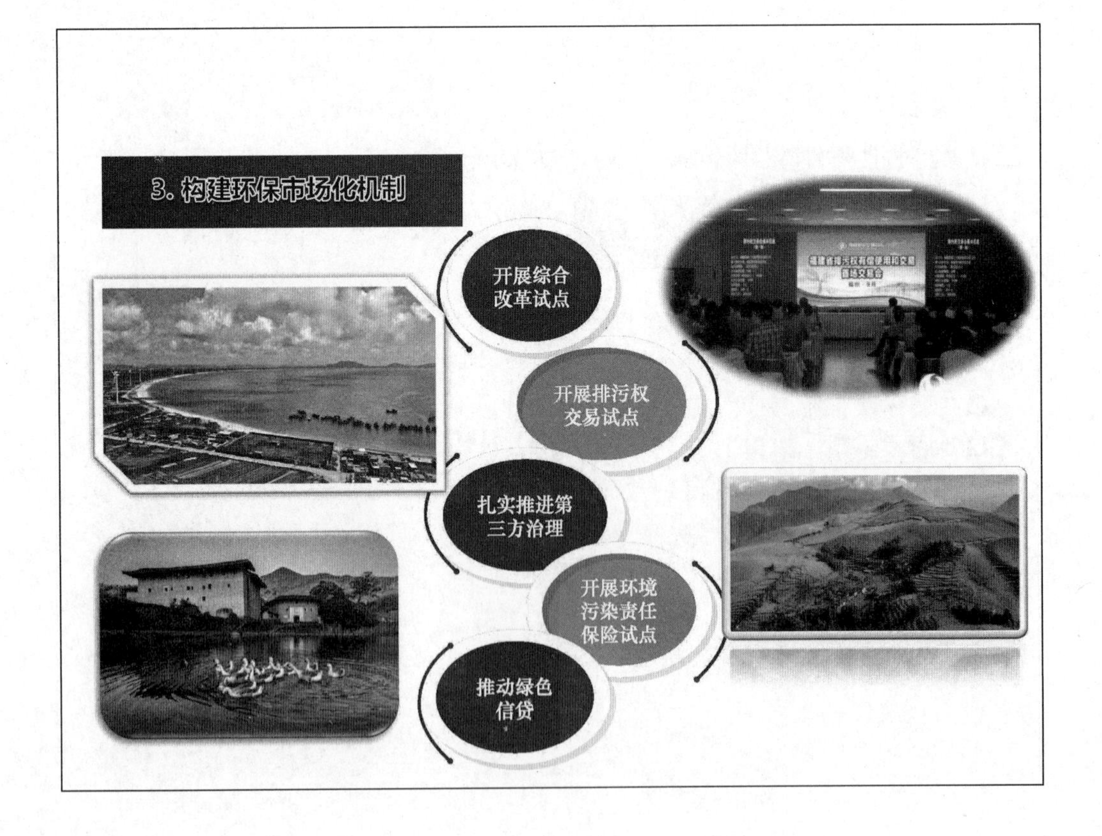

三、坚持把绿色低碳循环发展作为基本途径，加快结构调整、转型升级。

1. 强化规划源头管控

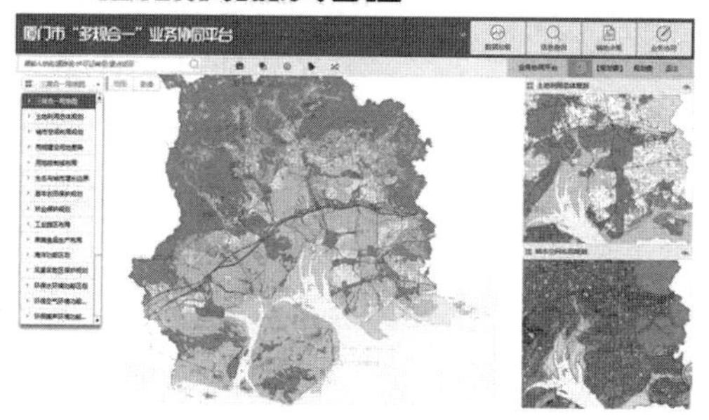

厦门"多规合一"试点

2. 强化节能减排降碳约束

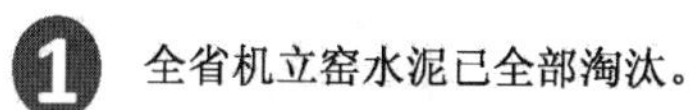

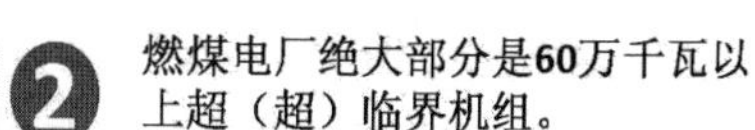

2 燃煤电厂绝大部分是60万千瓦以上超（超）临界机组。

3 全省万元GDP能耗、二氧化碳排放均比全国平均水平低1/4。

4 四项主要污染物排放强度为全国的一半。

5 清洁能源占一次能源消费比重高出全国7个百分点以上。

3. 强化创新驱动发展

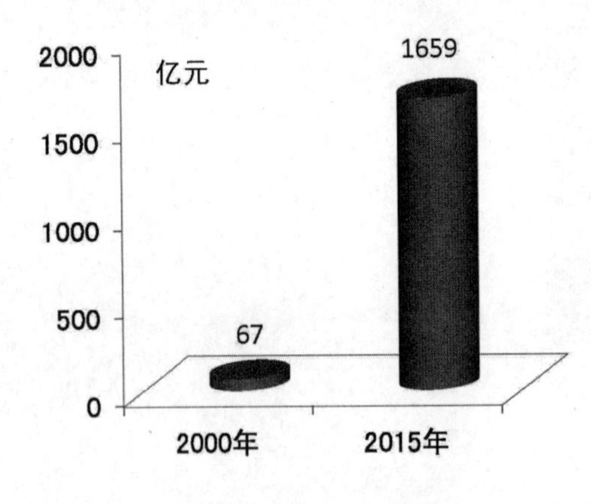

节能环保产业总产值

四、坚持把构建良好生态系统作为重要基础，保护绿水青山、碧海蓝天。

大气

环境质量

水

土壤

坚持以改善环境质量为核心

精心呵护“山水林田湖”

全力推进大气、水、土壤污染防治

牢牢守住绿水青山、碧海蓝天

1．大力推进水污染防治

◆率先出台水污染防治行动计划工作方案。

◆实行重点流域“河长制”

◆省财政每年安排3～5亿元以奖促治资金专项用于小流域治理。

◆对全省各县（市、区）出境断面实施双月考核，并公布排名。

2．大力推进大气污染防治

实施比国家更严的大气主要污染物排放标准和治理要求。

3．大力推进土壤污染防治

率先制定省级土壤污染防治政府规章、土壤污染防治行动计划工作方案。

下一阶段，全力以赴推进国家生态文明试验区建设。

全力践行生态文明建设　神华集团为社会提供清洁能源和清洁能源技术解决方案

神华集团有限责任公司党组成员、副总经理　李　东

作为社会经济发展主体和能源资源提供和消耗大户，能源企业在实践生态文明、建设美丽中国的进程中，更是承担着义不容辞的重要责任。

一、神华集团的基本情况

神华集团是中央直管国有重要骨干企业，是以煤炭为基础，集电力、铁路、港口、航运、煤制油与煤化工、新能源开发为一体，产运销一条龙经营的特大型综合能源企业。2015 年位列世界 500 强第 270 位，中国 500 强第 32 位，在普氏全球能源企业 250 强的矿业公司中排名第一。国有资本保值增值率处于行业优秀水平，年利润总额在中央直管企业中名列前茅。

这些年，集各环保高危产业于一体、大部分企业又分布在西北各省环境脆弱地区的神华集团，秉承“安全高效、清洁环保、和谐共赢”的理念，建成了一批绿色矿山、环保电厂、绿色物流链及现代煤化工厂。

从 2014 年开始，神华更是明确了“建设世界一流清洁能源和清洁能源技术方案供应商”的发展目标，实施“1245”清洁能源发展战略。通过不断深入推进煤基能源清洁化，积极探索发展新能源产业，着手研究构建实现煤基能源与多类新能源耦合协调、互联智能的新型能源系统，为国家经济社会发展提供清洁、经济和可持续的能源供应。

二、神华集团让煤炭成为清洁的能源和资源

煤炭在我国化石能源资源储量中占比约94%，我国的资源赋存条件决定了目前煤炭是最丰富、最稳定、最经济的能源。神华的实践表明：煤炭能够成为清洁的能源和资源。正如环境保护部部长陈吉宁在2016年“两会”期间所说的：“过去人们一说到煤炭就感觉很脏，现在要为煤炭正名，煤炭清洁利用其实可以比天然气更环保。”

（一）神华煤炭的清洁生产和运输

神华集团通过实施特大型矿井群资源协调开发技术，实现了千万吨矿井群的规模化发展。神华井工煤矿采区回采率达到84%。从2013年起，吨原煤生产综合能耗只有约2.7千克标煤/吨，达到世界先进水平。

神华集团还积极开展水资源保护、土地复垦等工作。以神东矿区为例，通过建设煤矿地下水库，将原本外排蒸发损失的矿井水储存于井下，并进行净化和利用，目前已建成32座煤矿地下水库，不仅保障了世界唯一的2亿吨级矿区的生产、生活、生态用水，还给周边电厂、煤制油项目供水。

建矿初期，地处毛乌素沙漠和黄土高原接壤地区的神东植被覆盖率只有3%～11%，目前该地区的植被覆盖率达到了70%以上。针对企业所在地生态环境脆弱的实际情况，神华集团及下属煤炭公司都设立了绿化复垦专项基金，企业每生产1吨煤炭就提取一定比率的资金用于绿化复垦和生态建设。

冬天很多家庭使用高硫、高挥发的劣质煤，导致冬季污染物排放居高不下。神华清洁煤属低灰、特低硫、特低磷、特低氯、中高发热量的优质洁净动力，表现出很好的环保特性。尽管如此，神华对生产出的煤炭都进行了就地加工洗选，有效脱除矸石和硫、磷等元素；运输环节上，在车皮装煤后喷洒抑尘剂，防止运输途中的粉尘污染，实现了煤炭生产、运输过程中的不落地，确保煤炭质量，供应优质清洁煤炭。

此外，对于占中国煤炭储量50%的低阶煤，神华还开发了拥有自主知

识产权的分级炼制技术，可将褐煤提质为低硫、低汞的清洁煤。

（二）神华在煤炭清洁利用方面的实践与探索

燃煤发电目前占全国发电量的70%以上，未来较长一段时间内，燃煤发电仍将是我国的主要电力来源。燃煤电厂通过“超低排放”改造，大气污染物排放已经可以达到或低于燃气机组排放标准。国务院常务会要求2020 年前全国燃煤机组要全部实现超低排放，届时燃煤发电主要污染物排放总量将比 2013 年下降 90%以上。

神华是国内第五大火力发电企业，神华率先在全国电力行业提出并实施火电机组超低排放改造，在火电行业拥有最多的超低排放机组。2014 年，神华在舟山电厂建成运行国内第一个超低排放机组。截至 2016 年 10 月，神华超低排放燃煤机组达到 75 台，其中京津冀地区全部 22 台机组全部实现了超低排放。而且，燃煤发电机组实现超低排放所增加的成本不到 0.02 元/千瓦时，用煤发电达到同样的排放甚至更低，成本是天然气的一半。

神皖安庆电厂就是全球领先的高效燃煤电厂，如果用先进的超超临界机组替代老旧机组，中国在燃煤发电装机总量持续增加情况下，CO_2 排放总量仍可保持基本稳定。

循环流化床发电技术就是实现低热值煤有效利用的重要途径，神华掌握了 600 兆瓦超临界循环流化床发电技术，并建设运营了全球唯一的示范工程——神华国神白马电厂。

（三）煤炭在神华通过转化实现了清洁利用

神华在煤制油化工领域已经形成完整体系，成为目前全球最大的煤制油化工产品生产商，引领我国煤炭清洁转化产业技术和工业示范取得了突破性发展，使我国该领域技术及产业规模整体上处于世界领先地位。

神华建成了世界首个百万吨级煤直接液化示范项目，累计生产油品近500 万吨，转化效率 58.0%，成功开发了煤基喷气燃料、火箭燃料、军用通用柴油等具有极低硫、低凝点、比重大、体积热值高、高氧化安定性等特点的特种油品。污水处理及节水技术不断进步，吨油水耗由设计值的

10 吨降至 5 吨，并实现污水零排放。

在宁夏，神华建成了 400 万吨间接液化项目，是世界单体投资最大的煤化工项目，正在进行试车，预计年底正式投产。

神华还成功实现了 MTO、MTP 技术的全球首次商业化运行，煤制烯烃产能达到 288 万吨，可大规模替代石油制取乙烯、丙烯原料。

三、神华也是家新能源公司，在新能源开发及清洁能源技术创新方面做了很多尝试

神华新能源发端于 1999 年神华国华投资的红海湾风电场，目前神华新能源已有超过 700 万千瓦的风电装机，拥有最大海外风电项目，是国内第六大风力发电企业。拥有超过 30 万千瓦光伏装机，开展了薄膜太阳能电池、光热发电研发。同时，神华通过参股核电项目建设，参与下一代核电技术研发。

此外，神华还在探索煤制氢项目，现在是世界最大的制氢公司之一。在煤基能源 CCS 领域，神华开展了煤制油化工 10 万吨/年 CCS 工程示范。

目前，神华还在探索构建煤基能源与非化石能源耦合互补的能源系统，如正在陕西建设的示范项目——“富平综合能源供应中心”，在消费终端全面替代散煤、天然气和石油等传统能源的使用，最终构建高效、智慧、绿色、可复制、可推广的城市能源供应新体系。

张奇同志在实践创新·厅局长论坛上的演讲

中国华能集团副总工程师　张　奇

中国华能集团公司自1985年创立至今，在30多年的发展历程中，一直致力于推动电力工业技术进步和绿色低碳发展，持续引领我国电力行业进步。在煤电机组建设方面，玉环电厂四台百万千瓦超超临界机组工程获得了环保部全国建设项目环境保护最高奖——“国家环境友好工程”称号；在水电建设方面坚持“构建和谐电站，奉献绿色能源”的理念，有序开发、生态建设水电工程，小湾水电站获评“国家水土保持生态文明工程”。集团公司荣获第七届环保领域最高奖项——中华宝钢环境奖，获得国务院国资委“节能减排优秀企业”称号。

华能始终坚持“三色公司”理念，致力于建设具有国际竞争力的大企业集团。目前，公司境内外全资及控股电厂装机容量达到1.64亿千瓦，是世界第一大发电集团，主业发展为电力、煤炭、金融、科技研发、交通运输等产业，在中国发电企业中率先进入世界企业500强，2016年排名第217位。

生态文明建设，是关系人民福祉、关乎民族未来的长远大计。中国电力工业的发展，必须毫不动摇地走绿色低碳、清洁高效发展的生态文明建设之路。

按照论坛安排，结合华能发展历程，我谈三点体会：

一、不断提高低碳清洁能源比重是当今电力绿色发展的关键

长期以来，华能认真贯彻落实党中央、国务院的部署，制订了《绿色发展行动计划（2010—2020年）》，在加快煤炭等传统化石能源清洁利用

的同时，加大水能、风能、太阳能等低碳清洁能源开发力度，优化电源结构，推动能源结构优化升级。目前公司低碳清洁能源装机比例达到29.05%，发电装机结构的改善和能效水平的提高，大幅降低了单位发电量二氧化碳排放强度，“十二五”末，公司单位发电量二氧化碳排放强度下降了21%，绿色发展水平进一步提升。

二、扎实推进科技创新为电力绿色发展注入强劲动力

华能积极践行五大发展理念，着力实施创新驱动发展战略，全面推进“绿色发展行动计划”，坚持科技引领战略，积极研发绿色低碳、清洁高效能源技术，引领发电行业科技进步。先后建立两个科研基地、7个国家级研发中心和一批实验室，承担了80多项国家科研课题，建成国内首座IGCC示范电站、首座高效环保超超临界燃煤机组、首套66万千瓦超超临界二次再热机组、国内首套二氧化碳捕集示范装置，投运国内首个700℃超超临界高温材料验证试验平台，正在抓紧建设国家重大科技专项——世界首台高温气冷堆示范工程。华能注重能源前沿科技创新，开展波浪能、燃料电池发电以及制氢和氢利用等先进发电技术研究。这些技术成果为能源技术创新和电力工业科技进步发挥了示范作用。

三、不断提高煤电高效清洁化水平是当今电力绿色发展的重点

华能积极推进煤电的绿色低碳清洁发展，以引领煤电清洁高效利用和电力装备技术发展为己任，全力提升煤电机组清洁、高效化水平。不断优化容量结构、技术结构和区域结构，建设大容量、高参数、高效率煤电机组，新建煤电机组全部为热电联产或60万千瓦级高效煤电项目，并按最新环保要求达到超低排放水平。30万千瓦及以上超临界、超超临界煤电机组和热电联产机组占燃煤总装机的74%。与此同时，华能大力推进煤电机组节能减排升级改造，“十二五”期间，华能共投入节能改造资金160亿元、环保改造资金267亿元，对1亿千瓦的煤电机组实施节能改造，实

现煤电机组脱硫、脱硝、除尘设施全覆盖，并先后投入1500万元，建立了涵盖全部火电机组在内的污染物实时监管平台，污染物排放实时监管实现全覆盖。煤电机组能效指标逐年改善，主要污染物全面达标排放，保持行业领先。经环保部核定，公司二氧化硫、氮氧化物排放总量“十二五”期间分别下降 60%、64%，超额完成总量减排任务。“十三五”期间还将安排环保改造资金300亿元，预计将提前1～2年完成超低排放改造计划。截至当前，已超过50%的公司煤电机组完成了超低排放改造。华能正在按照部署，有序推进煤电机组超低排放改造，持续提升存量煤电机组的清洁化、高效化水平，传播低碳理念，实施绿色行动。

当前，党中央提出创新发展、协调发展、绿色发展、开放发展、共享发展的五大发展理念，这是当今各项改革任务的主旋律。面对新形势、新任务和新要求，“十三五”期间，华能将认真贯彻落实党中央、国务院部署，切实履行好央企的经济责任、政治责任和社会责任，加大低碳清洁能源发展力度，加快实施煤电机组节能减排升级与改造行动计划，进一步加强电力科技基础研究，着力推动电力工业转型升级，为国家打造世界上最清洁的煤电体系，实现电力工业绿色低碳发展新突破做出应有贡献。

攻坚克难　乘势而为
努力实现环境治理新突破

大连市环保局局长　张海冰

2016 年，是大连市开启环保督查新常态的一年；是大连市环境保护“党政同责，一岗双责”落地生根的一年；是大连市构建环境保护社会共治大格局的一年；是大连市环保战役最多的一年；也是大连市污染治理成效最显著的一年。能取得这样的成绩，首先是市委、市政府高度重视的结果：书记、市长在全市环保大会上亲自做重要讲话，部署全市环保工作；先后专题调研环保工作；落实环保工作会议、批示不断。书记、市长狠抓环保，改善环境质量，决心如铁；落实环境保护“党政同责，一岗同责”，率先垂范。以上率下是大连市层层落实环保责任，全市上下齐心协力，打赢环保攻坚战，实现环境治理新突破的坚强保障。主要做法如下：

一、四大突破，构建环境治理长效机制

建立环境治理长效机制是建设生态文明，推进绿色发展，实现环境质量全面改善的基础和保障。大连市委、市政府高度重视，把环境保护放在战略高度谋划，重点在构建环境治理长效机制上下功夫，出真招，见实效。

（一）顶层设计绘就大连绿色发展路线图。十八届五中全会确立的五大发展理念，将生态环境总体改善作为全面建成小康社会的重要目标，绿色发展上升为统领经济社会发展的重要指针。大连市委、市政府及时出台了《关于加快绿色发展提升环境品质的意见》（以下简称《意见》），这是大连市落实绿色发展理念，重塑城市环境优势，促进经济转型升级和全面振兴的一部重要的纲领性文件。《意见》把绿色发展融入生产生活经济社

会发展的各个方面，为大连加快补齐生态环境短板，推进绿色发展，提升城市环境质量，增进人民福祉描绘出了详细的路线图。《意见》提出提升优化生态格局、提升城市内涵、持续改善生态环境三类13个约束性指标，四个方面19项主要任务措施和7项保障措施。

（二）出台《大连市环境保护管理职责规定（试行）》（以下简称《规定》），构建"大环保"工作格局。《规定》明确了大连市各级党委和政府的环境保护工作职责，明确了组织、宣传和机构编制3个大连市委工作部门，环保、发改等39个大连市政府工作部门，海关、气象等8个中、省直部门的环境保护工作职责。建立了各级党委、政府统领全局、环保部门统一监管、有关部门各司其职的工作机制，从制度上构建起全社会齐抓共管的环保工作新格局，彻底扭转环保部门"单打独斗"的局面，切实落实环境保护"党政同责、一岗双责"，有效推动地方党委、政府落实保护生态环境、改善环境质量的主体责任。

（三）党政同签环保"责任状"，有效落实环保属地责任。2016年5月24日在市委、市政府召开的全市环境保护大会上，市委书记唐军、市长肖盛峰首次与全市13个区市县党委、政府领导共同签署环境保护目标责任书，是我国15个副省级城市中，第一个市委、市政府联合与地方党委、政府签署环保责任书的城市。责任书共设置5类一级、15类二级和29项三级考核指标，有效落实环保属地责任，确保各项环保任务的完成。之后，各区市县党委、政府也逐级签订环保责任书，确保知责、明责、履行三到位。

（四）建立环境保护党政联合督查工作机制。2016年，大连市委、市政府督查室会同市环保局，组成联合督查组，开展5轮环保督查。重点督政，主要督查县市区党委、政府落实环保"党政同责，一岗双责"和环境保护属地管理责任情况以及有关部门环保责任落实情况，督办督查整改、蓝天工程、水十条等重点工作推进情况。通过督查，使各地区党委、政府环保意识大大提高，更加重视环保工作，而且以前所未有的力度推进工作落实，促进“党政同责，一岗双责”落地生根。

二、四大战役，解决突出环境问题

针对影响环境质量的突出问题，全市上下，集中人力、物力、财力，打响整治燃煤锅炉、淘汰黄标车、排污口整治、清理违规建设项目攻坚战，成效显著。其中，空气质量明显改善，截至2016年12月15日，全年达标天数大幅提升达到289天（2015年全年仅270天）。尤其是供暖首月大连市空气质量在辽宁省各城市排名中列第一，收获26个好天气，达标率86.7%，与2015年11月相比，六项污染物指标全部下降，优良天数增加13天，达标率同比上升43.4个百分点。

（一）整治燃煤锅炉。为了改善冬季空气质量，大连市2016年举全市之力，打响燃煤锅炉整治攻坚战。燃煤锅炉整治列入2016年大连市重点民生工程项目，全市纳入整治的燃煤锅炉共计3001台，其中市区843台。锅炉整治数量之多、难度之大、情况之复杂，前所未有，涉及各级政府，环保、建委、经信委等多个部门以及多家单位。打硬仗，必须有硬措施，大连市采取各级政府主导，部门联动的协同机制，制定《全市锅炉综合整治改造工作方案》，向社会公开发布整治公告并公开市区燃煤锅炉整治名单，提供政策、资金支持和保障措施，采取“一周一调度，两周一通报”“一炉一案”“挂图作战”等措施，强力推进，用不到半年时间完成了不可能完成的任务。2016年10月底，全市共拆除1416台10吨以下燃煤锅炉，提标改造1377台，市区圆满完成843台燃煤锅炉整治任务，其中拆除604台10吨以下燃煤锅炉，超额完成省政府下达的拆除115台燃煤锅炉的任务。

据测算，2016年燃煤锅炉综合整治，共削减二氧化硫约12499吨、氮氧化物约575吨、烟尘约9300吨，削减量分别是2015年排放量的11.1%、0.4%、13.1%。

（二）淘汰黄标车。强力淘汰黄标车，是大连改善空气质量的重要举措。环保牵头，公安、财政、服务业委等携手作战，统筹谋划，周密部署，出台《大连市淘汰黄标车专项工作实施方案》和《大连市淘汰“黄标车”补贴管理暂行办法》，采取超常规的手段和措施，加大资金保障和政策舆论宣传力度，强力推进。这场攻坚战，全市公安系统是主力军，勇于作为，倒排工期，全力攻坚，履职尽责，措施得力，全体动员。全市3000余名交警采取进企业、进村屯、进家庭的方式，逐台上门排查。对全市予以公告牌证作废的车辆，确保“三见”全程跟踪：见企业法人、见驾驶人、见车辆，督促报废。对于失联车主，动用刑侦手段，利用人口信息数据库等系统查找车主，对所有黄标车和老旧车辆的排查率做到了100%。

截至2016年10月底，淘汰注销黄标车及老旧车辆42663台，已受理报废黄标车10321台，超额完成省政府淘汰黄标车及老旧车辆40856辆的任务。

据测算，2016年黄标车淘汰削减氮氧化物约5150吨，削减量是2015年机动车氮氧化物排放量的12.7%。

（三）治理入海排污口。在辽宁省率先印发《大连市水污染防治工作方案》，开启新一轮治水大幕。重点推进中心城区污水处理厂建设、排污口整治、黑臭水体治理等。12座污水处理厂全部启动提标改造，同时新开工建设大连湾、泉水二期两座污水处理厂；制定《市中心城区超标入海排污口整治工作方案》《入海排污口整改工作方案》，向社会公布全市131个入海排污口（其中，中心城区77个）的基本信息，公开超标排污口名单，主动接受公众监督。通过一年集中治理，中心城区共完成了星海湾、东港商务区、百年港湾等区域11个排污口整治，使中心城区入海排污口排放达标率比上年提高了14个百分点。

（四）清理违规建设项目。多年来，由于种种原因，无环保手续的违规建设项目大量积压，为监管带来困难。2016年大连市集中力量实施违规项目清理整顿，全力以赴解决环保遗留问题。下发整顿实施方案，出台现状评估报告技术审查指南等指导性文件，多次实地调研，召开专题调度会，与属地政府座谈，化解整顿中存在的制约性问题，加快推进历史建设项目竣工环境保护验收工作，对已批未验建设项目进行分类整治和查处。一年来，全面排查违规项目总数1375个，截至2016年10月底，已完成1237个项目清理整顿，该备案的备案，该关闭的关闭，推进了大连港长兴岛30万吨级原油码头等“老大难”项目的备案完善，既支持了地方经济发展，又解决了项目环保合法性问题。

三、四大创新，开启环保工作新模式

2016年，大连市环保局大胆创新，积极作为，勇于担当，充分发挥《环境保护法》赋予的“对本行政区域环境保护工作实施统一监督管理”职能，有效推进各项环保工作落实，尤其是重点、难点问题解决，得到市委、市政府的高度认可。

（一）建立环保协调工作机制。对于全市环保大会部署的各项工作，市环保局重点抓好各部门、县市区的工作落实。针对重点、难点问题，市环保局主动组织协调有关部门和区政府领导，召开协调会和现场办公会，现场确定治理措施，协调解决难点问题，促进了星海湾、东港、百年港湾等排污口整治。同时，积极与驻军沟通协调，达成共识，使部队燃煤小锅炉拆除与市区同步推进，是辽宁省第一个解决部队燃煤锅炉污染问题的城市。

（二）实施环保约谈机制。对工作推进缓慢的地区，市环保局领导亲自率队，先后约谈了庄河市、瓦房店市、金普新区的政府主要领导，并对普兰店区、甘井子区、旅顺口区进行了督办，通报问题，分析原因，提出要求，商讨对策，取得了较好效果。

（三）建立联络员对口包干制。针对拆除燃煤小锅炉、农村环境连片整治等重点工作，市环保局安排12名处级干部作为联络员，负责对口部门和地区的工作落实，不仅随时掌握工作进度，而且还到对口部门和地区实地督办，帮助解决实际问题，推动各项工作按时保质完成。

（四）启动调度通报曝光制。对重点工作任务，倒排时间节点，采取

“一周一调度，双周一通报”的方式，在及时向市委、市政府报告的同时，通过媒体向社会公开各地区工作进度，形成了各地区比、学、赶、超的良好氛围。对工作推进缓慢、懒政怠政的，在媒体予以曝光，让社会、公众共同监督，把环保工作的高压态势传递到各个层面。如2016年8月至10月，共在媒体公开了5次锅炉整治进度，这一挤压式定期曝光进度，不仅使各地区政府、有关部门、单位压力倍增，而且让压力变为强大的动力，有力地推动燃煤锅炉整治。

践行新发展理念　持之以恒抓好水质保护

河南省南阳市环境保护局局长　王　奇

南阳位于豫鄂陕三省交界处，长江、黄河、淮河三大流域交汇地，处于南水北调中线工程水源地核心保护区和渠首所在地，是千里淮河发源地。这决定了南阳市是水质保护高度敏感的区域。“确保一渠清水安全永续北送，是我们义不容辞的责任”。近年来，南阳市从战略和全局的角度，坚持把水质保护作为一项重要的政治任务，全面落实新发展理念，加快转型发展，把水污染防治和重点流域区域环境质量改善作为环保工作的重中之重，积极打造全民治水“南阳模式”。

一、水环境治理主要做法和成效

（一）规划先行，在“引”上明方向。立足南阳特殊区位环境，遵循《南阳市生态文明建设规划》和《南阳市环境功能区划》总体要求，按照“抓两头带中间”（一头是抓好饮用水水源地等水质比较好水体的水质保障工作，保证水质不下降不退化；另一头是下决心治理好黑臭水体，通过这两头来带动中间一般水体的水污染防治工作）的基本思路，系统编制南阳市重点流域水污染防治规划、产业集聚区污水集中处理设施建设规划、河流水体达标方案（规划）等专项规划，明确近中远期全市水污染防治工作目标，着力改善重点流域污染严重河流水质，探索建立流域水生态环境功能分区管理体系，力争到2020年，全市水环境质量得到突破性改善，市县建成区黑臭水体基本消除，南水北调中线工程水质持续保持良好，重点流域水环境质量稳定提高，为打造中原水城奠定坚实的环境基础。

（二）深度治理，在“源”上强措施。围绕“三源两河一中心”（南水北调中线工程水源、集中式饮用水水源、淮河源，唐河、白河，市、县两级中心城区），坚持工业点源、农村面源和生活源等多源同治。一是工业源污染治理狠抓转型升级。“以不排水企业置换排水企业，以发展生态经济改造传统业”，彻底取缔重污染的“十五小”企业，专项整治酿造、造纸、化工、制革和制药等九大重点行业，扎实推进清洁生产改造，实现工业污染源全面达标排放。二是农村面源污染狠抓综合治理。全力推进全国首个国家重点流域面源污染综合治理试验区建设，以治理农村生活垃圾、污水和畜禽养殖污染为重点，完善投融资机制、推广运用农村生活垃圾、畜禽粪便资源化处置等技术，实施乡村清洁工程，规范畜禽养殖行业，深化生态示范创建，从根本上破解农村面源污染难题。三是生活源污染狠抓基础设施建设。加快配套管网建设，严格雨污分流，实现污水全收集、全处理。同时，将基础设施建设向乡镇、重点村（社区）逐步延伸覆盖，因地制宜筛选投资少、效果好的生活污水处理项目，实行第三方运营管理模式，使生活源污染治理消化在“源头”。

（三）强化监管，在“严”上出重拳。环保工作成败的关键在监管，监管效果如何首先体现在是否严格上。一是落实责任网格化。按照“属地管理、分级负责、全面覆盖、责任到人”的原则，健全市、县、乡、村四级环境监管网格，做实一级，做强二级，做深三级，做细四级，形成“纵向到底、横向到边、全面覆盖”的网格管理体系，落实领导责任，层层传导，层层压实，杜绝“上热下冷”和政策棚架现象。二是推进手段法制化。坚持严格依法办事、铁腕治污的原则，严格环境行政执法责任制。实行执法监督和社会监督相结合，综合运用好行政、法律、经济手段，依法行使行政监督职能，依法处理污染企业，追究污染责任，对造成环境污染的企业和责任人，按照“谁污染谁治理、谁污染谁赔偿”的原则追究其经济责任。三是实施企业环境信用评价公开化。以南阳市创建国家社会信用体系建设示范城市为载体，健全企业环境信用评价体系，实行 5A、4A、3A、2A 及不予评价 5 级信用评价等级公布制度和企业诚信行为“红黑榜”发布制度，严格守信激励和失信惩戒，并将评价结果通过信用南阳、信用河南、信用中国网站互联公布，让违法排污、屡查屡犯的企业一处违法、处处受限。

（四）建章立制，在“效”上促长远。水污染防治工作是攻坚战更是持久战，最根本的是要建立完善党政同责、一岗双责、齐抓共管的责任体系，专群结合、群防群治的监督体系，标本兼治、远近结合的考核体系及长效约束、奖惩等机制，以实现水污染防治工作常态化。在南水北调中线工程水质保护方面，南阳市成立“保水质、护运行”领导小组，下发“一号文件”，配套建立日常巡查、联席会商、责任追究等 8 项制度，坚决做到“三个确保、三个杜绝”（即确保丹江口库区及其流域内水功能区水质稳定达标，杜绝各类水污染事件发生；确保南水北调水源区和调水运行区不受任何污染，杜绝各类违规违法行为发生；确保工程安全运行，杜绝各类意外事故发生，全力服务保障中线工程运行），持续提升丹江口库区及流域内水生态环境质量。在全域水污染防治方面，2016 年 5 月南阳市委、市政府出台《关于加强水污染防治实施“五水共治”的意见》，全面推行河长制，各级河长由党委或政府主要负责同志担任，已设立市、县、乡、村四级河长 3000 余名，实行一河一策，重点解决好河流管理保护的突出问题，让河长制向河长治转变。在跨流域跨区域水环境治理方面，创新管理体制，实施上下游水环境生态补偿制度。按照“谁污染、谁补偿”和“谁保护、谁受益”的原则，充分发挥经济杠杆对地方经济结构调整和水污染防治的促进作用，奖优扣差，不断提高地方党委、政府对流域水环境管理的积极性和责任感。同时，建立追查机制，加强联防联控。完善市 4 大流域应急预案，出台《南阳市出境河流断面水质异常情况下涉水污染源追查机制》，明确每个流域每条河流污染物来源，一旦异常精准定位处置。与陕西省、湖北省建立定期会商、联防联控和数据共享机制，在市内区县完善上下游监测、监管、应急联动机制，确保水质安全。

水污染防治，重在持之以恒。“十二五”以来，南阳市重点河流水环境质量持续改善，南水北调中线水源地水质持续保持Ⅱ类以上水平。2016

年12月12日是南水北调中线工程通水两周年的日子，工程累计已经向北方供水约60亿立方米，惠及北京、天津、河北、河南四省市达4700万人，使得沿线受水区北京、天津、石家庄、郑州、新乡、保定等18座大中城市的供水保障能力得到有效改善，发挥了巨大的社会、经济、生态等综合效益。《丹江口库区及上游水污染防治和水土保持“十二五”规划》国家考核中，南阳市代表河南省，连续四年考核第一。2016年9月国家公布的“十二五”重点流域考核结果中，以南阳市为主的长江中下游流域水污染防治工作考核结果为好，2015年，南阳市水环境质量综合达标率位于全省第二位。

二、几点看法及建议

新常态下，从中央到地方都越来越重视环保工作，经济、社会、生态“三重转型”带来环保压力的同时，也迎来着更多的机遇。今后的环保工作，特别是水污染防治工作，我谈几点看法：

一要始终围绕改善水环境质量来谋划。战略目标上，全面落实《水十条》，从过去主要抓污染物总量减排，向以改善环境质量为核心转变，坚持质量导向，系统治理，“保护好水、治理坏水”，要健全水环境质量目标管理体系，结合实际出台贯彻实施的意见、方案，明确目标任务，将治污任务逐一细化落实，层层明确任务措施和责任单位；要抓好污染源头治理，突出重点区域、重点行业，统筹推进“调、禁、改、关、停、建”，加快“十三五”水污染防治规划实施和湖泊生态保护试点项目建设，强力推进“十小”企业关停、十大行业治理、农村环境综合整治、城镇污水及配套管网建设、畜禽规模养殖污染治理及废弃物综合利用等工作；要提升水环境风险管控水平，进一步加强水源监测能力、风险管理及应急能力建设，持续做好水环境状况年度评估。

二要不断完善工作机制。体制机制上，从环保部门单打独斗向“属地为主、分级管理，党政同责、一岗双责，三管三必须”转变。要建立健全

“三大机制”，健全联动协调机制，明确各级各部门工作职责与分工，成立相应的领导机构和协调机构，形成省、市、县、乡辖区负责、协同管理，部门职责明确、分工协作的工作机制；健全目标责任考核奖惩机制，对水环境质量目标完成情况和水污染防治重点工作完成情况进行考核，一月一排名通报，一季度一总结，半年一公布，一年度一考核，并将考核结果作为对地方领导班子、领导干部综合考核评价和选拔任用的重要依据，作为安排水污染防治专项资金的重要依据，作为当地新增排水建设项目（民生项目与节能减排项目除外）的环评审批的重要依据；健全资金投入机制，研究制定激励政策措施，推动各级政府和相关部门安排专项资金时优先考虑水环境管理的重点工程和优先项目，积极创新投融资机制，引入社会资本，通过 PPP 等模式推动重大项目建设。

三要强化跨界流域联防联控。在流域管控上，要从区域自治为主，向上下联动、流域共治相结合转变。以流域水污染防治互联互治为主线，以统一监测体系、统一水量调配、统一信息共享为基础，以统一规范治理和统一环境监管为重点，以统一应急预警和统一联动执法为手段，以加强督导、定期会商、完善督查评估制度、加大政策支持、加强公众监督为保障，强化源头控制、水陆统筹，完善跨界考核断面监测网络，积极开展跨界水环境补偿试点，在做好各自行政区域内水污染防治工作的基础上，建立流域水污染防治联防联控“七统一”的工作制度，打破行政区界限，形成治水合力，预防和解决流域突出水环境问题。

南阳是国家生态安全战略要地，丹江口库区水源地最后一道生态屏障和水源保护最为敏感的区域，水污染防治和水土保持任务艰巨，地方财政比较困难，生态保护建设资金缺口巨大，水质保护与地方经济发展矛盾突出。建议中央财政列出专项生态资金转移补助，建议从南水北调中线工程供水水费和受益地区水资源费中提取一定比例，设立国家南水北调中线工程丹江口库区生态建设基金，专项用于丹江口库区移民后续发展和生态保护。

创新机制　务实作为
加快老工业城市污染治理

湘潭市环保局局长　苏国军

湘潭是一代伟人毛泽东主席的故乡，位居湖南中东部，湘江下游，现辖五个县市区、两个国家级园区，人口近300万。湘潭又是一个老工业城市，以重化工为主，历史遗留的污染问题尤其是重金属污染问题突出。近年来，在环保部、省环保厅的大力支持关心下，湘潭市委、市政府坚持以生态文明建设为总揽，突出治理历史遗留污染，调存量，优结构，严监管，抓退出，重治理，取得了显著成效：竹埠港重点区域28家企业全部退出，治污全面启动；百年锰矿地区重金属污染治理基本完成，昔日的矿山变成了地质公园；五矿湖铁等一批重点企业治理全面完成，减排效益显著，湘江湘潭段水质不断改善，总体已达Ⅱ类标准。总结近年湘潭市环境治理的做法，我们重点抓了四个方面工作：

一、突出党政同责

市委、市政府高度重视环境保护，以壮士断腕的决心，牺牲GDP的代价，把解决老工业城市遗留的污染问题列入生态文明建设的重中之重，把治理突出污染问题列为市长工程，建立了以市长为总召集人的联席会议制度。一是确定治理项目。在对全市污染源调查的基础上，按照“调结构、治污染、保民生”的工作思路，确定了竹埠港、锰矿地区、吴家巷工业区、湘乡五矿湖铁等四大片区47个重点项目。二是突出治理重点。着眼近期与长远相结合，重点抓好竹埠港区域企业退出和锰矿重金属治理。三是分解目标责任。将治理任务按照目标责任分解到各县市区和相关部门。四是争取国、省支持。近几年，针对湘潭市老工业遗留的污染问题，环保部、省环保厅给予了近 10 亿元的资金支持，为解决湘潭市历史遗留污染问题发挥了重要作用。

二、创新治理机制

解决好新形势下老工业城市污染治理这一历史遗留问题，除了党委、政府的高度重视和坚强领导，必须创新适应社会管理和市场运作的新机制。一是创新工作机制。2012 年年初，湘潭市确立了“市领导、区运作、市场化”的工作机制，筹建雨湖、岳塘经开区作为承担实施重化工业企业退出的主体，在加强市级统筹、举全市之力坚定推进的同时，强化区级执行和落实，切实增强一线战斗力。市里成立了以市长为组长的重金属污染治理领导小组，从市直部门抽调 28 名处级领导各联系一个企业。区里成立了退出企业关停指挥部，抽调 100 余名干部，设立综合协调、政策法规咨询、执法巡查、关停验收、项目建设、综治维稳等 6 个专题工作小组，坚持一线作业，现场办公，集中力量抓退出。二是创新联动机制。对重点治理项目实行一个单位牵头，多个部门配合的联动机制；针对湘江湘潭段的特殊地理位置，联合长沙、株洲共同签订《长株潭三市湘江枯水期环境污染联动处置合作协议》，实现信息共享、一江同治；落实湘江流域长株潭段水环境上下游补偿和湘江流域生态补偿措施，推动建立流域上下游政府环境保护合作机制。三是创新融资机制。老工业城市污染治理单靠国家投入是远远不够的。近年来，湘潭市积极探索搭建市场平台，拓宽融资渠道，通过融资平台，发行湘江流域重金属污染治理专项债券 18 亿元，并获得银行 3 亿元的配套资金。同时引进社会资本，合作开发项目。通过采取 PPP 模式，引进民营环保企业合资组建项目投资和实施平台，推行环境污染三方治理。

三、强化工作措施

按照“关停、退出、治理、建设”的工作思路，加快企业关停退出和污染治理步伐。一是政策引导。对企业关停退出实行“一企一策”，制定奖励办法，筹措 5000 万元，对按期主动关停的企业实行奖励。同时对按时退出企业在用地、安置、搬迁方面给予政策支持。二是服务促进。主动上门、热情周到服务企业，帮助企业完成搬迁选址、升级改造；协调金融机构，对企业新厂建设给予资金支持。三是技术支撑。委托清华大学、中南大学、环科院等大专院校及科研机构参与治理项目技术方案编制；引进环境保护部环境规划院高起点做好环境治理规划；成立湘潭市生态文明建设专家咨询组，为污染治理提供技术支撑。四是执法推动。对传统的污染重的老企业实施加密监测和不定时抽查，加大环境监管执法力度。依法实行倒逼，加快企业推出。

四、严格责任考核

一是全面分解任务。将历史遗留污染特别是重金属治理的目标任务逐项分解至县市区、园区、市直部门和企业，层层签订目标责任状，落实到责任单位和责任人。二是加强督查督办。成立重金属污染防治工作领导小组，建立“周碰头、月调度、季督查”工作机制，分管副市长每月组织一次调度会，每季度召开专题督查讲评会，市长对完成任务滞后单位下达交办函。三是加强资金管理。严格规范、管理、使用好污染治理资金，制定项目申报、审批、资金使用和监管办法，环保、财政、审计等部门定期对项目资金的使用开展环境绩效评价，对资金的使用、工程的实施以及项目完工后所产生的社会、经济、环境效益进行分析评估，通过对环保项目的督查，发挥项目资金的最大效益。四是严格考核奖惩。将污染治理工作目标纳入政府对各级各部门的绩效考核，制定考核工作细则，建立责任追究机制，对年终考核不合格的实行“一票否决”。

湘潭作为老工业城市，环保历史欠账多，环境治理任务重。这几年湘潭市在历史遗留污染治理特别是重金属污染治理取得了一定成绩，离不开环保部、省环保厅的高度重视、关心和支持。环境保护任重道远，未来我们的任务仍然艰巨，我们一定不辜负党和人民的期望，尽职尽责，务实有为，为建设好主席家乡，保护好生态环境再立新功！

全面筑牢环境监管根基　精准施策打好攻坚战

济宁市环境保护局局长　许　伟

济宁位于山东省西南部，素以“孔孟之乡、运河之都、文化济宁”著称，总人口850万，总面积1.1万平方公里。济宁处于南水北调东线和淮河流域污染防治的核心区域，生态环境保护标准较高，加之产业结构重、排污总量大、污染治理历史欠账多，在一定程度上对全市生态建设和环保工作带来巨大压力和挑战。近年来，济宁市始终坚持把环境保护作为一项重大政治任务、民生工程摆上突出位置，坚定不移实施“生态突破”战略，精准施策，标本兼治，以背水一战、壮士断腕的决心，全力打好污染防治攻坚仗、持久战，取得了明显阶段性成效。目前，环境空气质量扭转了第一季度恶化的不利局面，空气质量改善幅度、蓝天白云增加天数均居全省前列，第二、三季度共获省级奖补资金906万元。南四湖流域水环境质量连续14年得到改善，稳定达到地表水Ⅲ类水质，保障南水北调东线工程一泓清水永续北上，三次代表山东省接受国家淮河流域水污染防治考核，均取得第一名的好成绩。主要采取了以下工作措施：

一、坚持科学监管，积极探索两网融合新型环境监管体系

探索“互联网+网格化”新路径，推动网格化环境监管体系与在线实时监控网络有机融合。线上，通过济宁智慧环保监管平台系统，对近千个环境质量自动监测站点、一万余家污染源视频监控点位，进行实时监测、动态分析、不间断管控。线下，建立健全网格化工作机制，设立乡镇环境监管网格162个，配备专职环保网格员992名。深入开展全市污染源大排查活动，将排查出的54061个污染点源全部纳入市环境监管平台系统的同

时，实行台账式管理。环境监管实现了“线上千里眼监控、线下网格员联动”，确保第一时间发现问题、在线督办、查处整改、上报结果。

二、坚持精准治污，全面编制污染源排放清单

济宁市与清华大学环境学院签署长期合作框架协议，在全国首创“城市大气环保管家”决策支撑体系。在济宁城区周边布设了175个空气自动监测微站，编制完成济宁市大气污染排放清单，建立了动态更新的排放清单云平台管理系统；投资2亿多元，在乡镇及化工园区新建空气自动监测站点126个，开发了济宁市空气质量预报和重污染应急管理评估系统，为实现空气质量调控提供科学决策依据。

三、坚持分类指导，着力构建行业技术导则体系

针对建筑工地扬尘、煤矿码头堆场等面源污染严重、治理标准不统一、防治设施不规范等问题，相继出台实施了建筑工地、煤炭堆场、港口码头、烧烤摊点、商品混凝土等9类行业治污技术导则；并配套出台了实施方案、考核办法，每月对工作落实情况进行通报排名。近期，结合开展流域面源污染集中整治攻坚行动，市政府又安排有关部门制定水面源污染防治导则。目前，纳入导则体系进行整治的污染源达到3284家，其中，已按照导则要求整改到位2500家、关停784家；对5329台燃煤小锅炉进行了取缔或清洁能源改造。

四、坚持铁腕执法，严厉打击环境违法行为

坚持“找问题、堵漏洞、补短板”的原则，连续三个季度组织开展以整治突出环境问题为重点的“百日集中攻坚行动”。鼓励公众积极参与环境保护监督管理，制定了《济宁市有奖举报环境违法行为暂行办法》，开通了济宁环境APP、微博和微信新媒体平台，公开信访举报电话及信箱，24小时受理举报。制定实施部门联动、异地执法、错时执法、督查督办、

约谈问责等具体办法，健全环保行政执法与刑事司法衔接机制，进一步完善案件移送、联合调查、信息共享和奖惩机制，实现行政处罚和刑事处罚无缝衔接。截至 2016 年 11 月底，全市环保系统立案处罚环境违法行为 592 起，行政处罚金额 4085 万元。全市环保公安联合查处环境违法案件 76 件，行政、刑事处理 102 人。

五、坚持党政同责，构建齐抓共管环保大格局

市委、市政府把环保工作列入决策目标、执行责任、考核监督“三个体系”，做到了“三个强化”。一是强化组织领导。成立了由市委书记和市长共同任组长、12 位市级领导任副组长、县市区党政一把手及市直有关部门单位主要负责人为成员的生态建设工作领导小组；5 位市级领导兼任副指挥长担纲主抓，市直部门按照职责划分了 16 条工作线实施分线作战。二是强化责任落实。严格落实县市区属地责任、环保部门综合监管责任、行业部门管理责任和企业主体责任，层层签订环保目标责任书，将环境质量逐年改善作为区域发展的约束性要求，纳入领导干部政绩考核内容，严格兑现奖惩和责任追究。相继制定出台了《济宁市环境保护责任追究办法》《济宁市环境保护生态补偿暂行办法》等 46 个规范性文件。三是强化督导考核。市委常委会每月听取一次环保工作汇报，市政府平均每周召开一次会议专题研究生态环境治理；各位副市长带队督导调度和明察暗访；市人大、市政协开展特别视察、专题调研等活动。市指挥部建立了“周调度、月通报”制度，对重视不够、进度缓慢的，由市委督查办、市政府督查室实施专项督办；对落实不到位、效果不明显的进行约谈，仅 2016 年以来就约谈了 4 个县市区的主要领导、11 个县市区的分管领导、14 个乡镇党委书记、3 个县直部门及 11 家企业负责人。制定实施了《济宁市环境保护工作量化赋分考核办法》，采取月排名、季公开、年奖惩的形式，每月对各县市区的环境保护工作情况进行排名，年底对全年考核分值进行汇总并兑现奖惩。

回顾济宁市近年来生态建设和环保工作，有以下几点深刻体会。一是必须强化领导、党政同责，真正把环保工作摆上党委、政府重要议事日程，主要领导亲自抓、负总责，分管领导定期调度、强力推进，相关部门同心同向、集智聚力，形成齐抓共管的强大合力和工作格局。二是必须突出重点、精准发力，坚持问题导向，有针对性制定整改措施，打“组合拳”、打攻坚战，确保突出环境问题得到及时整治。三是必须严格监管、强化问责，动员千遍不如问责一次，针对环保监管难、整治难、执法难等突出问题，制定系列督查、考核、问责办法，不定期开展夜查、暗访活动，奖优罚劣、严肃执法，始终保持环境治理的高压态势。四是必须科学治理、建章立制，针对经济发展新常态下，企业发展、社会治理面临的新情况、新问题，有针对性建立长效机制，不断强化监管体系、责任体系和工作机制建设，只有标本兼治才能实现环境质量持续改善。

尽管环保工作取得了一些成绩，但这项工作永远在路上，只有进行时没有结束时，而且现在取得的成果也是阶段性的，稍有松懈极易反弹，环境质量与上级要求和群众期盼相比，也还有不少差距。我们将以参加这次论坛为契机，认真学习借鉴先进地区的经验，切实做到责任再夯实、力度再加大、措施再加严、机制再完善，不断巩固扩大环境治理成果，努力把济宁建设成天蓝地绿、山清水秀、空气清新、生态宜居的美好家园。

生态文明建设的关键是创造人与自然和谐之美

广州普邦园林股份有限公司副总裁　区锦雄

普邦股份是一家有20年历史的上市企业，企业的核心价值观是“创造人与自然和谐之美”。作为企业代表，我想从企业的角度谈谈对生态文明建设的理解。

我们都知道环境质量的变化与人的社会活动密切相关。过去我们为了发展经济，忽略了对自然生态的有效保护，人们在大量创造财富的同时却严重地破坏了环境生态的平衡，大气污染、水资源污染、土壤污染、气候恶化等问题非常严重。我一直生活在广州，广州的母亲河是“珠江”，我年轻时候常到河里游泳。到了20世纪90年代，珠江却变成了劣Ⅴ类水质的河流，当时广州人有一句口头禅——“河水可当墨水卖”。我们一方面拥有财富变得富裕，另一方面我们却失去了环境变成了贫穷，这些问题是人与自然之间矛盾的表现。为什么这么多人跑来海南旅游度假，许多北方人甚至愿意在这里终老，最令他们享受的是这里的蓝天白云、阳光沙滩和绿色世界。所以习近平总书记提出：“绿水青山就是金山银山”。我认为，搞好生态文明建设就是要尽量消除人与自然之间的矛盾，达到人与自然和谐相处的状态。

生态文明是社会中每一个公民的义务和责任，政府要做环境治理的推手，同时要发动社会的力量参与生态环境的建设，并做好环境建设工程的示范性推广工作，才能在有限的时间内把生态文明建设推上一个新的发展水平。

我引用一个普邦股份参与生态环境建设的案例。

广东有个旧城镇、旧厂房、旧村庄的“三旧改造”政策，其中一个试点位于佛山南海区，在一片占地3000亩的土地上，有266家20世纪80年代建成的存在严重污染的陶瓷厂家，政府对该片区域进行整体关停并改造。当时区镇两级政府只提供了3亿元的启动资金和政策上的引导，普邦股份及其他社会资本积极参与投资对该片区进行环境的基础建设。经过近三年的整治建设，该地建成了人工湖泊、生态绿地、市民广场、历史名人纪念馆、文化中心等公益性项目，整个区域面貌焕然一新，目前该地区已成为文化旅游商贸区，每到晚上吸引近万人在该区域散步和娱乐。环境的改变也使西樵镇的经济建设和生态文明建设得到均衡的发展，一方面当地居住的8万多的市民改变了随处摆卖、乱停乱放、乱抛垃圾、乱砍滥伐等陋习，自觉地成为了生态环境的守护神；另一方面环境的改变吸引了大量的外来人口前来投资经商和居住，现该地已建成了南海影视城、2家五星级酒店，并吸引了中海、恒大地产等大型企业在该地区开发旅游地产业务，周边房价也从原来每平方米6000元飙升到12000元。人们逐步发现环境改善带来巨大的经济效益，在意识层面更加主动地维护好环境。所以，通过环境的改造，最终得到了“双赢”的目的。2015年，中央政治局委员、广东省委书记胡春华到该项目调研，肯定了该项目的成果，并提出把结合三旧改造工程进行生态环境建设的经验向其他地区推广。

近两年，中央一直提倡采用PPP的模式引入社会资本参与城市基础性设施的建设，基础设施建设中很大一部分属于生态文明建设的范畴，通过社会资本的介入项目的设计—投资—建设—运营，河道治理、土壤改良、环境美化等内容的建设将会得到快速的发展，生态文明建设将真正实现“人与自然和谐共处的美好生态环境”。

三、示范创建·区县长论坛

邓小刚同志在示范创建·区县长论坛上的致辞

海南省生态环境保护厅厅长　邓小刚

如果要介绍海南，其实就是“海南岛”三个字。这个“海”是指中国最大的海洋省份——海南省，授权管辖200万平方公里的海域，蓝色国土如果统计进来，应该说海南省是中国的第一大省，第二才是新疆。我们的产业、资源、环境、生活和海洋密切相关。第二个特点是“南”，中国最南方的省份，三沙市建立之后，是最南端的城市，所以最南端意味着我们的气候为亚热带气候，特别是在海南岛中部以南，热带的气候比较明显一点。椰风海韵，到了海南岛以后，特别是第一次踏上海南岛，有一种异国他乡的感觉。我们很多服务业、国际旅游岛的建设等各个方面，可能都是跟这样一个热带的气候、优良的生态环境相关。第三个特点是“岛”，我们是岛屿省份、加起来不到35000平方公里，我们陆域面积是全国最小的省份，岛屿的地区有岛屿的优势，同样有它的劣势，我们所有的东西都要运进来，依托发达的航空运输和海洋运输，是我们的特点。

生态对于海南来说非常关键。从1988年建省以来，历任的省委、省政府对环保把关非常严，现在我们基本上还能保持全国一流的生态环境质量，2016年1月到11月，我们空气质量优良率是99.6%，也就是说，我们1月到11月平均下来，全省有1～3天轻度污染的天气，全国74个城市当中，海口空气质量排名第一，1月到11月都是排名第一，我们主要的江河湖泊，水质都在Ⅰ类Ⅱ类，保护好良好的生态环境，有赖于我们一任接着一任干下去。2016年以来，围绕省域的多规合一，我们明确生态保护红线，在这个基础上叠加经济社会发展、城镇建设。其他的各个方面的社会建设布局，凡是跟生态环境冲突的，一律都剔除出去。

今天参加示范创建·区县长分论坛的，既有国家级的在生态研究方面的专家，也有企业，更有来自于内陆的省份、在生态文明创建方面非常先进的市县，期望你们给我们传经送宝，带来在基层、市县，尤其在区县这一级示范创建方面好的经验、好的做法。希望能把各位宝贵的经验留下来，再次谢谢各位。

重现生态美丽

北京东方园林环境股份有限公司董事长
中国生态文明研究与促进会副会长　何巧女

创业时，我的目标是：

100个城市，

100座最美的公园。

我们用**20年**的时间，

实现“艺术造园,传世千年”的理想。

北京奥林匹克公园中心区

位于北京中轴线制高点，呈现08奥运盛世风华
龙形水系自然公园，占据中国人内心最崇高的地方

中国首次用污水处理厂的尾水 且全面启用雨水收集系统的 大型湿地公园
亚洲最大的城市绿化景观 以及世界最开阔的步行广场

人类文明成就轴线上最动人的篇章

北京奥林匹克公园中心区

艺术造园

从中国人心目中的圣地北京奥运龙形水系到千年大运河的源头，
从苏州金鸡湖畔，到江南水乡的绍兴鉴湖，
从海南神州半岛，再到晋中潇河，
在100个城市建立了100个最美的公园，
我们始终用艺术品位和工匠精神，
去实现“艺术造园，传世千年”的理想，
打造了千人设计艺术团队、千人项目执行团队。

各集团的理想

环境集团 · 水环境：让中国的河流清澈而美丽
环境集团 · 水 务：让中国乡村成为桃花源
环保集团：遏制污染最危险的源头
产业集团：全域旅游 创造运动休闲新生活
北京巧女公益基金会：保护大自然，保护地球

东方园林水环境
10年
200个城市
200条河流清澈而美丽

实现水资源的管理系统解决

技术及人才优势：
东方园林汇集了国内外水资源管理领域的顶级人才。专业涵盖：水利范畴，城市给排水、海绵城市建设等
例如：（黄河委）朱庆平团队
（奥森）高鹏杰团队....
东方园林与美国著名公司TT合资成立的TT-ORIENT团队
并购的名源等

实现水环境的治理系统解决

系统集成：利禾水环境
水体模型：TT-ORIENT
乡村水务：中山环保、上海立源
城市面源、农业面源：东方园林
底泥的原位、异位修复：东方园林底泥修复技术
还有合作单位几个
尾水、劣V类水的深度处理：东方园林潜流湿地技术
中山环保垂直流湿地技术
水生生态系统：东方园林自有技术、及合作的技术集群
监测和运维：东方园林组建的团队、及合作的单位，
正在国内外并购合资过程中的还有十几个

方案
系统集成和水体模型
监测与运维
乡村污水
水生生态系统
城市面源、农业面源
潜流湿地/垂直流湿地
截污纳管
底泥污染源

水资源、水环境、水景观“三位一体”

景观统筹、以美整合水资源、水环境工程

- **用水资源管理的办法解决水环境问题**
  例如：西湖从钱塘江引水
- **水利工程景观化**
- **水环境工程景观化**
  湿地与景观的结合、水生动植物构建水生生态系统

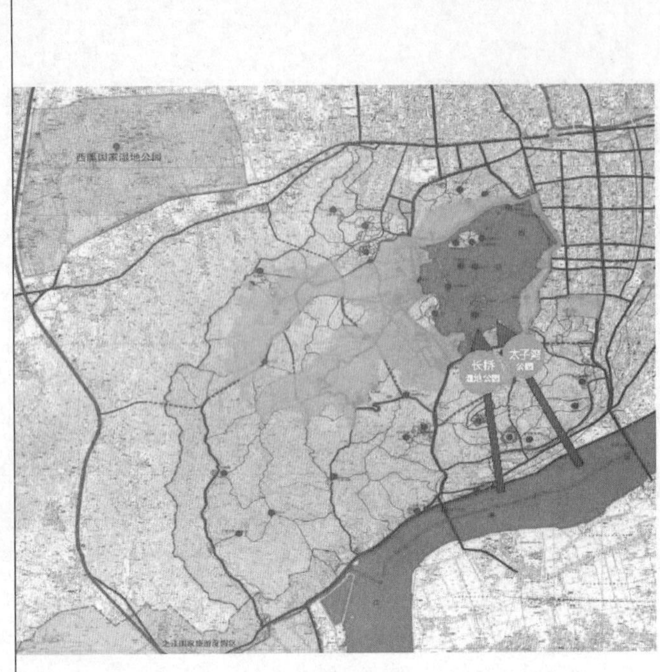

西湖综合治理的2个例子

水利工程景观化（引水工程景观化）

太子湾公园

水环境工程景观化（乡村污水处理景观化）

长桥溪水生态修复公园

西湖钱塘江平面图

长桥溪水生态修复公园

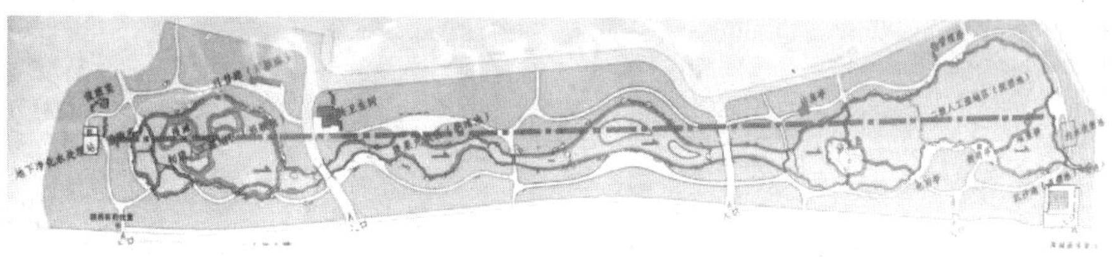

长桥溪是西湖上游四大溪流之一，它发源于莲花峰，自南向北流向西湖。

长期以来长桥溪污染状况十分严重，被污染的溪水直接排入西湖，严重污染西湖水质。

长桥溪水生态修复公园占地面积约4公顷，园内设有底下污水收集池、沉沙池及地下净化水处理站。

公园分初级人工湿地区、跌水充氧区及二级人工湿地区。

污染溪水经物理、化学、生态等多手段净化后，基本达到国家地表水III类水体标准进入西湖。

本园不仅展示溪水的水生态修复过程，也为游客提供一处自然野趣的休憩场所。

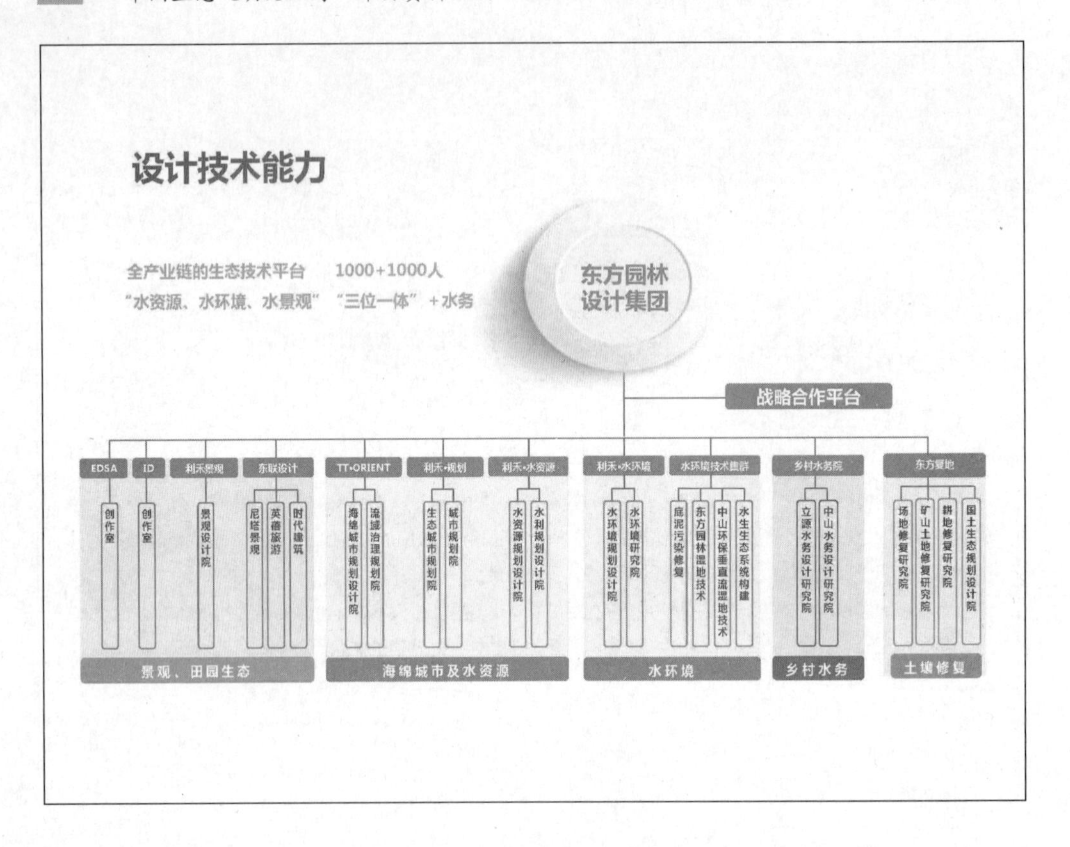

环境集团 金融优势

开创中国水环境PPP先河　与各类金融机构达成战略合作

- 目前合作机构：

  银　　行： 国开行、农发行、中国银行、工商银行、建设银行、农业银行、招商银行
  中信银行、光大银行 民生银行、北京银行、平安银行、恒丰银行、徽商银行等

  信托资管： 建信信托、交银信托、平安信托、中粮信托、渤海信托、中江国际信托、首誉光控
  中新恒业、长安信托、贵诚信托、华鑫信托、上海信托、中融信托、 中核资本
  河山资本、华融资产等

  基　　金： 中农基金、惠农基金、广东环保基金及各省PPP基金、交银施罗德基金、中信产业基金
  中交基金、汇添富基金、南方基金、中信建投、德邦资本、粤科金融等

- 战略协议：已签协议2500亿，正在签协议的还有3300亿
- 贷款合同：截至2016年8月1日已中标项目30个，合同额528亿、贷款合同额370亿
- 金融团队：30人左右

东方园林强势推出
“桃花源”系列乡村水务品牌

追求“让中国乡村成为桃花源“的理想

实现 “千镇万村”环境保护、

成为”中国乡村环保第一品牌”的目标

桃花源系列供水技术

中国最具成本优势、业界领先的桃花源乡村给水技术集群

- 适合乡镇的给水技术

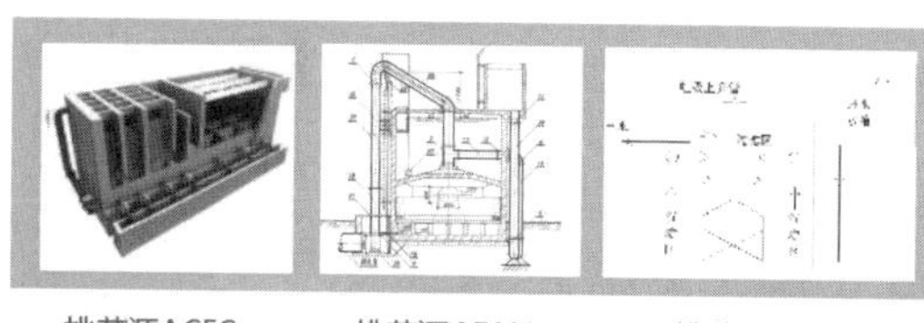

桃花源ACES 500~10000吨/天

桃花源AFAN 500~10000吨/天

桃花源ACAF 500~10000吨/天

- 适合村庄的给水技术

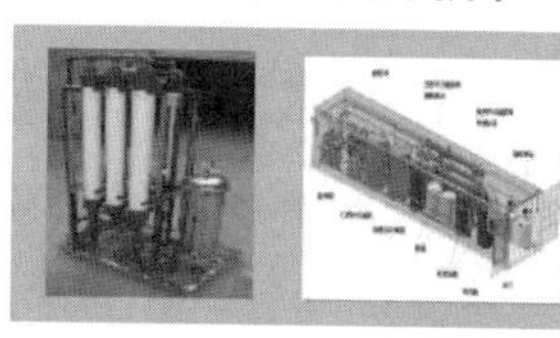

桃花源APUS 50~500吨/天

桃花源ABOX 50~500吨/天

桃花源系列污水处理技术

中国最具成本优势、业界领先的桃花源乡村污水处理技术集群

- 适合乡镇的污水技术
- 适合村庄的污水技术
- 尾水湿地技术

桃花源IMAT
500~1万吨/天

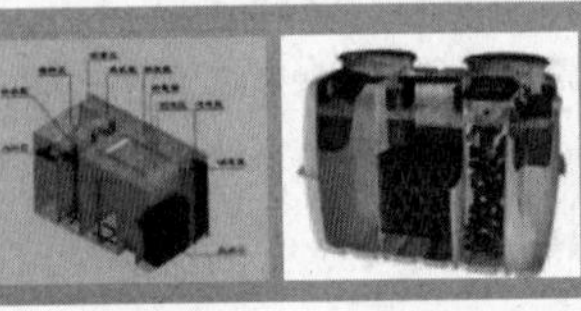

桃花源IBAT
30~300 吨/天

桃花源ICAT
1~10 吨/天

桃花源垂直流湿地 桃花源装备化湿地

备注：针对不同村镇规模、水质及景观要求，可配备多种解决方案，模块化设计 确保各种规模连续应用

成本优势

- **投资建设成本优势**：比传统技术降低30%～50%
- **占地成本优势**：比传统技术减少30 %～50%
- **运营成本优势**：比传统技术降低30%

东方园林的承诺
让每一条河流清澈美丽
让每一个村庄水土芳香
让每一个乡镇山水天成、自然永续
让乡村重回我们最初看到的模样

东方园林环保
遏制污染最危险的源头

理想：遏制污染最危险的源头

- **偷排还是很严重：**
- **扩证：**每个城市都在扩一半的证。
- **危废最难管　处理成本非常高：**未处理的危废偷排后，未来处理的成本可能要10倍、20倍、甚至100倍。

例如：在厂里处理1吨危废只需要1500元，这1吨重金属含量的危废可以污染30亩土壤，处理费需要60万元。

我们的优势

一、最雄厚的并购能力

在环保企业里独一无二的称霸全国的发展后劲

- **股权并购：**49%、400亿市值、有400亿的并购空间
- **融资空间：**负债率低、还有几十亿的融资空间

二、危废全产业链

处置范围覆盖全部危废种类

事业部群	危废处置类别和处置方法
无害化	HW02 HW03 HW04 ......HW49 HW50 43种大类 采用焚烧、填埋、物化、水泥窑协同处置等处理处置方法
金属资源化	HW12 HW17 HW21 HW22......HW48 HW49 HW50 15种大类 采用有色金属火法冶炼与湿法冶炼相结合的方法
废酸资源化	HW12 HW17 HW34 HW35 4种大类 采用氧化与还原、膜分离等技术
废油资源化	HW06 HW08 HW09 HW45 4种大类 采用蒸发与蒸馏、热脱附、低温裂解等方法

三、创建国内最顶级危废研究平台

体系完备的研究院，顶级设备，多位顶级科研人员

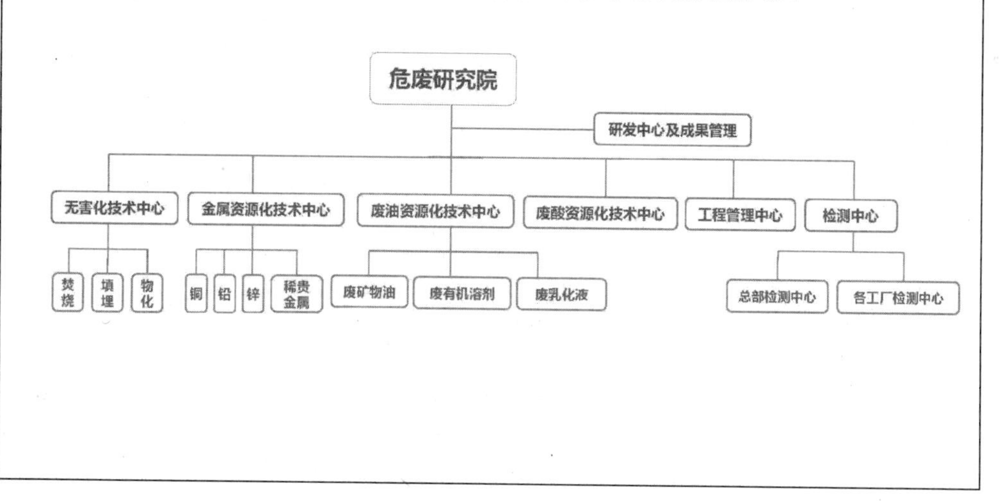

东方园林全域旅游
休闲运动新生活

休闲运动新生活

万亿市场：4万亿旅游+5万亿体育的产业联动

人群叠加：40亿旅游人次+50亿周末体育人次

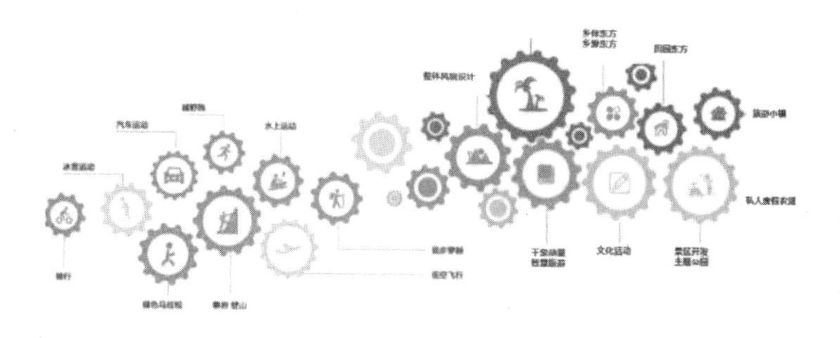

案例：腾冲

PPP投资项目

一期PPP项目25亿

- 1. 一江三湖（大盈江、欢乐湖、如意湖、绮罗湖）景观提升
- 2. 两山（宝峰山、来凤山）景观提升
- 3. 道路景观提升（迎宾路、华严路、东方路、光华路、文星路）
- 4. 腾冲市旅游集散中心
- 5. 景观绿道（一期80公里）
- 6. 腾冲市区夜间照明亮化

骑行市场爆发在即，从3亿人次到40亿人次

- 美国骑行人数占总人口20%，法国占80%
- 2016年，中国每周参与骑行的人数600万，占中产阶级1.2%，达**3亿骑行人次**
- 预计2025年，我国每周骑行人数将增长到8400万，将达**40亿骑行人次**

百城百里最美骑行路

北京巧女公益基金会

公益：6大生态领域全覆盖

荒漠化：300万平方公里

水土流失：300万平方公里

湿地修复：原有10%湿地，现在已经减少为5%

海洋生态：30万平方公里需要保护，1.8万公里海岸线急需保护

气候变化：温度每上升1度，我国1/4冰川将消失，2050年，“世界屋脊”2/3的冰川将消失不见

大自然保护及濒危动植物保护：中国50%国土面积需要保护

巧女基金会十年战略目标

使命：保护地球 保护大自然

目标一：保护100块以上的自然保护地，约10000平方公里，占国土面积1%

目标二：建立大自然保护公益生态圈，十年200万个人会员，200个战略合作机构，壮大100个NGO，研究院、智库、论坛

目标三：募集资金200亿元，自投50亿，筹资150亿（个人会员75亿，组织会员75亿）

善的传承 源远流长

2012年11月成立北京巧女公益基金会
2015年8月8日董事长何巧女捐赠7630万股（2015年8月价值30亿人民币）

我们的承诺

今天的我们，很骄傲，
因为中国最重要的城市里遍及我们的足迹，
公园的年轮记载着我们的青春、激情、艺术和专业主义。
当环保生态问题袭来，
我们用不变的深情和不断的成长参与这段重要的历史进程，
遏住污染最危险的源头，
让每一条母亲河清澈而美丽，
让乡村成为梦里桃花源，
让人们在美好风景里享受休闲运动新生活，
保护地球，保护大自然，
这就是东方园林的追求，
这就是我们生命的意义，
我们愿意和你们在一起重现最美生态城市，
共享幸福时光。

城镇化与生态文明建设

中国工程院院士
清华大学环境学院教授
钱　易

党的十八大再一次强调全面、协调、可持续的科学发展观，并提出要把生态文明建设放在突出地位，融入经济建设、政治建设、文化建设、社会建设各方面和全过程。这是在对我国当前经济社会发展及生态环境形势全面分析的基础上作出的英明决策，既顺应世界发展的潮流，更符合我国国情，对我国全面建成小康社会、改善人民生活、保护地球生态有着不可估量的重要意义。

一、工业革命带来的资源、环境和生态问题

人类曾经历过原始时代、农业时代、工业时代，不同历史时代的特点鲜明地反映在人类与自然的关系上。

在原始时代，相较于人类的力量，自然力异常强大，人类的生存和生活完全依赖自然，因此人类崇拜自然、畏惧自然，形成图腾文化。在农业时代，人类已经发明了一些农耕工具，有了一定的力量改变自然，但由于农业收成依赖土地和气候条件，人类依然十分注意与自然的协调。到了工业时代，科学技术得到迅猛发展，人类改造自然的能力空前提高，因此出现“人类中心主义”，人与自然的矛盾日益尖锐，人对自然的破坏日益严重。

工业革命彻底地改变了人类的衣食住行，极大地丰富了人类的物质生活。但是，随着社会不断的进步，人类的生存环境也出现了诸多问题：水污染、大气污染、固体废物污染、森林锐减、资源短缺、耕地减少、生物

多样性丧失、臭氧层耗损、全球气候变化、持久性有机污染物等各种环境问题严重威胁着人类及其子孙的生存和地球的命运。

面对日益严重的环境形势，人类开始进行严肃的思考。回顾历史，其中最值得注意的是三本书、三次会议。“三本书”是美国学者蕾切尔・卡逊著作的《寂静的春天》、罗马俱乐部发表的《增长的极限》、世界环境与发展委员会发表的《我们共同的未来》；“三次会议”是1972年的“联合国人类环境会议”、1992年的“联合国环境与发展大会”和2002年的“联合国可持续发展高峰会议”。人类经过这一系列思考得出的结论是：为了人类的根本利益，为了地球的光明前途，我们必须改变发展模式，走可持续发展之路。可持续发展的定义是：既符合当代人类的需求，又不致损害未来人类满足其需求的发展。

中国虽然地大物博，但人口众多，人均资源拥有量比世界人均资源拥有量少很多，资源短缺是我们的软肋，国内资源供需存在巨大的缺口。中国自然环境先天不足，发展过快又造成了环境污染，老债新账叠加共存。水污染、大气污染严重，垃圾排放量大，重金属污染事件屡禁不绝，环境健康问题日益突出。因此，中国更迫切需要实现发展模式的改变，走可持续发展的道路。

二、生态文明应运而生

对生态文明理念和实质的讨论和研究，世界，包括我国社会科学界及自然科学界的专家们早在20世纪90年代就开始了，他们提出了众多对于生态文明实质的表述，如卢风提出“生态文明是由纯真的生态道德观、崇高的生态理想、科学的生态文化和良好的生态行为构成的”，刘湘溶认为“生态文明是文明的一种形态，是一种高级形态的文明，生态文明不仅追求经济、社会的进步，而且追求生态进步，它是一种人类与自然协同进化，经济、社会与生物圈协同进化的文明”（引自卢风等著《生态文明新论》）。西方工业界则创建了“工业生态学”新学科，城市生态学家 Yanitsky 在

1987 年就提出了生态城市的概念，认为是一种理想城市模式，是环境和谐、经济高效、发展持续的人类住区。

2007 年 10 月，党的十七大召开，胡锦涛总书记在报告中明确提出要“建设生态文明，基本形成节约资源能源和保护生态环境的产业结构、增长方式、消费模式。循环经济形成较大规模，可再生能源比重显著上升。主要污染源排放得到有效控制，生态环境质量明显改善”。这清楚地告诉我们，生态文明正是可持续发展战略的思想基础。

党的十八大要求大力推进生态文明建设，大会提出：“要树立尊重自然、顺应自然、保护自然的生态文明理念”“必须把生态文明建设放在突出地位，融入经济建设、政治建设、文化建设、社会建设各方面和全过程”。习近平总书记在 2013 年 5 月 24 日指出：“决不牺牲环境换取一时经济增长”“保护生态环境就是保护生产力、改善生态环境就是发展生产力”。

从此，生态文明建设上升到国家发展战略的高度和政治、经济、文化、社会四大建设的统领地位。中共十八届五中全会提出坚持绿色发展，必须坚持节约资源和保护环境的基本国策，坚持可持续发展，坚定走生产发展、生活富裕、生态良好的文明发展道路，加快建设资源节约型、环境友好型社会，形成人与自然和谐发展现代化建设新格局，推进美丽中国建设。

可以毫不夸张地说，这是中国走向光明的、可持续发展未来的保障，也将是人类走向光明未来的必由之路。

三、将生态文明建设融入城镇化的全过程和各方面

但是，建设生态文明的过程是艰辛的、曲折的，需要不同行业、不同岗位和世界各国的共同努力。

西方学者早在 20 世纪的后期就指出，减小总环境影响的唯一出路就是提高生态效率。根据环境影响控制方程式，即 $I=P\cdot A\cdot T$（I 指对环境的影响，P 指人口，A 指人均 GDP，T 指单位 GDP 所产生的环境影响）可以看出，要减小总环境影响，必须减少单位 GDP 所产生的影响，做法

就是要提高生态效率。1997 年，卡诺勒斯宣言指出“要在一代人的时间内，把资源、能源和其他物质的效率提高 10 倍”。1995 年，德国厄恩斯特·冯·魏次察克的作品《四倍跃进》（*Factor 4*），副标题为“一半的资源消耗，创造双倍的财富”的研究报告中，提出了生态效率需提高 4 倍的很多实例。告诉我们取得经济发展与生态环境保护的双赢是完全可以实现的。

利用环境影响控制方程，可得知为了在 2020 年实现小康社会目标，中国生态效率需要提高 9 倍。2020 年人均 GDP 计划比 2000 年翻一番，人口则可能增加至 15 亿，为 2000 年的 1.15 倍，而假设我们期望资源消耗以及污染排放量减少 50%，那么，我国生态效率必须比 2000 年提高至少 9 倍。

我国需要依靠技术进步，提高生态效率，控制消费需求，同时杜绝浪费，以减少资源开采，并且回收利用废物，真正做到减物质化。这种新发展的模式就是循环经济，也可称为绿色经济，都是符合可持续发展战略的。从欧盟、美国、日本等发达国家对节约资源以及环境保护的相关政策实施成效，以及我国 1980—2000 年的能源利用情况来看，我国今天的发展有必要也有能力实现生态效率提高 9 倍的目标，在发展的同时注重保护环境，从而使经济发展、环境保护、社会进步完全协调起来。

城镇化与生态文明建设要协调发展，城镇化既是工业化的必然产物，也是人类社会进步的标志，但城镇化也易带来环境污染、资源过度消耗等弊病。为了推进城镇化的健康发展，需要将生态文明建设融入城镇化的全过程和各方面，在生产、消费、规划建设、天然生态系统保护、文化教育以及法制与政策管理等领域进行生态规划与设计，从而实现环境友好和资源节约的新型城镇化发展模式。

根据生态文明的原理和经济发展、污染防治、生态保护的需要，生态文明建设应该在不同领域通过多种途径进行。

第一个领域是生产领域，应该大力提倡在生产过程中发展减物质化、非物质化、节能减排的生态经济。经济模式的改变有很多新的提法，如循环经济、绿色经济、低碳经济等，这些提法本质上都是相近的，与生态经济一致的。可持续发展战略呼唤具有生态文明理念的一场新的工业革命，党的十六大报告对新型工业化道路作了很精辟的定义，那就是要“以信息化带动工业化，以工业化促进信息化；科技含量高、经济效益好、资源消耗低、环境污染少、人力资源优势得到充分发挥”。新型工业化的道路包括清洁生产、绿色制造、绿色化学、生态工业园区、工业生态学、清洁能源、绿色建筑等，总的来说都可以包含在循环经济内。生态农业的建设也十分重要。大量化肥和农药使用导致了对土壤和水体的污染，提高了粮食产品的成本，完全不符合生态文明的理念。生态农业提倡推广测土配方施肥技术，提倡使用有机肥，减少化肥用量；生态农业提倡采用精准农药施用技术、生态防护技术，还可采用频振灯诱杀病虫，使化学农药的用量大大减少；生态农业主张采用沼气发酵技术将农村的有机废料包括人、畜废弃物及秸秆等生物质材料转化为沼气能源，既减少了污染源，又提供了清洁能源；生态农业还应该使用天然湿地净化、处理并利用农村排放的各种废水，减少对附近各类水体的污染。

第二个领域就是消费领域。消费处于物质代谢过程的最下游，消费过程中浪费一个单位的产品，往往意味着上游几十倍、几百倍甚至几千倍的资源浪费，这就是所谓的下游效应。消费同时还有弹性效应，指的是在生产过程中提高资源利用率所节约的资源，往往会由于消费数量的增加而被抵消。例如，由于汽车能源利用率提高所减少的耗油量，会由于汽车拥有量的增加而被抵消。因此，为了节约资源，消费模式也必须改变。“十二五”规划纲要提出，要倡导文明、节约、绿色、低碳消费理念，推动形成与我国国情相适应的绿色生活方式和消费模式，包括使用节水产品、节能汽车、节能省地住宅，减少使用一次性用品，限制过度包装，抑制不合理消费，推行政府绿色采购等。也许有人会说，消费可以拉动经济的发展，限制消费岂不是会阻碍经济的发展？是否会影响人民生活水平的提高？

这种观点对绿色消费缺乏全面的理解。缩小城乡差距、减少贫困人口、建成小康社会必将使人民的消费能力大大增加，但我们要的是合理的消费而不是浪费，我们希望人民都能过上舒适的生活而不是奢侈的生活。值得注意的是，目前中国已经形成了富裕阶层，其消费模式十分奢侈、浪费，必须及时纠正。很多城市都建设了高尔夫球场，尽管发改委一再明令禁止，但不少地方依然我行我素。高尔夫球场完全不符合我国国情，不符合可持续发展的原则，因为它占用大片土地、浪费大量水资源、使用化肥农药造成污染，消费的人群却很少。

第三个领域是城市规划设计和基础设施建设领域。要让生活更美好，建设生态城市，就要在城市规划和设计时以生态文明的理念为指导。城市规模要合理控制，不应一味扩大、膨胀；各类建筑物的布局要合理，以减少对城市交通的需求；城市应建设以公共交通为主的交通模式，提倡自行车、步行等健康的交通模式，而不是盲目地学习西方国家已经开始摒弃的私人小汽车为主的交通模式；公共建筑特别是政府办公楼、城市广场，不应该追求大、洋、阔，更应该反对那些耗费资源、占据土地而没有实用价值的所谓形象工程、标志工程。城市生态文明建设也要体现在基础设施的建设上。首先是供水排水的设施，要下大力气保护水环境，保障饮用水安全。要特别强调节约用水，即使在水资源很丰富的地方，也要节约用水。因为节约用水就是节能，少用水就少排废水。要防止、控制和治理水环境的污染。还要开发非传统水资源，重视雨水、海水、再生水以及空中水的利用。城市垃圾问题也是基础设施应解决的大问题，包括生活垃圾、工业垃圾的处理和利用。从生态文明的理念出发，城市垃圾都是资源，要开发而不要糟蹋。因此，城市垃圾就是“矿山”，城市垃圾的回收利用就是开采“城市矿山”。德国的城市垃圾回收率、收集率都在60%以上，再利用率在90%以上。日本有26个生态镇，其中建造了很多以城市废物为原料的加工厂。为了便于回收利用，日本在收集生活垃圾时要分成几十类，居民、环卫部门和废品回收部门配合得十分默契。

第四个领域是保护自然生态系统，如树林、草地、河流、湖泊和天然湿地。目前在城市建设和修建道路时，大片的自然生态系统受到破坏，这是不符合生态文明理念的。人应与自然和谐相处，在具有一定面积的树林、草地、河湖、湿地的城市中生活，人的身心一定会更健康。保障城市河湖的水质刻不容缓，特别应保障饮用水水源的水质安全。反对用山寨建筑物、人工绿化带破坏天然生态系统，反对将农村城市化。

第五个领域是文化教育领域，要加强生态文明教育，形成良好的社会风气。教育对象不光是学生，也包括政府官员、企业高管和一般居民。应采用各种各样的手段，包括小学、中学、大学等各类学校教育，媒体、文艺等社会教育渠道以及非政府组织的活动等。在加强生态文明教育的过程中，既要继承祖国的优秀文化传统，也要吸收国外的先进观念。最终的目的是形成热爱生态环境、促进可持续发展人人有责的社会风尚。

第六个领域是法制和管理领域。要加强法制建设，把生态文明建设纳入相关法律；要加强政策制定和行政管理，特别是应建立生态文明建设的考核指标体系，改变唯 GDP 至上的观念和做法。应该正确认识 GDP 的数量和质量——我们需要的是国民经济又好又快的发展，在关注 GDP 增长速率时，必须分析资源利用率及 GDP 发展对环境的影响。例如，建筑物的大拆大建和过量包装就是只顾 GDP 数量的增长，却造成了最大的资源浪费和环境污染，是不符合可持续发展战略的。很有必要研究并制定衡量生态文明的指标体系，用来作为考核、检查和比较的依据。联合国组织和各国各类机构曾经作过大量研究，提出了很多指标，但大多还没有得到推广应用。例如，生态足迹（ecological footprint）与生态承载力，是加拿大生态经济学家威廉·里斯于 20 世纪 90 年代初提出的、用来测度生态可持续发展状况的指标。它从需求方面计算生态足迹的大小，从供给方面计算生态承载力，并通过对二者的比较，评价研究对象的生态可持续发展状况。生态足迹就是支撑城市或区域经济和社会发展所需要的生态生产力，以土地面积表示。生态承载力是指一个区域或城市实际提供给人类的所有生物生产土地面积（包括水域）的总和。从上述定义可见，生态足迹与生态承载力之比的增加，表明了经济发展对生态环境的影响太大，是不符合可持续发展战略的。

四、结语

建设生态文明是改变发展模式、实施可持续发展战略的必由之路。自1992 年我国实施可持续发展战略以来，我们已经进行了很多努力，包括先后制定并实施了一系列法律，如《清洁生产促进法》《环境影响评价法》《可再生能源促进法》《循环经济促进法》等；节能、减排已成为与 GDP 增长同等重要的目标；在一批行业、企业、工业园区以及城市进行发展生态工业园区和生态城市的示范，取得了可喜的成绩；大、中、小学的环境理念教育有了加强，清华大学等高校正在为建设绿色大学努力，媒体舆论对环境日益关注，出现了不少公众参与的动向等。实践经验表明，建设生态文明是改变发展模式、实施可持续发展战略的必由之路。生态文明建设一定要融入经济建设、政治建设、文化建设、社会建设。我国虽然已经取得一些成绩，但任务艰巨，困难不少，建设生态文明还处在起步阶段。我们要提倡从我做起，从小事做起，从现在做起。展望未来，前途是光明的，人与自然的和谐，美丽中国的梦想，是一定能够实现的。

（注：本文根据钱易院士在中国生态文明论坛海口年会上的演讲录音编辑整理）

转型发展，落实《巴黎协定》目标

——兼论“戈尔悖论”之破解

中国社科院城市发展与环境研究所所长
中国生态文明研究与促进会副会长　潘家华

一、引论

2015 年全球通过了两项事关人类未来发展的重大议程。一项是 9 月在纽约联合国首脑会议上通过的联合国《2030 年可持续发展议程》，另一项是 12 月在巴黎举办的联合国气候会议上达成的《巴黎协定》。这两项议程的目标年均为 2030 年，预期 2016 年开始进入实施阶段。因而，国际社会都在积极努力，推进这两项议程的落实。中国作为负责任的发展中大国，为这两项议程的达成做出了巨大而富有成效的贡献。正是在这样一种背景下，中国政府与国外机构或组织在中国联合主办相关议题的国际研讨会，推进国际可持续发展和气候进程。

全球气候谈判始于 1990 年。在 1/4 个世纪之后，终于达成一项明确将全球温升幅度控制在相对于工业革命前不高于 2℃、尽快达到碳排放峰值、并在 21 世纪后半叶实现净的零排放目标的国际协定。但从目前各国提交的国家自主贡献（INDCs）看，巴黎目标的实现几乎无可能。温室气体减排，谁该减、减多少，难以达成共识。戈尔在北京出席第二届绿色经济与应对气候变化国际会议上，引用“如果你想走得快，那么你就一个人走；如果你想走得远，那么就大家一起走”的格言，说：“全球减排，我们既要走得快，又要走得远。”如何才能做到呢？20 多年的谈判没有结果，历史性的“巴黎协定”，也只是目标，没有路径。显然，这是一个悖论。

由于涉及气候变化，戈尔又因倡导减排而获得诺贝尔和平奖，姑且称为“戈尔悖论”。如何破解“戈尔悖论”，是国际社会亟待解决的难题。

实际上，这一难题的破解，已经有认知上的突破和实践经验的支撑。在工业革命初期马尔萨斯提出传统农业文明下自然生产力不足以支撑人口增长的魔咒，该魔咒随后被工业文明成功消除。但随工业文明而来的大量资源消耗和环境污染，使得人类生存环境受到严峻威胁。20世纪50年代欧美城市的严重雾霾和60年代日本、美国化学污染物对人体健康和生态系统的毒害，使得人们渴求回归自然的春天。环境问题已经超出了一个人、一个社区、一个国家的范畴。环境问题不是单打独斗就可以解决的问题，而是需要人类社会共同努力，“大家一起走”。1972年，联合国在瑞士首都斯德哥尔摩召开的“联合国人类环境会议”第一次将环境问题提到国际议事日程。40年过去了，2012年“里约+20”联合国可持续发展会议，似乎也没有找到答案，只能授权“开放工作组”（OWG）提出方案。经过三年的努力，OWG提交的方案给出了“转型”的选项，在2015年9月的联合国首脑会议上得到首肯。中国自21世纪初以来开展的生态文明建设实践，尝试不走发达国家的老路，寻求人与自然的和谐，成效突出，得到了国际社会的广泛认可。

这也就意味着：转型发展是协调人与自然关系的出路所在。转型能否成功，2016—2030年的实践有着决定性的意义。这就要求国际社会进一步深化转型认知，自觉践行可持续发展，使人类社会能够主动摒弃人与自然对立的工业文明发展范式，迈向生态文明新时代。

二、可选途径的比较

长期以来，人们一直在探索各种可能的方式，协调人与自然的关系，破解“戈尔悖论”。如果我们系统梳理一下，大致有5种方式，包括：改变、改革、转轨、革命和转型。有些方式在一定条件下可能取得一定程度的收效，但受到各种条件制约，难以从根本上解决问题。

改变，即change，是我们一旦面临问题或挑战的一种自然反应或选择。2008年，奥巴马在美国总统大选期间打出的标签，就是“改变”。人们也都期望事物发生改变，而且是有利于各自权益最大化的改变。但问题在于，改变没有方向感，注重表象的东西，触及不了根本，可能来回折腾，而且缺乏深层次的、持久的动力。实际上，我们一直致力于改变，有的变好了，有的变差了。好的希望维系和提升，差的希望在改变。通常情况下，有阻力而且大，结果可能是改不了、变不了。奥巴马当政8年，试图在全球气候变化中表现出领导力，在国内推行“清洁电力法案”，似乎没能改变美国在国际气候治理中“缺乏力度、不愿担当”的形象。

改革，即reform。所谓改革，意味着形式上的重组，显然比“改变”的力度大、诉求强，而且方向性也比较明确，成果可能固化，具有持久性。但是，改革多涉及利益格局的调整，即使是把“蛋糕做大”，增加的这一部分，即改革的成果，如何分配，也存在利益博弈，既得利益者会百般阻挠而使改革寸步难行，或是话语地位强势者侵占乃至剥夺弱势群体利益而使改革倒退。历史上的许多改革、改良多以失败告终，原因就在于既得利益集团维护和强化既得利益，无既得利益者多没有话语权。1990年以来的气候变化的谈判格局，正是这样一种既定格局的利益博弈。权力格局不变，结局就不可能变。由于20世纪90年代的南北（即发展中国家和发达国家）格局演化形成2010年以来的发达、新兴和欠发达经济体三大板块的新格局，全球气候制度的改革才出现转机。

转轨，即transition。20世纪90年代初，苏联东欧国家在极权政权终止后，标榜“市场经济”的西方资本主义社会称其为经济转轨国家（Economies In Transition，EIT），意即从中央计划经济向分权的市场经济转轨。在1997年达成的《京都议定书》中，有关于附件I国家温室气体减排的市场机制，专门有一项就是允许EIT国家可以将自己节能提高能效而减排的额度卖给附件I中的西方发达国家缔约方。20多年过去了，EIT已经不复存在了，转轨似乎并不成功。苏联解体后，俄罗斯人均碳排放（化石能源燃烧）从20世纪90年代中期的10.5吨左右到2010年的10.8吨左右，没有表现出“转轨”的迹象。从低碳发展来看，发达国家的市场经济也好，EIT的“计划经济”也罢，是两条并行之轨，不会转向低碳道路。

革命，即revolution。18世纪英国的工业革命，靠技术引领，社会实现了根本性变革。“走”得很快，带着全世界迈向工业化、城市化，相对于农业社会，目前已经走得很远了。工业革命，英国引领，从者甚众，各皆尽力追之，但是，三个世纪过去了，一些欠发达国家依然故我。昔日辉煌的工业革命发祥地和今日工业继续革命的发达经济体，不断技术创新，仍然引导发展，但社会贫富分化日趋严重，生态破坏难以遏制，温室气体减排成效甚微。中国倡导能源生产和消费革命，也取得了较大成绩，但是，从者有限。如果能够推动低碳革命，则可能走得快，也走得远。但问题是革命需要动力，由于社会惰性的存在，这种动力还必须是“爆发式”的。显然，当前的低碳革命的动力比较有限，不具“爆发力”，目前已有星星之火，但难成燎原之势。工业继续革命缺乏力度，能源革命领跑者的速度也不快，因而工业文明范式下的“革命”方式，也难以有效破解“戈尔悖论”。

转型，即transformation。转型是一种质的飞跃和变化，不仅仅是一种量的改良。需要有价值观的转变、发展目标的转变、生产和生活方式的转变、能源生产与消费的转变、与之相适应的体制机制转变等，转型是综合性的、全面的。这就意味着，低碳转型，不是某一个国家走得快，也不是所有国家在某一个方面走得快，而是所有国家在所有方面都走得快。只有这样，低碳发展、实现《巴黎协定》的目标，才能既走得快，又走得远。

三、需要转型思维

文明转型是基础和根本。转型，从哪儿转，转向何处？是要从工业文明转向生态文明。工业文明的伦理基础是功利主义，价值评判测度是效用，目标函数是利润最大化，能源基础是化石能源，生产方式是线性的（从原料经过生产过程到产品和废料），消费模式是铺张浪费、奢华的。生态文明显然不是这样，生态文明的伦理认知是尊重自然，认可自然价值和生态资产，目标函数是社会福祉和可持续发展，能源基础是可再生能源，生产方式是循环再生，消费模式是绿色、低碳、健康、品质。因而，转型不是表象的环境保护或消除贫困，而是触及并消除环境退化和贫困问题的深层次原因。

为什么低碳转型困难重重，举步维艰？原因就在于：我们的思维固化了。我们看到的，低碳是一种约束，不利于经济发展；减排是一种责任，需要大家分担。习近平说："环境就是民生。保护环境就是保护生产力，改善环境就是发展生产力。"这就是转型思维。气候就是民生。高温热浪、洪涝旱灾，城市"观海"、物种消失，人类赖以生存的环境恶化了，何谈民生福祉，民生甚至只能"凋零"。保护气候就是保护生产力，所谓"风调雨顺"，就会五谷丰登，瑞雪兆丰年。高温炙热、水源枯竭，则只能赤地千里，颗粒无收。显而易见，改善气候就是发展生产力。减缓气候变化，最有效的途径是发展零碳能源，提升能源效率。零碳的风能、水能、太阳能、地热能以及碳中性的生物质能的开发利用，相关设备的生产、安装、维护、利用，就是投资机会，也能创造更多就业岗位，成为经济增长的源泉和动力。提升能源效率，显然也需要技术创新，研发新材料，开发新产品。这些显然是机遇，是动力，是潜力。

国民经济核算方式和体系必须转型。当前使用的国民经济核算体系（SNA），是基于工业文明模式的一种核算体系，其忽略了自然价值，低估了生态资产。国民收入也好，国内生产总值也好，均是以效用来度量的市场交易，以实现的货币额度来测算。自然价值、生态资产，均不能在这一核算体系中得到科学、有效地体现。而且在这一体系下的核算会导致竭泽而渔，今年的收益可以非常大，来年"无鱼"则收益为零，不具备可持续的内涵。就是国际通用的贫困线，也是以人均货币量来度量，人均每天1.25 美元，中国的贫困县也是以人均年收入低于一定数额的人民币为测度。基于阿玛提亚·森的收入、教育、健康三维测度的人文发展指数，货币收入水平起着决定性作用，几乎不包含任何自然资产的效用。Sachs 等（2016）发布的“非官方”可持续发展目标指数，可持续发展得分最高的也是高收入的发达国家，将贫困线的标准提高到每人每天 1.90 美元。但实际上，人均货币贫困线只是表象，真正的内在贫困是环境贫困、自然资源贫困和生态贫困。如果一个地区没有水，货币能够脱贫吗？一些城市的雾霾严重，手中货币很多，但无法摆脱环境贫困。如果我们能够修复生态，提升自然生产力，“靠山吃山，靠水吃水”，山水资源显然可以创造源源不断的可持续资产。例如西藏林芝，山清水秀，云雾缭绕，如仙境一般。但是，这些优质的自然、生态资产不是商品，未进入市场流通，没有上市交易，不具备交换价值，因而，市场价值不存在或为零。然而，这些自然资产，货币是买不到的。只有自然价值和生态资产在国民经济核算体系中得到体现，我们的资产核算才算是客观、科学的，才会被社会广泛认同。

四、合作转型

长期以来的可持续发展和国际合作，是发达国家给发展中国家提供资金和技术援助，摆脱贫困、保护环境；而在气候领域的合作，则是发达国家率先垂范，大幅减排，并提供资金、技术，帮助发展中国家适应气候变化，践行低碳发展。这种单向地因循发达国家工业文明老路的合作模式，只是发展中国家步发达国家后尘，亦步亦趋，在可持续发展的动力源泉上产生依赖性，在保护全球气候上，追随传统工业化路径，最终迈向高碳。

我们需要意识到，无论是发达国家，还是发展中国家，低碳转型势在必行。转型不是被动地、单方面地引导，而是需要协同，需要互动，存在互补，乃至于互为引领。交互的合作转型，会事半功倍。例如，美国虽然有资金和技术，但是高碳锁定的基础设施和高碳消费的生活方式，使得低碳转型步履维艰。根据联合国人口预测，美国人口数量仍将快速增长，将从目前的 3.2 亿增加到 21 世纪末的 4.5 亿（见表 1）。2013 年，美国人均排放是世界平均水平的4倍，是非洲的16倍。也就是说，美国在未来85年可能净增加1.3亿人口，碳排放的增量将相当于20亿非洲人的碳排放量！客观上讲，美国人均二氧化碳排放在40年前就已经达到峰值，随后呈下降态势，尽管有波动，从20世纪70年代初超过22吨的峰值，逐步减少到2010年的16吨，绝对量的减幅超过6吨，相对量的减幅也超过1/4。显然，这是工业文明下技术进步的成果。如果不转型，按照这样一种减排态势和速率，2050年人均碳排放仍将超过10吨，2100年也不会低于5吨。即使是生活方式较为低碳的欧洲，从20世纪70年代末期的人均9吨下降到目前的6.3吨，绝对量的减幅不足3吨，相对量的减幅低于1/3。欧洲的人口呈下降态势，不会出现美国的人口增量带来的大量碳排放需求的增加，但是，减碳速度并不能满足《巴黎协定》的目标要求。这也是为什么发达国家不能因循常规地走工业文明范式下的技术进步路径，而必须要实现生产和生活方式的全面深刻转型，不是减碳，而是要除碳。

表1　世界部分国家和地区人口（*P*）变化态势（1950—2100年）

	1950年		2015年		2050年		2100年	
	P/ 10^6人	P_{1950}/ P_{2015}	P/ 10^6人	P_{2015}/ P_{2015}	P/ 10^6人	P_{2050}/ P_{2015}	P/ 10^6人	P_{2100}/ P_{2015}
非洲	228.90	0.19	1186.18	1.00	2477.54	2.09	4386.59	3.70
中国	544. 11	0.40	1 376.05	1.00	1341.97	0.98	1004.39	0.85
印度	376.33	0.29	1 311.05	1.00	1710.76	1.31	1659.79	1.27
欧洲	549.09	0.74	738.44	1.00	706.79	0.96	645.58	0.87
南美	113.74	0.27	418.45	1.00	507.22	1.21	464.00	1.11
美国	157.81	0.49	321.77	1.00	388.87	1.21	450.39	1.40
世界	2 525.15	0.34	7 349.47	1.00	9725.15	1.32	11213.32	1.53

资料来源：United Nations，Department of Economic and Social Affairs，Population Division（2015）. World Population Prospects：The 2015 Revision，DVD Edition. 2015年为7月1日数据；2100年为中等生育率预测数据。

人均碳排放量处于低排放水平的非洲，20世纪70年代的碳排放量大约在0.8吨，40年后，人均碳排放量仍然低于1吨，绝对增量只有0.2吨。

但是，非洲人口增长迅速。即使是人均排放不增加，由于人口数量的增加，排放总量也必然大幅提升。2015年的非洲人口比65年前增加了5倍；按此增长速度，35年后，非洲人口将翻番；2100年，按人口预测的中间数字（medium number），将比2015年净增2.7倍，绝对量达到32亿！按当前的非洲人均碳排放水平，2100 年的碳排放总量将超过欧盟；按当前的世界人均碳排放水平，届时的排放总量将超过当前中国、美国、欧盟、印度的总和。考虑到非洲必将启动工业化、城市化进程，从公平和发展的视角来看，非洲的人均碳排放水平会有较大幅度的增加。

处于快速工业化、城市化进程中的印度，如果重复工业化国家的老路，能源消费和碳排放增量将是现在的5倍。原因在于，一是生活品质提高带来了能源消费和碳排放的增加，二是人口增长引致的消费和排放增加。当前，印度人口13亿，在21世纪末，印度人口可能达到16亿以上。我们回顾一下中国过去40年的历程：20世纪70年代初，中国人均碳排放只有0.9吨，是世界人均水平的1/4。20年后，人均碳排放翻了一番，达到世界人均水平的一半。2010 年，中国人均排放已经达到欧盟人均水平，超出世界平均水平的 70%。碳排放总量占世界的份额，也从 20 世纪 70 年代初的5.9%增加到目前的27.9%左右。印度目前人均碳排放量为1吨，如果40年后，人均碳排放量达到中国目前的7吨水平，总量将可能届时比中国、美国和欧盟的总和还要多。

因此，发达国家与发展中国家之间的合作转型，意味着发达国家在消费模式上与发展中国家合作，促进低碳消费；发展中国家在生产模式上与发达国家合作，促进低碳创新，避免低碳锁定。

五、加速转型进程

实际上，全球转型进程已经启动。我们已经有一个全球转型议程。《联合国2030年可持续发展议程》的主题就是“让我们的世界转型”。不同于《21 世纪议程》和“千年发展目标”（MDGs），在这一转型议程中，明确指出了人本（people）、环境（planet）、繁荣（prosperity）、和谐（peace）和合作（partnership）的五位一体的总体思想，17 个目标领域和 169 个具体可持续发展目标。如果说《21 世纪议程》强调的是环境与发展并重的议程、“千年发展目标”侧重的是向贫困宣战的发展议程，那么“2030 年可持续发展议程”则是一个涉及社会文明形态的全面转型议程。

目前的低碳发展，重视和强调的是技术创新。技术创新固然很重要，但是，合作转型更需要制度创新。1997 年谈判达成的《京都议定书》是一种自上而下的减排模式，其结果并不理想。《巴黎协定》不同于《京都议定书》，其为一种自下而上的格局，各国做出自主承诺，这会成为一个历史性的突破。如果我们考虑合作转型，可以考虑将巴黎气候协定的模式进一步进行制度创新，引申到非国家主体，促进全社会的低碳发展。在国家层面，我们有国家自主贡献（Intended Nationally Determined Contributions，INDCs），进行定期盘点和升级强化。如果在城市层面，采用城市自主贡献（Intended City Determined Contributions，ICDCs）、企业层面有企业自主贡献（Intended Firm Determined Contributions，IFDCs）甚至在个人层面有个人自主贡献（Intended Personally Determined Contributions，IPDCs），参照巴黎协定的定期盘点、评估进展，找出差距，强化行动。全社会参与，全世界合作，“大家一起走”，而且“走的很快”，《巴黎协定》的目标必然会加速实现。

中国自 2002 年以来不断深化生态文明建设，取得的成就得到了世界的广泛认可。中国的可再生能源发展的速度和规模，在短短十多年里，迅速超越发达国家成为全球第一。不仅提升了能源供给和保障水平，而且提供了大量就业机会，促进了经济增长。不仅是可再生能源发电这些商品能源，地热、太阳能热水器的利用规模也雄踞世界第一。中国在消费侧的各种政策，鼓励健康低碳消费包括阶梯电价、纯电动汽车补贴、超市禁塑等。中国的循环经济实践具有全球示范意义。更重要的是中国生态文明体制机制改革，树立尊重自然、自然价值、生态资产、山水林田湖生命共同体、空间协同等生态伦理观念，已经成为具有普世意义的核心价值观念；创新、协调、绿色、开放、共享等生态文明的理念，纳入国民经济和社会发展的“十三五”规划进入实施阶段；中国的生态文明建设实践，正在推进社会文明形态的转型。我们将有一个转型的未来，即生态文明的新时代。可持续性、和谐、生态、繁荣、品质生活和与之相应的价值体系和体制机制，是生态文明时代的基本标志。

生态资产资本化

——生态县市发展之路探索

环境保护部南京环境科学研究所所长 高吉喜

资源诅咒现象

1

煤炭资产净调出省多分布于西北生态脆弱地区，能源资产丰富地区人均GDP却较能源输入地低。

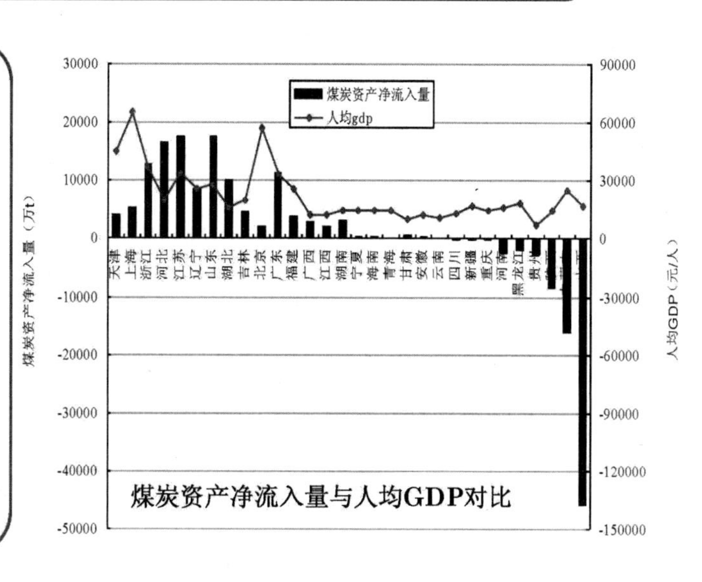

煤炭资产净流入量与人均GDP对比

生态保护地资源诅咒现象

我国自然保护区面积最大的六个省份其自然保护区总面积占全国自然保护区总面积的77.11%。其经济总量仅占全国GDP的9.37%。

GDP（亿元）

	西藏	青海	新疆	四川	甘肃	中国
2005	248.8	543.32	2604.19	7385.1	1933.98	184937.4
2006	290.76	648.5	3045.26	8690.24	2276.7	216314.4
2007	341.43	797.35	3523.16	10562.39	2702.4	265810.3
2008	394.85	1018.62	4183.21	12601.23	3166.82	314045.4
2009	441.36	1081.27	4277.05	14151.28	3387.56	340506.9
平均值	343.44	817.81	3526.57	10678.05	2693.49	264322.9
占全国GDP百分比	0.13%	0.31%	1.33%	4.04%	1.02%	—
自然保护区占国土面积比例（2008）	32.51%	30.28%	12.91%	16.54%	17.90	15.13%

随着经济社会发展，生态资产供给与经济发展平衡性彻底改变

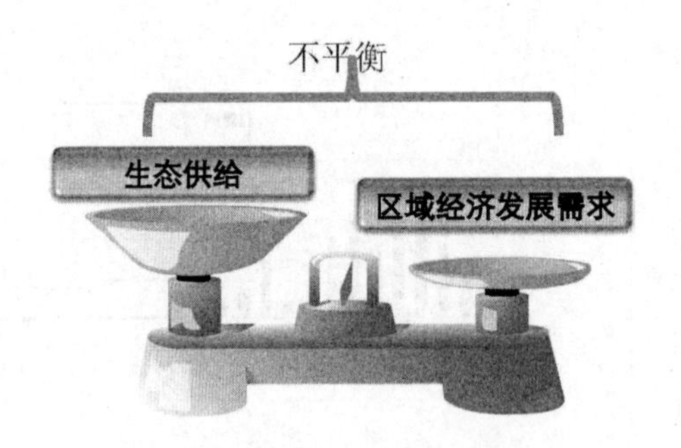

中国

20世纪50—80年代：地大物博，资源丰富；取之不尽，用之不竭。

20世纪90年代初：部分学者开始研究生态资产相关内容。

生态资产资本化

生态资产：指自然环境中能为人类提供福利的一切自然资源，包括化石能源、水、大气、土地以及由基本生态要素形成的各种生态系统及其产生的生态服务功能和价值。

生态资本：能产生未来现金流的生态资产，具有资本的一般属性，即增值性。

生态资产与生态资本的实体对象是一致的，只有将生态资产盘活，达到保值或增值的目的，才能成为生态资本。

生态资产资本化途径

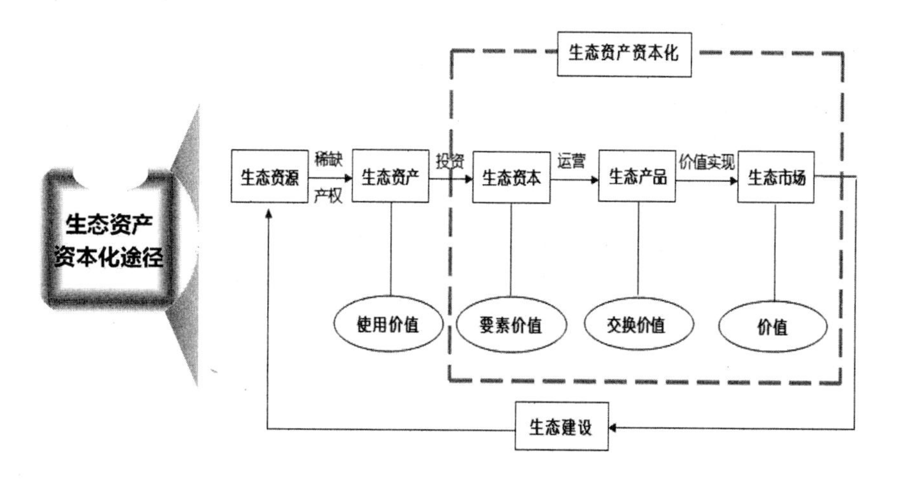

生态资产资本化途径与模式

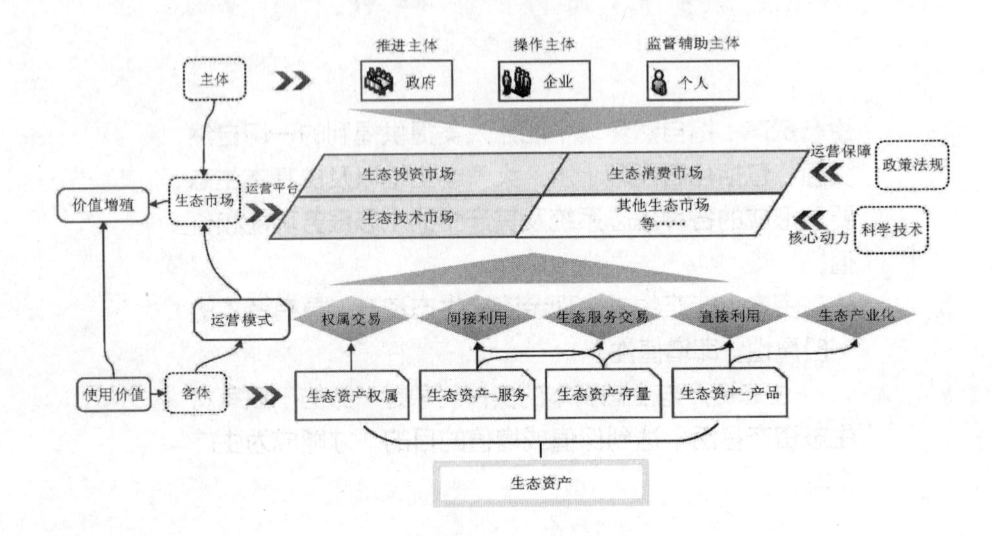

生态资产资本化途径与模式

案例研究

1. 生态资产直接开发利用

纵向开发型资本化模式

生态资产的开发利用。

不断提高生态资产的利用率，一方面不断地发现新的生产要素，另一方面，通过技术的不断创新促进技术的生态化发展。

生产性产业–生态加工业，带动如生态农业、生态旅游的发展。

1. 生态资产直接开发利用

案例：安吉　竹产业的发展

基本情况：

◆"世界竹子看中国，中国竹子看安吉"。安吉自古产竹，竹子是上天赋予安吉的生态资产。安吉竹林面积大，竹子数量多且分布高度集中。2011 年，全县竹林面积为 108 万亩，占林地面积近 60%。丰产竹林的毛竹量为每亩 180 根，每年可砍伐 1800 万根毛竹，稳居全国首位。

◆　安吉县地处中国浙江省北部,位于中国最具活力的长三角经济圈的几何中心。

◆中国首个生态县，全国首批生态文明建设试点地区，中国第一竹乡、中国白茶之乡、中国椅业之乡、中国竹地板之都等称号。

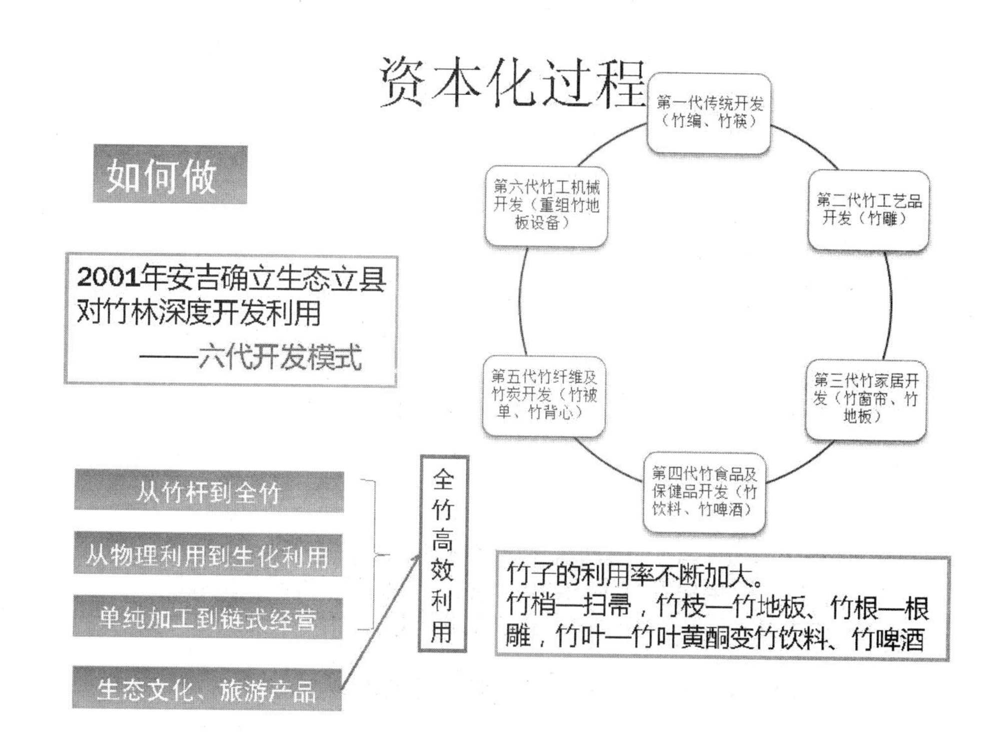

二十世纪八十年代初期

浙江20个贫困县之一

环境的严重污染。太湖上游的重要支流西苕溪水V类甚至劣V类。其上游33家排污企业，工业污水是1200万吨/年，COD排放量达3万吨/年。被列为太湖水污染治理重点区域。

1998年受到了国务院发出的“黄牌警告”。

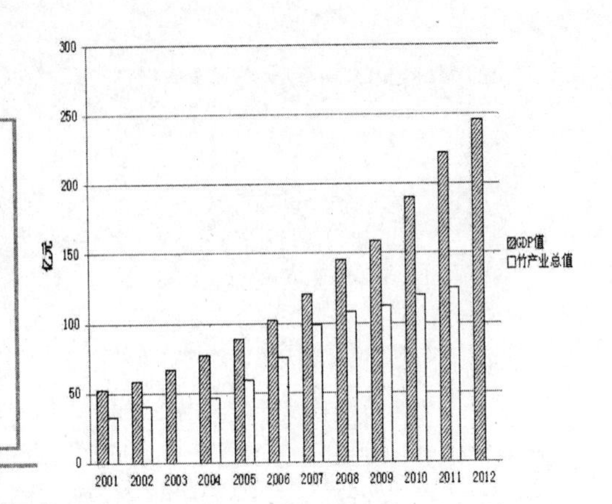

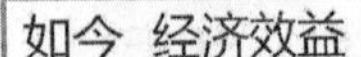

如今 经济效益

全国1.8%的竹资源创造全国20%的竹产值

2012年全县实现地区生产总值246亿元，财政总收入和地方财政收入分别达到36.30亿元和21.08亿元，居全省前列、全市第一。

安吉县的生产总值从52亿元到将近250亿元，竹产业总值从33亿元到143亿元，12年间生产总值和竹产业总值都在不断攀升。

GDP有一半以上来自于竹产业总值的贡献，也就是说竹产业的发展是带动当地GDP增长的主要原因。

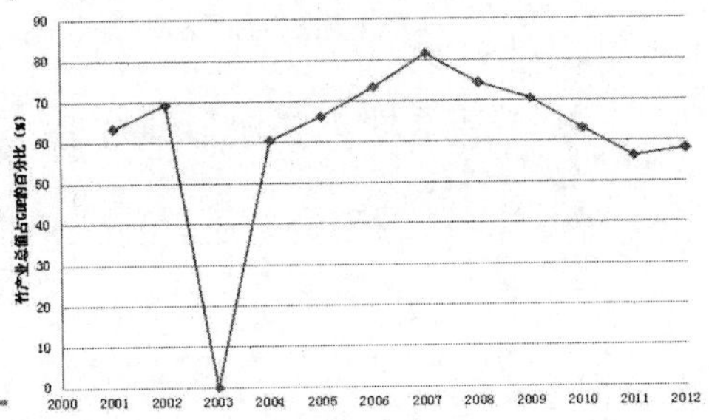

生态资产资本化效益

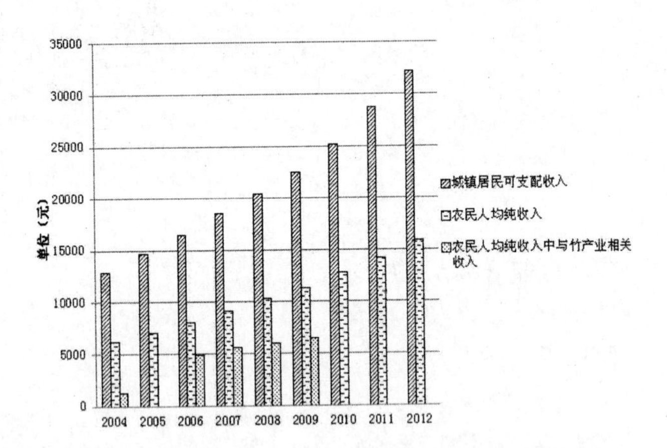

如今 社会效益

2004—2012年，农民人均纯收入中与竹产业相关的收入大概占到60%，即全县农民平均纯收入的60%都是由竹产业增收的。

竹产业的发展解决了2万多个就业岗位，带动了相关旅游业的发展。

2012年吸引游客870万，旅游收入达60多亿元。

资本化效益

如今 环境效益

竹资源的资本化，在带来巨大的经济、社会效益的同时，也保护和改善了周围地区的环境，该县目前植被覆盖率达75%、森林覆盖率达71%，不仅荣获“生态经济示范县”的称号，同时还作为中国美丽乡村为全国提供了一个科学发展的鲜活样本。

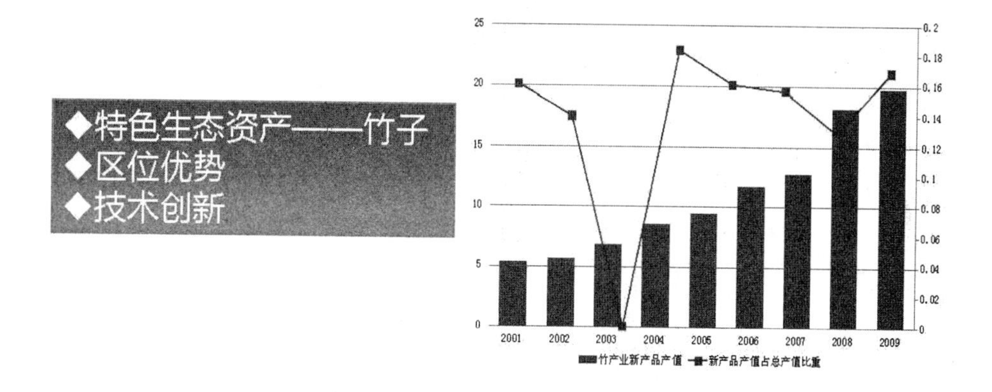

1. 生态资产直接开发利用

纵向开发型资本化模式

◆生态资产的开发利用

◆不断提高生态资产的利用率，一方面不断地发现新的生产要素，另一方面，通过技术的不断创新促进技术的生态化发展。

◆生产性产业-生态加工业，带动如生态农业、生态旅游的发展

科技创新 持之以恒

2. 间接利用型资本化模式（见鸡生蛋型模式）

案例：西安浐灞 生态区

基本情况：

◆2004年9月，西安市设立的生态型城市新区

◆西安城区东部，规划总面积129平方公里，集中治理区89平方公里

◆西北地区首个国家级生态区

◆全国唯一获得国家级生态区称号的开发区

◆欧亚经济论坛永久会址所在地

◆2011西安世界园艺博览会的举办地

◆西北地区首个国家级湿地公园

资本化过程

如何做？

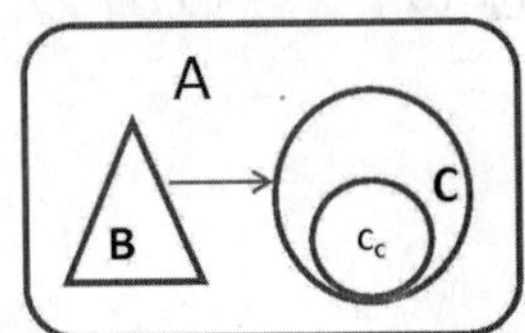

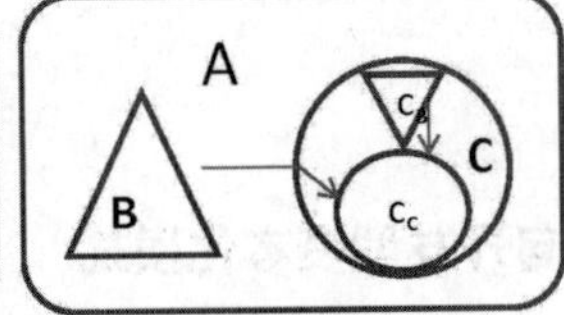

将浐灞地区完全作为一个生态区，不再进行经济开发，单纯保护生态资产

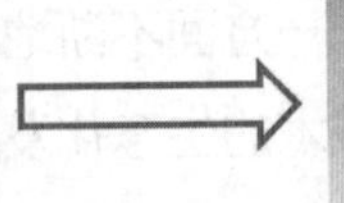

生态治理修复—基础设施开发建设—产业培育发展—城市化加快推进—生态新城

生态治理需要大量资金投入区域面积大，完全由政府的投资生态恢复及维护并不现实

生态资产丰富的城市新区建设的开发模式

投资浐、灞河道和流域的治理，以发展现代服务业为定位，重点发展会展经济、赛事经济、金融、旅游、文化教育等，构建人与自然和谐相处的生态化新型城区

资本化过程

前期规划、投资

成立初期，政策“寒流”。国家对开发区进行政策调整，由支持鼓励转为清理整顿。土地政策和金融政策也呈现紧缩趋势。
国家开发银行贷款 15 亿元人民币用于浐灞区的河流治理。浐灞进行生态治理的启动资金，生态资产资本化的开端。

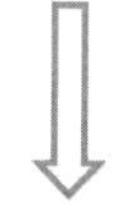

生态修复、土地储备

生态修复建设以及基础设施的完善，土地储备
河水逐渐变清、沙坑逐渐减少，浐灞区的生态景观日渐成型，道路交通和管网线路等基础设施的逐步完善
浐灞区的魅力开始逐步显现。土地大幅度增值采取有序出让的方式，获得区域发展带来的土地增值回报。

功能定位的产业化发展

土地升值，重点打造以金融服务为核心，以旅游休闲、会议会展为支撑，以文化创意为特色，以战略性新兴产业为补充的产业体系，现已初步形成了集群化、高端化、国际化的现代服务业发展格局。

资本化效益

在现代西安市的城市发展中

“八水绕长安”中的浐河和灞河长期以来处于城市边缘地带，河水污染严重、径流量剧减，垃圾围城，到处都是挖沙留下的沙坑，生态破坏极其严重，地质灾害隐患重重。过度挖沙造成浐灞河床严重下切达6米之深。2002年6月9日15时，因灞河下游挖沙造成河床下陷和洪水的猛烈冲击，陇海线灞河铁路桥在洪水中倒塌。

如今 环境效益

芳草萋萋：河流湿地覆盖率达到9.8%、累计形成林地近29000亩，林地覆盖率达15%；每年拦蓄降水4513万立方米，释放氧气1.4万吨，同时吸收二氧化硫113吨；

河流水质由劣Ⅴ类恢复到地表Ⅲ类，鸟类种类由过去的60多种增加到200多种。

浐灞生态区的负氧离子是城区3.5倍之多，已经成为西安最具特色的城市湿地景观区域和西安的天然“氧吧”。

浐灞的地价由“冷”升“热”，有序出让，最大限度获得区域发展带来的土地增值回报。

模式推广条件

推广条件：

◆生态资产及生态优势

◆生态资产区域具备一定的区位优势

◆技术创新

◆维护生态资产开发的底线

区位优势

横向利用型资本化模式

◆对生态资产环境的利用

利用整体生态资产环境　共生增值

◆对区域生态资产的整合与包装，挖掘开发生态服务功能，利用共生增值的机理，区域在开发时推进生态建设，改善生态环境，提升区域价值，开发收益后反哺生态建设，依此循环。

◆发展有关产业或者高端管理、会议会展、生态旅游等。

环境至善

3. 生态资产交易

生态资产通过交易使用权将资产的使用价值转化为交换价值，实现增值的目的。

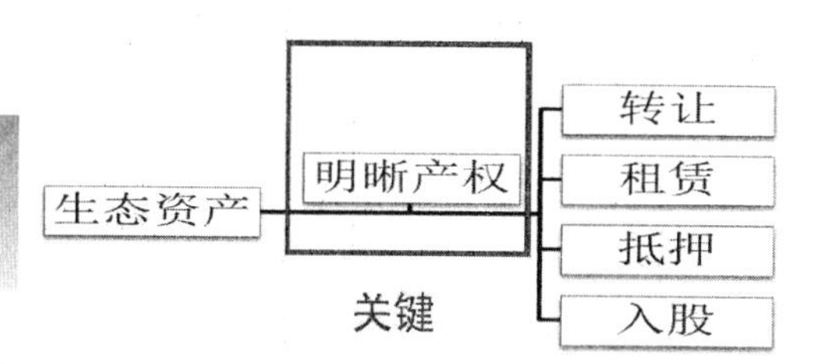

中国近些年林权制度、草权制度与山权制度等改革，完善和建立了生态资产交易制度与市场。生态资产所有者通过转让、租赁、抵押、入股等形式交易生态资产使用权，盘活既有资产，实现生态资产价值的最大化。

资本化过程

如何做？

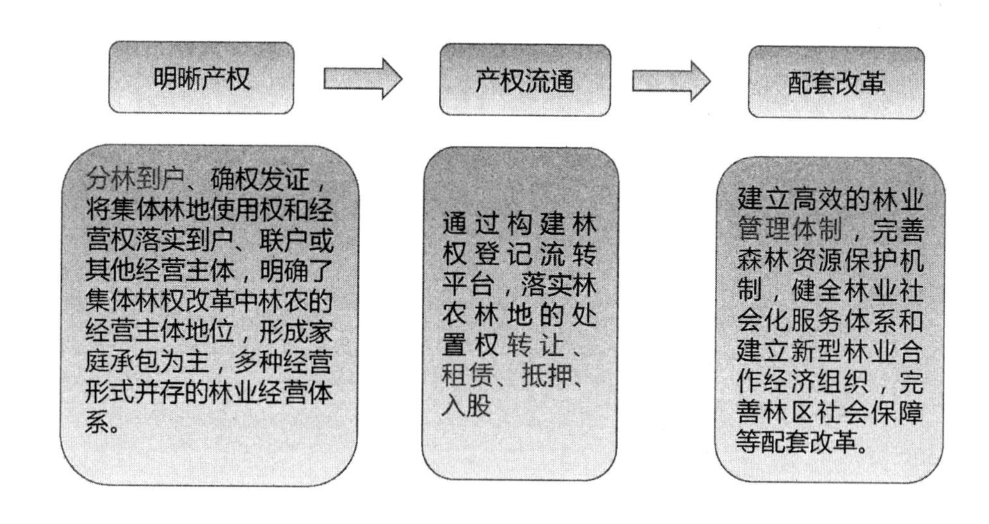

资本化效益

第一，经济效益方面。林改前后新造林面积不断增加，木材产量稳步上升，林改前后林业总产值不断攀升。

第二，社会效益方面。林改同时为林农的增收致富提供了有效的途径。永安市在林改之前林农平均林业收入为1187元，占农民人均收入的30.83%，改革初步完成的2009年，林农平均林业收入为3516元，占农民人均收入的52.01%，
集体林权改革促进了农村劳动力就业的大大提高，维护了林区的稳定。林改前林业能够提供的就业岗位大概8万个，林改后上升到15万个，为农村剩余劳动力提供了就业途径。

第三，环境效益方面。林农收入的增加激发森林资源保护的积极性，林农联合应对森林火灾、病虫害，加强林业资源的管护，避免了乱砍滥伐。森林覆盖率比林改前增加了3.2%。

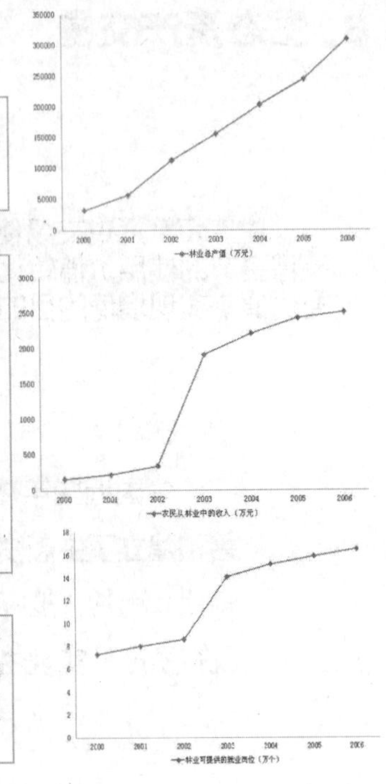

模式推广条件

适用条件：

◆首先要明晰产权。产权清晰是使用权交易的前提。

◆其次需要使用权流转市场的构建。包括政策和法律法规的支持。

生态友好型产品增值模式

◆生态资产的价值通过环境友好型产品的附加价值体现。

◆环境友好型产品价格高于一般产品。

◆欧盟于1992年出台了生态标签体系。

◆萨尔瓦多SalvaNA-TURA认证，是对与传统种植咖啡不同，在高度不同树冠的遮蔽下种植的咖啡的认证，这种咖啡的种植可以为候鸟提供良好的栖息环境，促进生物多样性的保护。经过认证的咖啡会比普通咖啡贵很多，内含了生态的服务价值，使生态服务价值得以实现。

◆“自然保护地友好产品增值体系”研究组。

有机产品 碳汇交易

许可证交易最早被广泛运用于SO_2的排放中，随后发展到生态保护中。森林碳汇交易、流域内生态服务付费等。

4. 生态保护下发展权的空间转移开发模式

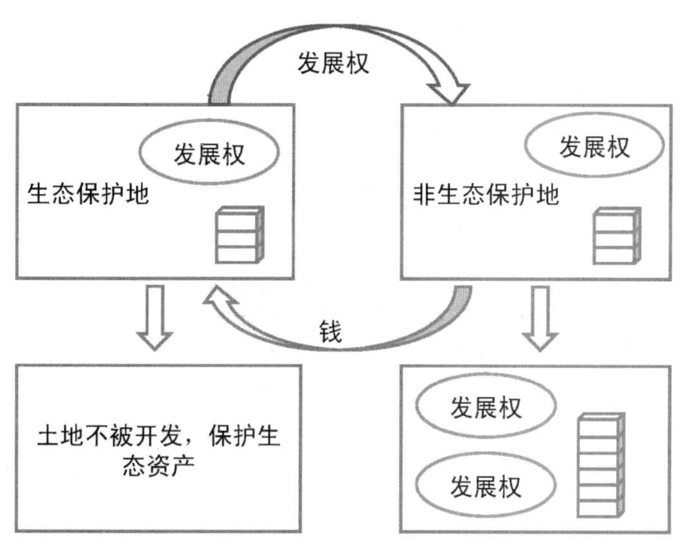

案例分析

——生态补偿型资本化模式

案例：浙江省磐安市“金磐模式”

基本情况：

◆磐安县地处浙江省中部，总面积1196平方公里，位于会稽山、天台山、括苍山和仙霞岭等山脉交汇的大盘山区，是一个“九山半水半分田”的山区县，土地资源稀缺，自1983年恢复县建制以来，由于位置相对偏远，当时经济发展滞后，基础设施落后，全县工业产值仅886万元，曾一度是浙江省五个贫困县之首。

◆磐安县作为钱塘江、曹娥江、瓯江、灵江等浙江省四大水系的发源地和最重要的水源保护区之一，其水质影响着下游400多万人口的用水安全。

◆处理好经济发展与生态保护之间的关系，一直是磐安县所面临的重要问题。

资本化过程

如何做？

1994年浙江省在下游金华市的城市工业园区中专门为磐安县开辟了供其发展经济的扶贫开发区。交通便利，水电等基础设施完善，具有在磐安本土无可比拟的发展工业经济的各方面优越条件。发展经济所得产值和各种利税完全归磐安县所有。

金磐开发区的成立在一定程度上缓解了磐安县环境容量狭小等与政府迫切追求经济增长之间的矛盾，避免在流域源头地区发展污染型工业，金磐开发区的建立给磐安县腾出了大量的环境容量，为整个流域生态环境的保护做出了巨大贡献。

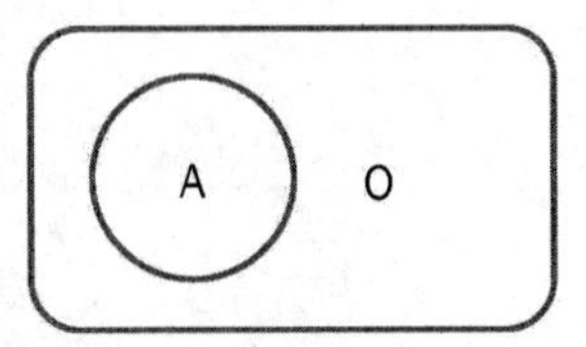

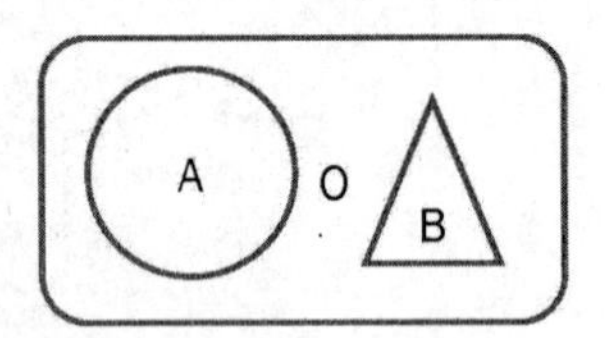

O—金华市　A—磐安县 B—金磐经济开发区

资本化效益

第一，经济效益方面。建区18年来，金磐开发区已成为磐安经济发展的主战场，增加了磐安县的财政收入。
2012年，金磐开发区实现工业销售产值30亿元，国地税收入首次突破2亿元大关，同比增长20%以上。金磐开发区有力地支撑了磐安县的经济发展和财政收入，保证了磐安县基本跟上金华市的平均发展速度。

第二，环境效益方面。境内生态环境得到了有效保护和改善，全县森林覆盖率达80%，全县95%的河道水质保持在I类标准，空气质量常年保持在I级标准。磐安在近些年中，成功创建了“国家级生态示范区”、“大盘山国家级自然保护区”、“金华市首个国家级卫生县城”、“国家生态县市”。

第三，社会效益方面。金磐开发区吸纳了磐安县大部分剩余劳动力向发达区域集聚，减少了磐安县的贫困人口，同时培养了一大批技术人才和经济管理人才。为7000余名磐安人提供了就业岗位，培养了各类创业人才2000余名，区内企业累计为磐安社会事业和新农村建设捐资达1500多万元。

模式推广条件

推广条件：

◆生态资产及生态优势。

◆生态资产所在区域是重要生态功能区、自然保护地等。

◆上中下游的互惠互利。

◆健全的体制。

5. 发展环境友好型产业——生态旅游

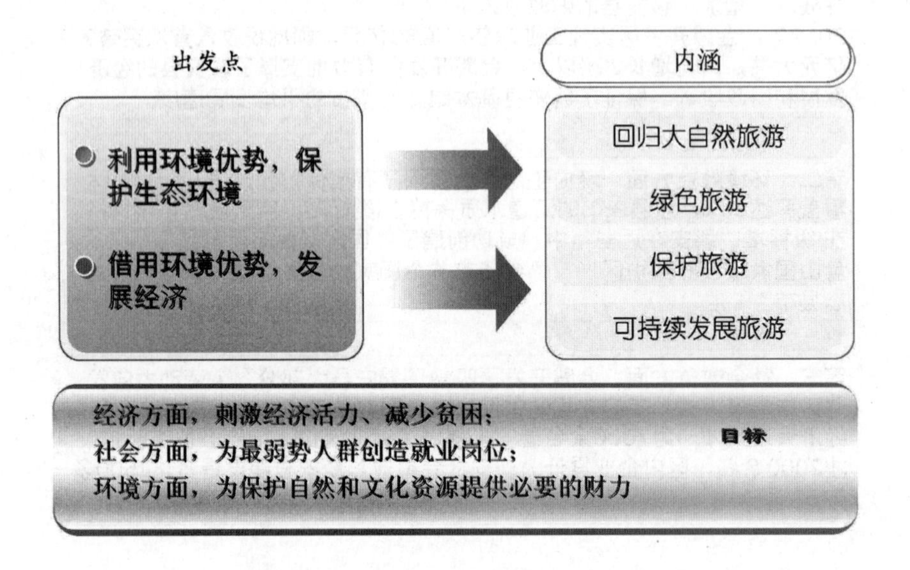

6、国家或地区生态补偿

从2008年起，中央财政对国家重点生态功能区范围内的县(市、区)实施了财政转移支付，涉及22个省和新疆生产建设兵团。中央财政2011年下达国家重点生态功能区财政转移支付资金300亿(平均每县约6637万元)，2012年达到371亿元,2014年525亿。

6. 国家或地区生态补偿

天然林生态补偿:

天保一期(2000—2010)工程规划总投入962亿元，其中：中央补助784亿元，地方配套178亿元，实际总投入1118.73亿元。

天保二期（2011—2020）总投入2440.2亿元，其中，中央财政1936亿元，中央基本建设投资259.2亿元，地方投入245亿元。

草原生态补偿: 国务院于2010年10月决定，国家从2011年起到2015年，在内蒙古、新疆等8个主要草原畜牧区全面建立草原生态保护补助奖励机制，中央财政每年拿出134亿元，给牧民禁牧补助、草畜平衡奖励、生产性补贴等，以此加强草原生态保护，转变畜牧业发展方式，促进牧民持续增收。

案例——三江源生态建设补偿

- 2005年，国务院通过《青海省三江源自然保护区生态保护和建设总体规划》，提出到2010年国家投入75亿元加强生态环境保护和建设。目前，已完成能源建设、鼠害防治、退耕还林还草、人工增雨和生态移民等项目，三江源局部地区生态环境得到改善。
- 探索建立生态补偿长效机制，已陆续启动实施涉及11个方面的具体补偿政策,包括教育经费保障补偿、异地办学奖补、农牧民技能培训和转移就业、草畜平衡补偿、牧民生产资料补贴、扶持农牧民后续产业发展和农牧民基本生活燃料费补助等政策，惠及22.4万名学生和3.9万名农牧民。
- 2012年，实施了生态环境监测评估、草原生态管护机制两项补偿政策，下达资金1.4亿元，使相关工作步入常态化、规范化管理。
- 设立生态移民创业扶持资金，组织技能培训，加大劳务输出，鼓励生态畜牧业和服务业发展，2005—2011年期间，三江源生态移民纯收入年均增长10%，达到2350余元。

地方跨界生态补偿

陕西——甘肃生态补偿：

- 每年向天水市政府、定西市政府送去了600万元渭河上游水质保护生态补偿资金。这标志着全国首例省际之间生态补偿机制在陕甘两省率先实施。补助资金的到位，对渭河流域水环境治理，特别是渭河上游生态环境治理必将起到积极的推进作用。

- 渭河是黄河的第一大支流，是陕、甘两省人民的“母亲河”。2016年12月2日，由陕西省宝鸡市、杨凌示范区、咸阳市、西安市、渭南市和甘肃省天水市、定西市等六市一区政府在西安签订了渭河流域环境保护城市联盟框架协议，同时，发表渭河流域环境保护城市联盟市长宣言。按照框架协议的有关精神，陕甘两省共同建立渭河流域水环境保护联防联控、流域生态补偿、区域联席会商和信息共享、污染处理及生态保护项目申报联动、跨界环境事故协商处置等多项机制。六市一区一致承诺共同努力，“让生命之河焕发生机”。

- 联盟成立后，陕西省级财政很快协调解决600万元，对甘肃省天水市、定西市各补偿300万元，专项用于支持渭河流域上游两市污染治理工程、水源地生态建设工程和水质监测能力提升项目。

浙江——安徽 新安江

结语

大部分生态资产，只要探索出合适的途径，都具有资本化实现价值的可能，所以探索新的资本化途径是未来继续研究的热点。

全球各地自然、社会、经济和制度的条件千差万别，由此产生的生态资产资本化途径模式也大大不同。因此，如何解决生态资产资本化在不同生态资产存量区域的实际问题，是难点也是值得深入探讨和进一步研究的重要问题。

生态资产资本化过程有时容易激发资本逐利的动机，出现“过度资本化”现象，耗损生态资产、破换自然景观。因此，生态资产资本化时，必须强调在直接利用方面要取舍有度，有规划地利用，杜绝生态资产过度资本化的现象。

生态文明促江宁经济社会和谐发展

江苏省江宁区委常委、统战部长 陆 蓉

我来自江苏省南京市江宁区。江宁地处中国东部沿海与长江两大经济带交汇点，是苏南现代化示范区建设的重要板块，从东西南三面环抱古都南京，区域面积 1561 平方公里，下辖 10 个街道，201 个村（社区），常住人口 118 万，流动人口 44 万，常住人口城镇化率为 71.5%。江宁是古老而又年轻的城区，说它古老是因为它有 50 万年的人类史，50 万年前古猿人化石在江宁汤山被发现；4000 年的文明史，北方文化向南方迁徙过程中形成的文化形态以江宁湖熟文化命名；2000 多年的建县史，秦始皇郡县制改革江宁就有 3 个县；1000 多年与南京同城而治的建都史，说它年轻是因为江宁区 2000 年 12 月撤县设区，从一个千年农业大县成为了南京主城南部中心。2015 年，全区公共财政收入达 191.7 亿元，是建区之初的 40 倍；万元 GDP 能耗在 0.028 以下；城乡居民收入分别达 4.47 万元、2 万元，先后被评为国家生态区、全国宜居宜业典范区、国家战略性新兴产业区域集聚发展试点区。

近年来，我们以生态文明理念为指引，走出一条生态美与百姓富、环境好与经济兴并举共进的发展之路，实现了生态空间更加清晰、产业结构更加合理、城乡环境更加宜居，回顾我们走过的生态文明之路，每一步我们都走的艰难而阻力重重，但每一步我们都走得坚定而扎实。我们做了五个方面的事。

一、在保护和破坏的对决中，留住青山绿水

江宁是长江进入江苏第一站，拥有 21 公里长江岸线。新济洲、新生

洲、再生洲、子母洲和子汇洲等几个小洲像翡翠一样，嵌入长江银河之上。句容河、溧水河在江宁汇聚成秦淮河，成为南京的母亲河流入长江。70多个在册水库如明珠点缀其间。

江宁山脉相连，汤山、黄龙山、青龙山、方山、牛首山、横山，绿化覆盖率27.67%，各类保护动植物45种。境内植物共1000多种，动物400多种，国家重点保护珍稀频危植物8种，国家重点保护野生动物37种。

曾经的江宁，靠山吃山，依水吃水，长江边有江宁街道小型化工园、21家砂石码头，秦淮河边有22家养殖场、16家砂石码头、开山采石近300家，坐直升机从天上往下看，看到的都是裸露的砂石，满目疮痍。怎么办？关停和修复。一是关停污染企业700多家、采石宕口239家、春山矿、铬渣、土窑厂37家、砂码头21家、养殖企业273家，现在在西部美丽乡村沿线看到的多个小湖泊曾经是遍布的养猪场。二是生态修复，完成废弃露采矿山的植被修复1400多万平方米，曾经的江宁满目疮痍，现在是满眼苍翠。三是规划控制。我们把全区1561平方公里的国土空间划分了三个1/3，即1/3功能板块和新市镇、1/3美丽乡村建设示范区、1/3生态涵养不开发区。通过这样的举措，保住了江宁好山好水，让美丽的江宁显山露水。

二、在退出和准入的抉择中，打造干净产业

江宁历史上是农业大县。乡镇企业的发展，点醒了土里刨食的江宁人，乡镇企业如火如荼的发展，村村点火，处处冒烟，一派热气腾腾。记得化肥厂的浓烟滚滚、氨气刺鼻，记得钢铁厂的钢花四溅，记得巢丝厂的机器轰鸣，记得办酒厂、造纸厂时我们的欢欣鼓舞，每个人为能进入其间工作而开心不已、自豪不断。不可否认这些为江宁的经济起步舀到了第一桶金，可是造成的污染也是巨大的。改革开放的春风吹来，工业园区如雨后春笋般出现，连村里都有工业园区。虽然这些企业有产出，但是低产出、高污染。怎么办？只有打生态牌。

一是污染企业退出。经过几轮的环保风暴，638 家“十五小”“新五小”企业关停到位，这其间充满了艰辛和艰难。全区所有采石、选矿、造纸、电镀、印染水洗企业全部关闭，采石宕口基本复绿。

二是进行产业升级。从严执行水泥、化工、锅炉排放新标准，关停、改造锅炉 224 台，建成协鑫电厂燃煤机组脱硫脱硝改造工程和中联水泥脱硝工程，实施有机废气治理，改造 62 座加油站油气回收设施。深化高污染车辆限行措施，近 5 年淘汰黄标车 8714 辆。

三是严把准入关。十年来共否决或劝阻不符合国家产业政策和生态环保要求的项目近 100 个。在严格把控的政策引导下，全区共有 315 家企业通过清洁生产审核、196 家企业完成循环经济试点、210 家企业通过 ISO 14000 环境管理体系认证。

四是吸引环境友好企业入驻。通过设置政策优惠等条件，主动招揽环境友好型企业入驻园区。近年来，已有 180 多家企业建成环境友好型企业。

如今，“3+3+3”产业体系（汽车、新一代信息技术、智能电网三大支柱产业，高端装备制造、生命科学、节能环保三大战略性新兴产业，文化休旅、现代物流、软件和信息服务三大现代服务业等“3+3+3”现代产业体系）已然形成，多个有竞争力的产业质优量优。特别值得一提的是生态环保服务业，如中电环保，在这里可以找到解决水、气、土等一揽子环境问题的方案。如今江宁环保服务业达到了 500 亿元的规模。良好的产业结构让江宁有了裂变式的发展，2016 年前三季度，全区实现地区生产总值 1242 亿元，一般公共预算收入达 157 亿元、增长 12.1%。

三、在整与建的结合中，塑造美丽江宁

江宁历史悠久，与南京府县同城而治达千余年，1935 年，县衙才从南京主城搬过来，很长时间，江宁就是一个城郊结合部，城市不要的业态都能在江宁落脚，乱披乱挂、乱贴乱画，在现代生活方式和原有管理模式的共同作用下，农村更是变成了脏乱差的代名词。怎么办？整建并行。

一是整治脏乱差。近年来，进行了大干100天、363行动、9322行动等一系列专项整治，瞄准突出的环境问题，整治的过程中伴随着执法和冲突，但成绩也是巨大的，拆除违建158万平方米，对交通秩序、占道经营、小作坊、门头店招进行整治，建立了从地面到立面的机械化保洁、标准化管理的机制（2015年规范店招店牌5600余处，“十二五”期间动迁拆违158万平方米，拆除违法广告30万平方米）。

二是建设新城区。公路、轨道交通等基础设施与南京主城无缝对接，全区实现了一体化供水，开发园区实现集中供热。城区3条地铁、2条高铁、6条高速穿境而过，高速公路、轨道交通总里程达294公里，江宁被市政府定位为南京主城南部中心。

三是打造美丽乡村。美丽乡村从治水和垃圾处置开始，组织了多轮整治，整治规定动作包括污水、垃圾处置；自选动作包括拆、整、顺、刷、绿。从第一个汤山街道到现在的禄口街道、横溪街道，涉农区域几乎全覆盖。我们用朴素的语言向群众宣传，“东西脏了用水洗，水脏了怎么办？”在打造美丽乡村的过程中，我们有两个抓手，一个是2012年省委、省政府在江宁启动的农村环境综合整治，另一个是2011年开始的环保部、财政部农村环境连片整治，在整治的过程中做到用生态设施塑形、用生态文化立魂、用生态文明提神、用生态产品为民，先后打造留住传统手工作坊的汤山郄坊、温泉养生家园汤家家、金陵茶文化第一村黄龙岘、牛首佛教文化第一村世凹桃源等一批美丽乡村示范村。如今的江宁美丽乡村实现了“四变”，即“盆景”变成“百花园”“农村”变成“大景区”“大学生”变成“创业者”“农民”变成“富裕户”。

四、在减排要求和群众诉求的压力下，改善环境质量

环境质量是老百姓切身感受到的，也是吐槽最多的问题。这个问题在近两年表现比较突出。一方面减排有刚性要求，既要减掉增量，还要还掉旧账；另一方面百姓有诉求，空气、水、噪声、油烟扰民一直有投诉。怎

么办？提升环境质量。

一是大气污染治理。从工地做起进行扬尘管控。江宁是整个南京发展最快的地方，这几年，每年工地最多的时候达到600多个，少的时候也有400多个。从围墙围挡开始，到洗轮机冲洗，从派人执法监管到安装探头，从6个“不”（不准车辆带泥出门、不准高空抛撒建渣、不准现场搅拌混凝土、不准场地积水、不准现场焚烧废弃物、不准现场堆放未覆盖的裸土）到现在9个100%（工地扬尘防治公示牌设置率100%、工地标准化围挡率100%、冲洗台设置率100%、出场车辆冲洗率100%、工地现场裸露土方的覆盖率100%、工地主要道路和操作场地硬化率100%、土方外运渣土车密闭化运输率100%、拆迁工地湿法作业率100%、主次干道每日冲洗率100%）。每年年初，工地开工第一是要开工验收，达不到降尘、防尘、控尘要求的，决不许开工。第二是推进渣土运输管理。渣土运输经过严格的准入审核和运输管控后，所有公司、车辆和驾驶员规范运营，按规定办理手续、按时段拖运渣土、按规范弃置渣土。第三是秸秆禁烧。全区涉农地区每年两季80万亩，我们堵疏结合防焚烧，奖惩结合抓禁烧，真的做到了连续三年“零火点”。第四是黄标车淘汰及用油提升。目前已淘汰了8714辆，对62个加油站油气收集装置进行了改造。第五是开展餐饮油烟整治。建成19条餐饮油烟整治示范街，每条街补助15万元；全区规模以上餐饮企业油烟净化在线监控率达到80%以上。

一系列综合措施下来，空气质量的转变是比较明显的，空气优良率从“十二五”的47%提升到现在的74%。

二是水污染治理。10年来，我们的污水处理厂数量从1座变成了20座，污水日处理能力从4万吨上升到44.3万吨。现在我们设立了河长制、断面长制，解决好上下游、左右岸、干支流的水污染问题，功能区水质有效提升。全区生态红线中，涉及水源地、水涵养区、生态湿地等334.89平方公里，占全区生态红线的63.92%。

五、在破与立的矛盾中，创新工作理念

加减乘除做生态。增加生态文明建设设施和能力，减去污染，实现生态产业的叠加效应，破除不合时宜的理念。一是破除环保为经济发展让路的理念，建立服务与共赢的理念；二是破除铺摊子、拼资源的理念，建立生态红线管控理念；三是破除先污染后治理的理念，建立超前谋划、提前介入的理念；四是破除解释型、解答型方法，建立解决型工作方法；五是破除孤立割裂的理念，建立系统规划、整体实施的理念。

从环境保护到生态文明，从星星点点的整治到全面、全域的推进，不仅带来经济、政治、文化、社会和谐发展的惊喜，更是在实践过程中得到了有益的启示。

启示一：必须树立绿色发展、科学发展的政绩观。习总书记说："绿水青山就是金山银山"。2016年上半年，我接待了一批到美丽乡村的外地客人，在参观走访了一番以后，有人感慨地说："我终于明白绿水青山就是金山银山这句话，这里就是现实模样和最好诠释"，从这个意义上讲，我们尝到了绿色发展、科学发展的甜头。正是因为树立了这样的政绩观，才能壮士断腕，关停了一大批污染企业，包括有些经济效益还很好的企业。正是因为树立了这样的政绩观，才能抵制诱惑，守住生态宝地。正是因为树立了这样的政绩观，我们才能敢于不唯 GDP，建立错位发展的考核体系，在这个考核体系中，生态建设的分值也占得很大，有20%之多。

启示二：必须具有科学谋划、系统推进的全局观。习总书记说："山水林田湖是一个生命共同体，人的命脉在天，天的命脉在水，水的命脉在山，山的命脉在土，土的命脉在树"，这句话说明了自然界的相互关系，客观世界是一个普遍联系、相互制约的系统。我们在规划计划上科学谋划、整体推进，在城乡统筹上科学谋划、整体推进，在生态体系上科学谋划、整体推进。

启示三：必须形成凝聚共识、汇聚力量的社会氛围。习总书记说："良

好的生态环境是最普惠的民生福祉。”同呼吸共奋斗共享一片天，空气不因你是富人还是穷人而有所区别。这几年我们取得的点滴都是全区上下共同奋斗的结果。我们四套班子形成共识，各个部门集中智慧，上下一致，共同发力，社会齐心，全民参与。

启示四：必须具有聚焦重点、狠抓落实的良好作风。习总书记说："如果不沉下心来抓落实，再好的目标、再好的蓝图，也只是镜中花、水中月。"这两年关于生态文明的理论、研讨很多，文章很多，出的书也很多。可是，对我们基层来讲，就是要抓落实、接地气。污水管要一寸一寸往前建，绿化造林要一棵一棵栽下去，问题要一个一个地予以解决。在生态文明建设错综复杂的矛盾面前，没有狠抓落实的良好作风，生态文明建设就是空话，各种规划就是纸上谈兵，我们要瞄准目标抓落实，盯住问题抓落实，顺应需求抓落实，谋求创新抓落实。

江宁将始终坚守生态和发展两条底线，坚持绿色定力，突出绿色导向，强化绿色布局，推进绿色创新，努力走出一条破解资源环境制约、实现循环利用，既提速又转型、经济效益社会效益生态效益同步提升的绿色化道路。我们愿意在推进城乡统筹发展的进程中做生态文明建设的先行军。

发展绿色产业　建设“一地三区”

四川省洪雅县人民政府副县长　杨曲冰

洪雅，位于四川盆地西南，幅员1896平方公里，人口35万，属“成都1小时经济圈”，是峨眉山大旅游核心区西大门。近年来，我们始终坚持“生态立县”，始终保持战略定力，专注发展绿色产业，加快建设“一地三区”，初步走出了一条“绿水青山就是金山银山”的生态文明发展之路，2016年荣获首届“中国生态文明奖”先进集体。我们的主要做法是：

一、登高谋远，科学规划

洪雅生态环境良好、旅游资源丰富，为此，我们深挖比较优势，登高谋远、凝聚众智，确立了“十三五”期间建设“一地三区”的宏伟目标。

（一）“一地”即天府花园、国际休闲度假体验旅游目的地。随着天府新区上升为国家战略，配套天府新区打造天府花园势在必行，而洪雅作为四川省离成都最近、空气最好的国家生态县，建设天府花园比都江堰、青城山等更有优势、更有条件。同时，“世界双遗产”峨眉山的半山和后山都在洪雅境内，拥有峨眉山和“亚洲最大桌山”瓦屋山两个世界级旅游资源，峨眉半山七里坪、著名古镇柳江、森林康养胜地玉屏山等享誉国内外，洪雅打造国际休闲度假体验旅游目的地具有良好基础。为此，我们将配套天府新区，建设天府花园，打造“大峨眉”国际旅游精品区，成为全国独特、国际知名的旅游目的地。

（二）“三区”即健康养生产业示范区、绿色有机农产品示范区、生态工业示范区。“三区”是对“一地”的有效支撑。一是健康养生产业示范区。当今世界健康产业虽刚起步，但发展势头迅猛，即将成为取代IT产业的世界“第五波”经济新常态。为此，我们将发挥独特的生态资源优势，大力发展以养生为核心的大健康产业，建成名副其实的国际康养胜地。二是绿色有机农产品示范区。围绕茶叶、牛奶、林竹、藤椒、蔬菜等特色产业，大力发展无公害、绿色、有机农业，积极发展品牌农业、创意农业，建成全国一流、西部领先的现代农业示范县。三是生态工业示范区。就是坚决杜绝污染工业、高耗能工业入驻，大力发展无烟工业、生态工业，打造全省乃至全国领先的生态工业示范区。

二、夯基固本，生态优先

（一）历届县委、县政府高度重视生态建设，坚持“功成不必在我”理念，几代洪雅人坚持不懈植树造林，持续夯实生态本底。大力实施天保工程，退耕还林 22 万亩、荒山造林 28 万亩、有效管护天然林 117 万亩，全县森林面积达 210 余万亩，森林覆盖率从 20 世纪 50 年代的 17%上升到现在的 75.05%。狠抓城市“绿肺工程”、集镇“拥翠工程”、百村“绿色家园”建设，城乡绿化率达 75%。

（二）像保护眼睛一样保护生态环境、像对待生命一样对待生态环境，宁可慢发展，也不乱发展。一是严格项目准入，制定招商引资负面清单，拒绝不符合生态建设规划项目 50 余个、涉及投资超过百亿元。二是重拳出击、铁腕治污，关闭污染企业 49 家，景区内工业企业全面搬迁或转产；深入推进“退电还水、退矿还林”，煤炭产业全面退出。三是健全环境保护投入机制，成立国有水务公司，政府主导、市场运作，采取“PPP”模式解决村镇污水处理站运行管理问题。四是制定《加快推进生态文明建设实施方案》《绿色发展五年行动计划（2017—2021）》，切实抓好生态文明建设和绿色经济发展。近年来，累计投入 10.8 亿元，完成一大批生态建设与环境保护工程，全县空气环境质量保持国家二级标准，地表水达国家Ⅱ类水质标准，生态环境全面改善。目前，洪雅生态环境指数在四川省领先、排名全国前列，被誉为“绿海明珠”“天府花园”，成功创建为国家生态县。

三、创建引领，创新机制

（一）坚持以创促建，以生态文明绿色细胞创建为抓手，着力构建“宜居县城—绿色集镇—美丽乡村”的生态布局体系。突出生态宜居宜游，积极打造“森林城市”“公园城市”，洪雅县城总体规划被列为中央新型城镇化工作典范，“引水入城”10公里活水景观带成为世界银行贷款样板项目、越南党政代表团莅洪考察学习，成功创建省级环境优美示范县城、省级园林县城。大力实施生态示范工程，创建国家级生态乡镇12个、市级以上生态村118个。全面启动全国生态文明建设示范县创建工作，努力建设全省乃至全国绿色发展示范县。

（二）创新“五项机制”，进一步明确生态文明建设的工作导向。一是强化组织领导机制，成立洪雅县生态文明建设委员会，在全省率先单独设立 “县生态文明建设促进办公室”和“县健康产业办公室” 两个县政府直属事业单位，明晰职责、统筹资源、整体推进生态文明建设。二是探索实行绿色GDP考核模式，四川省眉山市在区县中首先对洪雅实施差别评估考核，提高生态环境保护和生态旅游业考核比重。三是把生态环境保护等纳入干部综合评价体系，作为干部提拔任用的重要依据。坚持“三个不能用”，即破坏环境的干部不能用、不抓生态文明建设的干部不能用、抓不好生态文明建设的干部不能用。四是建立生态文明建设表扬机制，每年评选一批先进集体和先进个人，大力表扬、巡回宣传。五是压实压紧生态保护责任，严格领导干部生态环境损害责任追究，坚决实行生态环境保护“一票否决”。

四、转型升级，绿色发展

（一）倾力发展康养旅游。立足高端、站位全球，大力发展生态旅游、森林康养等绿色产业，加快建设精品景区。七里坪成为全国首个国际抗衰老健康产业试验区，柳江古镇成功创建国家4A级景区，玉屏山荣获全国首批森林康养体验基地。成功举办国际抗衰老健康产业发展论坛、北京对话·七里坪峰会、森林康养年会等高端会节活动。被国际旅游联合会评为“中国最佳投资旅游典范县”。预计2016年接待游客800万人次、旅游总收入达64亿元。

（二）着力发展有机农业。立足农产品主产区功能区划，坚持产出高效、产品安全、龙头带动、品牌引领，打造“吃得放心、购得称心”样板。目前，全县种植茶叶27.9万亩，居全省第二；种植藤椒3万亩，全省第一；有机、绿色等农产品认证率达63%，有机茶叶基地通过欧盟认证。积极探索牛粪“变废为宝”，自主研发牛粪干湿分离、沼液管道输送等技术10余项，建成种养殖循环经济园3.2万余亩，获国家农业循环经济发展示范县和全省现代农业建设示范县、农民增收工作先进县等殊荣，全面启动创建国家级有机产品认证示范县。

（三）致力发展生态工业。坚持“集中集约、新型低碳、清洁循环”，整合力量组建县生态工业园区，推进园区变景区、企业变景点。以生态养生食品加工为重点，加快生态农产品向养生食品、中医药产品、旅游商品转化，深度开发有机绿茶、道地药材炮制、高端功能性乳制品、冻干蔬菜等特色产品。目前，以茶叶、牛奶、藤椒、中药材等生态养生食品加工为重点的生态产业链正在形成，生态产业加速转型升级、效益提升。

“保护环境就是保护生产力，改善环境就是发展生产力。”生态文明建设只有起点、没有终点，只有更好、没有最好。下一步，我们将牢固树立并认真践行“五大发展理念”，厚植生态优势，加快绿色发展，让洪雅的天更蓝、山更绿、水更清、环境更优美，为建设“美丽中国”“美丽洪雅”做出更大贡献！

坚持绿色发展，打造生态栾川

河南省栾川县委常委、副县长　王　鑫

栾川因传说远古时期鸾鸟群栖于此而得名，地处豫西伏牛山腹地，洛阳市西南部，面积2477平方公里，辖12镇2乡1个管委会213个行政村（居委会），总人口35万。

栾川县委、县政府历来高度重视生态文明建设，确定了“生态立县”发展战略，坚持把生态文明理念贯穿于发展的全过程、各方面。2013年10月，栾川县被确定为全国第六批生态文明试点示范县，2014年5月，被环保部正式命名为河南省首个国家级生态县。近两年来，坚定不移，不断提升生态县创建成果，2016年6月，栾川县生态文明建设工作指挥部办公室被环保部授予全省唯一的全国首届“中国生态文明奖先进集体”。主要做法是：

一、加强源头保护，夯实生态根基

坚持生态优先、保护为基、源头做起，保护好大气、山林、水源，不断夯实生态栾川建设的基础。

（一）保护好大气。以持续提升空气质量为核心，大力实施蓝天工程，突出抓好“治气、治尘、治烟”三大重点，强力推进工业废气、扬尘污染、燃煤散烧集中整治，全县域所有工业炉窑完成提标治理，施工工地严格落实6个100%，县城规划区内燃煤锅炉全部拆改，近三年来，共削减二氧化硫196.24吨（冶炼企业除外）、氮氧化物94.28吨，环境空气优良天数常年保持在320天以上。

（二）保护好山林。深入推进全域绿化，统筹山上山下、城镇乡村、道路河流，先后开展了飞播造林、退耕还林、村庄绿化、通道绿化等林业生态建设工程，全县林地面积 318.2 万亩，森林覆盖率 82.4%，绿化率 85.05%，均居河南省第一位。按照“谁受益、谁治理，谁破坏、谁治理”的原则，狠抓生态植被恢复工作，累计完成矿山生态治理面积 76.77 万平方米，尾矿库生态植被恢复面积 355.5 万平方米，有效地改善了山体生态环境。

（三）保护好水源。牢固树立安水、兴水、清水、活水、亲水理念，广泛开展全域水系建设、乡村水污染治理和水源地保护。实施了总投资 16.9 亿元的伊河县城段水生态建设工程及各乡镇、重点景区水系提升工程。全县 14 个乡镇均建成了生活污水处理厂，40 余个较大行政村和 7 个 4A 级以上景区均建设了无动力或微动力生活污水处理设施，先后对 200 余个农村生活污水排污口进行了规范化及入网整治，生活污水处理率 82% 以上，3 个地表水出境断面水质综合达标率达到 100%。作为南水北调中线工程水源地，实现了“一渠清水送北京”的目标。

二、坚持绿色生产，增强县域经济实力

强化“保护生态环境就是保护生产力，改善生态环境就是发展生产力”的理念，加快生产方式转变，推进绿色生产、绿色发展，变绿水青山为金山银山。

（一）破而后立，推动工矿业转型升级。以提高质量效益为中心，以转型升级为路径，以绿色发展倒逼产业升级，以产业升级推动绿色发展，实现经济社会发展与生态环境保护协调共赢。一是开展矿业秩序整顿，实现工矿业集聚发展。近年来，栾川县矫正以往粗放型的发展方式，坚持“在保护中开发，在开发中保护”的原则，强力实施资源整合和矿业秩序整顿，按照全县矿产资源和旅游资源的分布状况，把全县分为矿产资源开发区和生态旅游资源保护区。把矿产资源开发区内的 180 余家小型矿山开采企业整合为洛钼集团等 5 家钼矿开采企业；30 余家萤石采选企业整合为 1 家

采矿企业、3家选矿企业；8家金矿采选企业整合为3家；21家铅锌采矿企业整合为3家；对1000吨/日以下的钼选矿企业实施关闭、兼并。把生态旅游资源保护区内的60余家采选企业全部实施强制关闭。通过实施矿产资源整合，实现了县域工矿业的集聚发展。二是拉长产业链条，实现工矿业高效发展。为从根本上解决产业结构、产品单一和工业附加值不高问题，栾川县结合县域工业发展实际，在近年来的招商引资过程中把钨、钼深加工产业作为重点，规划建设了栾川县钨钼新材料专业园区，向科技含量和工业附加值较高的钨酸铵、钼板材、钨丝、钨棒等钨钼新材料加工行业迈进。目前规划园区内已形成钼钨深加工规模达到35000吨/年，实现了“增产减污”目标，成为了名副其实的“中国钨钼稀土材料综合回收示范区”。三是推广循环经济，实现工矿业持续发展。近年来，栾川县在工业企业发展中不断提高科技含量，淘汰了落后的选矿设备，钼选矿规模在3000吨/日以上的企业均采用浮选柱设备，不断提高自动化水平，不仅节约成本，而且提高了资源回收效率，并通过技术手段回收钼尾矿中的钨、铜、铁、硫、氟等金属和非金属，使尾矿资源利用达到了最大化，在全国钨钼行业普遍亏损的大形势下，栾川钼钨企业一枝独秀，2015年仍保持了超10亿元的利润空间。

（二）做大做强，推动乡村旅游转型升级。坚持“高标准规划、大手笔运作，靠山水强根本、向生态要效益”的旅游开发原则，坚持旅游开发必须生态环保先行，对新建、改扩建的旅游开发项目严格把关、严格控制，实现了旅游开发与生态保护的同步推进、双赢发展，叫响了享誉全国的生态旅游发展“栾川模式”。2013年5月，中共中央政治局委员、国务院副总理汪洋来到栾川县调研农村旅游发展工作，对栾川模式给予了肯定和赞赏。2015年，全县旅游直接从业人员达到3万余人，带动社会就业11万人，全年累计接待游客1031万人次，实现旅游总收入63.5亿元。

（三）积极培育，推动农业产业转型升级。根据深山区地理气候特点，结合农业产业现状，大力推进农业结构调整，探索出了适合山区县的生态农业发展模式。全县共发展中药材、珍稀菌菇、特色苗木、生态畜禽、有机杂粮等特色产业基地25个，特色经济林面积达到45万亩，栾川玉米糁以“黄金汤”品牌成为上合组织总理峰会指定食材。全县注册成立各类农民专业合作社414家，市级以上农业产业化龙头企业41家，数量居全市第一。

三、坚持城乡统筹，努力建设山水之城、旅居福地

始终坚持城乡建设与环境建设同步开展、与生态保护同步实施，推进经济土地生态等“多规合一”，做到县城、乡村建设一盘棋。

一是加快打造生态城市。围绕“山水生态宜居城市”定位，结合独特的自然山水、地形地貌，着力构建“依山就势、疏密有度、错落有致、显山露水、通风透气”的城市形态，系统推进城市园林绿化、伊河水系整治等生态建设工程，县城规划区绿化覆盖率达43.37%，绿地率达37.35%，人均公园绿地达12.72平方米。二是全域建设生态乡村。围绕“环境优美、生活富美、社会和美”的建设目标，全面建设路畅、街净、河清、居美、村绿的生态乡村，努力将乡村田园打造成农民的家园、市民的公园、游人的乐园。全县213个行政村，已成功创建1个国家级生态村、46个省级生态村和72个市级生态村。全县14个乡镇中，13个乡镇已成功创建国家级生态乡镇，1个被命名为省级生态乡镇，国家级生态乡镇比例达到93%。

四、注重改革创新，不断探索完善生态环保工作新机制

栾川作为工矿业大县，98%以上的企业在农村。同时，全县80%的人口也分布在农村。因此，栾川环保工作的重点在农村，难点在农村。近来年，栾川以生态县建设为统领，不断创新农村环保工作协调、决策机制，探索形成了“县委政府主导、乡镇属地管理、职能部门各司其职、环保部门统一监管”的大环保工作机制和环保委员会定期听取环保工作汇报、研

究重点环境问题的决策机制及生态文明建设督查考核三大工作机制。在环保部门内部形成了“环境监察中队设在乡镇，监察大队统一督导，班子成员分包中队”的监察工作机制，按照“机构前移、工作下沉”和“小机关、大基层”的原则，设立环境监察大队，下设6个环境监察中队，作为县环保局派出机构常驻乡镇进行日常环境监管，每个中队均配备了专用执法车辆、移动执法终端设备等，为环境执法提供了有力保障。栾川环保模式的探索实施，使环保监管执法的触角延伸到基层，有力促进了城乡环境质量的不断改善。2011 年 6 月，《中国环境报》《河南日报》等主要新闻媒体对“栾川县环保监管模式”进行推广，栾川被河南省政府确认为全省环保工作的一面旗帜。

2016 年，栾川县党代会提出：“以推进‘生态立县’战略为支撑，以创建国家生态文明建设示范县为抓手，着力抓好强化生态保护、厚植生态优势、坚持生态惠民、保障生态安全四个重点，坚定不移把生态保护作为政治任务，努力打造生态文明建设的栾川样板。在生态环境建设上要确立全国领先、省市一流的栾川标准”。下一步，我们将以此次会议为契机，锐意进取，开拓创新，坚定不移走生态文明发展道路，加快建设独具特色的生态文明示范典型，努力为美丽中国建设做出更大的贡献。

仙居县生态文明建设的实践与思考

浙江省仙居县委常委 王勇军

仙居地处浙江省东南部，与美丽的海口一样，是山清水秀、人杰地灵的仙乡宝地。仙居生态环境优良、自然资源丰富，县域森林覆盖率达77.9%，近三年，生态环境状况指数都达到90以上，城市空气质量达标率在85%以上，其中2016年1—11月达97%，出境断面水质基本达到Ⅱ类，先后被评为国家生态县、中国长寿之乡、中国慈孝文化之乡、浙江省十大养生福地等。

近年来，仙居始终坚持生态立县的发展战略，主动践行“绿水青山就是金山银山”的“两山”理论，成为浙江唯一一个县域绿色化发展改革试点县，走出了一条特色鲜明的生态文明建设道路。2016年9月底，在环境保护部、中国生态文明研究与促进会的领导支持下，仙居顺利举办了首届中国县域绿色发展论坛，传递了生态文明建设的仙居故事。今天在座的都是全国各地优秀专家学者和党政领导，理论性的内容不多说，我就结合实际，简单谈谈近年来仙居在生态文明建设上的几点做法：

一、立足自身优势，打造全域旅游示范区

一是以顶层设计为引领，统筹谋划全域旅游格局。仙居现有5A级景区1个（神仙居景区）、4A级景区8个、3A级景区23个。针对仙居旅游资源品类多样、分布广泛的实际，我们将全县旅游划分为“一轴四板块”，“一轴”指永安溪沿线景观轴，“四板块”是指东部括苍问道板块、县城古寺禅修板块、中部田园耕读板块、西部运动健体板块。同时积极探索全域旅游体制机制改革，成立县生态文明旅游管理委员会、神仙居旅游巡回法

庭，组建仙居旅游产业发展基金，进一步提升全域旅游规范化管理水平。

二是以“显山露水”为画板，提升核心景区竞争力。“显山”就是以韦羌山即李白诗中的天姥山为中心，对周边22平方公里的神仙居景区进行深度的生态型开发，并于2015年成功创建国家5A级景区。“露水”就是沿母亲河永安溪及支流建设滨水绿道，将散落城乡各处的山水景观、文化古迹、产业平台、乡村风情等串珠成链，形成一条贯穿全域的生态旅游产业带。绿道规划总长492公里，目前已建成100多公里，被誉为“中国最美绿道”，并获“2015年中国人居环境范例奖”。

三是以“全业融合”为突破，做好“旅游+X”文章。大胆打破传统“三产”格局，提出了打造“大旅游、大健康、大文化”三大百亿元产业，每个产业都融合了“旅游”元素：“旅游+农业”将促进生态观光农业、乡村民宿的提升；“旅游+工业”将促进传统工艺礼品行业向文化创意产业的转型；“旅游+服务业”将加快养生养老、健体康体、影视文化等新兴产业的发展。此外还有“旅游+特色小镇”，2015年浙江省做出加快发展特色小镇的决定以来，仙居已创建省级特色小镇神仙氧吧小镇1个，培育市级小镇2个、县级小镇5个。各级特色小镇加强了与周边景区、村落的联合互动，成为了撬动全域旅游发展的新支点。

二、加快经济结构调整，促进产业转型升级

一是生态工业效益初显。扎实开展资源要素市场化配置改革，深入实施“四换三名”工程（腾笼换鸟、机器换人、空间换地、电商换市和培育名企名品名家），差别化运用土地使用税、排污费和电价等政策杠杆，倒逼企业提质增效。2012—2015年，仙居企业亩均税收年均增长19.3%，高新技术产业快速发展，占工业增加值比重的58%。按照“生态化、园区化、集聚化、标准化”的要求，形成了以经济开发区、科技产业园、台湾农民创业园和神仙居旅游度假区为基础的四大产业平台，2016年仙居新增上市企业2家，新三板挂牌企业2家，经济开发区获评浙江最具投资潜力开

发区，仙居被列为浙江省首批生态工业发展试点县。

二是生态农业已成规模。仙居是一个农业大县，传统农业经济效益不高，但由于优异的自然生态条件，仙居农产品种类丰富、品质上乘，这让我们下定决心打造自己的绿色农产品品牌。一共通过了国家绿色食品认证26个，建成绿色农产品标准化基地19.5万亩，“仙居杨梅”更是成为了中国驰名商标。仙居海亮有机农业基地的蔬菜为G20杭州峰会专供，仙居也成为全国绿色食品原料标准化生产基地、省级现代生态循环农业示范县。

三是生态旅游业大放异彩。2016年1—11月，仙居共接待国内外游客1286万人次，同比增长29.4%；实现旅游总收入129亿元，同比增长35.9%。6月，在杨梅产业带动下，全县实现旅游总收入11.59亿元，人均增收2000多元，创我县单月旅游收入新高。举办了神仙居高空扁带、绿道马拉松等国际赛事；乡村旅游蓬勃发展，2016年全县农家乐和民宿床位数同比增长92.5%，成功打造了油菜花节、杨梅节、葵花节等“四季花海”农事节庆品牌。

三、统筹城乡发展，全面改善城乡面貌

一是强化规划引领。注重突出城乡规划的生态特性，积极探索生态文明建设与城乡统筹发展的实现路径。加快新一轮县域总体规划修编，谋划好县域总体规划与绿色化发展、国家全域旅游示范区的关系，努力打造宜居宜游的国际旅游目的地。

二是塑造生态名城。在城市建设中坚持生态导向，最大限度地保存原有的山体、湿地和植被，建立健全城区多层次绿化体系。按照建设中国山水画城市理念和标准，在城市建设的规划布置、建筑风格、建设指标上严格把关，构建山水拥城、景城一体的城市格局。打好“五水共治”“三改一拆”“治危拆违”“小城镇环境综合整治”等转型升级系列组合拳，大力推进旧城区、城中村改造提升，城市面貌不断更新。

三是建设美丽乡村。按照“粉墙黛瓦、绿树红花、小桥流水人家”的建设思路，对历史文化古村落进行保护和修缮，推进城乡建设综合转型试点，建成省、市级森林村庄181个，市级美丽乡村12个。在农村实行人畜分离生态养殖模式，全面拆除村内猪圈牛舍、危旧房，在村外卫生安全距离内建生态养殖区，全县拆除旧猪舍5万多个，建成生态养殖区242个，村容村貌焕然一新。

四、突出“防、护”结合，提升生态环境质量

一是全力推进河长制。在浙江省率先实施河道管理“河长制”，从2012年起，由县长担任总河长，将责任分解到乡镇、村，分别任命中河长、小河长，这一举措在浙江省“五水共治”工作中得到全面提升和推广。三年来投入近15亿元对永安溪及其支流开展综合整治和生态修复，先后被评为浙江省“清三河”达标县、“五水共治”工作优秀县，荣获浙江省五水共治“大禹鼎”。

二是严管狠抓环保执法。铁腕执行《环境保护法》，保持打击环境违法行为高压态势，从严处罚偷排、漏排、超标排污企业，重点整治工艺品行业废气污染；加强智能化监管，建设企业环保监管天网工程，推广实施清洁生产和循环经济；坚决淘汰落后产能，实施城南医化企业搬迁，完成搬迁4家，关停22家。

三是积极开展国家公园建设。自2014年3月列入环保部国家公园试点以来，仙居出台了全国首个县级“生物多样性保护行动计划”，颁布了全国首个“国家公园全域禁猎令”，《国家公园总体规划》通过了中国环境科学研究院的评审。开展了生物多样性本底调查和生物多样性数据库信息系统研究，编制了自然资源资产负债表，“一园一法”列入台州市“十三五”立法计划。与全球环境基金开展了有效合作，获得了法国开发署的7500万欧元生物多样性工程贷款。

五、倡导全民参与，构建长效管理机制

建立了绿色经济、绿色社会、绿色环境、绿色机制共 4 大方面 18 个二级指标、29 个三级指标，把仙居绿色化发展进程中的优秀经验做法及时予以整理明确。深入学校、医院、村居、企业等开展绿色示范创建活动，普及绿色理念、签订绿色公约，实现生态文明建设从政府唱“独角戏”向全民跳“集体舞”转变。

船政之乡，生态之城

福州市马尾区副区长　陈　昱

马尾历史悠久，是中国船政的故乡、海上丝绸之路的起点之一、著名的侨乡、中国近代海军的摇篮、中国近代航空事业的发源地。1985 年经国务院批准设立福州经济技术开发区，1993 年开发区与行政区合署办公。经过 20 多年的开发建设，昔日古港小镇今已发展成为集自贸试验区、海丝核心区、两岸经济合作示范区以及福州新区为一体的和谐宜居城区。近年来，马尾区持续推进“生态强区”建设，生态文明建设与经济发展并重，全力打造山清水秀、碧海蓝天的美丽家园。全区森林覆盖率 49.48%，建成区绿化覆盖率 39.54%，污水处理率达 95.2%，城镇生活垃圾无害化处理率达 100%，全年空气优良天数 357 天，优良率达 98.1%，饮用水水源水质达标率 100%，基本实现了“碧水、蓝天、绿色、清静”的目标。

一、生态文明建设发展历程

清新、优美的生态环境是大自然赐予马尾的宝贵财富，区委、区管委、区政府十分重视生态保护和建设。2003 年开始，马尾区即开展全国环境优美乡镇创建工作，其中马尾镇于 2004 年被命名为全国环境优美乡镇，是当时福州市首个获此称号的镇（街）。2011 年以来，按照《生态区建设实施方案》，以“生态细胞工程”构建多层次生态创建大格局，让生态意识和生态行为扎根基层，以点带面大力推动生态区建设进程。2014 年 3 月 31 日，马尾区通过了环保部组织的国家生态区创建考核验收，成为福州市五城区中首个通过国家生态区考核验收的城区，三镇一街全部通过全国环境优美乡镇/国家级生态镇（街道）验收，全区 62 个村已创建 56 个市级以上（含市级）生态村，生态村创建率达 90.32%。此后，根据《国家生态文明试验区（福建）实施方案》，结合我区实际，开展生态文明建设试验区建设工作。

二、生态文明建设推动绿色发展

（一）机制体制创新

（1）探索建立绿色考核机制

为巩固与深化国家生态区创建成果，区委、区政府陆续下发了《关于加快生态文明先行示范区建设的贯彻实施意见》《关于进一步加强环境保护工作的实施意见》，从制度上强化了生态文明建设示范区建设。实行环境保护监督管理一岗双责，党政同责，区政府与各镇（街）党政一把手签订“区长环保目标责任书”，对各乡镇街道、部门环保工作落实情况进行全面考核、排名，考核结果与干部提拔任用、奖金档次挂钩。开展定期全面督查和不定期的专项督查，以责促行、以督问效，一级抓一级，层层传导压力，推动工作开展。

（2）落实生态红线管控措施

2014 年，马尾区就在全省率先开展生态红线划定工作，全区划入生态保护红线范围总面积 163.30km^2，占国土总面积的 59.25%。为更好地落实生态保护红线管控要求，将生态保护红线纳入全区“多规合一”的“一张图”上，最大限度守住生态红线，将生态空间、生产空间、生活空间的生态控制线坐标定点、定位，同时对生产空间、生活空间分类落实环保措施，使生态安全格局得到永久保障。

（3）探索实施生态补偿

将生态补偿资金列入区财政年度预算并逐步增加投入，通过实施财政转移支付，关停、搬迁了饮用水水源上游多家畜禽养殖场和污染企业，解决了跨行政区域饮用水水源污染问题。同时，对下游琅岐岛发展定位为国际生态旅游岛，保护岸线自然形态和生态环境，开展生态整治修复，科学发展旅游业。

（二）持续改善生态环境质量

（1）实施大气防治行动计划

制定实施《提升马尾区空气质量行动计划》，开展 PM_{10} 污染物专项整治、扬尘污染整治等专项行动。加强各部门联动机制，加大对施工工地的巡查力度，达到规模的建筑工地全部安装远程视频监控。开展燃煤锅炉淘汰或改燃验收工作，对燃煤锅炉进行彻底整治。开展道路扬尘、汽车尾气治理、黄标车淘汰工作，2016 年已完成黄标车淘汰 900 辆，建成区全部划为黄标车限行区域，有效地减少了机动车尾气对大气环境的污染。倡导绿色出行，推广绿色公交，结合公园绿道景观建设，构建城市慢行系统，在减轻环境资源压力同时，让市民更好地享受绿色生态环境。近几年，马尾区空气质量均位居五城区前列，辖区空气质量进一步改善。

（2）推进水环境综合整治

一是实施《马尾区河长制实施方案》，明确了“河长”职责，实行了县、乡、村三级河长制，4 位区级领导担任了区级“河长”，4 位乡镇领导担任了乡镇级“河长”，基本实现了“山清、河畅、岸绿、生态”的目标。二是开展闽江流域马尾段水环境综合整治工作，建立月报告制度，定期通报。三是深入推进内河的水环境整治，基本消除建成区内黑臭水体。四是进一步推进小流域及农村水环境综合整治，源头管控，综合施治，实现小流域“水清、河畅、岸绿、生态”。五是实行最严格水资源管理制度。制定了水资源开发利用控制、用水效率控制和水功能区限制纳污红线指标体系，严格实行取水总量控制管理、取水许可和水资源论证制度，制定了水量分配方案，加快推进水功能区和入河排污口监测体系建设。

（3）开展生态系统保护与修复

加强生态廊道建设梳理雁行江水系，改良沿岸土壤，恢复雁行江及其两岸的生态环境功能。加强闽江岸边滩涂及沙洲湿地保护，针对破坏鸟类栖息地及湿地的案件从严从速处理，保障鱼类、鸟类迁徙洄游通道通畅。

推进闽江河口湿地自然保护区规范化建设，促进自然保护区由“数量型”向“质量型”、由“面积型”向“功能性”的转变。开展水源涵养林林分改造，调整国道、水库、一重山等重点区位树种状况，逐步以阔代针、提高林分质量。强化生态敏感区和脆弱区生态修复，加大水土流失治理力度，持续推进城市、村镇、交通干线两侧、江河干流及水库周围等水土涵养区域的造林绿化。实施沿海防护林改造工程，在原有沿海防护林体系建设基础上，进一步进行基干林带填平补齐、老林带更新、树种更换和纵深防护林及非规划林地造林等，进一步提高沿海防护林的防护效果。做好林分改造工作，在松枯死木采伐迹地零星补植楠木、香樟、米槠、赤皮青冈等阔叶珍贵树种，2016 年已完成造林 1470 亩。以创建国家森林城市为契机，建设了东江滨公园绿化景观、城市中心广场、天马山休闲公园、魁岐溪边公园、宗棠路绿轴景观、亭江滨江公园、104 国道沿江廊道景观绿化改造、魁岐生态休闲公园等一批生态景观工程，在净化空气、保护环境的同时，也给居民提供了休闲娱乐的好去处。

（三）促进绿色产业发展

（1）因地制宜，全面落实主体功能区规划

按照提升快安、马江，发展亭江、琅岐的总体发展布局，快安片区重点发展第三产业和高新技术产业，结合福州城市东扩和行政中心搬迁，通过闽江两岸联动，打造行政文化中心，企业总部基地和高科技产业基地。马江片区重在整合优化，结合船政文化的弘扬，重点发展船政文化产业，落实活态文化保护，建设“马尾·中国船政文化城”。亭江片区重在推动城镇化发展。琅岐片区发展旅游、生态产业，建设以旅游休闲度假、现代农业科普示范、休闲观光农业、滨海生态产业小镇为主体的生态良好、环境优美、宜居宜业的国际生态旅游岛。

（2）不断创新，加快推动绿色转型发展

一是发展生态工业。借助四区叠加的良好机遇，大力发展生态效益型工业，结合产业结构调整，淘汰落后产能，实施“腾笼换鸟”“优二进三”

战略。推进21世纪海上丝绸之路、福州新区开放开发及自贸区建设，全面打造闽江口金三角经济圈。严格环境准入，明确全区禁止和限制建设的产业门类和空间区域。进一步强化园区承载能力建设，促进产业向园区集聚，企业向园区集中，打造产业集群、企业集聚、资源集约的发展格局。建成两岸物联网应用示范中心，利用国家级新型工业化产业示范基地（电子信息·物联网）建设契机，夯实物联网产业基地建设，打造经济增长新引擎。全区万元规模以上工业增加值能耗持续下降，初步形成了以上润精密仪器为龙头的高端精密机械制造产业链、以中铝瑞闽为龙头的金属压延产业链、以新大陆为龙头的物联网产业链。积极鼓励区内企业开展ISO 14001环境管理体系认证，顺利通过“国家生态工业示范园区”考核验收并获命名。全区三产比重由2010年的2.1∶67.1∶30.8调整为2015年的1.3∶64.3∶34.4。

二是发展生态农业。加快推进农业产业化，鼓励农业走无公害、绿色、有机化之路。组织农业企业及农民专业合作社积极开展无公害产地认证工作，推广无公害健康养殖。发展特色水产养殖，建设琅岐蟹虾生态养殖基地，初试南美白对虾与甲鱼混养模式，开展物联网设备及“蟹公寓”循环水立体养殖等，成功申获琅岐红蟳地理标志商标。大力发展休闲农业，依托马尾区农民创业示范基地建设平台，推动琅岐经济区云龙四季果场、新金东农场、榕升休闲农庄、乌猪洲、万叶园等企业开展休闲农业项目建设，完善游乐设施、餐饮服务等基础配套设施建设，实现“游、食、宿、行”一条龙服务。

三是发展生态文化旅游。在生态区建设工作中，马尾区注重把保护生态环境、改善人居条件与保护历史文化、彰显船政特色紧密结合起来。依托马尾船政文化等丰富的历史文化资源，启动了“福建船政文化城”“闽安历史文化名村”规划建设项目，“福建船政文化城”被列为省级十大文化产业重点项目，闽安村入选中国传统村落。赴台举办《船政与台湾》特展，赴法国举办船政文化主题展，《船政学堂》系列纪录片荣获国家“五个一工程奖”。进一步整合罗星塔周边公园旅游资源，推进马尾造船厂搬迁，建设船政文化创意园。

三、下一步工作

马尾区在生态文明建设工作上虽取得了一定的成绩，但仍存在许多不足之处。下一步，我们将深入贯彻《国家生态文明试验区（福建）实施方案》，继续开展内河整治、环境综合整治、生态廊道建设、生态公益林建设等工程，立足马尾资源优势和产业基础，加快推进工业经济转型升级，积极发展高效生态农业，大力实施服务业优先战略，不断巩固国家级生态区建设成果，高标准、高质量、高效率地继续推进全区文明生态建设工作，为“船政之乡，生态马尾”建设奠定更加坚实的基础。

区县长论坛点评嘉宾发言

何平（中国国际工程咨询公司农村经济与地区业务部主任，
博士生导师，国务院特殊津贴专家）

今天很高兴在这里有这个机会，到这里来参与这件事情，也是学习。说实话，要我来评论，真是不好评论，但是我可以谈我的一些体会。通过今天下午区县长们的这些典型演讲，我感觉五个县区，都是我们国家在这方面做得非常好的典型和范例。如果都能做得这么好，我们国家的生态文明建设的水平，会提高一大步。而且他们也形成了我们国家生态文明建设的不同代表类型，比如江宁区，江宁区依托自己和南京整个城的一体化的关系，通过严格的环保制度，通过自己跟南京一体化的关系，通过大统筹，大融合，严格环境准入，淘汰落后企业，然后通过产业的绿色转型，走向信息化，作为大的支撑，这是产业转型。再通过对生态和环境的保护和治理，从一开始就注意到既要发展经济，又要留住绿水青山，使我们的经济产生绿色转型，使我们的人居环境得到大幅度的提升，使城市跟环境融为一体，把一个以农业为主的区域，转变成为一个以绿色和高技术产业为主体，人居环境优美的一个城市的区域，这个转型做得非常好。但也是经过了很长时间的阵痛，关闭几百家企业，这是不容易的事情，是非常难做到的。因为这是江苏的企业，尤其是江宁能够率先实现河长制。江苏是我们国家河长制的发源地，发源于太湖治理，最早省委、省政府提出来河长制，江宁率先实行河长制，空气、水不但没有随着城市化和经济发展变差，而且是提高了，变得越来越好了，进入到全国的先进行列。洪雅镇依托自己生态条件，洪雅是生态资源特别雄厚的地方，把生态资源变为生态产业的基础，变为绿色产业的基础，发展大旅游、大康游。同时也利用跟成都的天然关系，发展为城市的大花园。狠抓农业循环经济，狠抓以农业为基础的先进制造业。洪雅跟江宁正好有一个不同的特点，洪雅是以农业资源为基础，江宁以先进的工业科技为基础，来带动绿色发展。栾川县王县长特意介绍了绿色发展的经验，栾川的模式具有它的特点。它是一个矿产资源特别丰富、然后生态资源也特别好的一个地方，在保护和发展这两难之间，他们坚持在开发中保护，在保护中开发的理念，然后把钼产业、钨产业做大做强，提升了产业的质量。顺便说一下栾川的钼产业，据我了解，世界三大钼矿资源基地，一个是美国的，一个是安徽，再一个就是栾川，他们能在资源开发中建设好绿水青山，这实属不容易。他们把大环保的意识，把生态保护的考核做法，把监管落到了基层，落到了乡镇，符合他们80%以上的工矿业，80%以上的人口在农村的特点，所以这种经验，对我们也是非常有启示的。仙居，神仙居住的地方，这里不但是将近78%的森林覆盖率，保证了Ⅱ类水的断面，又是全国的生态县、长寿乡。他们的经验是统筹谋划，顶层设计，充分利用资源，重点在打造全域旅游，通过旅游加X，加农业、加工业、加服务业、加特色小镇等，促进产业转型，促进生态农业，大力抓生态农业，抓绿色食品。他们这里的梅花节、杨梅节、油菜花节办的都是全国有影响的。城乡建设千篇一律的做法，在这里被打破。福州的马尾区，是国家的自贸实验区，通过机制体制生态红线的划定、生态补偿、生态规划、污染控制这些生态的机制体制，取得了生态建设的良好效果，促进了绿色发展，这里面都是值得大家学习的。

我这里还有一个问题，一个想法，生态文明建设的核心到底是什么？我认为第一，要把产业基础从不可再生的化石能源和矿产能源转变为可再生能源。第二就是产业发展、社会发展，要建立在生态承载力容许范围之内。可能这两点，是我们进行生态文明建设的一个基础和关键，这是我的一点感想。

张惠远（中国环境科学研究院生态文明研究中心主任、研究员）

听下来有一个总体的印象，我们这些实干家说得都挺好，甚至比做得还好，这是一个。第二，我们这些科学家，也都说得很好，不光说得很好，而且做得很好，特别是我们钱老师，还有我们高所长，他们实际上在本职工作之内，做了很深刻的研究、思考。另外企业家，像我们何总，不仅说得好，而且做得好。这是我总体的印象。听下来几位专家的发言之后，我比较感动。钱易老师深入浅出把生态文明如何融入社会发展，融入各行各业讲清楚。生态文明不光是高大上的东西，不光是蓝天白云，是我们各行各业实实在在可以做到的。东方园林做了很多实在的工作，让我们感觉到，特别让我个人感觉到有股冲动。我个人认为东方园林是我们未来社会真正的奢侈品，现在的奢侈品都是什么宝马、奔驰，什么手表，将来的奢侈品就是东方园林，真正的好山、好水，真正的生态环境。然后高吉喜讲了资本论。我们的保护和发展，实际上是一个有机的整体，不是矛盾的，我们可以通过赚钱的方式保护环境。高所长讲资本论，虽然我们之前学过马克思的资本论，生态资本论也值得我们好好体会一下。习总书记说了，要保护环境，建设生态文明，包括一系列的大政方针往前落地，得有抓手，靠各个部委，包括我们环保部设计一些抓手，我们各个地方基于这些抓手，把工作推动起来区县的领导做了很精彩的发言，陆常委的发言给我感觉很振奋，体现了地方的信心和决心，非常有力量。需要付出很多的努力，需要关闭很多企业工厂才能实现生态文明道路。这个可能江宁有它自己本身的特点，作为一个郊区，过去深受城市的污染排放的影响，压力比较大，需要走过这么一个痛苦的过程。栾川、仙居、洪雅，他们几个县通过绿色产业带动生态文明建设，更多地借助政府的统筹规划、谋划，我相信这样走出比较好的捷径，走的路还是比较通畅的。通过这次论坛，我发现，生态意识现在是越来越普及，生态文明行动现在也越来越普遍，这是一个比较好的状态。

四、绿色家园·美丽乡村论坛

鞠磊同志在绿色家园·美丽乡村分论坛上的致辞

海口市人民政府副市长　鞠　磊

十八大以来，以习近平总书记为核心的党中央把生态文明建设摆在“五位一体”总体布局的战略高度，大力推进生态文明建设，并提出美丽中国建设目标。建设美丽乡村是建设美丽中国的重要组成部分，是缔造美丽中国的基础，也是促进农村经济社会科学发展、提升农民生活品质、加快城乡一体化进程、建设幸福和谐美丽乡村的重大举措，是推进新农村建设和生态文明建设的主要抓手。习近平总书记对建设社会主义新农村、建设美丽乡村，提出了很多新理念、新论断、新举措，党的十八届五中全会提出“创新、协调、绿色、开放、共享”五大发展理念，为我们研究美丽乡村建设指明了指导方向，提供了根本遵循。

作为全国人民后花园的“国际旅游岛”，海南的“美丽”在碧海蓝天的环境、在绿水青山的生态，更在红线守护的绿色家园。这些优势为海南美丽乡村建设创造了得天独厚的条件，美丽乡村建设符合海南需要，对推进海南生态文明建设、推进国际旅游岛建设有重要意义。海南把创建“文明生态村”作为美丽乡村和农村精神文明、生态文明建设的综合载体，目前全省已建成 28 个省级生态文明乡镇、278 个省级小康环保示范村和 16777 个文明生态村，文明生态村全省覆盖率达到 72%；预计到 2016 年年底，海口市将创建文明生态村 1788 个，全市覆盖率更可达到 83%以上，乡镇、村庄的生态、民生、文化建设将持续改善，美丽乡村建设正呈显出星火燎原之势。实践证明，生态文明建设为海南注入了强大的发展动力，一个绿色、开放、不断繁荣发展的国际旅游岛，正如祖国南海中的巨轮，朝着全面建成小康社会奋力前进。

作为祖国宝岛上的“明珠”，海口的“美丽”正在蜕变升华。民宿、农家乐、休闲农业等乡村旅游产业遍地生花，海口美丽乡村和特色风情小镇“千百工程”正把全域旅游建设稳步推进。我们在美丽乡村建设过程中探索从抓“经济”“文化”“人居”“环境”四大关口入手：传承文化共建美丽乡村。美丽乡村与新型城镇化的建设不应千篇一律。找准各自的“定位”，创建一个独具特色的乡村模式及城镇化模式。考虑美丽乡村与新型城镇化建设过程中的规划布局。根据当地的资源禀赋，做好因地制宜地编制乡村规划，注重传统文化的保护与传承，保护乡村、城镇地域特色，形成“一村一特色”的风貌。强化经济提升美丽乡村。美丽乡村的建设与新型城镇化的发展会给当地生态经济带来一阵“春风”，致力于打造出“美丽乡村、城镇系列”旅游带。另外，加强宣传力度，发展生态农业。突出培养具有地方特色的“名、特、优、新”产品，推进“一村一品”的生态农业经济。打造美丽乡村系列品牌。积极谋划抓好美丽乡村。乡村的建设要考虑到旧房及危旧房的改造、乡村及城镇的公路沿线两侧的绿化及进入乡村和城镇的主干道线，展现既朴素又自然与周围景色融为一体的风景线，创建干净整洁的居住环境氛围。整治环境扮靓美丽乡村。美丽乡村与新型城镇化的建设离不开整洁的环境，突出重点、连线成片、健全机制，切实抓好改路、改水、改厕、垃圾处理、污水处理、广告清理等项目整治。建设美丽乡村贵在坚持、重在实干。相信我们一步一个脚印，用绿色妆点家园，用生态扮靓乡村，“美丽”必将从乡村“包围”并“感染”城市，为挥毫美丽中国海南（海口）新画卷增添浓重的一笔。

李蕾同志在绿色家园·美丽乡村论坛上的致辞

环境保护部水环境管理司副司长　李　蕾

一、充分认识新时期农村环境保护的重要性

农村环境保护是环境保护工作的重要组成部分，更是“三农”工作的重要内容。农村环境影响着人民群众“米袋子”“菜篮子”“水缸子”安全和人居环境质量，事关农村的可持续发展和全面建成小康社会。

党中央、国务院高度重视农村环境保护工作。习近平总书记强调，中国要美，农村必须美。李克强总理自2008年提出实施“以奖促治”政策、开展农村环境综合整治以来，先后作出20多次批示，要求继续加大政策措施力度，每年都应有一批群众看得见、摸得着、能受益的成果。

《生态文明体制改革总体方案》明确要求：要建立农村环境治理体制机制。加快推进化肥、农药、农膜减量化以及畜禽养殖废弃物资源化和无害化。完善农作物秸秆综合利用制度。采取财政和村集体补贴、住户付费、社会资本参与的投入运营机制，加强农村污水和垃圾处理等环保设施建设。采取政府购买服务等多种扶持措施，培育发展各种形式的农业面源污染治理、农村污水垃圾处理市场主体。

近年来，环境保护部采取了一系列措施积极推进农村环保工作。会同农业部起草并推动国务院颁布实施《畜禽规模养殖污染防治条例》，促进畜禽粪便等农村废弃物综合利用；中央财政累计安排专项资金315亿元，支持全国7.8万个建制村庄开展农村环境综合整治，建设垃圾处理设施450万个，畜禽养殖污染防治设施14万套，受益人数达1.4亿人。但是，从

全国60多万个建制村总体情况来看，当前我国农村环境问题相当严峻，环境保护任务相当艰巨。

农村污染来源复杂多样，既有农村生产生活自身污染，又有城市污染转嫁，呈现点源与面源共存、工业与农业叠加、新旧污染交织的态势，“垃圾围村”、污水横流、企业乱建乱排等现象在不少地方相当突出。目前，我国大多数村庄缺乏环保基础设施，全国村庄生活垃圾处理率约60%，生活污水处理的行政村比例仅为18%，远远低于97.3%的城市生活垃圾处置率和91.9%的生活污水处理率。我国仍有40%的畜禽养殖废弃物未得到资源化利用或无害化处理，每年有约2亿吨秸秆被露天焚烧或抛弃在河道坑塘。

农村农业面源对水体的污染，已由过去的次要矛盾逐步上升为主要矛盾，氮、磷等营养物质已成为我国河湖、近岸海域的首要污染物。农村饮用水安全问题、农药化肥不合理施用导致的污染等问题突出。与此同时，我国农村环保监管能力相当薄弱，约90%的乡镇没有专门的环保工作机构和人员，缺乏必要的设备装备和能力。农村环保标准规范体系尚不健全，农村环境监测尚未全面开展等，因此，农村环境问题已经成为建成小康社会的短板，全面加强农村环境保护工作迫在眉睫。

二、今后一个时期农村环境保护的主要任务

总体指导思想是，认真贯彻《生态文明体制改革总体方案》精神，落实《水污染防治行动计划》关于农村环境保护的决策部署，探索建立以“用”为核心，“治、用、保”有机结合的农村环保综合治理体系，着力解决群众反映强烈的农村突出环境问题，改善农村人居环境，促进水环境质量改善，建立健全农村环保体制机制，促进农村经济社会与环境保护协调发展，提升农村生态文明建设水平。主要包括六个方面：

一是大力推进农村环境综合整治。根据《水十条》要求，到2020年全国新增完成环境综合整治的建制村13万个，国家正在编制《农村环境

综合整治“十三五”规划》予以细化。各地按照环保部与财政部联合下发的《关于加强“以奖促治”农村环境基础设施运行管理的意见》，在中央资金引导下，按照“渠道不乱、用途不变、统筹安排、形成合力”的原则，整合相关涉农资金，集中投向农村环境整治领域，确保设施“建成一个、运行一个、见效一个”，加快提高农村垃圾污水处理率。

二是加强畜禽养殖污染防治工作。切实推动落实国务院印发的《畜禽规模养殖污染防治条例》的各项措施，推动畜禽养殖污染问题逐步解决，保障农业可持续发展。科学划定畜禽养殖禁养区，按照近期下发的《畜禽养殖禁养区划定技术指南》对划定工作进行优化和提升。2017 年全国依法关闭或搬迁禁养区内的畜禽养殖场（小区），落实环保部与农业部联合印发的《关于进一步加强畜禽养殖污染防治工作的通知》，全面摸清综合利用和污染防治状况，推进畜禽养殖废弃物资源化利用。

三是控制农药化肥施用。推进农药减量控害与化肥减量增效。到 2020 年，测土配方施肥技术推广覆盖率达到 90%以上，化肥利用率提高到 40%以上，农作物病虫害统防统治覆盖率达到 40%以上。推进农作物秸秆和废弃农膜综合利用。继续开展有机食品基地建设，在引导和推动地方农业生产方式转变、让农民从保护环境中受益方面起到了积极的示范和引导作用。

四是加大农村饮用水水源地保护力度。落实《关于加强农村饮用水水源保护工作的指导意见》，分类进行水源保护区或保护范围划定工作，组织开展饮水水源地状况评估，督促指导各地加快饮用水水源保护区或保护范围划定工作，加强农村饮用水水源规范化建设，取缔保护区内的排污口等违法设施，配合相关部门做好“十三五”农村饮用水安全巩固提升工程。

五是强化农村地区工业污染防治。推动农村工业企业园区，实行污染物集中处理，组织各地开展专项检查和集中整治，重点检查“十小”企业取缔情况等，实施工业污染源全面达标排放计划，严厉惩处超标排放企业，加强联防联控，依法打击工业固体废物和危险废物违法跨区转移。

六是推动建立农村环保市场化体制机制。按照环保部、农业部、住建部联合印发的《培育发展农业面源污染治理、农村污水垃圾处理市场主体方案》要求，落实农业农村环境治理责任，落实市场主体环境治理责任，创新农业农村环境治理模式，鼓励开展区域环境综合服务，规范农业农村环境治理市场，营造公平公正市场环境，加大对市场主体扶持力度，制定土地、电价等优惠政策，创新绿色金融产品与服务等。

李金明同志在绿色家园·美丽乡村论坛上的致辞

第十一届全国政协人口资源环境委员会副主任
浙江省政协原主席
中国生态文明研究与促进会顾问
李金明

生态文明是关系人民福祉、关乎民族未来的大计，是实现中华民族伟大复兴的重要内容。美丽乡村承载了亿万农民的美好梦想，美丽乡村建设是新型城镇化的基础，是小康社会的形象化愿景的表达，是生态文明建设的重要载体。党的十八大以来，习近平总书记针对美丽乡村建设，提出了一系列新思想、新观点、新要求，强调中国要美，农村必须美，美丽中国要靠美丽乡村打基础。在刚刚召开的全国生态文明建设工作推进会上，中央政治局常委、国务院副总理张高丽传达了习近平总书记的重要指示和李克强总理的批示精神，进一步部署推进全国生态文明建设工作，他强调，“要大力推进绿色城镇化和美丽乡村建设”。

下面，结合实际，我就推进美丽乡村生态文明建设谈几点建议：

一是树立“绿水青山就是金山银山”的发展意识。“绿水青山就是金山银山”辩证地阐明了生态环境与经济发展的关系，从生产和消费、供给和需求两端丰富了发展理念、拓宽了发展内涵，对提高发展质量和效益、促进经济持续健康发展具有重大理论意义和现实意义。“绿水青山就是金山银山”是发展理念、发展模式和生活方式的根本转变，是全方位、系统性的绿色革命，也是执政理念和方式的深刻变革。树立“绿水青山就是金山银山”的强烈意识，要坚持绿色发展理念，尊重自然、顺应自然、保护自然，要树立发展和保护相统一的理念、空间均衡布局的理念、山水林田湖是一个生命共同体等科学理念。增强“绿水青山就是金山银山”的发展意识，不仅要融入各级领导干部政绩观的转变上，更要落实到各行各业工作转型升级中，还要贯彻到每个公民的行为范式中。

二是创新绿色发展机制。要加快建立系统完整的生态文明制度体系，用制度保护生态环境。要引导、规范和约束各类开发、利用、保护自然资源的行为；要强调党政领导同责、终身追责、双重追责，要建立健全用能权、用水权、排污权、碳排放权初始分配制度等；要建立体现生态文明要求的目标体系、政策制度、考核办法、奖惩制度，形成长效推进机制，在制度、体制和政策导向上为美丽乡村绿色发展、生态文明建设提供支持。

三是统筹空间发展规划。结合绿色城镇化发展规划，按照保护优先、控管结合、可操作性、强制性原则，划定生态红线，构建合理的生态空间格局，确保具有重要生态功能的区域、重要生态系统以及主要物种得到有效保护，提高生态产品供给能力，为区域生态保护与建设、自然资源有序开发和产业合理布局提供重要支撑。对生态红线区域实行分区管理，分别对自然保护区、饮用水水源地、生态公益林、国家风景名胜区的保护与管理严格制定和执行生态红线管制措施。要重视农村乡土文化保护和传承，实施生态乡镇和风情小镇特色社区培育工程。积极推进环境、空间、产业和生态文明相互支撑、城乡一体的有机连接。

四着力优化产业结构。高效的生态经济体系是生态文明建设的必然要求，要着力建设绿色经济、循环经济和低碳经济体系，促进产业结构调整，积极寻求低能耗、低排放、低污染、高效益的产业发展模式，大力发展清洁生产。依托山水资源，因地制宜发展现代高效生态农业，加快规模化、集约化、标准化、产业化和生态化步伐；依托自身资源禀赋和科技创新，打造典型生态工业园区，发展生态工业产业链和生态产品，推进再生资源、再制造产业发展；依托生态、民俗资源，开展特色村镇品牌建设，大力发展生态旅游。

五是大力解决生态环境方面存在的突出问题。良好的生态环境是美丽乡村建设的根本要求，乡村发展不能以牺牲环境为代价。当前污染由城市向农村转移，农村生态环境状况恶化的趋势没有从根本上扭转，生态破坏、恶臭水体、面源污染、生活垃圾等环境问题没有有效解决，甚至影响到群众的生产、生活和身心健康。要加大乡村环境综合治理力度，围绕改善环境质量，坚持治水、治气、治山、治土齐抓共管，加大环境执法力度，切实加强农村黑臭水体、生活垃圾、面源污染、生态破坏等突出问题的综合治理。大力引进先进技术，加强科技创新，提高乡村污染防治水平，推动乡村走上生产发展、生活富裕、生态良好的文明发展之路。同时，从公众意识、环境科学、生态技术等方面积极推动能源和资源的高效和可持续的利用，不断提高公民的生态文明责任意识和行动意识。

农村环境保护形势与任务

环境保护部环境规划院院长、研究员　　洪亚雄

一、农村环境保护形势：特点和重要性

农村环境污染特点

繁　杂：农村环境保护涉及面广，城市里出现的环境问题，农村基本都存在；城市里没有的环境问题，如农药、化肥、养殖、秸秆焚烧等，农村也有。

分　散：农村地域广阔，经济发展水平差异大，环境问题多样，应对方式难以整齐划一，不像城市环境管理相对比较集中。

无　序：农民群众思想认识水平参差不齐，用适用于城市的法律手段、行政手段管理农村环境问题收效不高。

薄　弱：农村环境基础设施建设滞后，环境监测、执法等监管能力薄弱。

一、农村环境保护形势：特点和重要性

党和国家领导人多次作出重要指示批示

习近平总书记强调，中国要美、农村必须美，美丽中国要靠美丽乡村打基础，要继续推进社会主义新农村建设，为农民建设幸福家园。搞新农村建设要注意生态环境保护，因地制宜搞好农村人居环境综合整治。农业发展不仅要杜绝生态环境欠账，而且要逐步还旧账，要打好农业面源污染治理攻坚战。

李克强总理2008年提出实施农村环保“以奖促治”政策以来，先后作出20多次批示，要求继续加大政策措施力度，每年都应有一批群众看得见、摸得着、能受益的成果。

一、农村环境保护形势：特点和重要性

国家出台的一系列重要文件均提出明确要求

《关于加快推进生态文明建设的意见》明确，要支持农村环境集中连片整治，开展农村垃圾专项治理，加大农村污水处理力度，加强农业面源污染防治。

《生态文明体制改革总体方案》指出，要坚持城乡环境治理体系统一，加大生态环境保护工作对农村地区的覆盖，建立健全农村环境治理体制机制，加大对农村污染防治设施建设和资金投入力度。

《国民经济和社会发展第十三个五年规划纲要》提出，实施农村生活垃圾治理专项行动，实施农业废弃物资源化利用示范工程，建设污水垃圾收集处理设施，实现90%的行政村生活垃圾得到治理。

《水污染防治行动计划》提出，到2020年，新增完成环境综合整治的建制村13万个。

一、农村环境保护形势：特点和重要性

充分认识农村环保长期性、艰巨性、复杂性

全面建成小康社会，**环境是短板，农村环保是短板中的短板**。目前，我国化肥利用率、农药利用率、畜禽粪污有效处理率分别为33%、35%和42%。已开展生活污水、垃圾处理的村庄比例仅占10%、36%，大大低于城镇生活污水、垃圾处理率。**粮食生产和畜牧业发展**对农村环境压力较大。

	粮食产量/万吨	化肥施用量/万吨	肉类产量/万吨	肉猪出栏数/万头
1990年	43500	2607	2504	31000
2014年	60710	5996	8707	73510
增长率	40%	130%	248%	137%

一、农村环境保护形势：工作进展情况

1. 部分地区农村环保基础设施得到完善，农村环境面貌得到改善

截至2014年年底，已建成生活污水处理设施**24.8万套**，生活垃圾收集、转运、处理设施**450多万个（辆）**，畜禽养殖污染治理设施**14万套**。生活污水、生活垃圾、畜禽粪便年处理量分别达**7亿吨、2770多万吨和3000多万吨**。整治后的村庄环境“脏乱差”问题得到有效解决，环境面貌焕然一新。同时，各地设置饮用水水源防护设施**3800多公里**，拆除饮用水水源地排污口**3400多处**，饮用水水源安全保障得到提高。

一、农村环境保护形势：工作进展情况

2. 建立一批适用于农村的污染治理模式

农村生活污水处理三种模式：一是纳入城镇处理系统。在城镇周边的村镇，通过建设污水管网将农村生活污水接入城镇污水处理厂进行处理。二是集中处理。在人口密集、离城镇污水处理厂较远的村庄，建设集中式污水处理设施。三是分散处理。在居住分散、地形复杂或地广人稀的村镇，对单户或多户污水进行就地收集、分散处理。

农村生活垃圾处理两种模式：一是“村收集、乡镇转运、县市处理”处理体系。二是偏远地区采取就地分拣、资源化利用模式。

农村污染治理技术模式地方实践案例

投运时间：2014年；
处理规模：25吨/天；
服务人口：48户；
工程投资：工程造价0.27万元/吨；
运行费用：0.5万元/年（含人工费0.36万元/年）；
处理工艺：化粪池预处理与多级生物湿地联合处理工艺；
处理效果：达到《城镇污水处理厂污染物排放标准》（GB18918－2002）中的一级B标准。

分散式污水处理设施
——湖南省长沙县葛家山村多级生态湿地处理技术

农村污染治理技术模式地方实践案例

投运时间：2012年5月；
处理规模：300吨/天；
服务人口：500多户，2200多人；
工程投资：主体工程105万元，工程造价0.35万元/吨；
运行成本：0.4元/吨；
处理工艺：A/O与人工湿地联合处理工艺；
出水水质：达到国家《城镇污水处理厂污染物排放标准》（GB18918-2002）中的一级B标准。

集中式污水处理模式
——江苏省扬州市黄思社区A/O+人工湿地生活污水处理工程

农村污染治理技术模式地方实践案例

- 五个“一点”减量法：将垃圾分为可回收垃圾、厨余垃圾、可焚烧垃圾、可填埋垃圾、有毒有害垃圾五类，通过“卖一点、沤一点、烧一点、埋一点、收一点”实行农村垃圾分类收集、利用和处置。
- 农户初次分类和环卫工人包片二次分类。
- 实行垃圾处理适当收费，用于环保员工资。

乔口镇柳林江村垃圾分拣中心

农村生活垃圾分类
—— 湖南省长沙市望城区乔口镇“五个一点”生活垃圾分类处理模式

农村污染治理技术模式地方实践案例

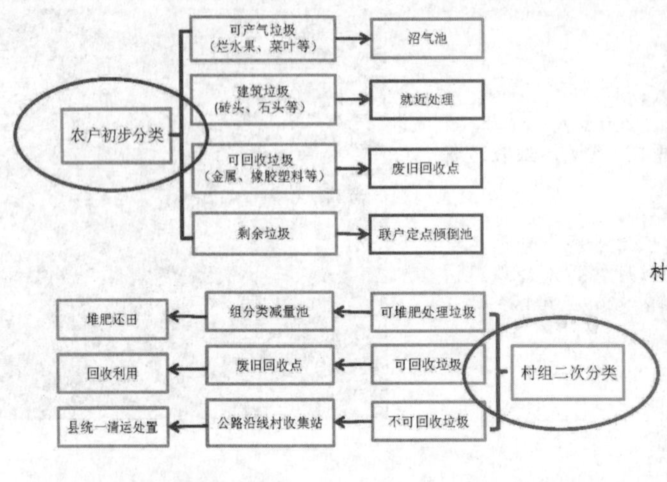

村收集站（将垃圾二次分类后压缩）

垃圾分类减量池（农户初步分类）

农村生活垃圾处理

——四川省丹棱县“二次减量”垃圾处理模式

农村污染治理技术模式地方实践案例

2011年盐都区建成农村生活垃圾处理集中调度中心，建成一套农村环境“五位一体”信息管理系统，包括中转站垃圾告警系统、转运车辆调度系统、中转站视频监管系统、垃圾量监管系统、运行考核系统。日转运生活垃圾300多吨。

盐都区20个镇(区、街道)253个村民（居民）委员会全部建立起“组保洁、村收集、镇集中、区转运处理”的运作模式，全部实现信息化、数字化、网络化管理。

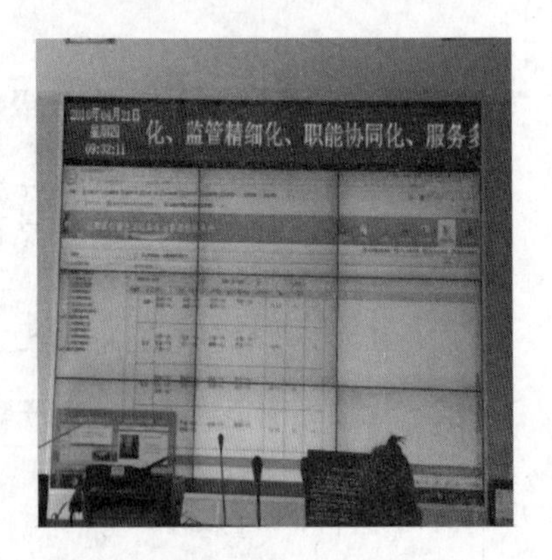

盐都区农村生活垃圾处理集中调度中心

农村生活垃圾收集处理

—— 江苏省盐城市盐都区农村垃圾治理“五位一体”信息管理系统

一、农村环境保护形势：工作进展情况

3. 逐步建立健全农村环保设施运行长效机制

2015年7月，环境保护部、财政部印发《关于加强“以奖促治”农村环境基础设施运行管理的意见》，要求明确设施管理主体、建立运行资金保障机制、加强管护队伍建设、强化监督管理，确保设施“建成一个、运行一个、见效一个”。

环境保护部
财政部
文件

环发〔2015〕85号

关于加强“以奖促治”农村环境基础设施运行管理的意见

各省、自治区、直辖市环境保护厅（局）、财政厅（局），计划单列市环境保护局、财政局，新疆生产建设兵团环境保护局、财务局：

近年来，各地大力实施“以奖促治”政策，扎实开展农村环境综合整治，建成了一大批生活污水、垃圾处理等农村环境基础设施（以下简称设施），农村环境面貌得到改善，取得了明显成效。各地普遍反映，“以奖促治”是一项顺民意、解民忧、惠民生的好政策。但是，部分设施建成后，存在责任主体不明确、运行维护资金不落实、管护人员不足、规章制度不健全等问题，一些设施不能正常运行，影响“以奖促治”政策实施成效。为确保设施长期稳定运行，解

— 1 —

一、农村环境保护形势：工作进展情况

4. 农村环保工作机制趋于完善

一是各地党委、政府把农村环保工作摆上重要议事日程，建章立制，加强目标责任考核。江苏、湖北、天津、黑龙江、云南等地建立联席会议、领导约谈、定期巡查通报等制度。广西建立调度反馈、定期督查、通报预警和领导约谈等相结合“五制一体”工作机制。

二是加强农村环保机构和队伍建设，2015年年底前，河北、辽宁、四川、重庆、甘肃、宁夏6个省（区、市）环保厅局专设了农村处。重庆市、成都市所有乡镇都设立了环保机构。

三是整合涉农资金，在中央环保专项资金撬动下，地方按照“渠道不乱、用途不变、统筹安排、形成合力”的原则，带动涉农资金集中投向整治区域。

一、农村环境保护形势：工作进展情况

5. 农村环保宣传培训广泛开展

推动环境监测、监查、宣传“三下乡”，努力提高农村环境公共服务水平。开展全国农村环境质量监测试点，环境执法逐步从城市向农村拓展，农村环保宣传力度不断加大。

环境保护部累计举办14期全国乡镇领导干部农村环保培训班，参加培训的学员超过1400人，提高了基层工作人员农村管理和项目实施的能力。

一、农村环境保护形势：存在问题

1. 认识依然不到位

部分地方政府对于农村环境问题缺乏清晰认识，投入不够，管理不到位，“等、靠、要”思想比较突出。

2. 资金投入依然不足

农村环境治理投入机制尚未建立，如何解决好投入问题、培育发展市场主体仍然是个难题。目前，已整治的行政村仅占我国行政村总数的13%，现有资金投入与需求差距较大。

3. 监管能力依然薄弱

农村生活污水、生活垃圾产生量和处理量，以及处理设施建设和运行维护情况等缺乏全面准确的调查统计数据，农业面源污染底数依然不清。地方乡镇环保机构和队伍建设刚刚起步，监管人员技术力量还很薄弱。

一、农村环境保护形势：存在问题

4. 管理机制依然处于探索阶段

有效的农村环保基础设施长效运行机制仍在探索，管理主体不明确、运行经费无保障、专业管理人员欠缺问题仍较为普遍，导致一些设施运行不正常。全面开展畜禽养殖禁养区划定工作的省市较少，农业面源污染监管不到位。

5. 政策体系依然不健全

缺乏畜禽粪便综合利用、有机食品基地建设等奖励扶持政策，促进水环境质量改善的畜禽养殖污染治理效果评估机制尚未建立。现阶段未能将畜禽养殖、有机食品基地建设等"种养结合"统筹兼顾。

二、农村环境保护任务：总体思路

◆以改善**水环境质量**为核心，**确保到2020年新增完成环境综合整治建制村13万个（完成《水十条》目标）。**

◆探索建立以**"用"**为核心，**"治、用、保"有机结合**的农村环保综合治理体系。

◆以**"好水"和"差水"周边村庄为整治重点**，着力解决社会关注度高、群众反映强烈的突出环境问题。

◆推进农村环境管理**系统化、科学化、法治化、精细化、信息化**水平，让人民群众有更多的获得感。

二、农村环境保护任务：把握原则

一是优先解决农民群众最关心的突出环境问题

农村环境基础弱、欠账多，问题点多面广，必须统筹规划、突出重点。重点抓好三个领域，**一是农村饮用水水源地保护，二是农村生活污水和垃圾处理，三是畜禽养殖污染防治**，努力解决这三个最突出问题，使更多农民群众看到变化、得到实惠。

二是因地制宜开展农村环境保护工作

我国农村地域广阔，各地自然禀赋差异非常大，各地的环境状况、经济水平、工作基础都有很大不同，不能“一刀切”。农村环境综合整治必须从农村实际出发、因地制宜，采取针对性措施，集中与分散相结合。

二、农村环境保护任务：把握原则

三是推进体制机制改革创新

做好农村环境保护，不能简单复制城市与工业污染防治的做法，要实事求是，不断在实践中总结经验、解决问题。特别是在体制机制建设上，不断创新，切实建立起长效机制。

四是广泛动员社会各界参与

改变我国农村落后生产生活方式，推动农村环境综合整治，既是大事也是难事，需要依靠社会各界形成合力。在政府主导的基础上，注重发挥农民群众的主体作用，引导社会力量广泛参与。

二、农村环境保护任务：重点工作

一是明确“十三五”农村环境综合整治重点

突出重点整治区域

以《水十条》确定的“好水”和“差水”周边村庄为重点。“好水”周边村庄包括：南水北调水源地及输水沿线以及其他重要饮用水水源地周边的村庄；“差水”周边村庄包括：不达标水体控制单元汇水区内的村庄。**京津冀、长江经济带**“好水”和“差水”周边村庄的环境整治要优先开展。

突出重点治理内容

以“好水”和“差水”周边村庄的**生活污水、生活垃圾、畜禽养殖污染**为重点整治内容，促进水质改善。

二、农村环境保护任务：重点工作

二是整省、整市、整县推进整治工作

为提高农村环境综合整治针对性和实效性，避免“撒胡椒面”，各地应以县（市、区）为单元，整县推进农村环境综合整治，鼓励在县级层面统一招投标，确定项目设计单位、施工单位和监理单位。

选择积极性高、工作基础好、能确保设施长效运行的省份开展拉网式全覆盖农村环境综合整治。

二、农村环境保护任务：重点工作

三是建立农村环保技术指导和服务体系

一些地方在项目技术选取时，未严格按照技术参数进行项目设计和建设，过于追求技术多样化，甚至一个村庄选取多种技术，“多而杂，散而乱”，不便于设施的统一运行维护、监督检查。在选取农村环保实用技术时，既考虑建设成本，更要考虑运行维护成本。

加大成熟技术模式和成功经验推广力度，印发推荐技术名录，推动各省、地市建立技术服务队伍，提升农村环境综合整治项目实施水平。

二、农村环境保护任务：重点工作

四是建立污染治理设施长效运行机制

污染治理设施**“三分在建，七分在管”**，前期建设是基础，后期管理是关键。落实环保部、财政部《关于加强“以奖促治”农村环境基础设施运行管理的意见》，明确设施管理责任主体、建立资金保障机制、加强管护队伍建设、建立监督管理机制。**确保设施“建成一个、运行一个、见效一个”。**

县级政府在申报中央农村环保资金时，明确**环保设施运行维护资金来源，运行维护资金无保障的，不安排项目。**

二、农村环境保护任务：重点工作

五是大力推行农业“种养结合”模式

推动各级地方政府出台有利于有机肥生产和使用的扶持政策，开展秸秆、废弃农膜、养殖废弃物等资源化利用。

建立畜禽粪便综合利用试点县，整县推进畜禽粪便就地就近利用。推进有机食品基地建设，在生态良好的湖库区域，推动实施“环水有机农业行动计划”，建设一批国家农业种养结合示范县。

二、农村环境保护任务：重点工作

六是开展农村环保体制机制创新试点工作

“十三五”时期，选择部分县（市、区）开展试点，建立健全农村环境治理体制机制，重点研究建立县域统一建设运营、PPP、第三方治理等农村环保投融资机制，完善农村环保设施长效运行模式，培育发展农村环境治理市场主体。

安吉县“中国美丽乡村”建设基本做法与思考

浙江省安吉县人民政府副县长　陈　瑶

首先向大家简要介绍一下安吉的基本县情。安吉县位于浙江省西北部，县域面积1886平方公里，常住人口46万，基本县情可以用五个“地”来概括：

（一）安吉是长三角经济圈的中心地。安吉地处长三角的几何中心，是距离上海、杭州、苏州、南京等城市最近的山区县。在交通体系上，已初步形成了“水陆空”三位一体的大交通格局。

（二）安吉是多元文化的交融地。安吉是古越国的重要活动地和秦三十六郡古鄣郡郡址所在地，县名取《诗经》“安且吉兮”之意，历来是平安吉祥之地，“安居乐业”的环境吸引了大批移民迁往安吉，使各种地域文化在安吉相互交融，并形成了开放包容的文化传统。

（三）安吉是“绿水青山就是金山银山”重要思想的诞生地。2005年8月15日，时任浙江省委书记习近平在安吉余村调研时首次发表“绿水青山就是金山银山”。十年来，安吉县在“绿水青山就是金山银山”重要思想的指引下，积极探索生态文明建设之路，先后获得全国首个生态县、首批生态文明建设试点县和国家可持续发展实验区。2012年9月，安吉荣膺联合国人居奖。

（四）安吉是中国美丽乡村的发源地。自2008年起，安吉县提出以“村村优美、家家创业、处处和谐、人人幸福”为目标，率先实施“中国美丽乡村创建”工程，目前共有15个乡镇（街道）、179个行政村开展了创建，建设覆盖面达95.7%。

（五）安吉是生态经济的先行地。近年来，安吉依托良好的生态环境和区位优势，全力做大“生态+”文章。我们积极探索农旅结合、文旅结合模式，着力推动产业融合发展，安吉县的休闲旅游产业于 2013 年迈入了旅游人次超千万、旅游收入过百亿元的“千百时代”。

下面，我从三个方面就安吉县的“中国美丽乡村”建设进行汇报：一是“中国美丽乡村”提出的背景；二是“中国美丽乡村”建设的基本做法；三是“中国美丽乡村”建设取得的初步成效及创建体会。

一、“中国美丽乡村”建设提出的背景

之所以会提出“中国美丽乡村”概念，主要是基于以下两方面考虑。

（一）基于有良好的发展机遇。一是因为中央新农村建设的决策部署。党的十七大报告指出，要统筹城乡发展，推进社会主义新农村建设。新农村建设是促进生产发展、生活宽裕、村容整洁、乡风文明、管理民主的系统工程，对于安吉进一步加快城乡融合发展是一个非常好的机会。在这样的机遇面前，我们就提出了“中国美丽乡村”建设行动。二是因为国家惠农支农政策的逐年加大。省市也相继在农村基础设施改善、公共服务覆盖、产业发展壮大、农民素质提升等多方面配套出台了各项优惠政策。因此，我们就想创设一个“三农”方面的工作载体，来抢抓政策机遇、争取政策支持。三是因为安吉是首批全国生态文明建设试点。生态文明建设没有现成经验可以借鉴。怎么让生态文明与新农村建设融合发展，是我们一直思考的命题。因此，我们提出“中国美丽乡村”建设，将生态文明的理念落实到新农村建设过程之中，打造以生态文明为内涵的新农村，继续保持生态建设走在全省乃至全国前列，既是上级的要求，也是现实的需要，更是应尽的责任。

（二）基于有独特的基础条件。一是城乡均衡发展，潜力在农村。安吉依托区位优势和生态特色，早期便推进了村庄环境整治等工作，农村经济发展、生态建设和社会管理等方面都取得了明显成效，农民相对较富、农村环境优美、农业设施完善，完全有可能在更大范围、更高层次、更广

领域内建成“中国美丽乡村”。二是产业协调发展，特色在三产。目前，安吉的农业产业发展已经转向休闲农业和乡村旅游，成为全国的示范；旅游产业已经从风景观光转向休闲体验，成为长三角旅游的目的地和集散地。三是功能定位独特，优势在生态。安吉在长三角地区及杭州都市经济圈的特殊区位和自然禀赋，决定了安吉的功能定位为生态屏障和水源涵养，中国美丽乡村建设正是着眼于差异化的功能定位。

因此，安吉从2008年开始，启动的“中国美丽乡村”建设是按照中央和省、市委关于社会主义新农村建设、生态文明建设和科学发展观的要求，因地制宜开展的一项系统工程。

二、“中国美丽乡村”建设的基本做法

八年来，我们按照“立足县域抓提升、着眼全省建试点、面向全国做示范”的基本定位，创新实施规划、建设、管理、经营“四位一体”模式，扎实推进“中国美丽乡村”建设。

（一）坚持规划引领，解决美丽乡村建什么的问题。坚持“不规划不设计，不设计不施工”的创建原则，始终把高标准、全覆盖的建设理念融入规划中，用规划设计提升建设水平，用规划引领城乡建设品质。把全县作为一个大乡村、大景区来规划建设管理和经营，注重与县域经济发展总体规划、生态文明建设规划、新农村示范区建设规划、乡（镇）村发展规划等相对接，先后编制《安吉县新农村示范区建设规划纲要》《安吉县“美丽乡村”建设总体规划》《安吉乡村风貌特色营造技术导则》《安吉县休闲农业与乡村旅游总体规划》等一系列县域空间规划和产业布局规划。同时明确四项目标，即村村优美、家家创业、处处和谐、人人幸福，这四项目标既是工作目标，也是考核指标，我们以此为大类细化了36项考核指标。我们将全县188个行政村按照宜工则工、宜农则农、宜游则游、宜居则居、宜文则文的发展功能，划分为40个工业特色村、99个高效农业村、20个休闲产业村、11个综合发展村和18个城市化建设村。

（二）实施梯度创建，解决美丽乡村怎么建的问题。坚持全面覆盖、分步实施，努力使每个村庄的生产生活条件都得到改善，力求以最少的投入、最短的时间，取得最大的效果。一是抓外在有形环境的提升，巩固扩大成果，综合改善质量，全面提高品位。大力推进县域范围的环境综合治理，实现乡村变新样、环境再提升。二是抓内在经济实力的提升，扶持优势产业，壮大集体经济，积极培育产业大村、经济强村。三是抓潜在文明素养的提升，培养有技术专长、有创业激情、有文化素养、有宽广胸襟、有文明气息的现代品质农民。四是健全农村公共服务体系，繁荣农村社会事业，重点推动城镇基础设施向农村延伸，公共服务向农村倾斜，社会保障向农村覆盖。通过实施这四项工程，实现人居环境和自然生态、产业发展和农民增收、社会保障和社区服务、农民素质和精神文明的全面提升。我们坚持先易后难原则。结合各村在自然禀赋、区位条件、经济实力、生活习惯等不同层面的差异性，将创建单位分为指令性和自主申报性创建两大类，从山区农村先行试点，逐步向平原、丘陵地区农村延伸，由中心村创建向规划保留自然村创建延伸，最终实现全覆盖。

（三）推进长效管理，解决美丽乡村成果怎么保持的问题。俗话说“三分建，七分管”。美丽乡村创建以后，村庄面貌焕然一新，良好的卫生环境如何保持，良好的公共设施如何维护，成了我们美丽乡村创建的重要课题。健全规章制度，出台了《安吉县中国美丽乡村长效管理暂行办法》，从工作机制、经费保障、监督考核各个方面建立起一个统一的运作机制和工作标准。建立美丽乡村摘牌和复评制度，取消美丽乡村终身制。由县农办、交通局、环保局等 7 家考核成员单位抽调专业人员组成检查考核小组，建立月检查、月巡视、月轮换、月通报和年考核机制，实行分片督查，开展日常监管和考核。并加大考核激励，引入淘汰机制，对长效管理实绩考核不好的，分别给予黄牌警告、降级、摘牌处理。

（四）探索村庄经营，解决美丽乡村成果怎么转化的问题。如何通过美丽乡村使村集体增收、使村民致富，是保持新农村可持续发展的唯一途径，也是我们一开始在规划、建设美丽乡村之时，就一直在思考的问题。近些年，我们主要尝试以发展乡村旅游为主载体，探索美丽乡村由建设向经营的延伸。我们在美丽乡村建设时，把每个村庄作为一个景点来设计，将全县作为一个大景区来规划，注重统筹规划，提升全域品质，发挥整体效应，推动旅游产业向区域性一体化建设方向发展。同时，始终把引进和推动重大旅游项目建设作为首要任务来抓。大力培育一批乡村旅游示范村和乡村特色精品度假项目。14 个村创建为乡村旅游示范村，高家堂、尚书干、横山坞村创建成为 3A 级景区。在吸引大量游客的同时，大力发展农家餐饮和住宿，着重以“民宿”的理念，打造以老树林、帐篷客为代表的乡村特色精品度假项目，目前全县共有挂牌“农家乐”417 户，共有床位 1.5 万余张。2015 年，全县共吸引游客 1475.2 万人次，实现旅游收入 174.3 亿元。

（五）创新体制机制，解决美丽乡村活力怎么激发的问题。以“政府主导、农民主体、政策推动、机制创新”为原则，加大创建力量的整合，形成美丽乡村创建的强大保障。一是建立纵向到底的领导机制。实行县领导联系创建村制度，所有县四副班子领导与创建村结对指导。推行部门与乡镇、村结对帮扶。二是启动上下联动的共建机制。深入推进与国家部委、省有关厅局、高等院校和科研机构的专项合作，先后与民革中央、环保部、国家林业局、农业部、国家旅游局以及 20 多个省厅单位开展新农村合作共建，与复旦大学联合成立中国乡村发展研究中心。三是整合涉农惠农的政策机制。大力整合支农项目，把分散的政策扶持资金和项目优先安排于创建村、镇。由县农办、发改委、财政局、规划与建设局和审计局等五部门牵头，会同项目实施主管部门，对支农项目申报、立项、实施、考核验收、资金拨付全面审核把关，确保惠农项目、政策、资金的落实到位。四是落实分类定位激励为主的考评机制。根据功能定位，将乡镇划分工业经济、休闲经济和综合等三类，设置个性化指标进行考核。充分发挥公共财政杠杆作用，每年安排专项资金给予奖补。五是创新农村发展要素保障机制。加大农地、林地土地流转力度，建立了全县土地承包经营权流转管理服务中心，改革集体建设用地使用权取得和流转制度，建立健全收益分配机制。积极探索新农村建设投融资体系创新，建立中国美丽乡村建设发展总公司，设立县财政以奖励资金担保、县农商银行专项贷款。

三、“中国美丽乡村”建设取得的初步成效及创建体会

目前，美丽乡村创建已成为浙江的省级战略在全省推广，我县的美丽乡村标准也已在2014年成为浙江省标准的基础上，于2015年正式上升为国家标准。通过八年的美丽乡村创建，我们初步尝到了美丽乡村建设带来的实惠，主要体现在以下五个方面：

一是生态环境更美了。经过近些年的创建，覆盖面已达95.2%以上，可以毫不夸张地说，走进安吉就像到了一个巨大的生态公园，天美、山美、水美、田美、路美、镇美、村美、户美。

二是产业实力更强了。通过推进以美丽乡村为载体的新农村建设，安吉农村产业实现了“一产接二连三”的产业互动目标，培育发展了一批具有区域特色、竞争优势明显的特色产业。同时，随着美丽乡村的深化建设、生态环境的持续改善、“两山”影响的不断放大，吸引带动了以“四个一批”为标志的重大项目纷纷落地，进一步推动了“绿水青山”向“金山银山”加速转化。

三是农民生活更富了。2015年，全县农民人均可支配收入达到23610元，同比增长9.5%，高于浙江全省农民人均平均收入。安吉的农民富，不仅仅是经济上的富裕，更包含着精神上的富有。农民的文化生活不断丰富，社区服务不断健全。不出村、不出户，就能实现社会保障、农村数字影院、农业专家服务、气象信息服务、村级财务公开、视频监管等系统服务。

四是城乡更加和谐了。城乡统筹水平全国领先。以2015年为例，城乡居民收入比1.74∶1，明显低于全国的2.73∶1。

通过八年的中国美丽乡村建设的实践，我们也有一些体会：

（一）发展理念是基础。要真正建设好新农村，就必须要有一个极具可操作性的工作载体来推进。实践中，我们以思想的突破、意识的提升、理念的升华为基础，深入开展解放思想大讨论活动，并结合安吉自然禀赋、产业基础、发展实践，在更高起点、更高要求、更深层次上，将社会主义新农村建设与生态文明建设相结合。

（二）科学规划是前提。新农村建设，不是推倒重来、大拆大建、一味求新，而是因地制宜、科学规划、合理布局，才能使社会主义新农村建设真正成为统筹“三农”工作的重要抓手。

（三）合力落实是关键。有了好理念、好规划，还必须靠落实来推进，否则只是纸上谈兵、遥望蓝图。在建设实践中，我们创新整合各类资源，成立县委县政府督查办，对中国美丽乡村推进情况抓落实。同时，全县上下形成县委常委片区领衔、县领导包镇联村、部门捆绑共建、镇村第一责任、农民全体参与的建设落实工作体系。

（四）体制机制是保障。新农村建设是一项系统工程，需要我们在实践中不断创新发展举措、落实保障机制。我们把中国美丽乡村建设纳入部门、乡镇综合考核体系，形成考核激发创建活力；完善投融资体系，形成“财政资金以奖代补、民间资本（工商资本）广泛参与、信贷资金借力撬动”的投融资体系；建立农村卫生长效管理，加快城市物业管理向农村延伸，建立“户收、村集、乡镇中转、县统一处理”的城乡一体化垃圾处理系统；在全国率先建立村干部报酬县乡村统筹机制，加快形成城乡统筹基层组织建设新格局。

（五）经营活力是根本。新农村建设，最终落脚点是促进农村经济社会发展，实现农民生活富裕，达到农村可持续发展目的。我们在创建前期高度关注的问题就是明晰每个创建村的功能定位、产业布局和发展优势，强化差异化发展经营理念，通过各建设项目的实施将创建村作为经营实体来运作，既扩大影响又产生效益，促使“一村一品、一村一业、一村一景”

特色彰显，提升各村核心竞争力。

安吉以“中国美丽乡村”建设为抓手的新农村建设展尚属于初步阶段，以上一些理念还不够成熟，部分实践也处于摸索阶段，尤其是按照建设“美丽中国”的要求，在理念的创新和引领上需进一步加强，人才项目的引进和储备需进一步强化，创建成果的管理和经营需进一步提升，力争在今后的实践中进一步丰富完善，希望大家能对我县的“中国美丽乡村”建设多提宝贵意见，使我们能够进一步总结经验、拓展思路、创新举措，使我们的美丽乡村建设举措更实、效果更佳、影响更广。

全覆盖推进农村环境综合整治
保水质确保一库清水永续北送

十堰市环境保护局局长　　冯安龙

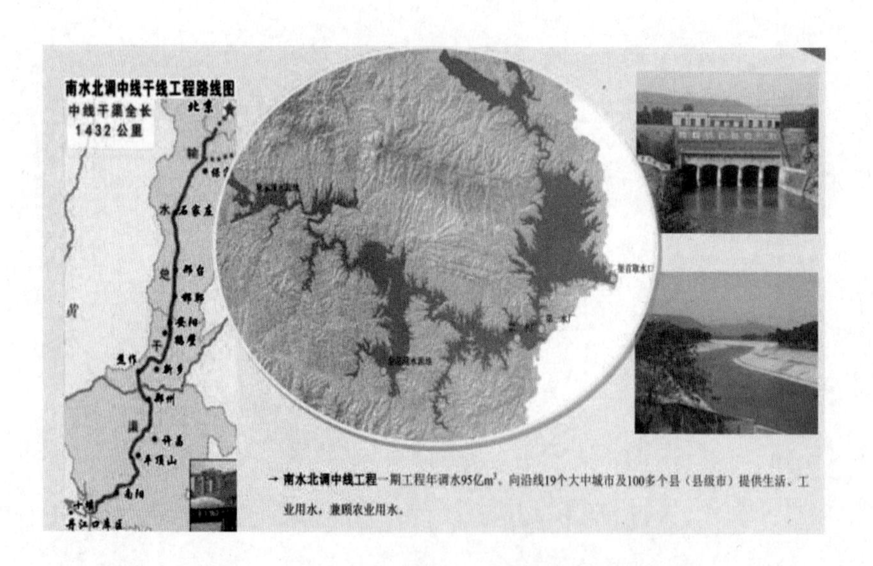

2014年12月12日14点32分，正式调水，两年来累计调水60亿立方米，北京、天津、河北、河南四省市沿线受益人口4700万。

2012—2016年十堰市共争取各类环保资金15.4727亿元。

年度	2012年	2013年	2014年	2015年	2016年	总计
资金/亿元	1.567	0.9482	1.1266	4.9972	6.8337	15.4727

第一，实现了农村环境综合整治全覆盖。

2015—2016年，中央农村环保专项资金**9.012**亿元整治**10**个县（市、区）**1291**个村，截至目前，共完成1516个村，占全市1857个村的比例达**82%**。

县市区	丹江口	郧阳	武当山	郧西	竹溪	茅箭	张湾	开发区	竹山	房县
总村数/个	194	339	31	339	309	36	68	5	246	305
已整治/个	47	-	1	-	40	14	26	4	57	23
任务数/个	147	339	30	339	135	22	42	1	107	129
覆盖面	100%	100%	100%	100%	57%	100%	100%	100%	67%	50%

两个重点 项目实施范围内的**1291**个村，总体要达到生活垃圾无害化处理率**≥80%**，生活污水处理率**≥70%**，

其中丹江口库区周边一公里范围内的**334**个村要实现垃圾全处理，污水全收集。

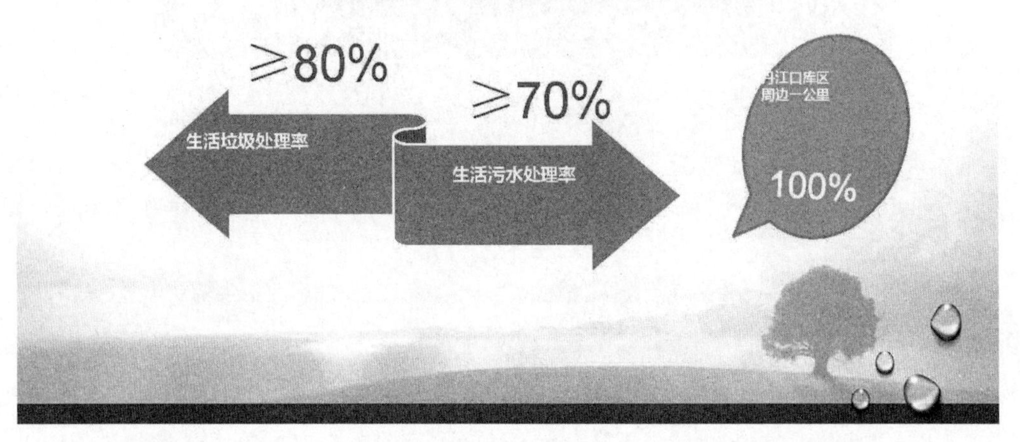

城乡统筹型村庄

垃圾清运特色型村庄

城市近郊型村庄

全市打造**9**个类型示范村

移民特色型村庄

饮水安全型村庄

畜禽养殖污染治理特色型村庄

观光旅游型村庄

生态休闲型村庄

污水处理特色型村庄

第二，污水处理工艺多元化，出水水质达到一级A。

AOBR污水处理工艺

小型人工快渗一体化污水处理设施

小型人工快渗一体化污水处理工艺

多层生物滤池污水处理工艺

稳定塘污水处理工艺

水肥一体化污水处理设施

水肥一体化预处理及潜流人工湿地

水肥一体化表流人工湿地

鄠阳区 樱桃沟村
有机废弃物循环利用站

微生物快速处理有机垃圾装备

第三，建立了长效运行机制和考核办法，确保农村环保基础设施长期稳定运行。

监管机构设置：

要求项目实施的所有乡镇必须成立环保工作站，
目前全市已成立了48个乡镇环保工作站。

生活污水处理：

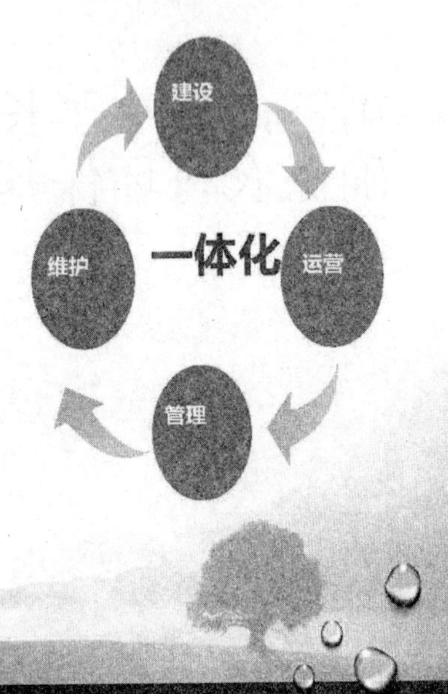

垃圾后期运行：

以县为单位招标一到两家物业公司；或者以乡镇为单位依托城管部门运营。

各县市区长效运行经费表(万元/年)

经费保障：

生活垃圾收集清运、生活污水处理费用纳入国家转移支付的生态补偿资金中列支。

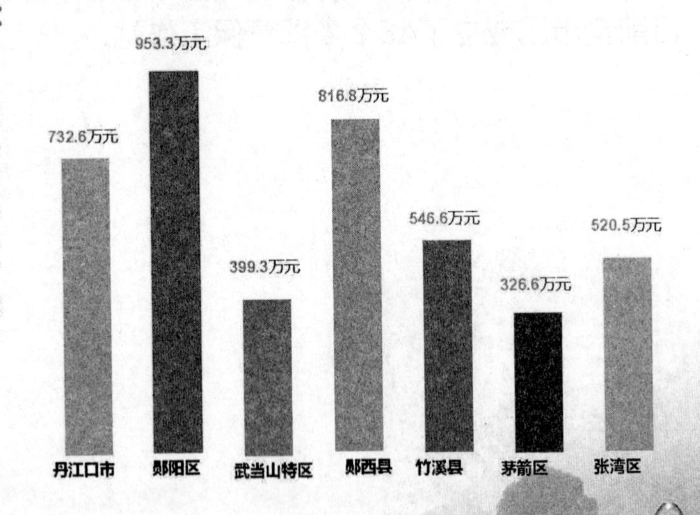

各县市区制定出台了农村生活垃圾和生活污水治理设施长效机制及考核办法

农村环境综合整治作为对相关县市区生态环保目标考核的主要内容之一；不能按期保质保量完成任务的，坚决实行环保**“一票否决”**。

第四，打造亮点推动农村生态文明示范创建。

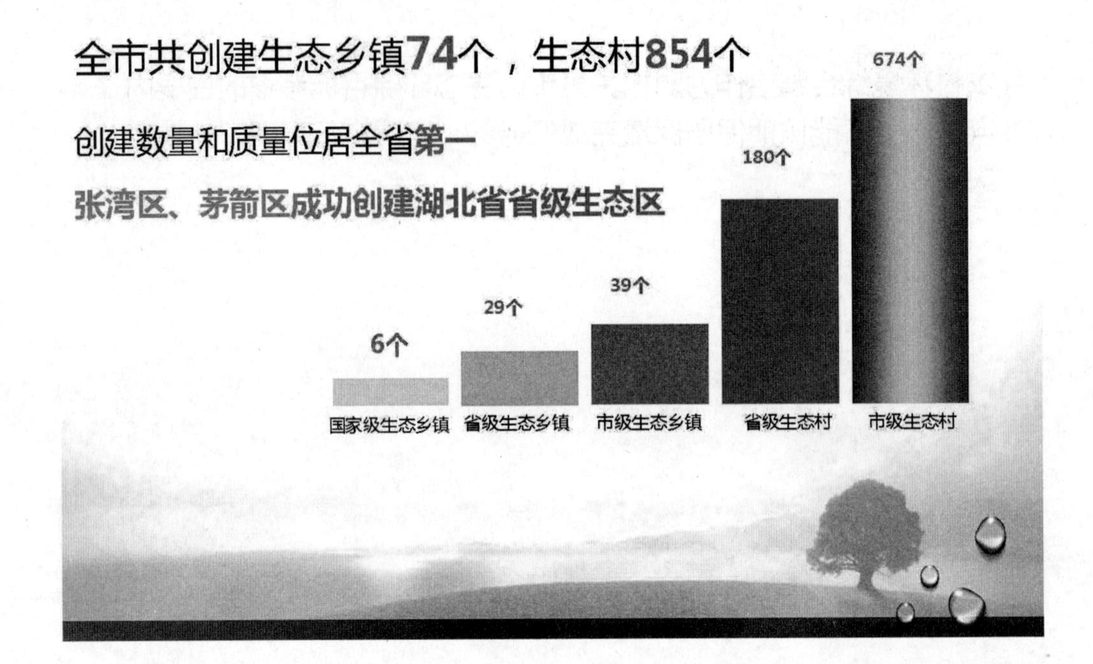
全市共创建生态乡镇74个，生态村854个
创建数量和质量位居全省第一
张湾区、茅箭区成功创建湖北省省级生态区
6个
29个
39个
180个
674个
国家级生态乡镇
省级生态乡镇
市级生态乡镇
省级生态村
市级生态村

农村生态型污水处理技术与创新模式

深圳市深港产学研环保工程技术股份有限公司
董事长、高级工程师　　　　杨小毛
中国生态文明研究与促进会理事

党的十八大《国家新型城镇化规划（2014—2020年）》以及《水污染防治行动计划》全面启动农村环境的整治工作。农村污水治理工作纳入了美丽乡村建设项目，并且是重要组成部分，我现在分三个部分把农村治理基础情况以及技术和模式和大家做一个分享。

农村污水处理的现状是排量大、数量多而且分散，污水处理设施经常受到冲击，污水管网覆盖率低。在长三角的江苏、浙江一带农村污水处理率比较高，其余地区基本上农村污水处理率不足30%。首先，农村污水难以评估污染物，其次处理的技术难度比较大，难以对农村污水进行有效的处理，最后运行管理难度大，一方面农村经济不发达，让农民来承担污水处理费不现实，另一方面农村没有专项人才，没钱没人，设施肯定是运行不下去的。这个现状对农村污水治理的要求就比较高，我们要事前规划城乡统筹、合理布局。另外要因地制宜选取处理工艺，处理工艺要低能耗、占地小、维护简单、运行成本低，这是基本要求。

农村污水处理机制是一个重大问题，要建立长效的投资运营机制，我们必须要发挥市场作用。没人没钱怎么发挥？这也是我们需要探讨的。目前对于农村污水治理的方式基本有几种：第一是生物处理工艺，这种工艺应用比较少，一般用于城乡接合部；第二是生态处理工艺，这个一般用于占地不受限制的地方；第三是生物生态处理相结合工艺，这个运用于敏感用地不是特别紧张的地区，这是农村污水处理的常用的方式。此外也有一些其他的一体化的设备。

结合我们的工艺和机制做的新模式，就是生态型污水处理技术——人工快渗系统模式，基本上达到了工艺的阶段，流程比较简单，第一是预处理单位，第二是人工快渗处理单位，第三是后期处理单位。主工艺是快渗，根据不同水质的要求采用不同预储的方式来构成完整的处理工艺。

系统的优点一是生态治水，二是建设成本比较低。另外环境管理要求比较低，基本上运行管理工作很少，主要是农民工进行一些简单的防晒就可以。三是抗冲击负荷能力强，使用寿命长。也可以冬天运行，保温很简单，做一个大棚就可以保温到 10℃以上，可以保证在北方地方系统的稳定性。另外一个就是不产生污泥和二次污染。单个系统的规模不是特别大，但是总处理量已经超过 100 万吨，应该说我们这个技术得到了很多认可，在重庆也纳入了排污污水处理技术。在河北主要是采用工程的措施，在北方地区也考虑了保温作用，采用了阳光屋的模式。

我们有一个人工快渗的工艺，就是把污水快渗系统融为一体化设备，采用太阳能在污染地域管理，采用“互联网+”的概念，我们就可以通过视频监督系统的运行，了解系统是否出现故障。一套设备 10 吨大约售价 10 万元，包含五年的免费运行。

农村污水处理要说新模式，要有三种模式的结合，即政府购买服务、企业一体化运作、委托三方运营的模式。政府以打包的形式，总体打包采取 PPP 的模式，把资金给我，我免费给你运行五年，这就保证系统建起来可以运行，五年之后设备本身需要更新或者维修，我们通过技术改造的资金又可以免费运行五年，这就保证农村的污水处理设备建得起、用得起，保证农村污水处理有效高效真正发挥投资效应。对于后面产生资金模式、政府其他补助资金作为资金池等都是后续考虑的问题，这种模式我们认为是通过技术的进步、更新，通过采取新的商业模式，可以把农村的水问题或者环境问题真正得到解决。

五、生态农业·土壤修复论坛

利用新技术整体推进农业过程管理与土壤污染防治

——中国生态文明论坛海口年会“生态农业•土壤修复”论坛综述

2016年12月17日下午，由环境保护部土壤环境管理司指导、中国生态文明研究与促进会主办的“生态农业·土壤修复”分论坛在中国生态文明论坛海口年会上举行。参加论坛的近百名政府官员、专家学者、企业代表以及媒体和社会组织人士围绕“农业过程管理与土壤污染防治”的主题，针对《土十条》与土壤环境管理、化肥农药“零增长”与“双减量”、农田土壤修复技术与应用等议题深入探讨交流，分享观点和经验。

分论坛由研促会专家咨询委员会副主任、科技部原党组成员张景安和研促会副会长王春益主持。张景安指出，土壤是经济社会可持续发展的物质基础，关系人民群众身体健康，关系美丽中国建设，中共中央、国务院多次强调“严把从农田到餐桌的每一道防线”，基础性工作在于推进我国农产品生产全过程管理，进而保障食品安全，建设健康中国。研促会副会长王春益指出，当前农村和农业可持续发展面临着日益严峻的生态环境挑战，治理农田土壤污染必须依靠科技创新，加强农业过程管理，集合农产品生产的所有要素形成全过程解决方案。

研促会副会长、河北省政协原副主席赵文鹤在致辞中指出，农业生产活动是造成耕地土壤污染的重要原因，污水灌溉、化肥、农药、农膜等农业投入品的不合理使用和畜禽养殖等导致耕地土壤污染；加快推进农业生产全过程管理，防治农田土壤污染，势在必行，刻不容缓。环境保护部土壤环境管理司周志强副巡视员强调，国务院出台的《土壤污染防治行动计划》即《土十条》明确提出要控制农业的污染、减少化肥使用量，我们要紧紧抓住《土十条》颁布实施的有利时机，努力改善土壤环境，推进美丽中国建设。农业部农技推广中心李荣处长指出，土壤防治主要是防治污染，预防是根本。在农业过程管理中首先要查清土壤健康和质量状态，科学运用肥、水、种，禁止污染灌溉、垃圾进地和滥用化肥。农业部在全国推行耕地质量调查与检测保护站，正在全面实施“一控两减三基本”行动，严格控制用水，减少化肥和农药的使用量。

在论坛主旨演讲环节，中国植物营养与肥料学会理事长白由路从化肥在生态文明建设中的作用、土壤酸化问题、化肥与有机农业等方面阐述了如何正确、科学使用化肥，积极发挥化肥减量在生态环境保护中的作用和减少化肥对生态环境的影响。他提出，在农业过程管理中首要的最基础的工作是土壤管理，没有好的土壤就没有好的优质的农产品。奈安生态治理有限公司是论坛的承办单位，其创始人、研促会常务理事党永富以实地调研情况和研究成果为基础，介绍了“炭吸附聚谷氨酸有机水溶肥”的作用机理和实际效果，每亩只需 250 毫升，可实现化肥减量 30%，粮食增产 8%，增加土壤有机质含量。他就农业过程管理体系建设与农田土壤污染防治等方面的问题和与会专家学者一起进行交流，提出要联合环保、农业等各方面力量筹备建立过程农业研究院，制定我国农业过程管理标准，结合国家农业发展和“一带一路”战略，加大推广力度，保障我国农产品质量安全，为全球生态农业发展作出贡献。

中国绿色食品协会常务副秘书长穆建华、国家林业局经济研究中心原主任黎祖交、中共中央党校教授赵建军、环境保护部有机食品发展中心主任助理田伟、中国农业大学教授胡跃高、北京林业大学教授李铁铮、河南省人大环资委原主任王群、河南省农业厅土肥站站长王俊忠、苏州市吴中区环保局局长毛刚和武陵山生态保护联合会会长杨建初等参加对话。对话嘉宾们一致认为，严守 18 亿亩耕地红线既要守住数量底线，也要守住质量底线。通过科技创新与推广使化肥减量新技术在化肥零增长行动中发挥主导作用。污染防治工作，实现化肥减量和农田土壤污染防治有机结合、整体推进，意义重大，大有可为。与会代表呼吁，保障食品安全要在农田土壤污染、农资次生危害、粮食储藏污染等各个环节，实现从土地到餐桌的农产品生产全过程管理，要促进新型技术产学研用一体化，形成政府主导、企业担责、公众参与、社会监督的土壤污染防治体系，为国家推进健康中国建设做出积极贡献。

赵文鹤同志在生态农业·土壤修复论坛上的致辞

河北省政协原副主席
中国生态文明研究与促进会副会长　赵文鹤

民以食为天。生态农业和土壤环境保护是食品安全的重要基础，关系人民群众身体健康，关系美丽中国建设。发展生态农业、保护土壤环境，是推进生态文明建设和维护国家生态安全的重要内容。当前，我国土壤环境总体状况堪忧，部分地区污染较为严重，已成为全面建成小康社会的突出短板之一，化肥过度使用是导致农田土壤污染的重要因素。在我们这个分论坛上，来自政府部门、科研单位、高等院校以及企业和社会组织的代表们将围绕农业生产过程管理和土壤污染防治，深入研讨，提出建议，很有意义。下面，结合会议主题和我近年来在调研中了解到的一些情况，我谈些意见，与大家交流。

一、党中央、国务院高度重视化肥减量工作

党中央、国务院高度重视化肥减量工作。《生态文明体制改革总体方案》提出要加快推进化肥减量工作，“十三五”规划①提出“实施化肥农药使用量零增长行动，大力推进农产品生产农药化肥使用减量化”。国务院出台的《土壤污染防治行动计划》（《土十条》）明确提出要控制农业污染，减少化肥使用量。从当前形势和问题来看，化肥减量工作成效评价侧重化肥减量和农产品增产，对土壤污染防治效果不够关注，化肥减量手段无法

① 《中华人民共和国国民经济和社会发展第十三个五年规划纲要》，简称“十三五”规划。

满足化肥农药减量化和土壤污染治理工作的需要。为此，应该通过科技创新与推广使化肥减量新技术在化肥零增长行动中发挥主导作用，整体推进农田土壤污染防治工作。

二、化肥过度使用是导致农田土壤污染的重要因素

我国耕地面积占世界的7%，化肥使用量占世界的30%。我国农作物亩均化肥用量21.9千克，远高于世界平均水平（每亩8千克），是美国的2.6倍，欧盟的2.5倍。18亿亩耕地红线，严守的不单单是数量底线，更应该是质量底线。过量施肥、盲目施肥不仅增加农业生产成本、浪费资源，也造成耕地板结，土壤酸化或碱化、重金属含量增加、有机质单一，形成土壤、水、大气、农产品的“立体污染”。我国农业资源环境遭受外源性污染和内源性污染的双重压力，已日益成为农业可持续发展的“瓶颈”约束。推进化肥减量工作，防治农田土壤污染，势在必行，刻不容缓。

三、整体推进化肥减量与土壤污染防治

建设天蓝、地绿、水清的美丽中国，需要依靠更多更好的科技创新。当前，化肥使用量零增长行动稳步推进。从总体上看，化肥减量工作主要通过精准施肥、调整化肥使用结构、改进施肥方式（测土配方施肥）、有机肥替代化肥等传统方式推进，手段较为单一，成效评价虽侧重化肥减量和产品增产效果，但对土壤污染防治效果关注不够。党和国家下大气力推进土壤污染防治工作，“十三五”规划提出“开展1000万亩受污染耕地治理修复和4000万亩受污染耕地风险管控”，《土十条》也已发布，如果能与化肥减量工作有效结合，各方面意义都很重大。为此，国家有关部门要通过政策导向，推出一批具备化肥减量、产品增效、土壤提质的新技术，加快转化应用，在全国不同地区进行分类试验和试点推广，整体推进化肥减量与农田土壤污染防治。

小康不小康，关键看老乡。小康全面不全面，生态环境质量是关键。

加强农业生产过程管理，不仅能带来环境、经济和社会效益，也能带动群众增收和农业的产业转型升级，非常重要，大有可为。希望大家一起努力，充分发挥各自的作用和优势，为发展生态农业、防治土壤污染、实现从农田到餐桌的农产品全过程管理做出积极贡献。

周志强同志在生态农业·土壤修复论坛上的致辞

环境保护部土壤环境管理司副巡视员　周志强

土壤修复是近一个时期环境保护的一个热点问题，由于近几年我们经济发展方式总体粗放，产业布局不尽合理，污染排放总量高，环境受到显著的影响。土壤污染状况调查显示，全国环境总体状态不容乐观，在不同土壤利用率中，耕地、林地、草地、未利用土地土壤点位超标率分别是19.4%、10%、10.4%、11.4%。因土壤污染影响农产品食品安全时有发生。比如，矿区长期不分离的矿产资源，造成矿区周边农田污染和农产品污染，有些有色金属的冶炼企业导致周边土壤污染物严重、周边的居民生病。还有一些反映我国部分稻米铬含量超标的报道，被一些媒体转载，引起了社会广泛关注。民以食为天，食以安为先，土好粮才好，土壤污染直接关系百姓的日常生活和身体健康。加强土壤污染防治是重要的民生工程，党中央、国务院对此高度重视，习近平总书记强调，“生态环境特别是大气、水、土壤污染严重，已成为全面建成小康社会的突出短板”。要强化大气、水、土壤等污染防治，加快土壤重金属的治理。要加强治理，以改善大气、水、土壤环境污染为重点，对生态环境存在的突出问题彻底整改，使土壤修复、加强污染治理势在必行。要严格环境管控，同时统筹保护和发展的关系，走出一条经济发展与环境改善双赢之路。

按照党中央、国务院决策部署，环境保护部会同发展改革委、科技部、工业和信息化部、财政部、国土资源部、住房城乡建设部、水利部、农业部、质检总局、林业局、法制办等部门和单位，编制了《土壤污染防治行动计划》《土十条》，2016 年 5 月 28 日由国务院印发。制定实施《土十条》是党中央、国务院推进生态文明建设，坚决向污染宣战的一项重大举措，是系统开展污染治理的重要战略部署，对确保生态环境质量得到改善、各类自然生态系统安全稳定具有积极作用。结合全面建成小康社会的目标要求，《土十条》确定的工作目标是：到 2020 年，全国土壤污染加重趋势得到初步遏制，土壤环境质量总体保持稳定，农用地和建设用地土壤环境安全得到基本保障，土壤环境风险得到基本管控。到 2030 年，全国土壤环境质量稳中向好，农用地和建设用地土壤环境安全得到有效保障，土壤环境风险得到全面管控。到 21 世纪中叶，土壤环境质量全面改善，生态系统实现良性循环。主要指标是：到 2020 年，受污染耕地安全利用率达到 90%左右，污染地块安全利用率达到 90%以上。到 2030 年，受污染耕地安全利用率达到 95%以上，污染地块安全利用率达到 95%以上。为确保实现上述目标，《土十条》提出了 10 条 35 款，共 231 项具体措施。除总体要求、工作目标和主要指标外，可分为四个方面。第一方面措施 2 条，着眼于摸清情况、建立健全法规标准体系，夯实两大基础；第二方面措施 2 条，突出农用地分类管理、建设用地准入管理两大重点；第三方面措施 3 条，推进未污染土壤保护、控制污染来源、土壤污染治理与修复三大任务；第四方面措施 3 条，强化科技支撑、治理体系建设、目标责任考核三大保障。

各地土壤污染防治工作进展情况。一是编制工作方案。目前，北京、天津、山西、内蒙古、辽宁、吉林、黑龙江、上海、江苏、浙江、安徽、福建、江西、广东、广西、重庆、四川、贵州、云南、陕西、甘肃、青海、宁夏等 23 省（自治区、直辖市）已印发省级工作方案；山东、河南、湖北等 3 省工作方案已通过省政府审议；河北、湖南、海南、西藏、新疆等 5 省（自治区）已将工作方案提请省政府常务会议审议。二是推动土壤污染治理与修复技术应用试点。在 2015 年首批启动的 14 个试点项目基础上，2016 年天津、河北、辽宁、浙江、江西、山东、河南、湖南、广东、广西、海南、云南、陕西、甘肃、青海、宁夏、新疆等 17 个省（自治区、直辖市）结合2016年土壤污染防治专项资金安排，共启动142个试点项目。三是开展土壤污染综合防治先行区建设。由国家支持建设的6个先行区已基本完成建设方案编制，其中台州、河池和韶关的先行区建设方案已在我部备案。四是推进地方立法。福建省2015年发布《福建省土壤污染防治办法》，湖北省2016年发布《湖北省土壤污染防治条例》。吉林、湖南、广东等省土壤污染防治相关地方法规正在制定之中。五是在环境保护部门内设立土壤污染防治专门环境管理机构。目前，已有北京、河北、山西、吉林、黑龙江、江苏、安徽、福建、湖南、四川、贵州、甘肃、宁夏等13个省（自治区、直辖市）环境保护部门成立土壤环境管理处，专门从事土壤环境管理工作。

保护土壤环境事关每一个人吃住安全，是功在当代、关系到子孙的事情。我们要紧紧抓住《土十条》开展的有利时机，努力推进环境土壤改善，促进美丽中国建设。

李荣同志在生态农业·土壤修复论坛上的致辞

农业部农技推广中心主任　李　荣

万物生于土，有土就有粮，我们只有占世界9%的耕地，不仅养活了世界20%的人口，而且还要在2020年全面建成小康，土壤资源和科学技术的贡献会十分巨大。随着人民生活水平的不断提高，对粮食和农产品需求量加大的同时，对农产品质量和生态环境也提出了更高的要求。当前水资源和环境承载率处于高压紧绷的状态，雾霾加剧，水污染，自然风、极端气候造成了风不顺、雨不调，土壤方面盐碱化、贫瘠化等土壤退化加剧，土壤营养大面积失衡，重金属、农药、农膜和抗生素等污染事件频发。如何破解气、水、土、生态环境的危机和农产品发展，保证粮食安全和农产品质量安全，走资源可持续发展的道路是摆在我们面前迫切需要攻克的难题。今天的论坛主题，农业过程管理与土壤防治，正是为攻克这个难题群策群力，共同探讨资源可持续发展之道。土肥水足是毛主席对农业提出的农业方针，这次论坛提出的农业过程管理就是要涉及种植作物的所有要素集合起来，形成全程解决方案，以发挥资源的最佳效力。在农业过程管理中首要的最基础的工作是土壤管理，没有好的土壤哪来好的优质的农产品，土壤防治主要是防治污染，预防是根本。在农业过程管理中首先要查清根本土壤健康状态，其次要掌握质量状态，科学地运用肥、水、种，禁止不合理的肥料进入农田，禁止污染灌溉，禁止垃圾进地，禁止乱用偏用滥用化肥。对查出的不健康土壤要分清情况，分类设册。

奈安生态有限公司早在20世纪90年代就致力于除草剂研究，研发新的产品经过我们多年的多地、多种的运用，其效果十分显著，有的产品在提高肥料利用效率方面也有独到的功效。他们提出的农业过程管理是农业可持续发展实践的探索，符合生态农业发展的理念。2016 年习近平总书记指出，绿水青山就是金山银山，要像保护熊猫一样保护耕地，中央提出“十三五”期间要大力实施巩固提升粮食产能，确保基本治理。保障口粮绝对安全，前提是保护好耕地维护好土壤。

农业部在落实习近平总书记的指示方面于2016年6月颁布了部长令，在全国推行耕地质量调查与检测保护站。现在我们正在全面实施“一控两减三基本”的行动，一控是严格控制用水，两减就是减少化肥和农药的使用量，这是化肥农药的“零增长”行动，力争到 2020 年化肥农药实现“零增长”。从这两年的实施成效来看，效果十分显著，我们衷心希望社会各界进一步关注生态农业的发展，进一步提升耕地质量与保护，不断完善农业过程管理机制，让生态农业的光辉永照中华民族的千秋万代。

白由路同志在生态农业·土壤修复论坛上的主旨演讲

中国植物营养与肥料学会理事长　白由路

一、化肥在生态文明建设中的作用

在人类发展的历史长河中，食物的供应和人口的增长一直是一个不可调和的矛盾，特别是在近代引起了很多科学家的注意。早在1798年英国有一个学者，他认为地球上的食物增长是线性增长，人口增长是指数增长。粮食的增长跟不上人口的增长怎么办呢？就是通过瘟疫和战争的办法来减少人类数量。1968年美国的保罗·艾里奇和安妮·艾里奇写过一本书叫《人口爆炸》，强调地球上的粮食迟早会不够吃，会发生各种各样的问题，但是他们这个预言没有成功。为什么呢？一个十分重要的原因，就是德国人哈伯，发明了合成氨技术，就是把大气的氮固定下来合成氨。2008年，有一个著名科学家评价这项技术的时候说，目前全世界有48%的人口都是靠哈伯这项技术来养活的。在我国来讲，现在粮食生产对化肥的依赖程度有多少呢？如果我们连续三季不施肥，粮食产量只能达到正常施肥的40%，反过来说就是粮食对化肥的依赖程度能够达到60%以上。长期以来粮食的问题一直困扰着我国的政策，在新中国成立以后进行了大规模的化学工业建设，到1983年以后，我国的粮食生产才逐渐稳健，达到人均400千克的水平，到了1999年，我国才能拿出耕地进行退耕还林还草。纵观我国粮食的产量和化肥的使用，到什么时候才自足？实际到2000年以后，准确地说是在2004年以后，我国的化肥才算满足了我们自己的要求。

化肥的用量和粮食增产以及粮食单产都有高度的相关性。我们先说粮食单产，化肥的用量和粮食单产的关系，相关系数达到0.98。正是由于化肥的使用，我国粮食才有了大幅提高，国家才有条件提出退耕还林还草政策。

二、水和土壤的污染

化肥现在副作用也被严重地夸大。在前几年，中央电视台一期《焦点访谈》节目报道了被化肥喂瘦的耕地，其中的一个例子是连续使用25年硫酸铵，其他什么都不用，这个地就不能再种了，这也只能说是不合理的施肥把耕地弄瘦了，不能说施肥把耕地弄瘦了。关于化肥用量问题。现在很多人都拿简单的数字和国外来比，我国是多少倍等。我这里计算一个数字，根据我国2014年的统计数字，我国农作物的播种面积是24.82亿亩，茶园面积0.4亿亩，果园面积为1.97亿亩，这是我国统计的，同年我国化肥使用量为5995.9万吨，我们的氮肥大概是3239万吨，折合每公顷不足180千克，合到每亩才12千克。我国的氮高吗？但是我们不能排除个别地区、个别作物用量大。不过总体用量没有大家想象得那么严重。

土壤酸化问题，我们没有施化肥的时候酸化也存在，那是在一定气候条件下形成的。根据最新的植物产酸研究，植物为了保持体内的酸，植物生长越旺盛对土壤的酸化越明显。

三、化肥与有机农业的问题

在1830年左右，德国有一位专家，他著一本书叫《合理的农业原理》，书里面就讲土壤肥力决定于土壤腐殖质的含量，原因是基于它是植物养分的唯一来源。到1837年德国又有一个化学家认为土壤的腐殖质出现在植物以后，所以在1840年出了一本书叫《化学在农业和生理学上的应用》，书里面讲能被植物吸收的主要是矿物质。这两个学说的根本区别就是植物所需要的营养物质是矿物质还是有机质。在1843年英国在洛桑建立了一个实验站，发现粮食产量是一样的。所以用有机肥还是无机肥也好，最终都会被转换成无机养分被吸收。我们以英国为例，用有机肥生产的小麦每公顷产量是4吨，而非洲有机小麦是8吨，如果欧洲要用有机农业养活自己，需要增加2800万公顷的农田，这相当于法国、德国、丹麦和英国森林面积的总和。问题是如何来合理运用肥料，科学地使用肥料是对环境生态有效的保护。怎么做到正确的施肥？在国际上主要称为四个政策：正确的肥料，正确的用量，正确的时间，正确的位置。比如说正确的肥料，有人通过2000多个研究结果认为如果合理地施肥，可以减少蚜虫和其他昆虫病害的63%；施钾和不施钾的相比，在施钾的地方发病率有41%，在不施钾的地方发病率可以达到53%，合理地施肥可以减少病虫害。任何事物都有两面性，科学地使用化肥让它的正面作用发挥到最大化，让负面作用最小化。总之，如何发挥化学化肥在生态环境的作用，减少化肥对生态环境的影响还需要我们全民的共同努力。

农业过程管理体系建设与土壤修复的实践探索

奈安生态治理有限公司创始人　党永富

2016年3月13日，根据中国质量监督网报道，德国多款畅销啤酒检测出农药残留，除草剂超标。

2015年4月7日，根据中央电视台报道，在北京新发地随机购买8份草莓，农药残留均超标。

一、食品安全的病根究竟在哪里？

（一）土壤污染。2016年7月7日，根据中国网报道，我国16%的耕地已受到污染。

（二）空气污染。雾霾现在已经随地随处可见，基本上每天都陪伴着大家一起生活，全国大部分城市$PM_{2.5}$超标。

（三）水污染。根据2007年环境保护部、农业部、国家统计局第一次全国污染源普查结果，农业源污染物排放对水环境的影响较大，其化学需氧量、总氮、总磷排放量分别为1324.09万吨、270.46万吨和28.47万吨，分别占全国总排放量的43.7%、57.2%和67.4%。

（四）农药过量使用。全球除草剂使用量持续增加，2010年占全球农药份额的39.66%，我国的除草剂占农药总产量的1/3。我国农药市场的需求量以年均8%的速度在增长。

（五）化肥过量使用。1978年中国化肥使用量为884万吨，而到2013年已经达到了6500万吨，接近世界总量的1/3，平均年增长率达6%。根据南京土壤所研究数据，化肥实际的利用率只有35%，11%挥发到空气中，

34%污染了土壤和地下水，另外13%去向不明。

（六）病虫害偏重。近年来病虫害加重，农药使用量偏大，2016年全国小麦病虫害发生面积超过9.7亿亩次。

二、过程农业与农田土壤修复典型

1989年，我以逆向思维探索发现除草剂的副作用。当时就想这除草剂能把草杀死，对作物肯定也会有影响。于是我在自家麦田里做了实验，发现对小麦生长有很大的抑制作用，用了除草剂的小麦光黄不长，与人工除草相比，半亩地减产了近70多斤。

我在2005年研发出我国第一款除草剂副作用防控技术。自2005年开始，在东北发现因除草剂残留造成的“癌症田”，连续11年治理了2100多万亩癌症田，其中在河南、山东、黑龙江等地公益救助显性药害800多万亩。

“癌症田”其主要原因是东北人少地多，连续多年使用除草剂，土壤残留污染严重，连作受障碍，改不了茬，每亩大豆产量从原来的500多斤，到现在每亩只产50来斤，连成本都收不回来，老百姓称这种田为“癌症田”。

而用“奈安”处理以后，当年就能安全改茬，大豆改玉米、玉米改大豆、旱改水，产量也有保证。

2006—2012年黑龙江经过120位专家联合试验在治理农田污染效果显著，可以安全改茬。和除草剂同步使用，在不影响除草剂效果的同时，有效缩短除草剂对农作物的抑制期，提高产量10%左右。

三、微蜜炭吸附聚谷氨酸有机水溶肥在化肥减量的研发与应用

目前增施有机肥存在量少、成本也高，还有激素、抗生素等污染的风险三大难题，现在几乎不再施用有机肥。造成化肥使用量逐年增加，农民

增加成本不增加产量。

化肥过量使用的病根。连续20年土壤有机质已经从过去的6.7%左右下降到现在的0.8%～1.5%。

受蜜蜂采集花粉分泌蜂蜜的原理和启发，探索发现聚谷氨酸是一个非常好的新材料和载体。美国科学家从1937年就开始研究，主要适用于医药、化妆品。在农业上应用成本非常高，很难在农业上应用。

经过三年的攻关，终于研发出炭吸附聚谷氨酸，大大缩小了投资成本，建立了肥料与植物的连接体，不但解决我国主肥缺失的三大难题，而且解决因土壤酸化板结造成的肥料和植物连接体断链问题。

西华县农场大豆，表现在于未使用的根部横向扎，施用微蜜的大豆根部往下扎，生长旺盛，比对照增产26%。受干热天气原因，大多数玉米因受不了粉而空炮，但是使用过微蜜的玉米取得正常丰收。黑龙江省哈尔滨市阿城区在化肥减量30%的情况下，水稻增产12%，出米率提高3.6%。

2012—2016年，经全国农技推广中心连续多年在12个省64个区的10000多个点试验表明，在化肥减量30%的情况下，还能增产7.9%。

奈安"微蜜"炭吸附聚谷氨酸已经得到了农业部首家登记，也取得了中国绿色食品协会绿色生产资料认证。

2012年9月中国植物营养与肥料学会组织8个省的专家进行成果评价鉴定认为：在菌种筛选、炭吸附、交联方面为科技创新点，该项技术属于国际领先水平。

我国化肥使用量目前已达到6500万吨，该技术的应用如果在全国推广，每年可减少化肥使用量1950万吨，有效防治土壤、水、空气、农产品立体污染。可间接节省煤炭3000万吨。预计可缩短我国农田土壤污染防治3～5年。

河南省土肥站、新疆自治区土肥站给予奈安技术炭吸附聚谷氨酸有机水溶肥大面积试验。河南省试验结果在化肥减量30%的情况下，增产8%以上。新疆在16个县试验表明，在化肥减量20%的情况下平均提高产量

10%以上，千粒重增加 3.3%以上，每千克土壤提升有机质 0.27，提前早熟 5～7 天，预防小麦，瓜类的白粉病，每米节本增效 70～280 元。

四、探索和打造过程农业重要性和必要性

过程农业与有机农业、无公害、绿色农业、生态农业、现代农业有什么区别？

我们通过在河南 2000 多亩小麦示范生产基地和黑龙江省五常县一个村种植 1000 多亩过程大米，到目前已经进行了 11 年的土壤修复，应用了多项生物技术集成，并形成了完整的过程管理体系。

过程农业体现了以奈安技术为载体的各项技术集成，推动“三农新四化”，即农村农场化、农民职业化、种田过程化、农业营养无害化的建设目标，希望能够集众人之力有效治理化学农业对土壤、水、大气污染，做世界真正无害营养的过程农产品，让中国实现从经济强国走向健康强国。

中国化肥减量唯一最有效的方法就是大力推广有机肥，但是传统有机肥又存在以下问题：一是数量少；二是动物畜禽粪便产生的有机肥，存在着重金属污染物超标等风险；三是资金投入量大。

为落实《化肥农药零增长行动方案》《“十三五”规划》《土壤污染防治行动计划》的目标，响应李克强总理“让创新技术在各个行业领域里，发挥积极推动作用，为行业的可持续发展做出贡献”的指示精神，加快解决在化肥零增长行动中重传统化肥忽视新型有机水溶肥推广的问题，我建议：

（一）发挥科学创新。在农田土壤污染防治中，要充分发挥新材料、新技术、新产品优势，将聚谷氨酸等有机水溶肥确立为农田主肥，列入高标准良田建设、绿色食品生产基地建设、化肥零增长行动计划中。

（二）农业部和财政部要对化肥减量技术已经优选、试验示范成熟的部分区域，如河南省 7000 万亩高标准粮田、新疆 3500 万亩水肥一体化和哈密地区农田，设立聚谷氨酸有机水溶肥的推广专项资金。

（三）加强动物畜禽粪便重金属和有害污染物管理，从饲料开始严格控制重金属、抗生素、激素等有害污染物，提高动物畜禽粪便的数量和质量。

（四）通过这次高峰论坛的经验交流，加快建设中国生态文明过程农业研究院，采取有力措施制定我国农业过程管理标准，保证我国农产品营养无害化的健康发展。

生态农业·土壤修复论坛交流对话实录

主持人：

王春益　中国生态文明研究与促进会副会长、常务理事、研究员

对话嘉宾：

穆建华　中国绿色食品协会秘书长

王俊忠　河南省农业厅土肥站站长

毛　刚　苏州市吴中区环保局局长

李　荣　农业部全国农技推广中心处长

田　伟　环境保护部有机食品发展中心主任助理

王春益：

现在正式开始第二场的活动，我代表中国生态文明研究与促进会解释一下，为什么在 2016 年的生态文明论坛设这么一个平行论坛。因为经过这几年的论坛，尤其是通过我们的研究交流，土壤污染的问题引起越来越广泛的关注。我们近两年做了一系列调研，2015 年 9 月组织了有关部委和专家深入全国一些省份走访，关注到了奈安生态治理公司。国务院提出要实现到 2020 年化肥农药使用量“零增长”计划之后，我觉得这个问题更迫切了。“十三五”规划纲要也提出“实施化肥农药使用量零增长行动”，更体现出从中央层面对这个问题的重视。我跟大家汇报一下，2015 年我们写的调研报告已经到了国务院领导手里，并且国务院也做了相关批示，但是我期待国家能够在这方面进行制度安排。这个事做起来很难。为什么难？土壤的检测和鉴定，数据的下面都要有一些科技来支撑。怎么实现化肥农药的“零增长”，要有科技的支撑，更要有产品的支撑，更重要是要有政策的支撑。主要是向专家请教，先请穆建华秘书长，怎么样实现李克

强总理从土地到餐桌的无害化的管理，保证食品安全？请她发表高见，大家欢迎！

穆建华：

谢谢主持人。我想借这个机会以绿色食品发展为例和大家谈一谈生态保护、土壤修复的概念。

首先，我介绍一下绿色食品的发展情况。大家知道绿色食品的概念是指产自优良的生态环境，按照绿色食品标准生产，实行的是全过程质量控制，并且获得绿色食品标志使用权的农产品。绿色食品诞生在20世纪90年代初，经过26年的发展，绿色食品企业已经突破了1万家，产品达到了13000多个品种，可以说获得了很大的发展，也取得了很明显的效果，这是从数量来说。

第二，从质量来说，绿色食品从土地到餐桌实行全过程指标控制。我们通过企业年检、产品抽检、风险预警、市场检查以及产品公告这五大监管措施来有效地保证了绿色食品的质量安全。绿色食品的抽检合格率最近五年一直保持在98%以上。

第三，绿色食品标准化水平高。现有的有效使用的绿色食品标准已经达到了126项，涵盖了从种植业、畜禽水产到饮料食品共57个类别。从环境检测、产品质量的检测到投入品的管控以及包装，我们都有标准，这是标准化。为什么要重建标准化基地，实际上除了提升标准化水平外，我们还在保护生态环境。通过创建原料标准化基地，全国有1000多万公顷的耕地得到了保护，改善了基地所在乡村的环境，有很多农田通过绿色食品创建得到了保护。

第四，绿色食品品牌的影响力不断地扩大。大家知道通过一些专业的统计部门和行业部门的统计，现在的绿色食品的认知度已经超过80%，也就是说影响力、品牌已经深入人心。“绿色食品”是中国农业第一个绿色食品商标，也在日本、俄罗斯等十几个国家（地区）得到了好评，受到保护。通过开发绿色食品取得这样多的成绩，跟保护生态环境是息息相关的。一方面是保护生态环境促进农业的可持续发展，另一方面就是不断地提高产品的质量来保护我们消费者的健康。还有一点，不断地提升我们农产品的水平，就是促进农业增效和农民增收，这也是我们发展绿色食品的三个宗旨。我想说的就是通过不断地推进可持续农业的发展来不断地改善我们的生态环境。

王春益：

谢谢穆秘书长。穆秘书长围绕我国绿色食品的发展和过程管控以及绿色食品目前的认证体系、认证的成就谈了不少。我觉得说到底，绿色食品最终还要从防治土壤、大气、水污染整个基础开始，没有这个好的基础就没有绿色食品。还得回归到脚下这片土地，把这片土地整好了，我们才有真正的绿色食品。下面我们有请河南省农业厅土肥站王俊忠站长，谈化肥“零增长”和化肥使用过程中的问题，大家欢迎。

王俊忠：

非常感谢主持人给我提供介绍河南的机会。河南按照部里统一要求，做了以下工作。一是明确我们要达到的目标，到2020年实现化肥零增长。二是明确我们的基本作物，在保证口粮安全的情况下，我们对苹果、蔬菜和玉米三种作物做了实验，实现化肥“零增长”。三是按照不同层次的设置逐级推进实现化肥“零增长”。四是按照不同阶段我们分别设置了化肥“零增长”的目标责任。五是为实现化肥零增长的根本目标，2016年河南省出台全国首例高标准粮田管理的制度，还有其他部门的规章，以提升我们的地质。下一步就是要对耕地质量进行提升，保证化肥零增长的实现，增加农业的科技含量。这两年在河南不同区域我们跟企业一起共建设置了几千亩的小麦、玉米作物的实验区，打造河南乃至华北小麦、玉米为主体的示范产区。通过这些措施的实施和新产品技术的应用，通过专家的支持，我相信河南完成化肥零增长的目标是没有问题的。谢谢大家。

王春益：

非常感谢王站长，王站长谈了河南省在发展绿色农业特别是在落实国务院和农业部提出的实现化肥农药零增长方面的工作，我觉得河南省顶层设计的思路，对时间和区域的部署和重点工作安排，实施的科技支撑规划都非常好。河南省是我国的人口大省，又是我国产粮大省，是全国的数得着的小麦主产区。苏州市吴中区地处长江以南，水多、水田多，在治理土壤污染包括环境污染方面这几年做得不错。下面我们有请苏州市吴中区环保局毛刚局长跟大家分享一下。

毛刚：

谢谢大家！江苏苏州市吴中区环保局，作为县一级环保局，实际上是最基层的环保部门。这几年老百姓非常关注环境问题，环保部门在执法监管方面也抓得最紧。特别是2016年面临中央环保的第一轮督查，压力非常大，事情非常多。

首先介绍一下吴中区的情况，吴中区在苏州的南面，交通比较便利，距上海一个小时的车程，距南京两个小时的车程。苏州市吴中区自然禀赋非常好，我们有一句话是山水苏州人文吴中，吴中区土地面积是745平方千米，太湖2/3的水都在吴中区，所以我们加起来面积大概是2 200多平方千米。苏州的饮用水水源地也在吴中区，所以我们是苏州的水缸子，环境保护要做的工作非常多。吴中区经济也比较发达，但是我们仍然保持了第一、第二、第三产业协调发展。第一产业我们有一个国家级的示范园区，第二产业有国家级的开发区，第三产业产值已经超过了第二产业，我们有国家级旅游度假区。一个区有一、二、三产业的牌子这是不多见的。吴中区当地人口大概是60万，外来人口超过本地人口，加起来大概有130多万人口，所以带来的环境保护压力也非常大。

第二，我想跟大家汇报一下生态红线工作。生态红线从 2013 年江苏省在全国首创。吴中区是整个江苏县里面生态功能区最多的地方，我们占整个苏州水域的 87.1%，这个占比在全省应该是最大的。生态红线主要划定了饮用水水源地以及名胜旅游地。生态红线划定后就设置最严格的准入门槛，比如说在太湖的饮用水水源地严禁一切有污染的企业进入。这导致吴中区的乡镇发展缓慢，对此江苏省搞了一个红线补偿资金，我们大概拿了 1 亿多元，全部用作红线的生态补偿。

第三，在环境监管上面，减少化工企业的数量。江苏省是化工大省，化工企业对土壤的污染是非常严重的。2017 年江苏省大量的化工企业将关闭，大量的化工企业将搬迁，这个对土壤修复作用是巨大的。就吴中区来讲，化工企业进入化工园区必须要提升环境标准。其实吴中区还有很多化工企业没有进入园区。2017 年重点关闭沿太湖的化工企业。吴中区在 20 世纪 80 年代初，乡村经济发达，有大量的小型化工企业，这两年大量地关闭，对土壤修复是非常有利的。江苏省对化工企业土壤污染遗留的问题非常重视。2017 年重点工作将是围绕中央督办的具体的一些事情进行整治。

第四，吴中区在土壤修复方面的情况。一是跟大家汇报我们以化肥为主的整治。吴中区果树发展得非常多，比如有大量的枇杷种植。枇杷种植使用化肥和农药非常多。化肥和农药造成的污染不单单是对土壤的。土壤中的污染物下雨后，随雨水径流跑到太湖里面。近几年大气污染治理的情况非常好，$PM_{2.5}$下降了 33%，“十三五”我们要求的是下降 72%。大气污染源非常清楚，我们按照清单在做，比如说开展燃煤锅炉的整治。水治理的问题我们已经是出台了很细的规定，2017 年会有大量的工作来推动。我们自己的《土十条》的实施细则马上要出来。二是一些基础档案要建，土壤档案要建。土壤治理最缺乏的就是技术的支撑，以什么技术来治理，希望这一方面能得到大家的支持和指导。我就简单汇报这些。

王春益：

非常感谢毛局长跟我们分享吴中区在治理以水体为主的土壤污染和水污染的好做法。吴中区实际上就是苏州市的核心区，这几年在污染治理方面下的功夫很大，山林的保护、水体的保护，特别是占了太湖流域线3/5 这么长的流域的保护，很不容易。美丽吴中美在太湖，这八个字已经叫响了，希望以后吴中区更美丽。下面我们请农业部全国农技推广中心李荣处长给我们介绍土壤的营养失衡与有机肥的有关研究情况。

李荣：

我从两个方面来讲，一是土，一个肥。土，现在叫的很响就是土壤污染非常严重，我就不讲了，因为大家都知道。还有一个是施肥慢性病对土壤的影响，如果我们不加以关注，不加以调整可能会严重影响到生态平衡，甚至是我们的生存。1979 年起至今将近 40 年，耕地土壤当中有效磷增加了 190%。土壤当中磷的大量积累不是好事，磷是营养元素，多了以后会影响土壤当中其他营养元素活性的发挥。比如说东北钙质土地地区缺钙、缺锌非常严重，有些生理病态是缺锌引起的。如果看到有病害了就赶紧施农药，施了很多农药结果是得不偿失的，要把土壤调平衡了，我们很多的植物病害就会解决。现在的果园钾素急剧上升。我在德州种枣的地方待了两年，枣农说最大的问题是如果到 9 月遭遇两三场雨的话裂枣就非常厉害，枣一裂很多人就不买。2014 年裂枣率达到了 23.4%，有些枣树是颗粒无收，根本没有经济价值。前期非常好，但是到了后期全部都烂了，原因是什么？老百姓说下雨下的，但是新疆基本上不下雨，新疆老的果园也在裂枣，全国 2300 万亩的枣园 80%、90%的都在裂枣。这里面的原因是什么呢？就是土壤营养失衡，磷多了影响钙发挥，钾多了影响钙镁硼的吸收，农民不知道，就用抗生素来对付，造成了大量的浪费。土壤中有三样东西没有看到，第一个是萤火虫，我从农村长大，夏天在家乡能逮着萤火虫做游戏，现在大家一直没有看到萤火虫。第二个我没有看到蝌蚪，没有看到蟾蜍，原来在玉米地一走路就踩到或碰到，现在有吗？我在山东没有看到。第三个没有看到的是蚯蚓。凡是施有机肥的地方一条蚯蚓都没有。所以在土壤当中新的问题不仅仅是重金属，不仅仅是其他的一些问题，关键的是营养失衡的问题非常严重。土壤酸化也是非常厉害的，这三四年我们的土壤酸化，pH 值下降了 2～3 个单位，土壤里有一些重金属就活化了，就造成了营养的失衡。比如说现在土壤当中的钼，从原来的 30%多上升到现在的 80%多。土壤中的硫，原来是不缺的，现在已经有 40%的耕地土壤缺硫。硫是品质元素，硫含量丰富的话，比如说种大蒜就是大蒜的味道。这是土的问题。

肥的问题我想给大家讲的，我们的食品需求、粮食需求还在持续地增加，但是我们的肥料要刹车，刹车以后到 2020 年要实现“零增长”。植物种植所需的营养元素是不会改变的，我们提出施用化肥要减少，这个怎么办？比如说除了提高氮肥的使用，可能要大量使用有机肥来代替，我们现在有接近 40 亿吨的有机废物，利用效率非常低。一个问题是我们养羊、养猪少了，有机肥少了。但集中养殖又会造成周边环境的污染，比如说大型养殖场周边的环境污染也非常严重。一方面我们的营养需求是不会减的，另一方面我们现在的化肥又污染生态环境，我们应该怎么办呢？就是用有机肥来补充。实际上有机肥这一块有很多例子可以说的，是一举多得的事情。在这方面我提出来的解决途径是，以有补无，以无补有，就是以有机肥的养分来补充无机化肥养分的不足、提高无机化肥的效率，以无补有是以政策层面去补充，就是适当提高无机化肥的价格，用经济的原理来抑制老百姓对化肥的盲目使用，用提高无机化肥零售价格来补贴有机肥的生产、运输、储藏、使用，特别是使用。老百姓对有机肥使用的接受价位是 250～300 元/吨，但是现在的有机肥制造成本远高于此，在有机肥的原料是免费的情况下，制造合格的有机肥还要 500～600 元/吨，在这种情况下老百姓肯定不会用。在这一块国家如何采取措施，对有机肥的生产、使用等进行补贴，补到农民购买价大概是 250 元/吨，老百姓可能就用了，这就是有机与无机相结合的道理，这是将来我们的生态农业和持续发展方面要去多做一些工作的点，也希望研究会在这方面多呼吁，因为这个事不是一时半会就能解决的，谢谢大家。

王春益：

感谢李处长非常精彩的概括发言。我觉得作为全国农业技术推广中心一员，李处长掌握了大量的治理土壤污染方面的新技术。我觉得他分析得确实很透，尤其刚才他说的土，对土来讲缺营养，缺的是有机质。我也当过农民，我讲一个很简短的例子。那是我下乡的时候，早晨四点半队长把钟一敲，就拉着我们的架子车，现在叫人力车，就往田里送粪，一人一天的任务是 20 车，那就是有机肥。现在我回老家都没有这个了，化肥一扛一撒就没有事了。后来我到东北调研，我问他们，你不是有机的产品吗？你这个全程要有机，为什么还要用除草剂等农药？他说如果我不用这个除草剂，一亩最少的人工费有的地方是 120 多元，有的地方是 180 多元。如果用除草剂，一位老太太一上午就能撒多少，这个成本才多少。从这个例子就可以进一步理解刚才李处长讲的以无补有的问题。我觉得治理土壤污染要从头做起来，还要从肥做起。国务院对推进农业发展已经有了一系列的制度安排，我们还是充满信心的。下面我们有请环保部有机食品发展中心主任助理田伟。

田伟：

感谢给我这个机会。我国的土壤污染程度还是挺厉害的。农业部和环境保护部的调查发现，我们有 20%左右的土壤是存在污染的，中度和轻度污染大概是 19%。当下面临最主要的任务是保护土壤，针对众多污染进行严格地控制与修复。我认为有机农业是对土壤修复、环境保护一个有效的措施。首先从有机农业定义起，就是遵照农业的生产规律，不使用化肥农药，不允许生物工程类的投入，遵循种养结合的一种可持续的农业发展的模式，从耕地到餐桌是一个一体化监管的过程。环境保护部从2013年开始本着治理土壤污染和环境保护这种理念开展了有机农业示范基地的推广工作，到现在我们已经进行了六批有机农业基地的考核，大概有176家获得命名。有机农业在土壤保护能起到什么样的作用？我们通过一个田间的定位实验，用了5年左右的时间，对土壤的性质变化和营养成分、农作物的营养进行了多方面的分析。我们做了3年小麦和水稻种值的分析得出，如果我们科学合理地使用有机肥，有机肥不光是无害而且是有营养的，但我们使用过量的话，土壤中的营养物质含量反而下降。另外对土壤方面，我们进行了5年的有机种植，发现相对于常规的种植，使用化肥的土壤相对空白地pH值下降零点几个点，但是在有机农业中pH值上升0.8个点，另外有机质含量提升了，土壤微生物的数量、微生物的多样性都有一个显著的提高，按有机农业这种方式来做对土壤有一定的改良作用。我们做了环保部的一个公益性项目，对全国华中、华北的有机基地进行了技术摸底的调查。发现有机农业有一种变形的意思，完全发展到有机肥，其实有机并不等于有机肥，并不完全用有机肥来支撑。我们在云南做了一个土壤的项目，对一个有机基地进行调查，云南大概有3个季的蔬菜种植，每一季投入有机肥是6～8吨，这样的投入是非常大的。如果不严格控制，有机农业也是不可持续的。另一个是李处长讲的磷的问题，有机肥的使用是以氮的需求来进行换算的，氮磷比例明显小的，要比化肥的应用更严重，如果长期这么下去，磷的问题也是面临很严重的问题。所以我说有机农业能够科学地使用，真正做到农技地循环，达到种养的结合，采取我们传统的绿肥等这种方式进行土壤施肥可以达到土壤改良和土壤修复的效果，但是完全不用有机肥来维持作物的营养，尤其对重金属和磷也是不可持续的，有一定风险。谢谢大家！

王春益：

非常感谢田博士的分析和发言，现在对吃我们每一个人在30年前没有这个概念，没有这个问题，现在到超市里面不知道买什么，吃什么放心，就是老家提来的东西这是咱们家产的菜，这肯定是放心的，在家喂猪的这个肯定没有问题。上次我在一个会上也说过，现在的认证我们要把国家级的认证的声誉和品牌要维护好。非常感谢这五位专家和领导的精彩对话。

生态农业·土壤修复论坛点评对话实录

主持人：

胡勘平　中国生态文明研究与促进会研究部主任

对话嘉宾：

王　群　河南省人大环资委原主任

黎祖交　国家林业局经济发展研究中心原主任

赵建军　中共中央党校哲学部教授

杨建初　武陵山生态保护联合会会长

胡跃高　中国农业大学农学院教授

李铁铮　北京林业大学教授

胡勘平：

下面请中共中央党校哲学部赵建军教授点评。

赵建军：

前面听了各位专家的讲述，感触很深，我在讲生态文明的时候，接触了大量涉及环境治理，包括土壤修复这方面的内容。刚才咱们几位讲的都非常好，我觉得真正解决土壤污染的问题可能还需要有一个系统思维，还要有一种战略的定位和谋划，因为土壤污染不仅仅是土壤的问题，保证粮食安全背后有很复杂的因素。作为我来说特别关注政策层面，我们不仅需要技术、制度、政策，还需要大家强烈的意识，这个是非常重要的。尽管现在有 16.1%的土地有着各种各样的重金属污染，重度污染是 2%～3%，这个要引起重视，因为土壤污染还在不断地扩散，这个状况必须引起我们高度的关注。在意识层面上我们一定要形成全民共识，每一个人都在其中，形成各个部门的系统推进。刚才我们谈到有四个大的层面的认证，这些认证怎么样一步一步地落实到位。我现在感觉到中国的事情没有做不好的，之所以做不好就是领导的意识没有到位，工作重心没有到位，就是毛主席所说的，正确的政治路线确定之后，干部就是决定的因素。环保部门推行垂直管理，我觉得将会在遏制环境进一步污染，包括土壤污染这个方面起到很好的紧急刹车的警示作用，但是这些还不够，还需要各方面的技术、制度、政策，包括一套各部门的联动机制，这些要系统形成起来，我们才能在土壤的修复治理打一场攻坚战。

胡勘平：

谢谢赵教授，下面我们有请国家林业局经济发展研究中心原主任黎祖交来讲解他的高见。

黎祖交：

高见谈不上，一个上午我就边听边记边想，形成这几个观点，不一定对。第一，大家现在关注农业，为什么关注农业？是因为食品安全问题，根据控制论原理，为什么会有这个结果呢？就说明农业生产过程中出了问题，因为控制论最基本的原理就是通过对过程的控制来达到对结果的控制。从这个意义上来讲，生态文明年会专门有这么一个分论坛来讨论农业生产过程管理，而且着力解决土壤污染问题是很有必要的。第二，为什么过程又出了问题，过程是通过主体的行动在时间、空间上的一个延续，行动是从哪里来的，行动是由思想决定的，也就是说，我们在农业生产的指导思想上出了问题，所以才会出现过程问题。我觉得这些年来，有一个很重要的问题就是过分地重视了产量，重视产量是对的，因为要解决 13 亿人吃饭的问题，如果没有产量肯定不行的，所以农业着力点放在产量上是没有错误的，但是不能只重视产量。有一个最根本的问题，你这些产量质量怎么样？衡量质量的标准就是对人们的健康是有利还是不利，如果是你过分地重视产量了，就很容易不择手段，化肥、农药施用以后在一定时间内确实会增产的，这也是事实。从生态学的角度来讲，农田生态系统不仅是一个土壤的问题还有一个大环境和小环境，大的环境包括大气、空气、气温。土壤应该是最基本的东西。刚才我听几个专家讲土壤营养的平衡，其实除了这个外，土壤生态系统还有一个主体，主体是动物微生物，刚才几个领导讲了，也看不到蚯蚓等，这个就是土壤里面的动物构成、微生物的构成，不要以为土壤里面这些东西没用，他们的作用很大。总而言之，要从生态系统的角度去考虑问题。由此我想借助这个机会，呼吁我们的农业系统干部群众，如果有可能的话，尽量学一些生态学的知识，用生态学来指导农业生产，很多问题就迎刃而解了。第三，为什么会造成当前这样的一些情况？我觉得有多方面的原因，主要一个原因是这些农业化肥等生产厂家，他们的指导思想有问题，利润万岁，而不是从农民长远利益或者对人们健康角度来考虑问题。铺天盖地的广告一点都不科学，不说是骗人，起码是混淆视听。另外是不加区分地提倡向外国学习，把国外的化肥农药等这些引用到中国来，而把自己的优秀的、传统的农业耕种模式弃置不用。我有一个观点，我认为中国几千年优秀的传统农业就是生态农业。一说起传统农业，有一个很大的顾虑就是产量，我们不是一味地恢复或者回归传统农业，不是回到原来的那个水平上，而是在更高的水平上来发展我们的生态农业。从政府的指导上也有一些方面的牵强，刚才也提到市场的问题就是没有诚信，造成了真正的绿色食品、真正的有机食品、真正的无公害食品没有人相信，使很多假冒的食品充斥市场，这样使那些种植真正的绿色食品、真正的有机食品、真正的无公害食品人得不到利益。还有一方面是怎样来想办法使真正地有劳动力的人能够留在农村来开展生态农业、生产健康食品，这是我们要解决的很大的一个问题。

胡勘平：

谢谢黎主任，接下来有请王主任，奈安在您的关心下取得了长足的发展，您讲一讲。

王群：

谢谢大家！第一说一下我的体会，我们共产党的宗旨就是为人民服务，人民离不开食品，食品离不开安全，安全离不开土壤。民以食为天，食以鲜为天，土壤又是根本。离开了土我们什么也不行，甚至严重影响着我们党的宗旨，我们专题聚焦到土壤是特别重要的一个事。第二，我觉得这个会特别好。以实际行动贯穿了中央的精神。第三是简单地说一下对奈安的认识。我们一直跟踪奈安这么多年，我们省人大常委会主任说，你们一定要认真地调查，我们经过多方面地了解，奈安确实很好。奈安在全国 68 个县做了实验，2015 年麦收的时候，在河南铺了三个点，一个是我们的小麦大县西华县，产量至少提升 10%左右，专家说是 15%左右。中国生态文明研究促进会组织中央媒体包括河南的十几家媒体去宣传，才带来了这样的效果。现在土壤污染非常严重，从种子到土壤，这个过程都会出现问题。不能先污染后治理，应该注重预防与防治相结合的原则。

胡勘平：

谢谢王主任。王主任在他充满正能量的点评当中对我们研促会的工作，对我们今天的会议给予了充分的肯定，如果在这方面还有什么意见，在一会儿散会之前还可以进一步地跟我们反映。下面我们就有请中国农业大学胡跃高教授给大家作点评。

胡跃高：

根据前面的启发，土壤问题事实上是一个工程问题，向下是一个技术问题，从土壤往上走是一个科学问题。关注土壤问题是因为我们关注食品安全问题，土壤安全问题是食品安全问题的一个结果，土壤安全问题的原因是什么？有四个问题，第一个问题我们农民生产系统变化了，第二个问题与土壤相关的水出现了问题，与土壤相关的气也出了问题，生态环境出了问题。第三个问题与食品安全、土壤安全有关的粮食安全也出了问题。第四个问题是农业系统出了问题。假如与土壤安全相关的技术问题必须是同时能够解决所有问题，就是你的技术、模式、理论、工程应该有一个统一的目标，同时能够防治五大目标的技术体系才有可能把土壤安全问题解决掉。假如我们一个企业、地方有那么一套技术化解土壤问题，跟土壤相关联的问题要过五道关，第一关就是过技术关，过技术关不需要考虑经济利益问题，只要把土壤问题给解决了。第二关是要能够为市场接受，这时就有市场要求，这样就比较难了。第三关，操作的技术跟市场需要要有一个操作的主体，或者是企业或者是社会或者是合作社，主体是谁，我们一定要找到主体，大众是一个主体，但是大众不能解决问题，光政府买单也不够，还要有农民的结合，谁来用。第四关，社会能够接受这样的技术体系吗？因为乡村在变化，即便是好的技术，有人接受你的技术，生态系统才能接受。一是有机农业可以解决食品安全问题，你们家有孩子有大人，菜摆在桌子上，吃什么，是人心所向。有机农业可以解决粮食问题，有机农业并不对粮食产量造成问题。有实验证明能够平产甚至增产，当然还有一些基础进步。二是有机农业是环境友好型，农业友好型的，能解决生态环境问题。三是有机农业可以使市场更稳定，产值相对高一点。有机农业可以稳定地增加农民地收入。一个地区可以实现这样的交易目标，在全球范围内也有基础了，有机农业已经发展到150多个国家与地区，现在仍然还有改进。谢谢！

胡勘平：

下面请北京林业大学李铁铮教授。

李铁铮：

谢谢主持人，也谢谢我们研促会的邀请，刚才诸位专家是妙语连珠、高谈阔论讲了很多真知灼见，我想把研促会各种论坛的成果，把专家的观点更多地、更有效地传递到全社会让他们转化为在农业和土壤修复的动力。应该说，在目前来讲，我觉得在问题的重要性是不言而喻的，现在关键的问题是怎么样能够使全社会加以理解，我觉得需要市场，更重要的是需要全社会各方面共同努力，我觉得这个做起来难度还是非常大的，否则只是在那里说，可能就像自娱自乐，我们越说越知道这个问题的重要性，但是老百姓不知道。目前来讲在传播方面我们要适应一个时代的需求，适应社会的需求，应该说这个时代早已经进入新媒体的时代，一个大众传播的时代，现在仅仅靠这种传统的传播方式还是远远不够的。据说现在很多论坛或者是一些突发事件已经不在邀请记者到场，而是邀请主播们到场，利用现代化的网络化传播手段让他加快传播的速度来扩大这个覆盖面，我觉得这个也是需要我们下一步进一步研究的。我觉得对我们的创新提出更艰巨的任务，这个我们也是任重而道远。作为我来讲，我是研究传播的，我觉得肩负的责任非常重，我也会在生态研究方面多做贡献，也希望大家在除了黎主任建议要多学生态学知识之外，我也希望大家多学一点传播学的知识。谢谢。

胡勘平：

刚才李部长反复讲到，我们这次年会就是共享，是我们的一个主题，实际上就是要依靠全社会，或者是依靠或者是为了社会所有主体，其中公众和社会组织是其中一个非常重要的一个方面，所以这次我们在年会上也邀请了在全国各地的社会组织，包括今天到会的武陵山生态环境保护联络会，下面有请武陵山生态环境保护会的杨会长。

杨建初：

非常感谢研促会给我这个机会，我是来自非常偏远的武陵山，说实话今天的主体是土壤修复，在中国讲起来我那里是山清水秀，污染不是特别严重，但是我们经常在下面走的时候也会遇到环境污染的问题。比如说花莲一带那里的煤矿废弃了好几年，但是煤矿倒闭了污染没有治理，一下雨大量的黑水往下面跑。广东东莞我也往那里去，在那里种的胡椒老百姓不吃。在我的老家很多百姓种地也是分两块，一块是给自己吃的，另一块是卖的，给自己那一块是不打农药，很少用化肥，另一块施农药化肥长得很漂亮。我想一个问题，土壤的修复，就是从煤矿提醒我的，我就问他们，这个煤老板为什么不承担这个责任，把附近的土壤修复，把矿修复，说倒闭了就跑掉了。环保系统能不能像直销行业一样，直销行业要成立是需要保证金的。我们可以考虑根据环评的内容，根据这个企业潜在的污染风险和污染周期，要这个企业提供保证金最后要赔偿，我以前的老板是金光的，租用了很多农民的企业种桉树，种了十几年再把这个土地还给农民的时候，这个土地已经很贫瘠了，如何来赔偿，我今天只是抛一个绣球。谢谢大家！

六、环保装备·中国制造论坛

周学双同志在环保装备·中国制造论坛上的致辞

海南省生态环境保护厅总工程师　周学双

这次分论坛主题是环保装备·中国制造的机遇与挑战。环保装备是为节能环保产业提供技术和设备的重要产业，是战略性新兴产业。今天，中国生态文明研究与促进会邀请国内嘉宾、学者、企业家朋友，在这里共同探讨先进的环保装备在处理处置生活垃圾上的应用和探索，这是从根本上寻找解决垃圾污染问题的重要出路。

近年来，我国城市生活垃圾处理设施建设明显加快，处理能力和水平不断提高，生活垃圾焚烧处理技术具有占地较省、减量效果明显、余热可以利用等特点，在发达国家和地区得到广泛应用，在我国也有近30年应用历史。

按照中央城市工作会议和《中共中央　国务院关于进一步加强城市规划建设管理工作的若干意见》要求，将垃圾焚烧处理设施建设作为维护公共安全、推进生态文明建设、提高政府治理能力和加强城市规划建设管理工作的重点。住房城乡建设部等四部委发布的《关于进一步加强城市生活垃圾焚烧处理工作的意见》提出，到2017年底，建立符合我国国情的生活垃圾清洁焚烧标准和评价体系；到2020年底，全国设市城市垃圾焚烧处理能力占总处理能力50%以上，全部达到清洁焚烧标准。

海南宝岛，风景迷人。良好的生态环境是海南最大的优势，也是最具竞争力的生产力。近年来，海南全力推进“多规合一”，着力构建山清水秀的生态空间、集约高效的生产空间、宜居适度的生活空间，同时针对生态环境问题突出的领域，开展违建、城乡环境、林区湿地、城镇内河、大气、土壤等“六大专项整治”。经过全省上下一心，共同努力，国际旅游岛建设和生态环境保护取得了一定成效。海南生态环境质量持续保持全国前列。2015 年，全省生活垃圾产生量约 348 万吨，同比增长 20%，无害化处理量约 230 万吨，同比增长 17%；无害化处理率为 66%，焚烧处理比例为 41.4%。海南省生活垃圾处置的方式主要有两种：卫生填埋和焚烧发电，以卫生填埋为主。而全省已建的 16 座卫生填埋场中已有 4 座服务期满，属超负荷运作，还有 4 座使用年限不足 3 年，还有约 650 万吨的存量垃圾亟待处理；生活垃圾处理依然面临较大压力。

作为公用基础设施，生活垃圾处理设施存在缺乏政府主导与规划布局、各自为政、选址不尽合理、规模偏小、服务半径小、设备选型与效果评价体系缺乏、现有技术和设备工艺五花八门、公众邻避效应等问题，加上各方资金蜂拥而进、水平参差不齐。这次论坛把我国环保装备的行业发展和生活垃圾处理处置的新设备新工艺作为专题进行研讨，我们感到非常高兴、机会难得。一方面，这次论坛汇集了我们环保装备制造业尤其是垃圾处置行业的科技专家、管理专家和科技实业家，无论在理论方面还是实践方面，都具有很深的造诣。有机会聆听各位行业内专家的发言，与在座各位嘉宾座谈交流，肯定受益匪浅，为解决海南目前生活垃圾处理处置上的难题提供了宝贵经验和重要启发。另一方面，当前海南紧紧围绕生态立省、经济特区和国际旅游岛建设三大优势，坚持绿色发展道路，不断优化产业结构，将低碳制造业列为重点发展的产业之一，所有这些都离不开发展低碳科技和先进环保装备产业的支持。同行聚首出谋划策，英豪见面碰撞火花。我相信接下来各位专家的精彩讲演，一定会在这次论坛上碰撞出智慧的火花和创新的火花！我也坚信，这次论坛必将有力推进海南生态文明建设和国际旅游岛建设，促进海南与各兄弟省市同心协力不断改善我国生态环境质量。

发展环保装备产业　助推生态文明建设

环境保护部人事司原司长　李庆瑞

根据会议安排，以《发展环保装备产业　助推生态文明建设》为题，与大家分享几点想法。

一、国家加快推进生态文明建设步伐

前不久，习近平总书记对生态文明作出重要批示，强调生态文明建设是“五位一体”总体布局和“四个全面”战略布局的重要内容，各地区各部门要切实贯彻新发展理念，树立“绿水青山就是金山银山”的强烈意识，努力走向社会主义生态文明新时代。

党的十八大以来，生态文明建设明显加快。同时，生态文明体制改革不断打出“组合拳”，2015年，中央出台了总体方案、环保督查、损害追责等“1+6”架构，2016年以来，又陆续出台了垂直管理、统一试验区等若干生态文明体制改革方案。一方面，着力于强化地方政府的环境保护职责，另一方面，着力于既强化各部门责任，又加强部门间的协作，筑牢了制度保障。

生态文明建设步伐的加快，带动了市场资源更多地向生态环保领域集聚，也带动了环保科技创新和环保产业的发展。

二、环保装备产业迎来难得历史机遇

在国家加快生态文明建设步伐的大背景下，环保产业迎来难得的历史机遇。

一方面，党中央、国务院高度重视环保装备等环保产业的发展，从法律、战略等顶层设计上，为环保产业发展明确了方向。

2015年1月1日起实施的新《环境保护法》明确规定："国家支持环境保护科学技术研究、开发和应用，鼓励环境保护产业发展""国家采取财政、税收、价格、政府采购等方面的政策和措施，鼓励和支持环境保护技术装备、资源综合利用和环境服务等环境保护产业的发展。"

2015年以来，中央出台了《关于加快推进生态文明建设的意见》《生态文明体制改革总体方案》《"十三五"规划》，以及大气、水、土三个十条等一系列决策部署和重要文件，共同形成了我国环保产业发展的顶层设计。

2016年11月国务院发布的《"十三五"生态环境保护规划》专设一节"推进节能环保产业发展"，明确要推动低碳循环、治污减排、监测监控等核心环保技术工艺、成套产品、装备设备、材料药剂研发与产业化，尽快形成一批具有竞争力的主导技术和产品；鼓励发展节能环保技术咨询、系统设计、设备制造、工程施工、运营管理等专业化服务等。

围绕贯彻落实这些法律和政策文件，环保装备制造业将有巨大的发展空间。

另一方面，环保产业的市场需求大，环保装备产业发展正当其时。据有关方面分析预测，预计"十三五"期间国家对环保方面整体投入将增加到每年2万亿元左右，将远超"十二五"期间的3.4万亿元。在政府投入的带动下，"十三五"期间社会环保总投资有望超过17万亿元。

这些市场需求正逐步凸显。国家统计局发布的数据表明，2016年前三季度，仅生态保护和环境治理业投资增速就高达43.4%。

同时，结构调整与技术进步也为环保装备等产业的发展，提供更好历史机遇。2016年以来，全国装备制造业和高技术产业增加值加快增长，占工业比重也持续提高，工业企业发展技术含量日趋提升。国家统计局发布的数据表明，11月高技术产业和装备制造业增加值同比各增10.6%和10.5%，增速分别比规模以上工业高4.4个百分点和4.3个百分点。

面对良好的历史机遇，环保装备产业应当乘势而上、主动作为，为生态文明建设做出应有的积极贡献。

三、关于以发展环保装备产业助推生态文明建设的几点建议

一方面，建议环保装备产业的相关同仁，明确目标导向，从方向上、战略上与国家生态文明建设有关部署保持一致，紧紧围绕环境质量总体改善的目标，各方面形成合力，共推环保装备产业发展。当前，特别应当抓住国家“十三五”生态环保规划、环境治理三大战役等明确的工作任务，从装备技术水平等方面重点突破，促进环境质量改善成效“显性化”，提升人民群众在生态环保方面的获得感。

另一方面，建议更加重视改革创新。切实发挥市场在资源配置方面的决定性作用，不仅是技术创新，不断提高装备水平，也需要政策创新，让生产、使用高水平环保装备的企业从市场上获益。更需要体制机制创新，减少、消除制约环保装备产业大发展的障碍，破除“中梗阻”。这些改革创新，需要政府、企业、社会组织等各方面的共同努力。

在创新方面，还要加快生态环保大数据、智慧环保、自动监控等信息化、科学化及国产化步伐，既服务于助推生态环保又培育壮大环保装备产业。

研促会也将在现有工作基础上，结合生态文明研究促进工作，深化环保装备产业发展规律研究，为环保装备业与有关政府部门之间打好更为畅通的沟通渠道，促进各地更加重视和加快环保装备产业的发展。

让我们共同努力，在难得的历史机遇下，共同推动环保装备业迎来新的发展飞跃，为生态文明建设发挥更大的助推作用。

科技引领厚植优势，让生态梦想照进现实

中国光大国际有限公司执行董事、副总经理　蔡曙光

今天我演讲的题目是“科技引领厚植优势，让生态梦想照进现实”，并借此和各位同仁交流分享，光大国际作为环保践行者和生态文明建设者的筑梦历程。

一、生态文明建设为环保装备企业提供了巨大发展机遇

生态文明，通俗的理解就是文明地对待生态，强调的是人对生态环境的敬畏与尊重，追求的是人与自然的和谐以及人与人的和谐。当前，我们积极践行的生态文明建设是人类文明形态的又一场重大革命，是中国作为全球一个负责任的重要经济体，对世界未来发展和创建人类美好生存环境的一个重大贡献。生态文明建设的大力实施和推进，无论对我们整个经济社会的发展理念、发展方式，还是对发展质量与发展速度，都提出了更高的要求。可以说，以创新驱动、科技引领为前提的生态文明建设已成为各地区、各行业实现“十三五”新一轮发展的必由之路。

环保装备作为环境科技转化的重要成果，得益于国家生态文明建设的大力推动，环保装备制造业已日益成为资本投资市场的“宠儿”。据市场数据，2015 年全国环境保护产品收入约 4700 亿元，全年销售收入增速达 15%，已初步形成了长三角、珠三角和环渤海三大主要产业集聚区，具有自主知识产权的国产技术相继涌现，形成了一批具有雄厚实力的行业代表品牌，持续提升了中国环保技术装备在国内外市场上的竞争力。

受益于整体产业环境的持续利好，光大国际于 2011 年投资建设，集环保设备研发、制造、销售为一体的光大环保常州技术装备公司也取得了

迅速发展。公司通过自主研发、引进消化等多种方式，研制行业领先的环保技术及成套装备，主要提供生活垃圾焚烧成套设备、烟气处理成套设备、渗滤液处理成套设备和飞灰处理成套设备等多个核心产品。其中，自主研制的多级液压机械式焚烧炉，获得科技部2014年重点新产品称号，通过了欧盟CE认证，取得了走向国际市场的通行证。2016年9月，自主研制的光大 750 吨/天垃圾焚烧炉成功应用在江苏吴江垃圾焚烧处理项目。2012年9月投产至今，公司销售生活垃圾焚烧线61条，垃圾渗滤液处理设备成套29条，烟气净化线38条，成功应用于江苏、山东、安徽、广东、广西等国内省份及英国、埃塞俄比亚等国外环保项目，目前已成为亚洲地区最大的垃圾处理设备供应商之一。

二、科技创新为环保装备企业发展提供了不竭驱动力

科技创新是驱动环保装备产业和企业实现可持续发展的不竭动力。环保企业要成为经得起大浪淘沙的百年老店，就必须在科技创新上下功夫，通过科技创新，厚植自身优势，持续形成新的市场竞争力。

经常有行业同仁向我们了解光大国际在环保领域迅速崛起的奥秘，其实有一个很重要的秘诀就是依靠科技创新。2003 年光大国际以“创造美好环境，回馈社会大众”的朴素情怀，进军环保产业，始终坚信环境问题的改善，取决于环保技术的进步和发展。十多年来，光大国际在环保技术创新领域一直敢为人先、执着追求，坚持学习国际先进垃圾焚烧发电技术和理念，以技术创新为重点，通过自主研发、引进消化、产学研联合等多种方式进行科技创新，开发具有先进水平的环保技术及装备。目前光大国际已形成了具有完全自主知识产权的垃圾焚烧发电整体技术体系，推出了一系列代表着中国垃圾焚烧发电领域核心技术的领先产品，牢牢占据着国产大容量生活垃圾焚烧炉排的技术制高点。2014 年光大自主研发的多级液压机械式炉排获得了科技部“重点新产品”称号，成功进入行业设备选型的第一梯队。从项目运行的实际成效来看，光大自主研发设备和光大国

际投资建设的垃圾焚烧发电项目可以说是珠联璧合、相得益彰。一方面，良好的设备性能和稳定可靠的处理实力，有效保障了项目的高效率、高水平运行，有力支撑了各项目的发展。2015年8月28日，光大环保南京能源项目日处理垃圾500吨的#3焚烧炉自2014年8月31日投产，连续运行时间达362.5天，创下光大自主研发焚烧炉长周期运行的新佳绩，也让整个行业充分见识了光大制造的卓越品质。另一方面，光大国际的诸多项目为技术装备的推广应用、改进提升提供了一个示范基地，不断提高光大技术装备处理中国垃圾的水平和实力。

随着中国制造2025战略计划的实施，光大制造也进入了“互联网+制造”的发展新时期，我们将充分利用大数据、云计算与互联网等新兴技术，不断提高设备的数字化、智能化与互联化水平，积极构建覆盖研发制造、工程设计、项目供货、客户管理到终端售后服务的全生态系统，使光大制造提供的技术、产品和服务更加充满“智慧”，实力更加强大。

三、“一带一路”为环保装备走出去开启了新的筑梦空间

“一带一路”是我们国家从战略高度审视世界发展潮流，统筹国内、国际两个大局作出的历史重大决策。将生态文明理念融入“一带一路”建设，加强生态环保对“一带一路”建设的服务和支撑，已逐渐成为中国和“一带一路”沿线国家的普遍共识。因此伴随着“一带一路”战略的强势推进，环保装备行业也迎来了一个前所未有的历史机遇期。可以说，“一带一路”为环保装备企业“走出去”提供了一个充满发展想象力的筑梦空间，并且通过审视国内的环保产业体系，我们完全有能力开启这个筑梦空间。

纵观国内环保装备行业近20年的发展历程，我们充分具备了“走出去”的实力和比较优势。例如，在污水处理、生活垃圾焚烧发电、烟气净化等方面开发的产品与技术可以基本满足海外市场需要，其中有些是达到国际先进水平、具有自主知识产权的关键技术。更可喜的是，有许多企业

依靠自有技术，具备了工程建设与设备配套的能力。通过市场调研了解，与“一带一路”沿线主要国家相比，我国环保产品具有成本低、效果好、技术适应强等特点。

受惠于此战略，我们光大的国际化也已经在“一带一路”沿线国家率先推开。2016 年，来自越南、印度尼西亚、马来西亚等东南亚国家以及中东、非洲的环境投资商在参观了光大国际的运行项目，了解了技术装备的先进性后，纷纷表达出了强烈的合作意向。

近两年来，光大技术装备一直在积极参与国际市场竞争，坚持“走出去”，坚持在发展壮大中为国家重大发展战略服务。2014 年核心技术装备获欧盟 CE 产品认证，成功获得进军国际市场通行证，当年实现了由国内向国外销售的新突破。2015 年烟气净化技术成功对外输出，应用在英国德比 8MW 气化项目。2016 年 4 月，首个出口海外的渗滤液成套设备运抵埃塞俄比亚供货项目现场，标志着光大制造进军国际环保装备市场迈出了坚实的一步。2016 年 11 月，光大制造成功签下越南芹苴项目 1×400 吨/天的焚烧炉、烟气处理、渗滤液三大主系统供货合同，2017 年将实现全系列核心技术装备在“一带一路”沿线国家的首次亮相。

“企业不仅是物质财富的创造者，更应成为环境与社会责任的承担者”。站在新的历史起点，光大国际和旗下的光大制造将抢抓发展机遇，坚决地“走出去”，通过科技创新不断厚植自身的竞争优势，为“一带一路”乃至全球的环境保护作出应有的贡献。在此，我们也诚邀在座的各位同仁、关心环保事业的各级政府部门、投资机构、科研单位，与我们一道携手并肩，共谋绿色发展，合作互赢，一起让以人为本的生态文明梦想照进现实。

环保装备·中国制造分论坛报告

固体废弃物能源化利用技术及装备

浙江大学　严建华

垃圾危废污泥产生量大

- ◆ **生活垃圾产生量：2.89亿吨/年（2014年）**
  - → 城市生活垃圾清运量：1.79亿吨（2014年中国统计年鉴）
  - → 农村生活垃圾产生量：1.10亿吨（按照6.5亿常住人口，每人每日产生0.5公斤计算）
- ◆ **危险废物产生量：3633.52万吨/年（2014年）**
- ◆ **城镇污水污泥产生量：4000万吨/年，若计及印染、造纸等工业污泥，排放总量接近1亿吨/年**

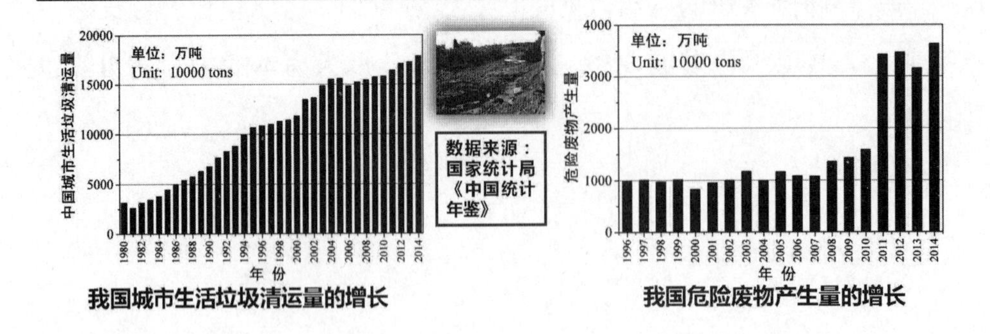

我国城市生活垃圾清运量的增长　　我国危险废物产生量的增长

焚烧是主要方法

- ◆ 焚烧是发达国家垃圾、危废和污泥处置的主要方式，土地资源紧缺的日本、丹麦、挪威、芬兰、瑞典、荷兰、瑞士、比利时等国以焚烧为主
- ◆ 中国垃圾焚烧厂的数量和处理量增长迅速

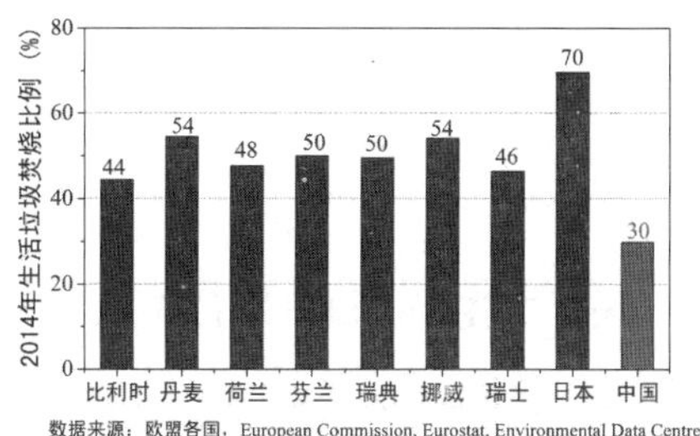

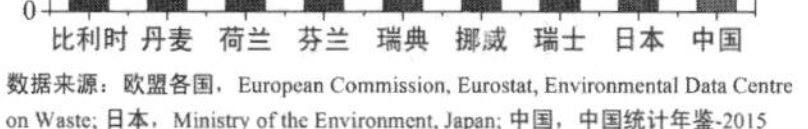
数据来源：欧盟各国，European Commission, Eurostat, Environmental Data Centre on Waste; 日本，Ministry of the Environment, Japan; 中国，中国统计年鉴-2015

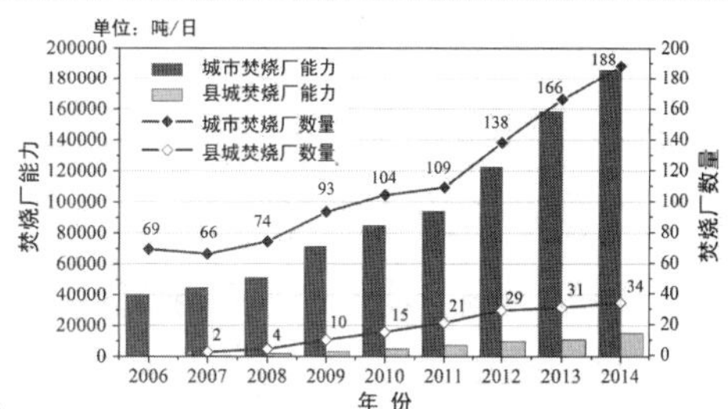

数据来源：中国城市环境卫生协会

- ◆ 世界范围内很多国家积极发展垃圾焚烧发电
- → 占地小、可以实现最大程度的能源化和减量化利用
- → 科学认识到垃圾焚烧不是二□恶英产生最主要来源
- → 垃圾焚烧和尾气处理技术的进步，已能充分控制二□恶英的产生和排放

国家重大需求

国家发布的鼓励垃圾焚烧发电产业发展的政策法规

时间	名称	主要内容
2000	《当前国家鼓励发展的环保产业设备（产品）目录（第一批）》	将垃圾焚烧处理成套设备列入目录
2001	《城市生活垃圾焚烧处理工程项目建设标准》	首次规范焚烧厂建设标准和经济测算
2001	《生活垃圾焚烧污染控制标准》	规定了垃圾焚烧厂选址、技能指标和排放限制等
2002	《关于推进城市污水、垃圾处理产业化发展的意见》	明确已建垃圾处理设施的城市开征垃圾处理费，专项用于项目建设与运营维护
2005	《中华人民共和国可再生能源法》	鼓励发展垃圾焚烧处理，为垃圾焚烧发电项目电力并网和收购提供了保障
2006	《可再生能源发电价格和费用分摊管理试行办法》	明确了垃圾焚烧发电电价补贴政策及实施期限
2008	《财政部国家税务总局关于资源综合利用及其他产品增值税政策的通知》	垃圾发电产品实行增值税即征即退政策
2011	国务院常务会议研究部署进一步加强城市生活垃圾处理工作	推广焚烧发电等生活垃圾资源化利用方式
2012	《关于完善垃圾焚烧发电价格政策的通知》	垃圾焚烧发电执行全国统一垃圾发电标杆电价每千瓦时0.65元
2012	《“十二五”全国城镇生活垃圾无害化处理设施建设规划》	2015年生活垃圾焚烧处理设施能力占全国城市生活无害化处理能力的35%，东部地区达到48%
2014	《生活垃圾焚烧污染控制标准》（修订）	收紧了垃圾焚烧的污染物排放限值

发展趋势

◆ **全过程优化**

→ 强调垃圾分类预处理，提高垃圾入炉前的品质

→ 气化热解等控氧热转化技术

→ 灰渣的无害化和资源化

◆ **污染物超低排放**

→ 对二□恶英、重金属进行全过程控制，采用更先进的尾气净化技术

→ 固（灰渣）、气（烟气）和液（渗滤液）超低排放

→ 污染物在线检测，数据公开透明

◆ **能量高效利用**

→ 通过智能燃烧控制系统、余热利用系统和发电系统的优化设计，提高发电效率，降低能量消耗

研究基础

1999年，国家自然科学基金重点项目“垃圾洁净燃烧能源化利用的关键基础研究”

完整获得了不同垃圾组分的反应动力学参数、反应速率控制方程以及燃烧特性

针对中国垃圾不分拣、低热值、多组分和高水分等特点，开发了适用于大规模处理生活垃圾焚烧的异重度循环流化床技术

通过对垃圾给料、分选、焚烧、余热利用、发电和灰渣处理等系统的集成，形成了具有自主知识产权的垃圾焚烧发电集成技术体系

2007年，国家高技术研究发展计划（863）重点项目“危险废物焚烧系统关键技术与示范”

建立我国典型危险废物物化特性数据库，获得危险废物各种关键组分的热解和焚烧的动力学参数及其机理函数

开发出适应复杂组分危险废物并具有防腐和炉渣自清除功能的多段式新型回转窑热解焚烧技术

形成了包括废物进料、回转窑焚烧、二噁英及其它污染物控制、燃烧优化控制技术等的危险废物焚烧集成系统

2011年，国家重点基础研发计划（973）项目“可燃固体废弃物能源化高效清洁利用机理研究”

研究高值化预处理调质和源头控污机理，掌握还原/氧化气氛下热化学转化机理

探索二噁英生成阻滞、定向诱导和重金属稳定脱毒及关键污染物的协同脱除机制，实现了将二噁英排放控制在低于0.01ngTEQ/Nm³的目标

通过不同气氛下热转化的全过程协同优化，形成适合我国可燃固体废弃物特性的新一代高效能源化利用集成理论

研究特色

◆ 全方位：基础研究+应用研究+产业推广

◆ 全系统：预处理、燃烧、污染物生成、尾气净化和灰渣利用

◆ 二噁英：特色鲜明、国际领先

率先开发了二□恶英稳定发生源装置，为二□恶英控制基础理论研究奠定了定量的实验基础，世界上仅有的三套之一，精度最高。

世界上首位发现垃圾焚烧炉中二□恶英的荷兰科学家Kees Olie教授评价认为浙江大学热能工程研究所“在二□恶英生成、抑制和降解领域的基础研究、应用研究上取得了巨大进展”。

生活垃圾焚烧技术

循环流化床生活垃圾焚烧集成技术

→炉内混合强烈，炉膛内温度场均匀

→通过中温燃烧、飞灰吹扫等措施防止受热面高温腐蚀，主汽温度大于450°C

→二噁英等污染物排放优于国家标准

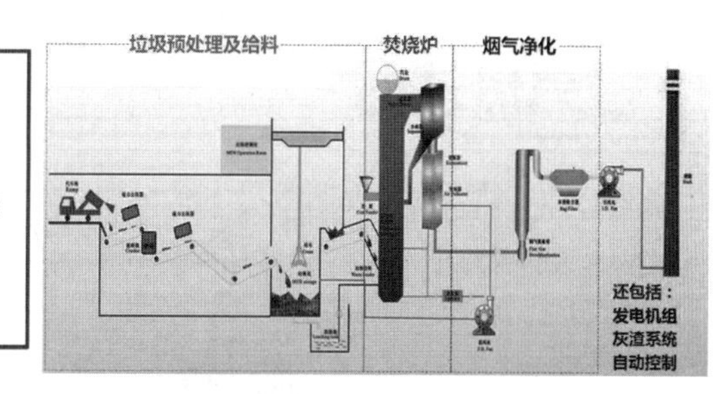

为国家环保高技术产业化重大专项和浙江省重大产业化项目，还被列为：

1. 国家经贸委、国家发改委、科技部重点节能科技成果
2. 国家建设部科技成果推广转化指南项目

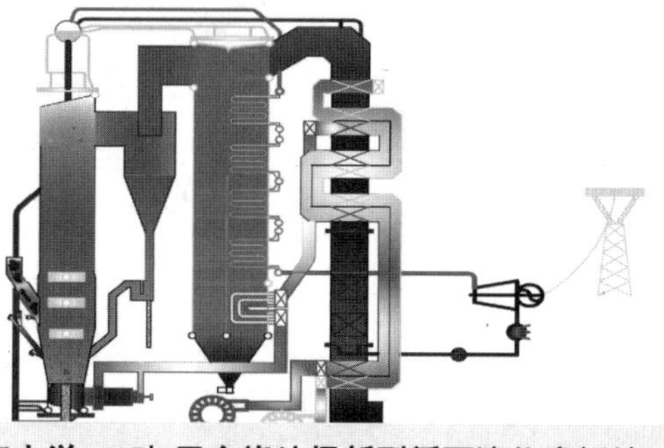

浙江大学800吨/天全烧垃圾新型循环流化床锅炉

生活垃圾循环流化床技术发展方向(1)

◆ 研究中国垃圾综合化利用的高级途径

◆ 开发高参数锅炉，提高余热利用效率

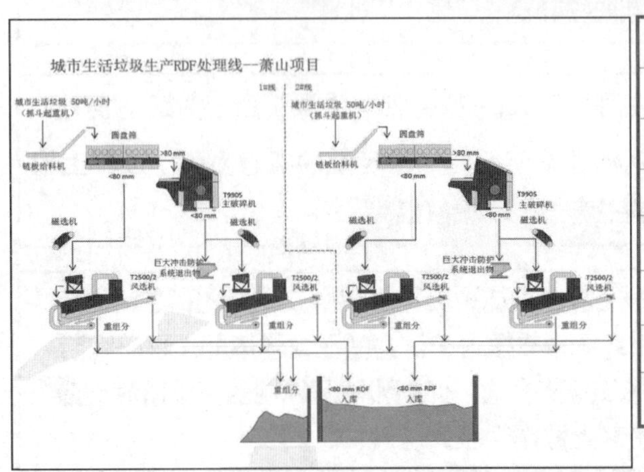

名 称	单位	数值
额定蒸发量	t/h	>120
额定蒸汽温度	℃	540
额定蒸汽压力	MPa	9.8
给水温度	℃	215
冷空气温度	℃	20
锅炉效率	%	85
日垃圾处理量	t	>800

生活垃圾循环流化床技术发展方向(2)

◆ 控氧热转化

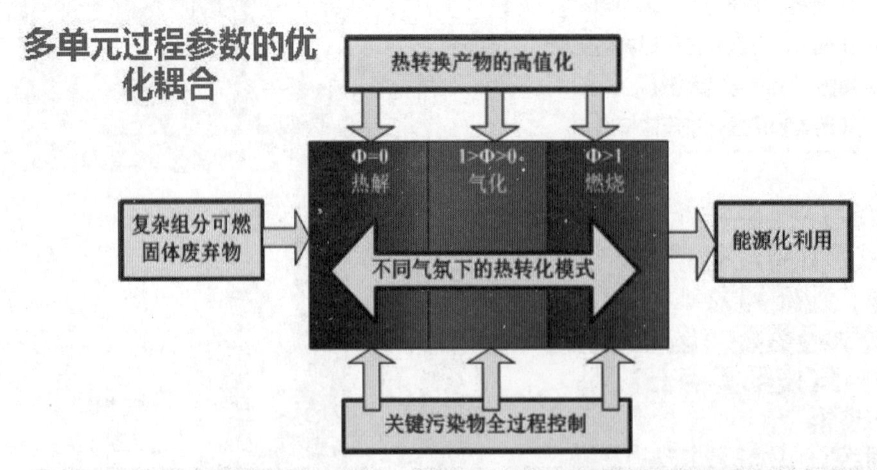

◆适用于复杂组分垃圾处理新一代近零排放高效能源化利用集成理论和技术

危险废弃物热处置技术

危险废弃物处置的难点

- ➢来源广泛，种类多，组分杂，物理形态各异
- ➢高含氯，高含盐，易结渣，易生成二恶英

编号	废物类别	行业来源
HW01	医疗废物	卫生
HW02	医药废物	药品原料
HW03	废药物、药品	失效、变质、不合格、淘汰、伪劣的药物和药品
HW04	农药废物	农药制造
HW05	木材防腐剂废物	木材加工
HW06	废有机溶剂与含有机溶剂废物	工业生产，非特定行业
HW07	热处理含氰废物	金属表面处理及热处理加工
HW08	废矿物油	精炼石油产品制造
HW09	油/水、烃/水混合物或乳化液	非特定行业
HW10	多氯（溴）联苯类废物	电力行业及其他行业
	……	……

2016年6月最新的<<国家危险废物名录>>共有50类别479种

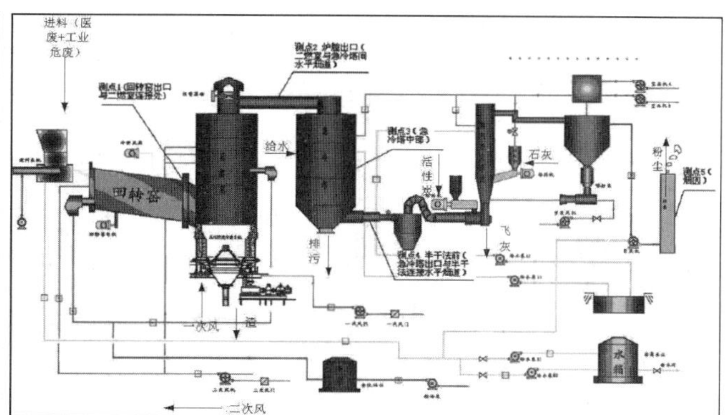

多段式新型回转窑热解焚烧技术

多段式新型回转窑热解焚烧技术

◆ 自熔融排渣技术

通过物料配伍调配、气氛调节，实现了回转窑在1100～1150℃条件下自熔融排渣，解决了结渣缩圈难题

◆ 流化式旋转燃尽技术

创新性的提出了流化式燃烬布风旋转冷渣装置，有效地解决了燃尽问题，并大幅提高了窑尾温度

危废焚烧优化控制方法及污染物联合净化技术

◆ **焚烧过程的自适应控制**

通过不同组分危废焚烧处置效率的定量评价模型、焚烧过程关键参数（给料配伍、处理量、焚烧时间、配风、温度场分布等）自适应优化控制。

◆ **污染物多途径耦合控制**

提出了“减少活性氯源、钝化催化作用”抑制二恶英再合成方法

研制了系列“硫氮基专用抑制剂”，抑制效果达到99.8%。

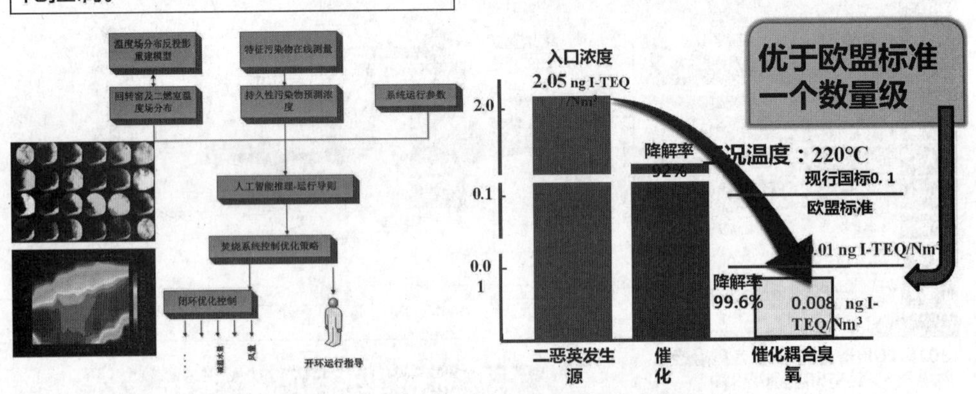

多形态危废配伍技术

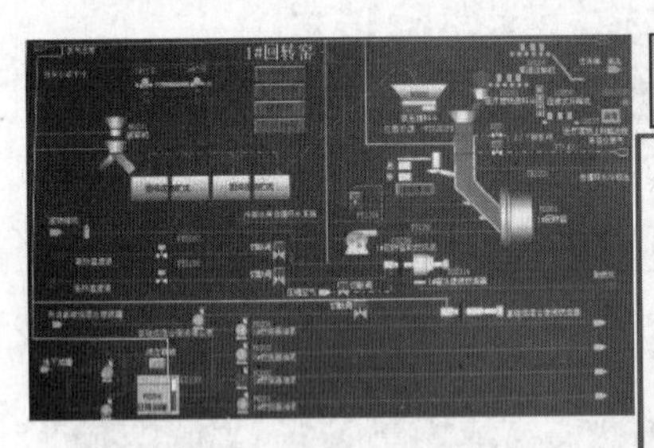

进料系统控制界面

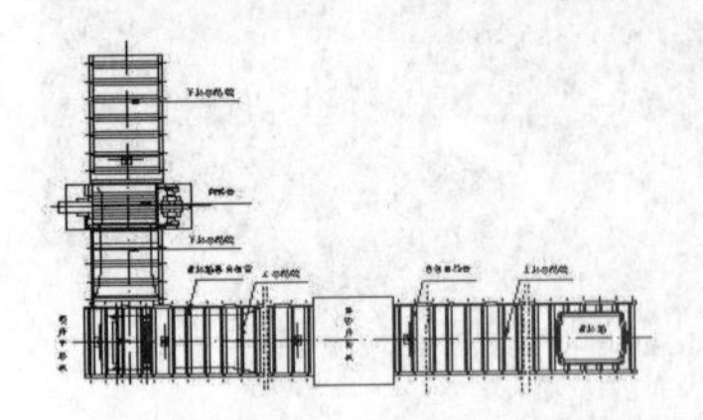

固体废物自动进料线

配料指标控制

- 热值 3000~3800kcal/kg
- pH值 5~10
- 可溶性盐类＜5%
- 容重0.6~0.9g/m³
- Hg、As＜2mg/kg
- 碱金属总量＜4mg/kg
- 烟气净化效率大于95%时，Cl＜4% S＜2%，F＜1%，P＜1%
- 烟气净化效率大于80%时，Cl＜2% S＜1%，F＜0.5%，P＜0.5%

搅动型间接干化技术

- ◆ 定量测定了污泥中自由水、间隙水、表面结合水和内部结合水的分布特性和析出规律，发现表面结合水和内部结合水难以采用机械方法脱除
- ◆ 原创性提出了污泥黏滞区的测定方法
- ◆ 克服污泥黏滞问题的搅动型间接干化技术

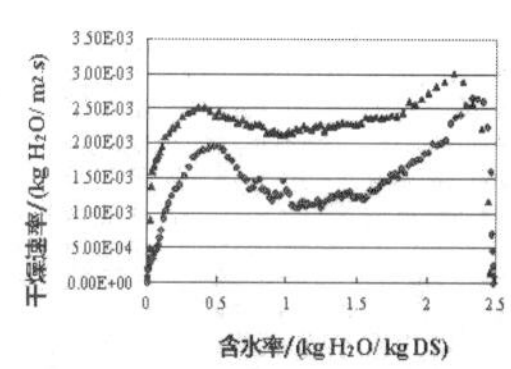

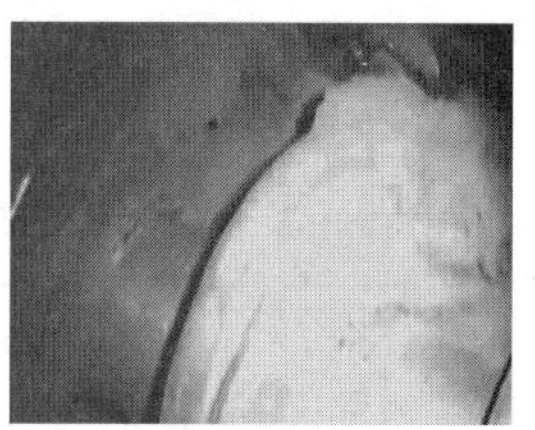

发明专利：用于污泥干化机的具有逆向倾斜交错互清式转盘的转轴ZL201210042587.3

复合循环流化床污泥焚烧技术

- ◆ 揭示了污泥的热化学动力学特性
- ◆ 在国际上原创性提出了复合循环流态化燃烧技术，实现污泥的高效稳定燃烧

复合循环流态化燃烧技术

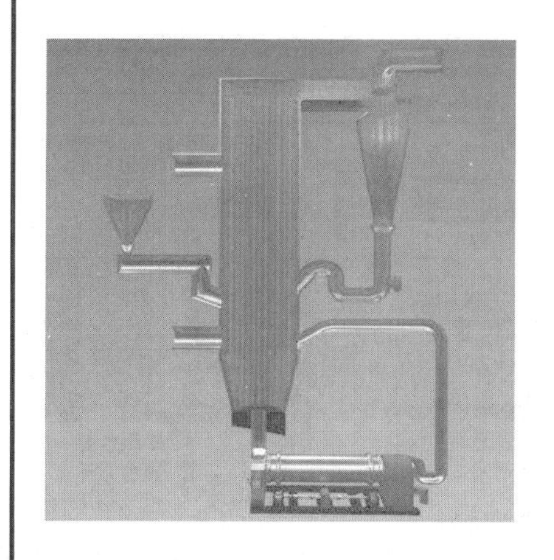

炉膛内外物料复合循环

半绝热膜式水冷壁

冷热分级送风

发明专利：一种适宜于低热值废弃物处置的流化床焚烧装置及工艺ZL201010122951.8

污泥干化焚烧全过程污染物协同控制技术

◆ 探明了污泥燃烧过程中二噁英生成和控制规律
◆ 形成了“炉内燃烧优化和尾部污染物脱除”的综合控制系统
◆ 在国际上率先提出了四段组合式污泥干化尾气处理优化工艺

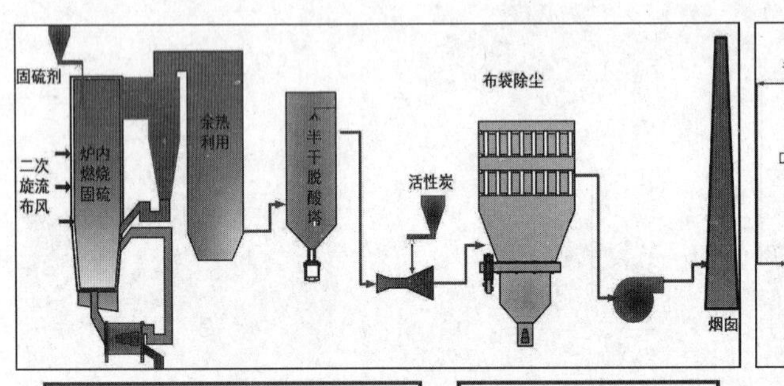

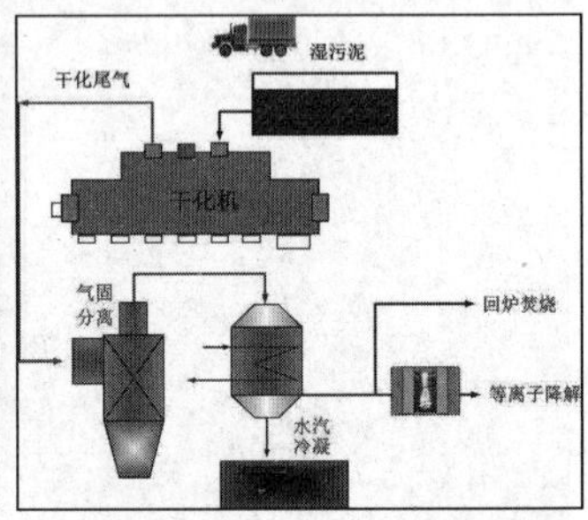

◆ NOx：采用850℃~950 ℃的中温燃烧、冷热分级送风
◆ SO_2、HCl等酸性气体：炉内钙基固硫、半干法脱酸
◆ CO：良好的配风和燃烧优化控制
◆ 粉尘：布袋除尘

◆ 二噁英：
✓ 满足“3T”的炉内燃烧控制
✓ 活性炭吸附+布袋除尘
◆ 重金属：活性炭吸附

“气固分离、水汽冷凝、等离子降解、回炉焚烧”组合式污泥干化尾气处理优化工艺

间接热干化和复合循环流化床清洁焚烧的集成技术体系

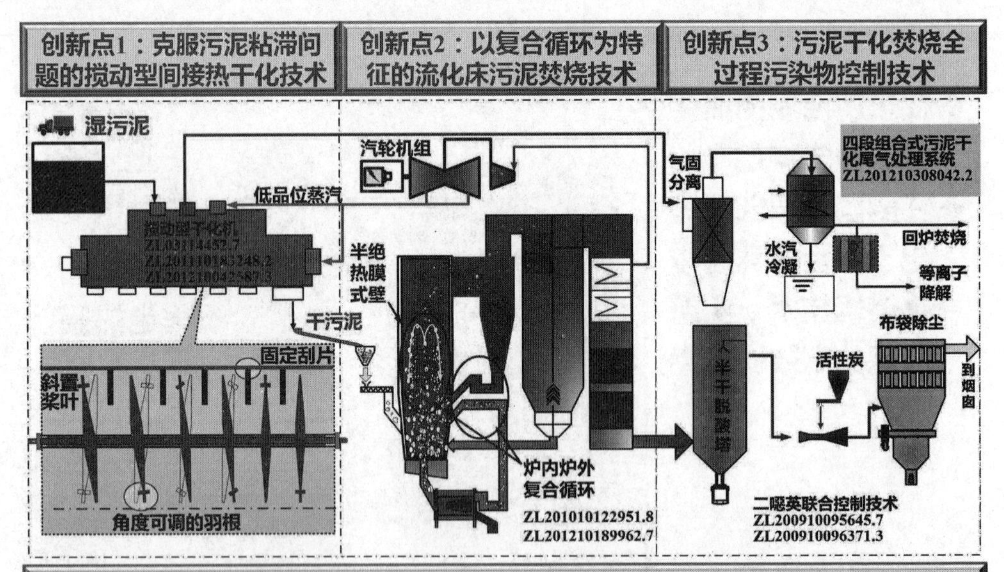

创新点4：形成了完整的搅动型间接热干化和复合循环流化床清洁焚烧的集成技术体系
ZL20120115658.8 ZL201010592307.7 ZL200810059090.6 ZL200710069863.4 ZL200710069862.X

痕量有机污染物的在线检测装备

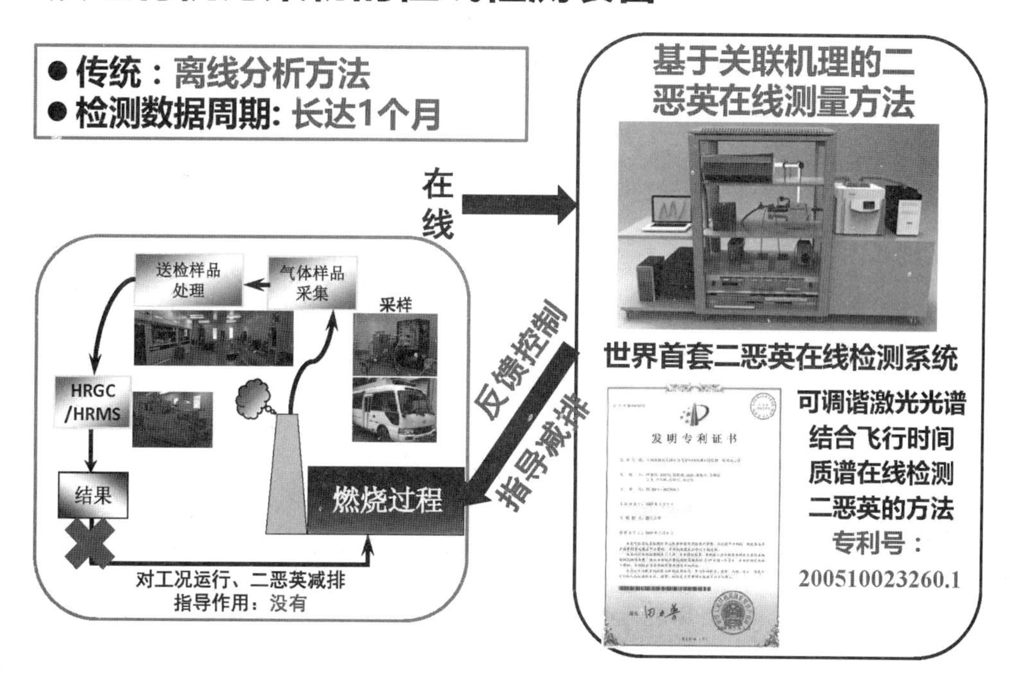

总体技术路线

支撑开展先进高效垃圾焚烧、危险废物焚烧和其它热处理、高效烟气净化系统、热能高效利用系统、飞灰中二噁英解毒和重金属稳定化、飞灰安全处置、焚烧炉渣安全利用、渗滤液处理和除臭、危险废物工业炉窑共处置、衍生燃料制备等技术和装备的研发和工程化

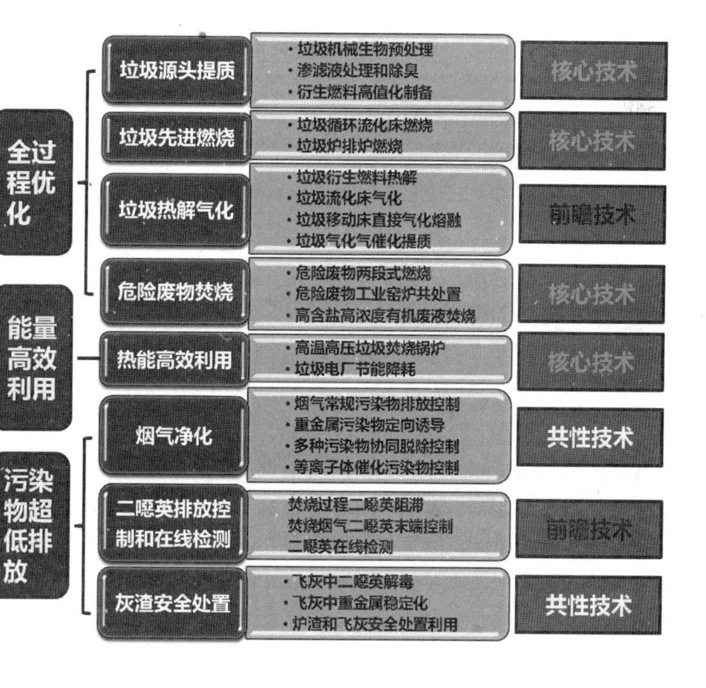

促进环保产业发展的相关法律与政策

环境保护部政策法规司环境政策处副处长　赖晓东

一、法律规定

《环境保护法》

第七条

国家支持环境保护科学技术研究、开发和应用，
鼓励环境保护产业发展，
促进环境保护信息化建设，
提高环境保护科学技术水平。

第二十一条

国家采取**财政、税收、价格、政府采购**等方面的政策和措施鼓励和支持环境保护**技术装备**、资源综合利用和环境服务等**环境保护产业**的发展。

《环境保护法》

第二十二条

企业事业单位和其他生产经营者，
在污染排放符合法定要求的基础上，
进一步减少污染物排放的，
人民政府应当依法采取**财政、税收、价格、政府采购**等方面的政策和措施予以鼓励和支持。

第三十六条

国家鼓励和引导公民、法人和其他组织
使用**有利于保护环境的产品和再生产品，**
减少废弃物的产生，

国家机关和使用财政资金和其他组织
应当**优先**采购和使用节能、节水、节材等
有利于保护环境的产品、设备和设施，

《大气污染防治法》

第五十条

国家采取**财政、税收、政府采购**等措施
推广应用**节能环保型和新能源机动车船、非道路移动机械，**
限制高油耗、高排放机动车船、非道路移动机械的发展，
减少化石能源的消耗。

第四十一条

国家鼓励燃煤单位采用
先进的除尘、脱硫、脱硝、脱汞等，
大气污染物协同控制的技术和装置，
减少大气污染物的排放。

第四十四条

国家鼓励生产、进口、销售和使用
低毒、低挥发性有机溶剂。

二、相关政策

激励与约束机制

- 绿色税收
- 绿色贸易
- 排污收费
- 绿色金融
- 绿色采购
- 绿色生活

……

十八届三中全会《决定》

(18) 完善税收制度

- 调整消费税征收范围、环节、税率
  把高耗能、高污染产品及部分高档消费品纳入征收范围
- 加快资源税改革
- 推动环境保护费改税

(53) 实行资源有偿使用制度和生态补偿制度

- 加快自然资源及其产品价格改革
- 逐步将资源税扩大到占用各种自然生态空间
- 提高工业用地价格
- 推行节能量、碳排放权、排污权、水权交易制度
- 吸引社会资本投入生态环境保护的市场化机制……

国务院印发的水污染防治行动计划

五、充分发挥市场机制作用

1、理顺价格税费。

- 加快水价改革。
- 完善收费政策。
- 健全税收政策。

2、促进多元融资。

- 引导社会资本投入。

3、建立激励机制

- 健全节水环保“领跑者”制度。
- 推行绿色信贷。
- 实施跨界水环境补偿。

国务院关于印发
“十三五”生态环境保护规划的通知

国发〔2016〕65号

第八章　加快制度创新，积极推进治理体系和治理能力现代化

第二节　完善市场机制

*推行排污权交易制度。*建立健全排污权初始分配和交易制度，落实排污权有偿使用制度，推进排污权有偿使用和交易试点，加强排污权交易平台建设。鼓励新建项目污染物排放指标通过交易方式取得，且不得增加本地区污染物排放总量。推行用能预算管理制度，开展用能权有偿使用和交易试点。

*发挥财政税收政策引导作用。*开征环境保护税。全面推进资源税改革，逐步将资源税扩展到占用各种自然生态空间范畴。落实环境保护、生态建设、新能源开发利用的税收优惠政策。研究制定重点危险废物集中处置设施、场所的退役费用预提政策。

环境保护专用设备企业所得税优惠目录（2008年版）

序号	类别	设备名称	性能参数	应用领域
1	一、水污染治理设备	高负荷厌氧EGSB反应器	有机负荷≥20kg/m^3.d；BOD_5去除率≥90%	工业废水处理和垃圾渗滤液处理
2		膜生物反应器	进水水质：COD<400mg/l；BOD_5<200mg/l；PH值：6～9；NH_3-N≤20mg/l；工作通量≥120 l/m^2.h；水回收率≥95%；出水达到《城市污水再生利用城市杂用水水质》（GB/T18920），使用寿命≥5年	生活污水处理和中水回用处理
3		反渗透过滤器	采用聚酰胺复合反渗透膜，净水寿命（膜材料的更换周期）≥2年；对规定分子量物质的截留率应达到设计的额定制	工业废水处理
4		重金属离子去除器	对重金属离子（Cr^{3+}、Cu^{2+}、Ni^{2+}、Pb^{2+}、Cd^{2+}、Hg^{2+}等）去除率≥99.9%，废渣达到无害化处理	工业废水处理
5		紫外消毒灯	杀菌效率≥99.99%；紫外剂量≥16mj/cm2；灯管寿命≥9000h；设备耐压：0.1-0.8Mpa/cm2；使用寿命≥10年	城市污水处理和工业废水处理
6		污泥浓缩脱水一体机	脱水后泥饼含固率≥25%	城市污水处理和工业废水处理
7		污泥干化机	单台蒸发水量1t/h～15t/h；单台污泥日处理能力≥100t；干化后污泥固含量≥80%	污水处理

环境保护、节能节水项目企业所得税优惠目录（试行）
财税〔2009〕166号

类别	项目
公共污水处理	城镇污水处理、工业废水处理
公共垃圾处理	工业固体废物处理、危险废物处理
沼气综合开发利用	畜禽养殖场和养殖小区沼气工程
节能减排技术改造	节能改造、技术改造
海水淡化	用作工业、生活用水的海水淡化 用作海岛军民饮用水的海水淡化

关于享受资源综合利用增值税优惠政策的纳税人执行污染物排放标准有关问题的通知

财税[2013]23号

各省、自治区、直辖市、计划单列市财政厅（局）、国家税务局，新疆生产建设兵团财务局：

为进一步提高资源综合利用增值税优惠政策的实施效果，促进环境保护，现对享受资源综合利用增值税优惠政策的纳税人执行污染物排放标准有关问题明确如下：

一、纳税人享受资源综合利用产品及劳务增值税退税、免税政策的，其污染物排放必须达到相应的污染物排放标准。

特急

财政部
国家税务总局 文件

财税〔2015〕78号

财政部 国家税务总局关于印发《资源综合利用产品和劳务增值税优惠目录》的通知

各省、自治区、直辖市、计划单列市财政厅（局）、国家税务局、新疆生产建设兵团财务局：

为了落实国务院精神，进一步推动资源综合利用和节能减排，规范和优化增值税政策，决定对资源综合利用产品和劳务增值税优惠政策进行整合和调整。现将有关政策统一明确如下：

一、纳税人销售自产的资源综合利用产品和提供资源综合利用劳务……

特急

财政部
国家税务总局 文件

财税〔2015〕73号

财政部 国家税务总局关于新型墙体材料增值税政策的通知

各省、自治区、直辖市、计划单列市财政厅（局）、国家税务局，新疆生产建设兵团财务局：

为加快推广新型墙体材料，促进能源节约和耕地保护，现就部分新型墙体材料增值税政策明确如下：

一、对纳税人销售自产的列入本通知所附《享受增值税即征即退政策的新型墙体材料目录》（以下简称《目录》）的新型墙体材料，实行增值税即征即退50%的政策。

这两项优惠政策均以环保部《环境保护综合名录》为前提条件：“高污染、高环境风险”产品不得享受优惠

关于印发《水资源税改革试点暂行办法》的通知

财税[2016]55号

河北省人民政府：

根据党中央、国务院决策部署，自2016年7月1日起在你省实施水资源税改革试点。现将《水资源税改革试点暂行办法》印发给你省，请遵照执行。

关于全面推进资源税改革的通知

财税〔2016〕53号

（二）实施矿产资源税从价计征改革。

1．对《资源税税目税率幅度表》（见附件）中列举名称的21种资源品目和未列举名称的其他金属矿实行从价计征，计税依据由原矿销售量调整为原矿、精矿（或原矿加工品）、氯化钠初级产品或金锭的销售额。列举名称的21种资源品目包括：铁矿、金矿、铜矿、铝土矿、铅锌矿、镍矿、锡矿、石墨、硅藻土、高岭土、萤石、石灰石、硫铁矿、磷矿、氯化钾、硫酸钾、井矿盐、湖盐、提取地下卤水晒制的盐、煤层（成）气、海盐。

对经营分散、多为现金交易且难以控管的粘土、砂石，按照便利征管原则，仍实行从量定额计征。

2．对《资源税税目税率幅度表》中未列举名称的其他非金属矿产品，按照从价计征为主、从量计征为辅的原则，由省级人民政府确定计征方式。

财　政　部
国家税务总局　文件

财税〔2014〕150号

财政部 国家税务总局关于调整部分产品出口退税率的通知

各省、自治区、直辖市、计划单列市财政厅（局）、国家税务局，新疆生产建设兵团财务局：

经国务院批准，调整部分产品的增值税出口退税率，现就有关事项通知如下：

一、调整下列产品的出口退税率：

（一）提高部分高附加值产品、玉米加工产品、纺织品服装的出口退税率。

（二）取消含硼钢的出口退税。

— 1 —

绿色贸易
《取消出口退税商品目录》

- 以环保部《环境保护综合名录》为重要依据，
- 已有400余种“高污染、高环境风险”产品被取消出口退税。

中华人民共和国商务部
中华人民共和国海关总署
公　　告

2014年　第90号

为保持外贸稳定增长、优化进出口商品结构，现对加工贸易禁止类商品目录进行调整，并将有关事项公告如下：

一、根据2014年海关商品编码，调整后的加工贸易禁止类商品目录共计1871项商品编码。

二、以下情况，不在加工贸易禁止类商品目录中单列，但按照加工贸易禁止类进行管理：

（一）为种植、养殖等出口产品而进口的种子、种苗、种畜、化肥、饲料、添加剂、抗生素等；

（二）生产出口的仿真枪支；

（三）属于国家已经发布的禁止进口货物目录和禁止出口货物

— 1 —

绿色贸易
《加工贸易禁止类商品目录》

- 以环保部《环境保护综合名录》为重要依据，
- 已有400余种“高污染、高环境风险”产品被禁止加工贸易。

关于调整排污费征收标准等有关问题的通知

（国家发展改革委、财政部、环境保护部，2014.9.1）

- 大气：不低于1.2元
- 污水：不低于1.4元
- 重金属：铅汞铬镉砷

- 浓度超限/超总量：加一倍
- 同时双超：加两倍
- 淘汰类工艺：加一倍

- 浓度低于限值50%以上：减半

环保部门与金融机构
建立信息沟通机制

征信系统收录环保信息14万余条

涉及约10万家企业

环境违法信息5.2万余条

2016年，金融机构查询包含环保信息在内的

企业信用报告1200多万次

对节能减排等战略性新兴产业
绿色信贷支持

至2016年6月末

21家主要银行业金融机构

绿色信贷余额	7.26万亿元
占各项贷款	9%
战略性新兴产业贷款余额	1.69万亿元
节能环保项目和服务贷款余额	5.57万亿元
绿色信贷领域的贷款不良率	0.41%

中国人民银行公告〔2015〕第39号

字号 大 中 小　　2015-12-22 19:00:00

打印本页　关闭窗口

为加快建设生态文明，引导金融机构服务绿色发展，推动经济结构转型升级和经济发展方式转变，根据《中华人民共和国中国人民银行法》、《全国银行间债券市场金融债券发行管理办法》（中国人民银行令〔2005〕第1号发布），现就在银行间债券市场发行绿色金融债券有关事宜公告如下：

一、本公告所称绿色金融债券是指金融机构法人依法发行的、募集资金用于支持绿色产业并按约定还本付息的有价证券。绿色产业项目范围可以参考《绿色债券支持项目目录》（见附件）。

二、本公告所称金融机构法人，包括开发性银行、政策性银行、商业银行、企业集团财务公司及其他依法设立的金融机构。

三、金融机构法人发行绿色金融债券应当同时具备以下条件：

中国银行业监督管理委员会 CHINA BANKING REGULATORY COMMISSION 政府信息公开

索 引 号：717804719/2011-02401　　主题分类：无
办文部门：股份制银行部　　发文日期：2015-11-02
公文名称：中国银监会关于兴业银行发行绿色金融债券的批复
文　　号：银监复[2015]614号

中国银行业监督管理委员会

银监复[2015]614号

中国银监会关于兴业银行发行绿色金融债券的批复

兴业银行：

《兴业银行关于申请发行2015年绿色金融债券的请示》（兴银请〔2015〕91号）收悉。经审核，现批复如下：

一、同意你行在全国银行间债券市场发行不超过1000亿元人民币的金融债券。

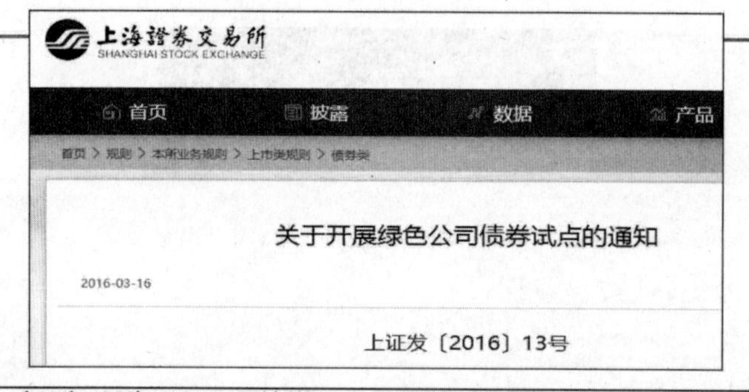
上海证券交易所 SHANGHAI STOCK EXCHANGE

首页 披露 数据 产品

首页 > 规则 > 本所业务规则 > 上市类规则 > 债券类

关于开展绿色公司债券试点的通知

2016-03-16

上证发〔2016〕13号

一、本通知所称绿色公司债券，是指依照《公司债券管理办法》及相关规则发行的、募集资金用于支持绿色产业的公司债券。绿色产业项目范围可参考中国金融学会绿色金融专业委员会编制的《绿色债券支持项目目录（2015年版）》（详见附件）及经本所认可的相关机构确定的绿色产业项目。

二、发行人申请绿色公司债券上市预审核或挂牌条件确认、上市交易或挂牌转让，除按照《公司债券管理办法》、《公司债券上市规则》、《非公开发行公司债券暂行办法》及其他相关规则的要求报送材料外，还应满足以下要求：

（一）绿色公司债券募集说明书应当包括募集资金拟投资的绿色产业项目类别、项目认定依据或标准、环境效益目标、绿色公司债券募集资金使用计划和管理制度等内容；

三、设想建议

- 进一步严格法治

  - 税收绿色化
  - 贸易绿色化
  - 采购绿色化
  - 消费绿色化

- 信用建设与信息披露

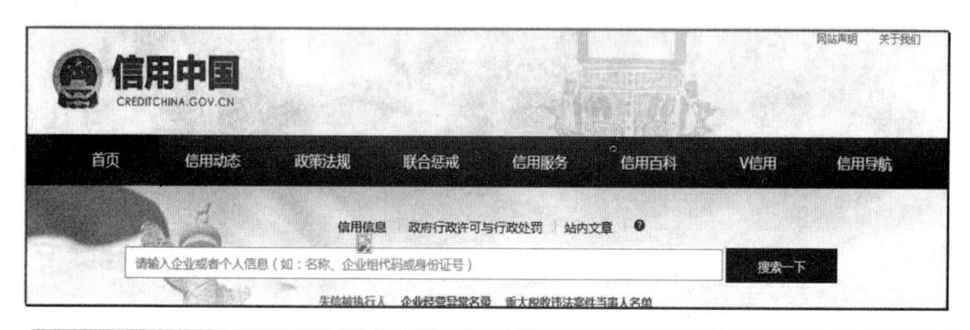

受惩黑名单

- 限制发行企业债黑名单
- 限制参与工程招投标黑名单
- 限制从事药品、食品行业黑名单
- 限制购买不动产及国有产权交易黑名单
- 限制设立保险公司黑名单
- 限制申报重点林业建设项目黑名单
- 限制使用国有林地黑名单

首页 / 受惩黑名单 / 限制发行企业债黑名单 /

企业名称	组织机构代码	归属地域
江苏斯维奇科技有限公司	690258120	浙江
新华电器集团有限公司	145583235	浙江
浙江新水晶电子有限公司	742040511	浙江
隆标集团有限公司	716110221	浙江
温岭市鑫隆板材有限公司	749820561	浙江
隆标集团有限公司	716110221	浙江
黑龙江万事利经贸(集团)有限公司	70264803-9	黑龙江
杭州恒通毛纺染整有限公司	71951401-0	浙江
台州市黄岩榜泰染色有限公司	704799690	浙江
厦门米雪儿服饰有限公司	76173763-X	福建

七、社区发展·生态旅游论坛

我国生态旅游发展有关情况及下一步思考

国家发展改革委社会发展司副司长

彭福伟

中华人民共和国国家发展和改革委员会

主 要 内 容

一、生态旅游的基本特征及国际实践

生态旅游是以可持续发展为理念，以实现人与自然和谐为准则，以保护生态环境为前提，依托良好的自然生态环境和与之共生的人文生态，开展生态体验、生态认知、生态教育并获得身心愉悦的旅游方式。

（一）基本特征

- 生态旅游强调可持续发展，是一种负责任的旅游方式。
- 生态旅游的目的是在保护完整的自然和文化生态系统的前提下，通过发展旅游为当地寻求发展经济的可持续发展之路。
- 生态旅游强调对游客的生态体验和生态教育。
- 生态旅游强调游客规模的小型化。

一、生态旅游的基本特征及国际实践

（二）国际实践

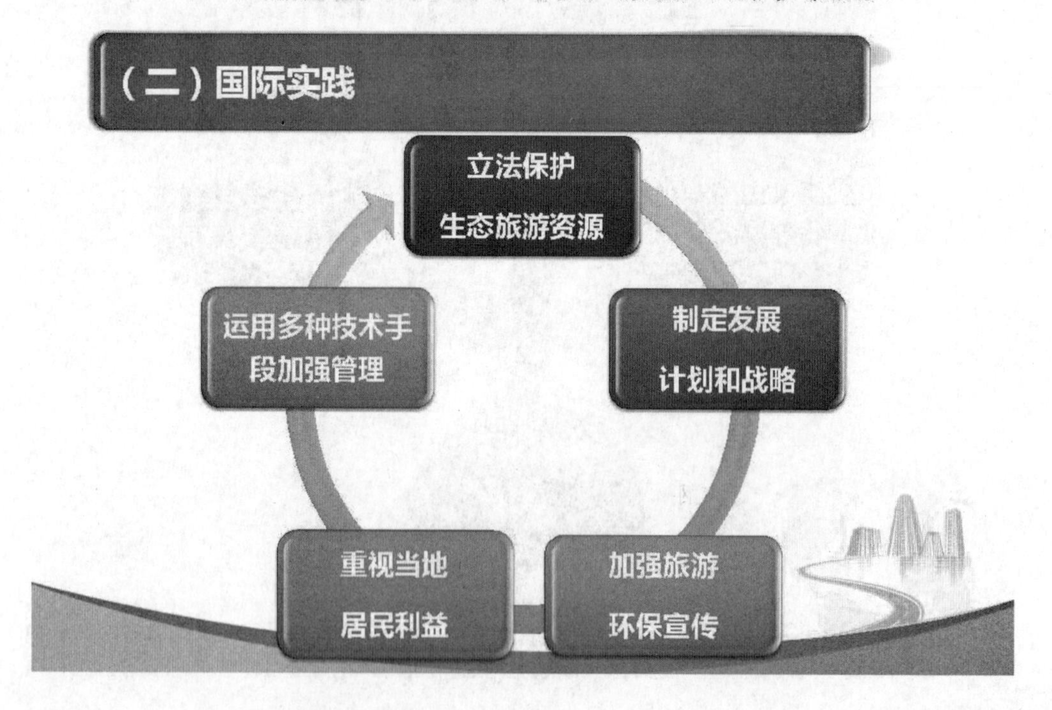

二、我国生态旅游发展现状、面临形势

（一）发展现状

1. 初步形成了生态旅游目的地体系。

2. 生态旅游产品日趋多样，深层次、体验式、有特色的产品更加受到青睐。

3. 生态旅游倡导社区参与、共建共享，显著提高了当地居民的经济收益。

4. 人们的生态保护意识明显提高。

存在的问题：

◈ 一些地区对生态旅游的认识不到位，搞竭泽而渔式的开发，造成严重的生态破坏和环境污染。
◈ 部分地区过分追求门票经济，不考虑资源和环境承载，人为增加保护压力，降低旅游质量。
◈ 没有充分发挥生态旅游的科普、教育功能，在产品开发、导游解说上过于肤浅和形象化。
◈ 部分景区所在的社区参与度低，没有决策建议权，利益共享机制缺失。
◈ 生态资源的保护监督体系也亟待健全。

二、我国生态旅游发展现状、面临形势

（二）面临形势

- 旅游已成为城乡居民日常生活的重要组成部分，成为国民经济新的重要增长点。
- 旅游产品供求矛盾将持续突出。
- 国内旅游需求特别是享受自然生态空间的需求爆发性增长。
- 旅游消费方式从观光游到观光、休闲、度假并重转变，深层次、体验式、特色鲜明的生态旅游产品更加受到市场青睐。

总体上看，我国生态环境仍比较脆弱，生态系统质量和功能偏低，生态安全形势依然严峻，生态保护与经济社会发展的矛盾仍旧突出。

- 十八大明确提出推进生态文明建设，构建生态安全格局。
- 十八届三中全会进一步要求建立空间规划体系，划定生产、生活、生态空间开发管制界限。
- “十三五”规划《纲要》要求加大生态环境保护力度，为人民提供更多优质生态产品。

三、促进我国生态旅游健康发展的考虑

（一）《“十三五”规划》总体要求和把握的原则

1. 总体要求

深入学习贯彻习近平总书记系列重要讲话精神，按照“五位一体”总体布局和“四个全面”战略布局，牢固树立和贯彻落实创新、协调、绿色、开放、共享的新发展理念，以满足人民群众日益增长的旅游休闲消费需求和生态环境需要为出发点和落脚点，以优化生态旅游发展空间布局为核心，以完善生态旅游配套服务体系为支撑，坚持尊重自然、顺应自然、保护自然，强化资源保护，注重生态教育，打造生态旅游产品，促进绿色消费，推动人与自然和谐发展。

三、促进我国生态旅游健康发展的考虑

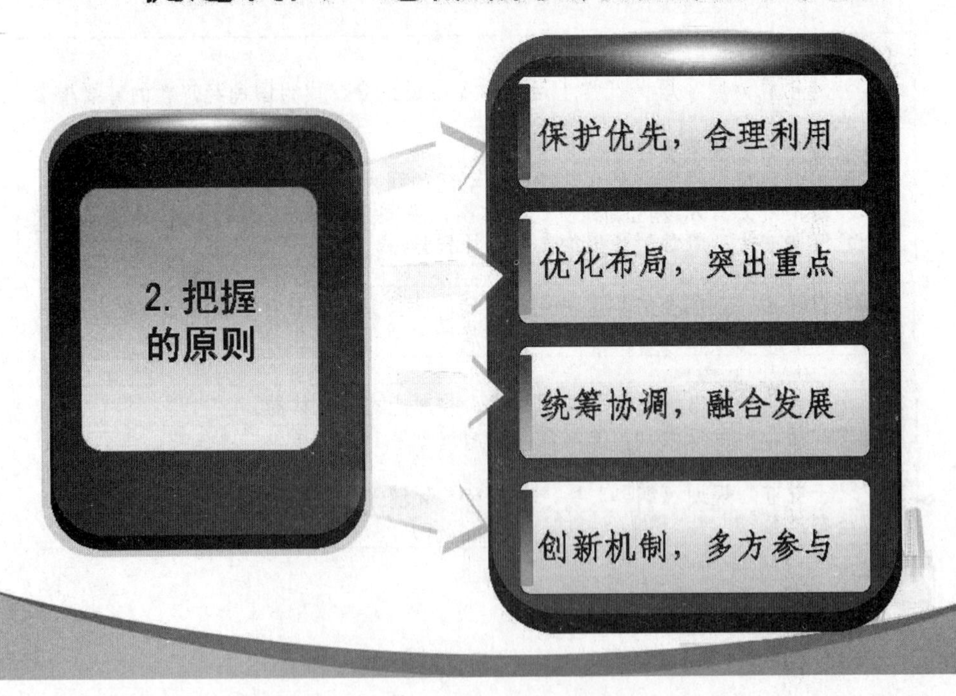

三、促进我国生态旅游健康发展的考虑

（二）《“十三五”规划》主要内容和特点

1. 将绿色发展的新理念贯穿始终。

牢固树立尊重自然、顺应自然、保护自然的理念，在总体布局上，依据全国自然地理特征，强调主体功能定位。在重点任务中，以重要生态功能区为单元，按照生态要素的线性分布，培育生态旅游协作区，形成精品生态旅游线路。在配套体系中，强化资源保护，突出生态教育，引导绿色消费。

2. 首次提出我国生态旅游发展的总体布局。

按照全国自然地理和生态环境特征，依据《全国主体功能区规划》等相关规划，并结合各地资特色，将全国生态旅游发展划分为八个片区。

三、促进我国生态旅游健康发展的考虑

八大片区

- 东北平原漫岗生态旅游片区
- 黄河中下游生态旅游片区
- 北方荒漠与草原生态旅游片区
- 青藏高原生态旅游片区
- 长江上中游生态旅游片区
- 东部平原丘陵生态旅游片区
- 珠江流域生态旅游片区
- 海洋海岛生态旅游片区

三、促进我国生态旅游健康发展的考虑

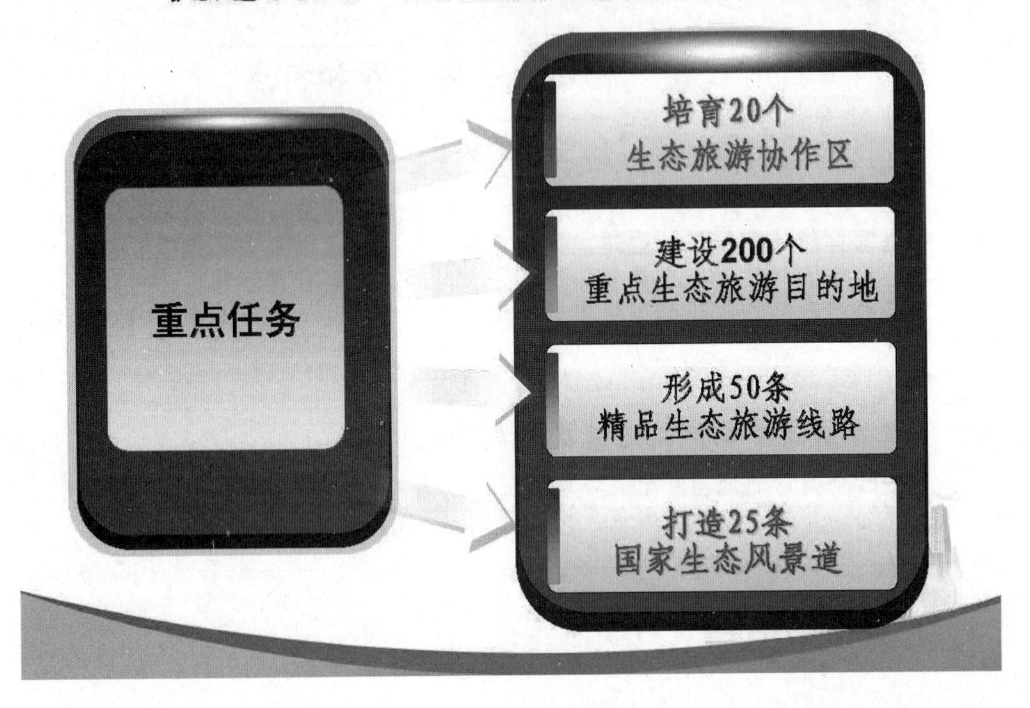

- 生态旅游协作区：按照国家区域发展总体战略，以跨省域大山、大江、大河区域生态资源为基础，选择旅游资源富集、品牌优势显著、交通基础条件较好的区域，突破行政区划限制，建立合作框架和机制，加强区域合作和资源共享，实现错位发展、集群发展。
- 建设重点：加强旅游标准、管理和服务对接，加强重点景区与高速公路、高等级公路连接线建设，形成以铁路、公路和航空相结合的旅游立体交通系统，实现跨区域联动发展，进一步推进国家生态旅游示范区建设，依托国家重点生态工程，加强生态建设和环境保护，带动区域经济社会发展和生态文明建设。

生态风景道：依托国家交通总体布局，按照景观优美、体验性强、距离适度、带动性大等要求，以国道、省道为基础，加强各类生态旅游资源的有机衔接，按照主题化、精品化原则，加强生态风景道沿线资源环境保护，营造景观空间，建设游憩服务设施，完善安全救援体系，优化交通管理，实现道路从单一的交通功能向交通、美学、游憩和保护等复合功能的转变。

三、促进我国生态旅游健康发展的考虑

（二）《“十三五”规划》主要内容和特点

3.坚持系统推进、融合发展。

为切实保障《“十三五”规划》实施，我们提出了六个方面的

配套体系以及八个方面的支撑工程。

三、促进我国生态旅游健康发展的考虑

六个方面的配套体系

- 资源保护体系
- 公共服务体系
- 环境教育体系
- 社区参与体系
- 营销推广体系
- 科技创新体系

三、促进我国生态旅游健康发展的考虑

八个方面的支撑工程

- 资源保护利用工程
- 交通配套服务工程
- 公共服务保障工程
- 重点景区建设工程
- 乡村旅游富民工程
- 绿色旅游引导工程
- 环境教育示范工程
- 人才队伍建设工程

以生态文明编旅游脱贫致富密码

海南省社科联副主席，海南省社科院研究员　陈 耀

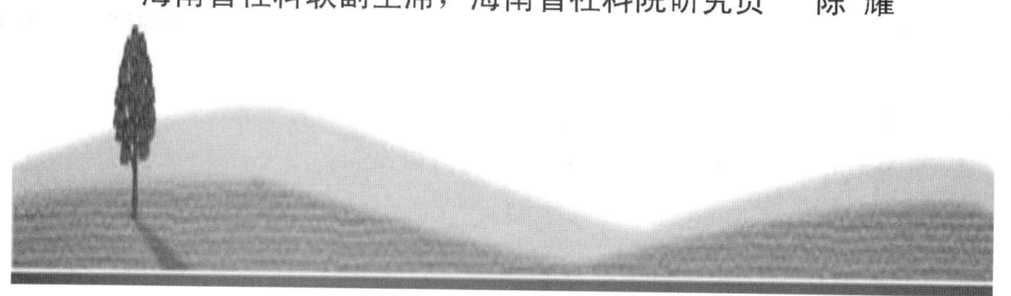

●作为生态省和健康岛，发展旅游总体注重保护生态环境。**生态旅游、或者注重自然生态环境的旅游，在内地是亮点，在海南是基点。**

●南山的“四大”：大生态、大文化、大教育、大旅游；

猴岛的“三人”：猴子是主人，旅游者是客人，经营管理者是仆人；

亚龙湾热带天堂：200多亩用地保护2万多亩山林；

呀诺达：三流森林资源，一流雨林产品；

蜈支洲岛：小面积集约开发，大面积生态环境保护；

槟榔谷：让黎族苗族文化生态和谐。

●生态旅游由来已久，很多企业因为生态旅游而获得多方面回报。

对生态旅游的商业需求：据专业人士称……

❖ 基于生态旅游的“可持续发展通过三种方式产生回报：客人越来越感兴趣对生意有好处；真正有机会既削减成本又保护环境；通过实施绿色措施，员工为作为公司的一员而感到兴奋，这些热情和活力是成功和回报的另一种来源。”

—Frits van Paasschen, CEO,喜达屋酒店

生态绿色银行，取款密码何在？

●但是，海南很多生态优越的乡村，守着绿色银行，虽然开展旅游，仍然有待脱贫。

●乡村生态旅游是从绿色银行取款的密码。

●自然层面的生态旅游只是密码中的第一个数。

生态旅游

- 利用“原生态”资源开发的高端、专项的旅游产品（国际通行）；
- 利用良好生态资源开发的旅游产品；
- 尽量对生态环境减少人为影响的“负责任”的旅游；
- 普及生态知识、开展生态教育、保护生态环境的旅游；
- 在绿色和绿化区域进行的、回归自然的旅游 。

生态旅游作为绿色银行取款密码，至少4个数

1. 自然生态：保持良好自然，维护生物多样性；
2. 经济生态：产业结构优化，经济协调发展；
3. 人文生态：地方文化突出，社会和谐包容；
4. 政治生态：干部风清气正，机关高效为民。

自然、经济、人文、政治构成生态密码，

从生态文明角度输入密码

生态文明旅游策划法

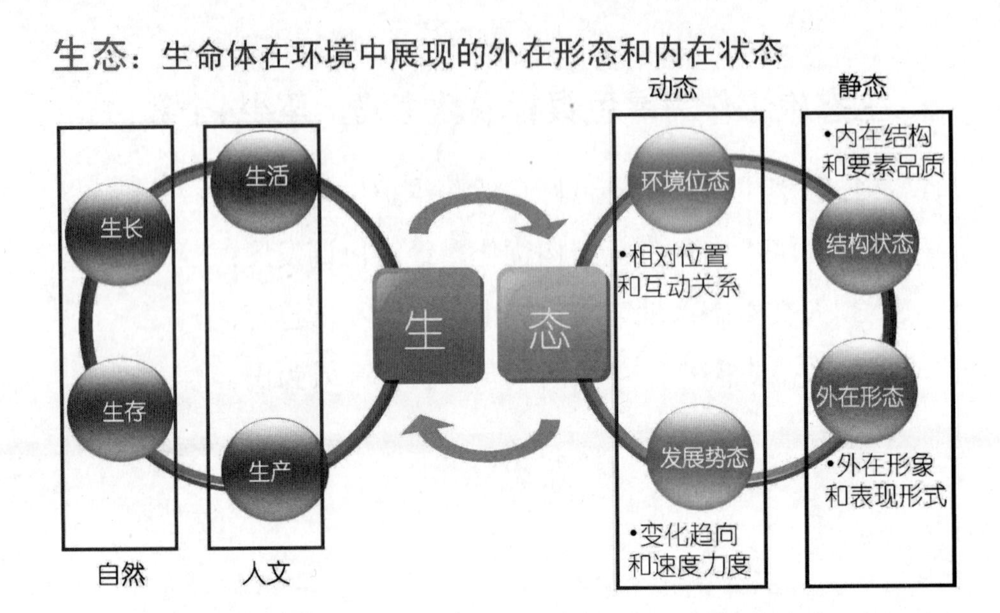

生物的生存形态，人类的生活状态，生物和人类生存和生活的环境

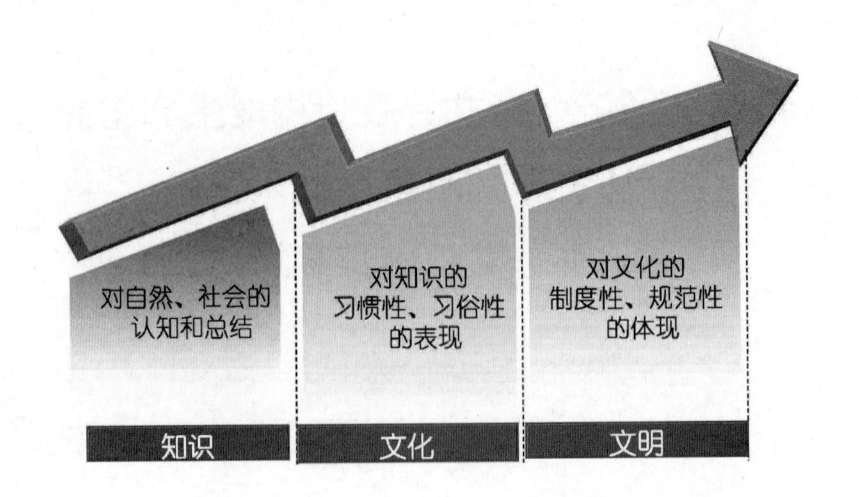

<u>着眼生态文明发展生态旅游，才能从绿色银行取款</u>

综合生态形成好产品，

产品和产业实现价值，

文化和文明提升价值

●**从生态切入**（生存、生长、生产、生活）；

●**从产品到延长产业链，扩大产业面，创造新业态；**

●**以挖掘知识、文化、文明提升价值。**

●**形成可操作的项目，落实到乡村生态旅游项目上，推动脱贫致富**

——**优化外在形态**（形象和表现形式），

——**发现或改善内在状态**（结构和品质），

——**顺应和引导发展趋向和动态**（节奏、时序、速度、力度），

——**把握和改变位态**（比较相对位置和互动关系）

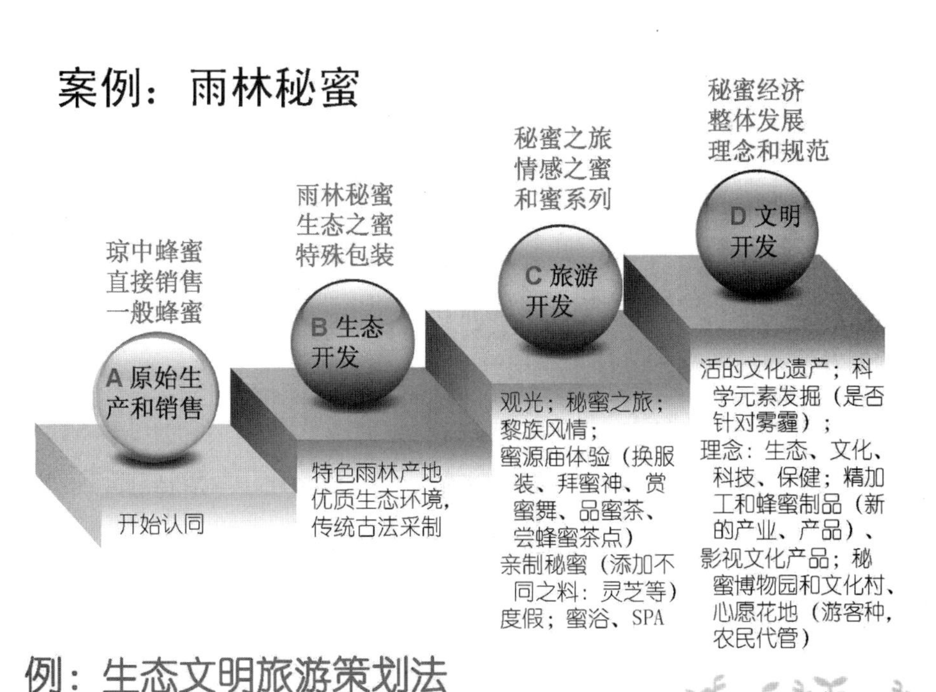

绿色旅游的发展趋势、关注焦点与创新对策

湖北大学旅游发展研究院院长、教授、博导　马　勇

我今天要做的演讲题目跟生态旅游非常关联，是绿色旅游的发展趋势、关注焦点和创新对策。大家都从不同的视角探讨生态旅游、绿色旅游，我主要从三个方面分析绿色旅游，一是绿色旅游的五大发展趋势，二是绿色旅游的四大关注焦点，三是绿色旅游的六大创新策略。

一、绿色旅游的五大发展趋势

（一）低碳化趋势

低碳化也可以说是生态化，主要表现在三个方面，一是产业低碳化。特别是我们国家参加了《巴黎气候协定》，带来的是我们整个产业结构的转型，包括供给侧改革要思考产业低碳化，这是一个重要的趋势。二是产品低碳化。上海组织会展业的高峰会上提出，要大力推广绿色展会。特别强调产品、产业都要向绿色低碳化转型。三是消费低碳化。这也是一个很重要的表现形式，这为我们的绿色旅游发展，包括生态旅游的发展提供了趋势性的引导。

（二）和谐化的趋势

在绿色旅游的发展中，包括生态旅游的发展中，一是特别强调人与自然的和谐，我们之所以出现这么多产业方面的问题、雾霾问题，就是因为人与自然对立，没有形成和谐的关系。二是生态与经济和谐。不能完全只作生态的思考，实际上，我们所面对的更多的是社会和经济，那么，生态和经济的和谐是最重要的。三是城乡和谐。在这方面我们也面临着很大的问题，国家发改委最近也出台了支持特色小镇建设的政策，最近旅游界也

参与了很多规划。当然，这个特色小镇更多的是从产业的视角，跟传统的小镇不一样，不是建制镇，这个小镇的出现给城乡的和谐提供了基础，同时为全域旅游的发展提供了机会。四是景区与社区的和谐。正好今天我们的主题是社区发展，我认为和谐的趋势也是绿色旅游和生态旅游的趋势。

（三）融合化趋势

现在我们的生态或者是绿色旅游也有+，比如说，我们的文化+，包括生态旅游和绿色旅游，就是可导性，体现了绿色乡村旅游。我们还有跟工业的结合，交通的结合，这次全域旅游规划，我主持一个交通全域旅游规划，打造国家风景道、县级、省级风景道，传统的交通主要是运输物流和人流的，现在变成休闲道、文化道、健身道，还有很多其他方面的功能也产生了。原来是投 2 亿元，很多高速公路是浪费的，有的是车马为患，有的基本没有什么经济价值。如果我们把全域旅游的价值放进去了以后，交通的价值也出现了，同时交通也绿色化，我们还可以跟科技结合，跟大健康结合，融合化的趋势也是非常重要的。

（四）标准化趋势

现在绿色旅游方面的标准化不够，前一段时间我们推进绿色酒店，国家旅游局推出绿色酒店的标准，绿色酒店有节能减排的指标，包括环境的设计、功能设计，包括产品服务，还有服务的设计。像一次性用品是不配的，除非你有需求打电话才配，床单也是不会每天换的。很多方面，包括绿色景区、行为规范等方面都有标准化的趋势，跟生态结合起来，是我们需要把握的。

（五）多元化趋势

我们发展旅游以后，减少了碳排放，特别是森林旅游的出现，过去砍伐森林，现在是保护森林，要产生价值。同时，通过碳汇交易跟有污染工业的城市地区进行交换，这是平台多元化，还有业态的多元化。

二、绿色旅游的四大关注焦点

（一）生态价值

这是绿色旅游非常关注的，特别是强调生态价值的溢出效应，过去很少有人统计这方面，我们的景区实施绿色旅游以后，生态的溢出效应，甚至有的时候还大于门票效益。

（二）产业升级

绿色旅游的出现，使旅游实现了产业升级，过去的旅游严格意义上讲，要么是低端化，要么是高端化。比如说酒店，要么是高端化的五星级酒店，要么是低端的招待所。现在出现了一些新业态，在绿色旅游的前提下，比如说出现了民宿。比如说浙江莫干山的猪圈酒店、牛圈酒店。我做过大理的规划，打造的是住宿业的低碳、文化，而且产品升级了，价值也升级了。这是我们绿色低碳很重要的方面。

（三）政策引导

现在我们希望有更多的国家政策导向向这方面倾斜。这方面政策性引导的时候，我们要强调绿色化、生态化和低碳化，要有补偿。

（四）业态创新

刚才我说到民宿、主题酒店，当然还有景区。全域旅游还有社区旅游，包括社区的O2O，这是需要创新的。

三、绿色旅游发展的六大创新策略

（一）理念创新策略

理念创新需要有新思维，我比较崇尚一句话，思想有多远我们就能走多远，我觉得生态旅游论坛搭建了一个很好的平台，我们就是要用我们的变革思想、创新的思想推动旅游的转型升级。而且旅游一加上所有的产业会产生新的动力，会产生新的附加值。最近我们做了很多平台，旅游互联网平台的议价是最好的，包括同程、携程、驴妈妈。

（二）要素优化

从绿色旅游来讲，吃、住、行、游、购、娱是传统的要素，现在又提出新的六大要素，比如说商、养、学、闲、情、奇，这次我们到东南亚去，发现最大的变化是在养生养疗方面的绿色化，包括大健康，找一个生态旅游好的地方，健康一结合起来，溢价很强。因此，要素要优化。

（三）技术驱动策略

没有技术的驱动是实现不了的。

（四）功能创新策略

我觉得旅游在绿色发展和生态发展方面，在功能的创新方面是最有前景和最有空间的。

（五）品牌再造策略

我们应该出现一些具有品牌的绿色旅游和生态旅游的企业、产品和服务，绿色也有服务，我觉得海南是最适宜在企业、产品和服务这三个方面实现品牌塑造的地方。

（六）模式创新策略

绿色旅游发展的过程中，包括生态旅游发展的过程中，需要产融一体化，旅居融合，文创驱动，价值提升，我觉得绿色旅游、生态旅游是未来旅游转型升级、价值提升和盘活资源存量非常好的方向。

中国生态旅游发展讨论

西南林业大学生态旅游学院院长、教授、博导　叶文

讨论的问题

一、中国生态旅游发展报告

二、中国生态旅游发展态势

三、生态旅游分会专家委员会的主要工作

一、中国生态旅游发展报告

生态旅游概念从20世纪80年代由西方传入中国大陆已30余年，《中国生态旅游发展报告》是对中国生态旅游发展的阶段性总结。

中国生态文明研究促进会生态旅游分会和中国生态学会旅游生态专业委员会出面联合组织编写。中国生态文明研究与促进会相关领导给予了具体指导和关怀，陈宗兴会长欣然为报告作序。

一、中国生态旅游发展报告

多方支持

☆八部委的相关部门领导参加了对总报告的会审，说明相关部委对此报告的重视，也凸显了分会秘书处的工作能力。

编辑指导

序及总报告讨论会

一、中国生态旅游发展报告

参加编撰人员百余名，审稿主要由叶文、李洪波、张玉钧完成，秘书处的胡恒学、陈瑞为此付出了巨大的心血。

第一次编委会会议

二、中国生态旅游发展报告

内容包括总报告、理论研究篇、区域发展篇、实践与案例篇，全书共90万字。

成果评价：是对中国生态旅游20多年发展的全面总结，是中国生态旅游发展里程碑式的成果。编委会虽已尽了最大的努力，但依然存在着对生态旅游理解的泛化和不足、组稿不够全面、文章水平参差不齐的情况，但瑕不掩瑜。

由衷地感谢为此报告做出贡献的所有个人和机构！

二、中国生态旅游发展态势

背景：生态文明和健康中国建设指明了中国生态旅游的发展方向；国家公园体制和保护地体系建设为生态旅游的健康发展将提供制度和资源保障。

红豆温泉度假庄园滨水别墅意向图

二、中国生态旅游发展态势

学术研究百花齐放：概念逐渐聚焦、研究特色凸显、理论研究成果逐渐积累。徐红罡：生态旅游的本质就是解决人地关系；张跃西：生态旅游就是生态产业；吴忠宏、赵敏燕：自然解说是生态旅游的核心功能；叶文：生态旅游本土化；钟永德、程希平：定量监测分析研究支撑下的森林养身与康疗研究等，越来越多的学者已超越概念讨论而转向生态旅游研究的社会价值、方法与技术探索。

二、中国生态旅游发展态势

生态旅游是生态文明、健康中国建设的重要抓手，是主动保护、扶贫的重要工具，民众接受自然教育的良好途径，得到了各级政府的广泛支持。

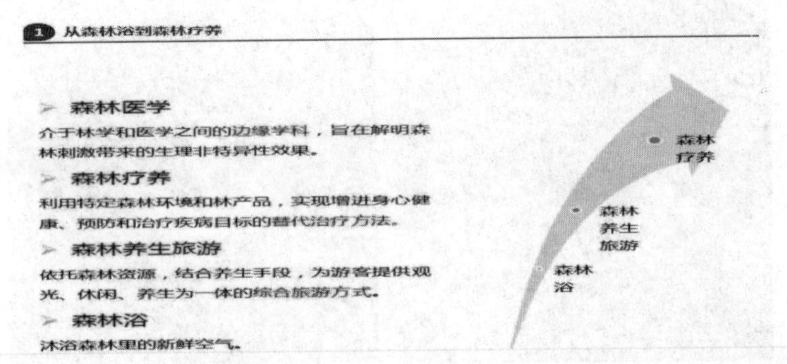

二、中国生态旅游发展态势

中国旅游产业转型的一个重要方向就是“生态化”，这为生态旅游产业的发展提供了巨大的市场空间。

中国生态旅游发展轨迹：重要的三个阶段

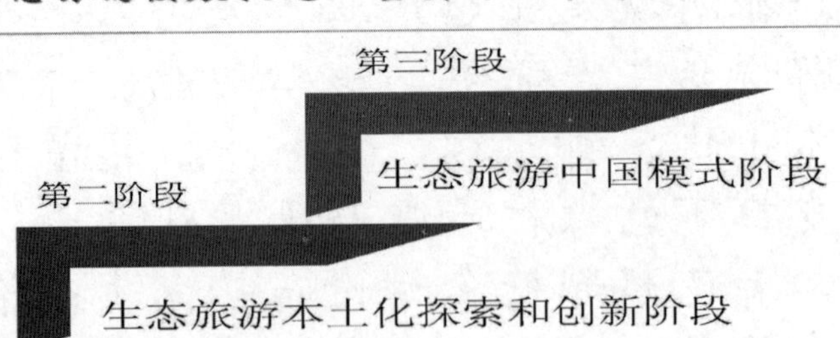

值得关注的几个问题

1. 解决人地关系过程中生态旅游如何担当?
2. 如何有效地发挥生态旅游在生态文明和健康中国建设中的作用?
3. 生态旅游与可持续发展的关系?
4. 中国保护地体系调整与生态旅游产业的未来?
5. 国际生态旅游的比较研究?
6. 中国传统山水文化与生态旅游的关系?
7. 生态旅游研究方法与技术问题?
8. 生态旅游与扶贫的关系等?

三、生态旅游分会专家委员会的主要工作

1. 每年组织1~2次学术研讨会。
2. 组织编撰《生态旅游丛书》《中国生态旅游研究》（英文版）。
3. 组织专家进行生态旅游考察、调研、咨询和规划等活动。
4. 编辑生态旅游研究与发展动态会讯。
5. 逐步建立与国际相关学术机构的联系。
6. 承担总会和分会交办的工作。

绿色发展·心系地球

东方园林产业集团总裁　　金健

守护最美风景

场域环境、生态保护、绿色发展、全域运营、慈善共济

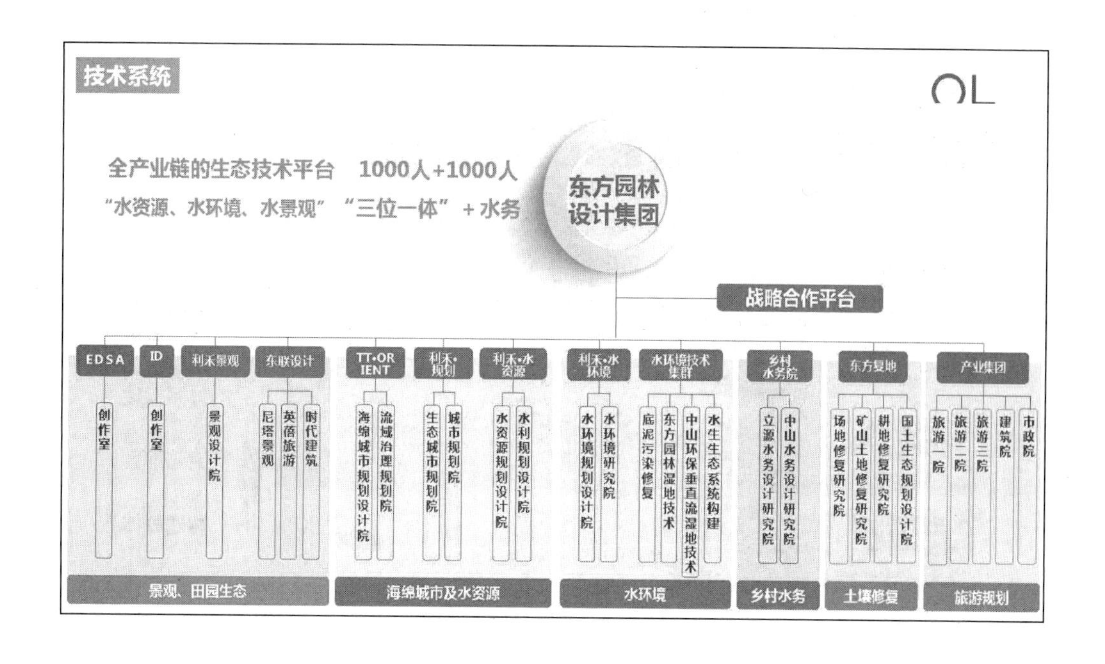
技术系统
OL
全产业链的生态技术平台 1000人+1000人
"水资源、水环境、水景观" "三位一体" + 水务
东方园林设计集团
战略合作平台
EDSA
ID
利禾景观
东联设计
TT•ORIENT
利禾•规划
利禾•水资源
利禾•水环境
水环境技术集群
乡村水务院
东方复地
产业集团
创作室
创作室
景观设计院
尼塔景观
英蓓旅游
时代建筑
海绵城市规划设计院
流域治理规划院
生态城市规划院
城市规划院
水资源规划设计院
水利规划设计院
水环境规划设计院
水环境研究院
底泥污染修复
东方园林湿地技术
中山环保垂直流湿地技术
水生生态系统构建
立源水务设计研究院
中山水务设计研究院
场地修复研究院
矿山土地修复研究院
耕地修复研究院
国土生态规划设计院
旅游一院
旅游二院
旅游三院
建筑院
市政院
景观、田园生态
海绵城市及水资源
水环境
乡村水务
土壤修复
旅游规划

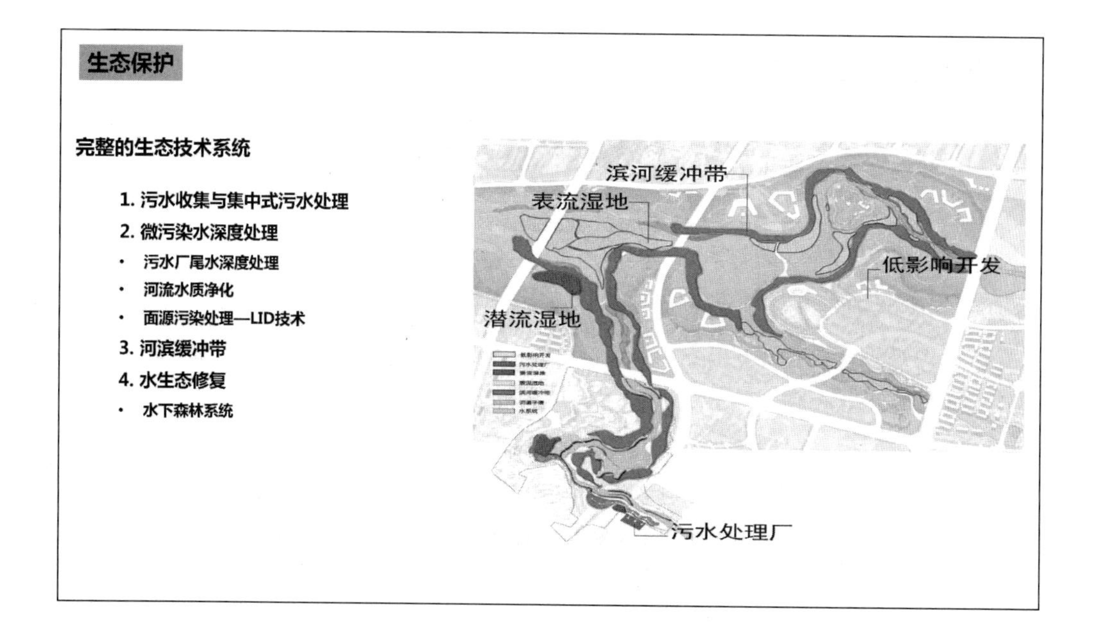
生态保护
完整的生态技术系统
1. 污水收集与集中式污水处理
2. 微污染水深度处理
• 污水厂尾水深度处理
• 河流水质净化
• 面源污染处理—LID技术
3. 河滨缓冲带
4. 水生态修复
• 水下森林系统
滨河缓冲带
表流湿地
低影响开发
潜流湿地
污水处理厂

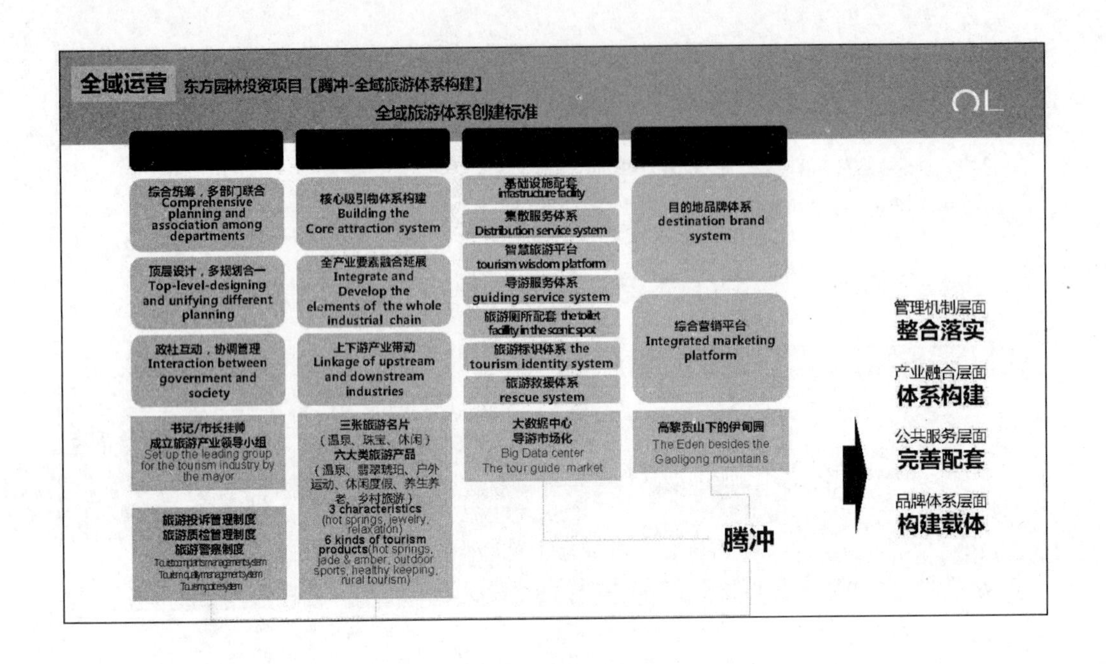
全域运营 东方园林投资项目【腾冲-全域旅游体系构建】
全域旅游体系创建标准
综合统筹，多部门联合 Comprehensive planning and association among departments
顶层设计，多规合一 Top-level-designing and unifying different planning
政社互动，协调管理 Interaction between government and society
书记/市长挂帅 成立旅游产业领导小组 Set up the leading group for the tourism industry by the mayor
旅游投诉管理制度 旅游质检管理制度 旅游警察制度
核心吸引物体系构建 Building the Core attraction system
全产业要素融合延展 Integrate and Develop the elements of the whole industrial chain
上下游产业带动 Linkage of upstream and downstream industries
三张旅游名片（温泉、珠宝、休闲） 六大类旅游产品（温泉、翡翠琥珀、户外运动、休闲度假、养生养老、乡村旅游） 3 characteristics (hot springs, jewelry, relaxation) 6 kinds of tourism products(hot springs, jade & amber, outdoor sports, healthy keeping, rural tourism)
基础设施配套 infrastructure facility
集散服务体系 Distribution service system
智慧旅游平台 tourism wisdom platform
导游服务体系 guiding service system
旅游厕所配套 the toilet facility in the scenic spot
旅游标识体系 the tourism identity system
旅游救援体系 rescue system
大数据中心 导游市场化 Big Data center The tour guide market
目的地品牌体系 destination brand system
综合营销平台 Integrated marketing platform
高黎贡山下的伊甸园 The Eden besides the Gaoligong mountains
腾冲
管理机制层面 整合落实
产业融合层面 体系构建
公共服务层面 完善配套
品牌体系层面 构建载体

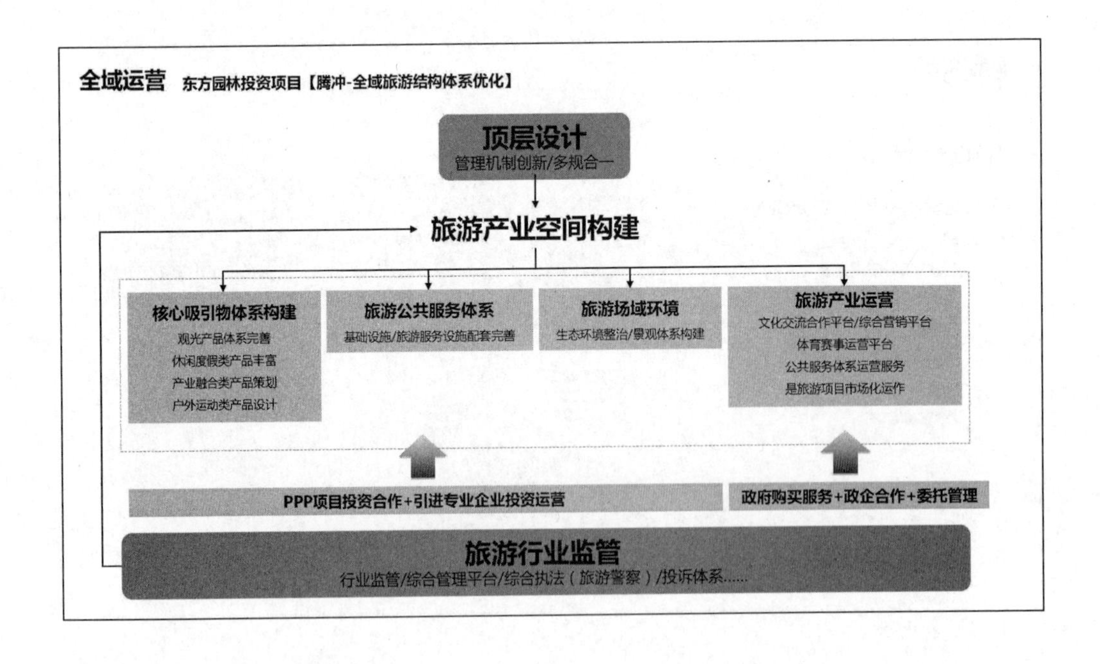
全域运营 东方园林投资项目【腾冲-全域旅游结构体系优化】
顶层设计
管理机制创新/多规合一
旅游产业空间构建
核心吸引物体系构建
观光产品体系完善
休闲度假类产品丰富
产业融合类产品策划
户外运动类产品设计
旅游公共服务体系
基础设施/旅游服务设施配套完善
旅游场域环境
生态环境整治/景观体系构建
旅游产业运营
文化交流合作平台/综合营销平台
体育赛事运营平台
公共服务体系运营服务
是旅游项目市场化运作
PPP项目投资合作+引进专业企业投资运营
政府购买服务+政企合作+委托管理
旅游行业监管
行业监管/综合管理平台/综合执法（旅游警察）/投诉体系......

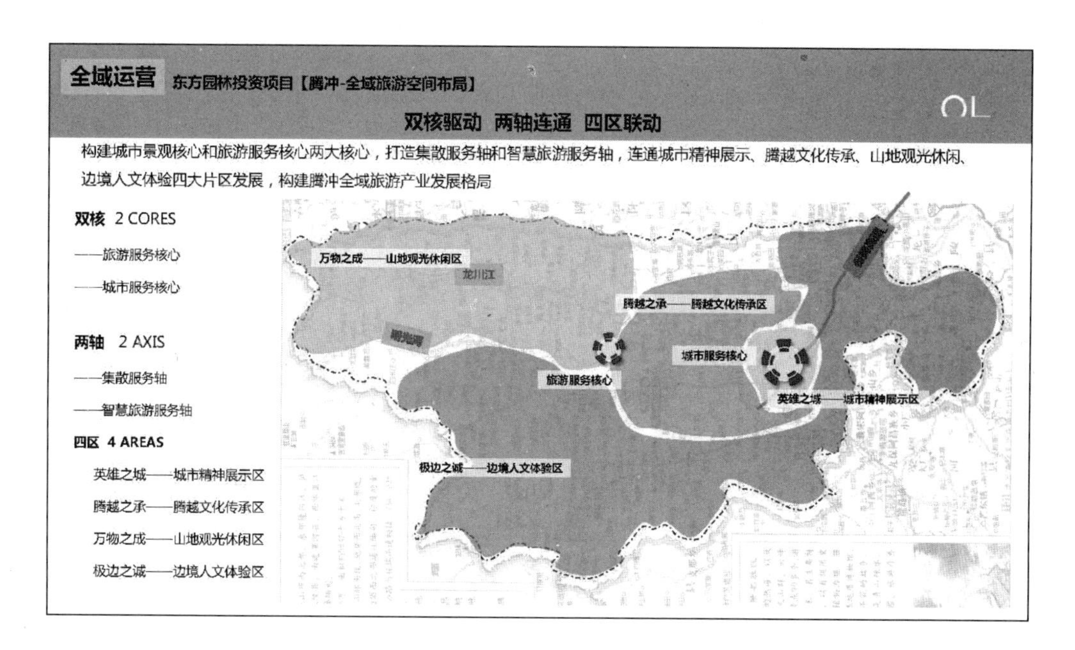

全域运营 东方园林投资项目【腾冲-全域旅游发展重点】

民族气节　文化传承　生活意境　绝美风光

英雄之城 城市精神展示区	腾越之承 腾越文化传承区	万物之成 山地观光休闲区	极边之诚 边境人文体验区

中国西南边陲的“人间乐园”

高黎贡山下的伊甸园

定位旅游产品文化方向和设计方向

浮躁世间　安静腾冲

安宁　　祥和

大盈若冲　谦冲淳厚

一个人的丽江
两个人的大理
一家人的腾冲

暖暖的腾冲　一家人的旅行

温情　　简单

老少咸宜　丰俭由人

缔造休闲运动生活

休闲、运动、娱乐、购物

02 | 运动

5万亿体育大市场，50亿人次周末体育运动

- 骑行
- 徒步
- 露营
- 极限轮滑
- 彩弹射击
- 攀岩
- 卡丁车
- 人造冲浪
- VR体验
- 风洞
- 蹦床

- 世界旅游组织（UNWTO）称，体育旅游产业的产值已经超过了每年4500亿欧元。
- 体育旅游是全球旅游市场中增长最快的产业，当整体的旅游产业的增长额在2%-3%左右浮动时，体育产业仍能够达到每年14%的增长率。

02 | 运动

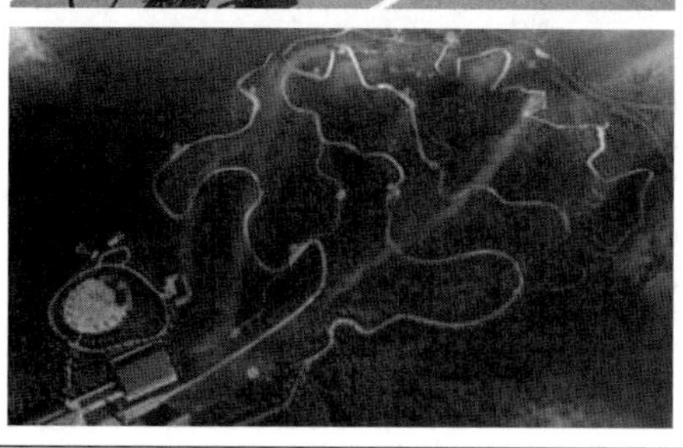

骑行产业链

东方园林参股——黑鸟单车

- 全国最大的骑行爱好者线上社区，拥有150万活跃用户，4万多家骑行俱乐部

东方园林投资：山地自行车公园

- 10条新经典骑行路线
- 临安骑行圣地

装备

- 全世界最好的运动自行车展览会，源自法国。明年计划在中国进行30场巡回展览，每场吸引2万人

高端赛事

- 世界自行车联盟UCI合作，发展UCI中国区赛事，吸引全国600万爱好者参与专业的比赛

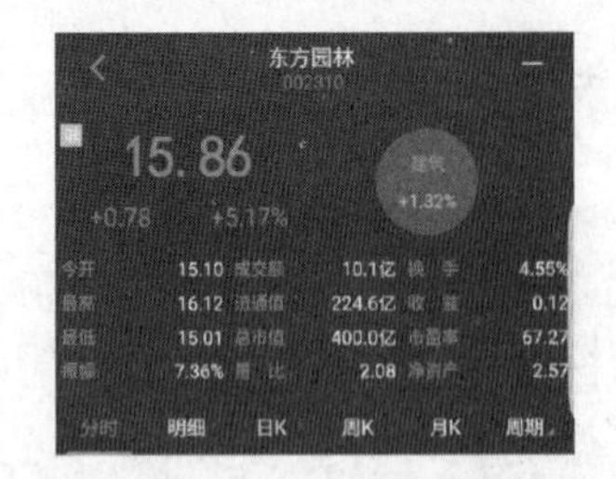

以生态技术、丰富内容、强大资本为保障

构建碎片化、无所不在、自行持续更新的时尚旅游业态
绿色发展，做风景的守护神

生态旅游扶贫模式

农工民主党海南省委员会专职副主委　毕　华

今天我汇报的题目是生态旅游扶贫模式，从五个方面进行汇报。

一、生态旅游扶贫概念

旅游扶贫中的“贫”即贫困、贫穷、落后的意思，既指绝对贫困，也指相对贫困；既指物质贫困，也指精神贫困；既指地区的贫困，也指个人的贫困。因此一个地区的贫困不仅指经济方面，还包含社会、个人等各个方面综合性的贫困。

在我国学术界，一般认为旅游扶贫是通过开发较为贫穷地区丰富的旅游资源，发展旅游业，让贫困地区的经济随着旅游业的发展而发展，从而使当地贫困人口获得经济收益，使旅游业成为第三产业中的支柱经济，带动整个地区的社会经济发展。

旅游扶贫称为旅游与反贫困的研究，1999 年 4 月演变为英国国际发展局（DFID）可持续发展委员会提出的 PPT（Pro-Poor tourism，即有利于贫困人口发展的旅游）概念，其实质还是旅游扶贫，研究内容有贫困地区、贫困人口的特点，参与旅游活动获得的发展机会，保障贫困人口受益的积极影响等。

总体上，国内外学者们对旅游扶贫的定义集中表现在以下几个方面：

（1）旅游扶贫不是旅游产品，而是发展旅游的一种方式和途径；

（2）旅游扶贫的前提要有较好的旅游资源作为依托，旅游扶贫的对象是贫困地区或经济欠发达地区；

（3）旅游扶贫的出发点是要有利于贫困人口发展，核心目标是使贫口人口脱贫，并使贫困人口在旅游发展中获益，增加发展机会，最终实现贫困地区经济、社会、文化可持续发展。

二、旅游与扶贫的关系

（一）贫困地区与丰富独特的生态旅游资源空间分布高度重叠

生态旅游资源空间布局显示，大多数适合于产业化开发的生态旅游资源主要分布在自然地理相对复杂的欠发达地区。国家级森林公园、拥有国家级和省级自然保护区的县域，绝大部分分布在欠发达地区。这些地区不仅旅游资源数量大，且品位高，开发价值大，可供开发的生态旅游产品十分丰富，当地的地貌景观和优美的生态环境形成了丰富的生态旅游资源。但是由于开发意识不强，开发条件不足等原因，这些地区形成了“抱着金饭碗讨饭吃”的局面。旅游业应该成为贫困地区经济发展的新增长点。

基于此，我国自 2000 年以来实施的“国家旅游扶贫试验区”建设和 2014 年开始实施的“乡村旅游富民工程”则将民族地区、贫困地区作为旅游扶贫开发的重点对象。

（二）旅游可以促成贫困地区的四个转化

旅游可以把贫困地区现存的无效资源转化为有效资源，可以把贫困地区的有效资源转换为高附加值的产品，可以把贫困地区的旅游产品转化为市场的有效需求，可以把有效的市场需求转换为贫困地区社会各方面的经营效益。据世界旅游组织公布的资料，旅游部门每直接收入 1 美元，相关行业的收入就能增加 4.3 美元。正是有了这四个转化的特点，使得旅游成为贫困地区扶贫的一种重要方式，使得旅游业在提高贫困地区扶贫开发水平上能够发挥非常突出的作用。

（三）使贫困地区人民更新观念，增强市场意识，促进当地精神文明建设

旅游业不但对发展其他产业有很大的关联带动作用，为它们开辟和提供市场，而且对信息的传播、生活方式的交流、观念的更新也有很大促进

作用。发展旅游业能促使各类人员相互交往，产生横向商品流、信息流和资金流，打破贫困地区的封闭状态，增进贫困地区人与人、人与社会、人与自然的交往，产生商品经济意识和文明意识。事实上，通过发展旅游业，把外界知识、技术以及文化等引进来，有助于旅游目的地人们除旧布新，逐步建立起与现代文明、商品经济相适应的思维方式和工作方式，从而发挥聪明才智，为贫困地区今后的更大发展奠定思想和人才基础。这是其他任何“扶贫救济金”都无法相比的扶贫投入。

对旅游扶贫地区的道路、停车场、厨厕改造、垃圾污水处理等旅游基础设施和公共服务设施集中处理打造，可以改变以前脏乱差和落后的面貌，呈现出新农村新面貌；通过旅游开发，当地居民能提高自身素质水平，这样可以减少对环境污染的行为，自觉遵守环境保护条例。一方面改善了贫困地区的生活环境，另一方面加速了生态文明建设和精神文明建设的步伐，坚持了可持续发展的理念。

（四）解决贫困地区就业问题，消除社会不安定因素

旅游扶贫可以扩大就业面，安置过剩劳动力。贫困地区和贫困户之所以贫困，主要是缺乏劳动就业机会。由于贫困地区产业结构单一，大量劳动力都集中在种田与养殖业上，加上贫困地区人均占有耕地少，劳动力利用不足现象十分突出。许多贫困地区农村剩余劳动力占总劳动力的比例在40%～50%。在一些贫困地区流传“三个月干，八个月闲，一个月过年”的顺口溜，就是对这种现象的生动描述。旅游业是劳动密集型产业，能吸引较多的劳动力就业。世界旅游组织认为，旅游业每增加一个直接就业人员，能为社会创造5个就业机会，产生极大的乘数效应。

三、旅游扶贫开发及其研究现状

（一）国外

自20世纪50年代起，国外学者开始关注和探讨旅游与扶贫问题。他们运用比较优势理论、增长极理论、循环理论、旅游乘数理论、可持续发

展理论及收入分配理论等对“旅游业发展对扶贫人口的影响、贫困人口参与旅游问题及PPT”等问题作了深入而系统研究。同时，也有些学者对中国旅游扶贫作了探讨。自20世纪90年代以来，有些学者研究了政府的角色、地方参与和乡村、自然、文化旅游资源对旅游扶贫的贡献等。

国外关于旅游产业化扶贫主要集中于亚、非、拉地区，从三个方面进行研究：

一是基于自然条件，发展生态旅游进行旅游扶贫；

二是基于遗产文化进行旅游扶贫；

三是基于农业资源，发展农业旅游进行旅游扶贫。

主要观点有：

（1）可通过整合旅游资源和农业资源的方式，实现旅游扶贫目标。

（2）旅游扶贫是一种在特定地区促进扶贫和贫困人口发展的机制。

（3）引进和开发扶贫改善贫困地区的生活水平以及振兴当地经济旅游；要在发展中国家有旅游发展潜力的地区增加当地就业、加强资源利用和管理；通过不同层面的投资来鼓励微观层面的发展，招徕更多游客，促进社区经济繁荣和社会互动，从而有利于贫困人口就业，实现贫困人口净收益这一最终目标。

（4）旅游扶贫是一个常识的发展途径，任何一个负责任的政府应该推进旅游扶贫。

（5）要建立旅游与缓贫之间的桥梁。

（6）旅游政策要更多地扶持贫困和支持利益相关者，建议加强家庭住宿政策，支持工匠展示乡村旅游等。

（7）贫民窟旅游的调查研究也有助于旅游扶贫概念的发展。在旅游和贫困的研究模式中要充分考虑贫困的多维价值研究。

（8）在贫困农村要把乡村旅游作为扶贫开发工具，通过减少旅游漏损率，增加农村社区受益。

总之，国外对旅游扶贫的研究内容主要集中在旅游对贫困地区经济发展的影响、旅游扶贫对贫困地区人口受益的研究、旅游发展对贫困地区经济、环境、社会等方面正负效应分析等。然而，在微观经济学中，针对当地贫困人群、定量研究、个案研究和人类学分析等领域的研究一直缺乏。

（二）国内

在移植和吸收国外旅游扶贫理论和研究成果的基础上，伴随着对旅游扶贫实践经验总结，我国旅游扶贫研究逐渐兴起。国内学者对旅游产业化扶贫也从三个方面进行研究：

一是提出了旅游产业化、集群化扶贫。如从旅游主导模式和旅游杠杆模式探讨旅游产业化进行扶贫；对自然保护区生态旅游产业集群与扶贫进行分析等。

二是农业旅游扶贫。如提出体验型生态农业旅游能使农村贫困人口真正受益。

三是文化旅游扶贫。如提出了传统旅游、摄影利基旅游、文化利基旅游三种 PPT 模式。

从历时维度看，我国旅游扶贫开发及其研究可以大致分为三个阶段：

体制改革推动扶贫阶段（1984—1993 年）。1984 年，国内旅游起步，旅游扶贫属于自然增长过程；1988 年，时任国家旅游局孙钢副局长主编《旅游促进发展 70 例》，坚定了人们对旅游扶贫方式的信心；1993 年，国家旅游局下发《关于加快国内旅游发展的若干意见》，进一步推动了旅游扶贫工作。这也是我国旅游扶贫研究的起步阶段，研究成果较少，平均每年不到 1 篇学术期刊论文，且以定性研究为主。

大规模开发式扶贫阶段（1993—1998 年）。全国各地对旅游也越来越重视，基本上每年旅游业都保持 20%左右的增长率，是旅游快速发展时期，此阶段官方开始重视旅游扶贫问题，学者们开始关注旅游扶贫模式、政府角色、旅游扶贫融资及旅游扶贫问题与对策等方面研究，研究方法上由定性描述向定量分析方法转变。

大力推进阶段（1998 年至今）。这也是我国旅游扶贫研究飞速发展阶段，研究方法有比较分析、访谈、问卷调查、统计分析、经济模型等；研究对象也进一步细化，从对区域的关注逐步转向对扶贫个体，即贫困人口的关注上来。上述转变是在1999年英国国际发展局（DFID）提出PPT概念的背景下发生的。学者们越来越关注旅游扶贫过程中的社区参与、旅游扶贫机制、不同人群在旅游扶贫中的利益（如女性）等方面。

四、旅游扶贫模式

（一）旅游扶贫受益体关系

旅游扶贫存在政府、贫困人口、乡镇企业、社区、环境五种主要受益体，他们之间存在相互制约、相互促进的作用关系。受益体在旅游扶贫之间存在三种利益关系，即经济利益、监督管理、互惠协作（见图1）。

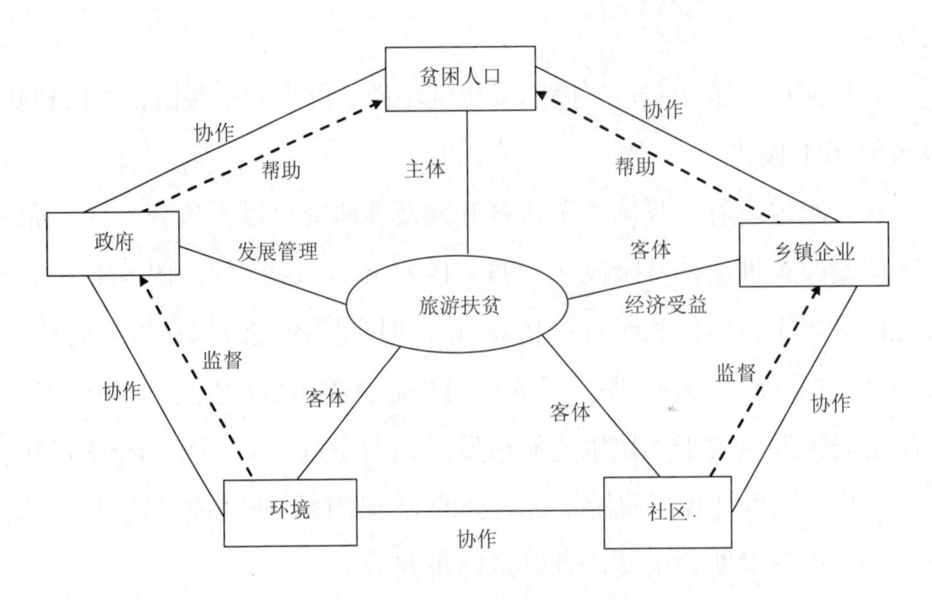

图1 旅游扶贫主要受益体关系

转引自党荔. 基于PPT战略的长安镇旅游扶贫模式研究[D]. 重庆：重庆师范大学，2016.

（二）旅游扶贫模式

上面列举了五种主要受益体，在实际旅游活动中还存在其他更多的受益体，如NGO（非政府组织）、旅游者、投资商、志愿者等，在一定的激励和引导下，都能充当旅游扶贫主体，发挥扶贫作用。因此，以不同利益主体可以建立多种不同的旅游扶贫模式，让穷人摆脱贫困，地区得到发展。

1）政府扶持旅游扶贫模式

政府在任何扶贫地区都担任着主导角色，扶贫是政府的职责，而政府在旅游扶贫中也发挥着不可替代的作用，许多重要工作只有政府参与才能做到。政府通过制定有利于开展旅游扶贫工作的政策章程，为旅游项目开发创造良好的平台和优越的政策环境；通过规划旅游发展前景目标，对当地扶贫进程做出有效评估，协调好旅游发展与环境保护的关系；政府还能通过宏观调控，实现资源的优化配置，为贫困人口参与旅游业提供便利。政府主导不等于政府全包，因此，政府要履行好职责，权衡各类旅游扶贫参与主体（见图 2）。

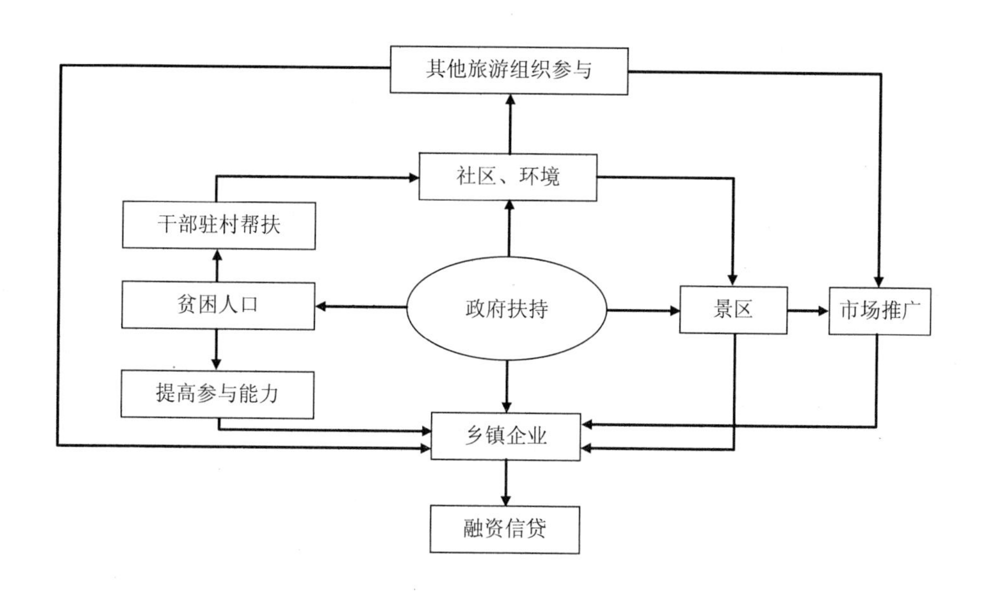

图 2　政府扶持的旅游扶贫模式

转引自党荔，2016.

政府在旅游扶贫中有着不同的扶持体现，如旅游开发中加强市场推广、工作中加大干部驻村帮扶、为贫困人口提供参与旅游的机会、财政上扶持乡镇企业项目、激励引导其他组织参与旅游扶贫等。

2）企业主导旅游扶贫模式

企业包括乡镇企业和旅游企业。这种模式是指在旅游扶贫过程中以企业为核心，各方受益体参与到企业主导中，在参与过程中受益。这种模式体现在以下几个方面（见图3）：

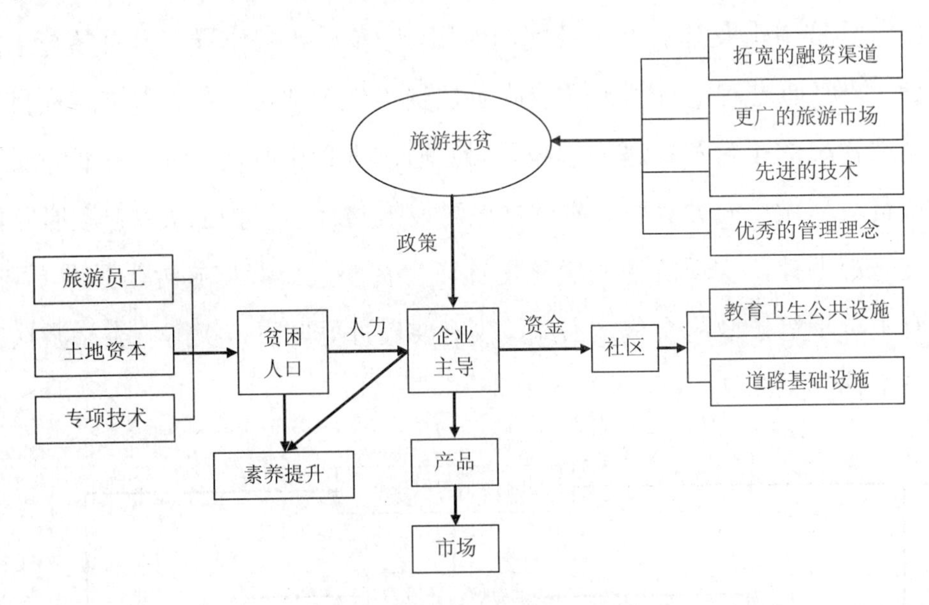

图3 企业主导的旅游扶贫模式

转引自党荔，2016.

企业通过雇佣当地居民，特别是为有条件参与其中的贫困人口提供就业岗位。还有一种参与方式是股份制合作，把居民的自身发展和旅游发展结合起来，让居民有意识履行旅游扶贫开发主人翁的义务。

旅游扶贫的发展也为企业带来了机遇，学习外来先进技术和管理理念为企业资本的增值提供了可能，政府也就能享受到更多的财政收入。

企业发展能为社区教育、卫生、道路交通等基础设施提供资金支持。这类公共基础设施的建设单靠政府的力量有些难以快速实现，社区融资也不是短时间能解决，旅游企业能为旅游业的发展优化周边环境，同时也能为社区的短缺资金提供支持。

贫困人口在任何时期的社会发展中生活难度都非常大，一是缺乏生存技能；二是缺乏合理引导；三是缺乏有针对性组织机构。基于旅游扶贫的开发，可以将贫困人口融入旅游活动中，减少贫困发生的概率，实现生活的富裕，但这是离不开各方面组织机构、人员的共同努力，能让贫困人口真正参与其中（见图4）。

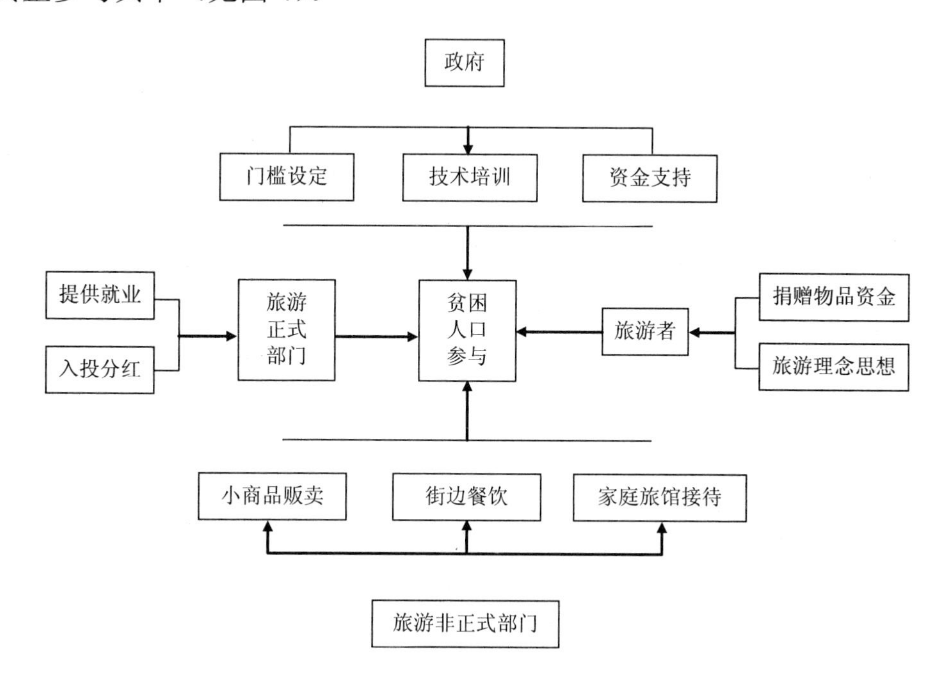

图4　贫困人口参与旅游扶贫模式

转引自党荔，2016.

政府为贫困人口参与旅游活动营造良好的政策环境，如降低贫困人口进入旅游项目的门槛，给予贫困人口参与旅游所需的资金支持和技术培训，为他们创造脱贫致富的机会。

旅游企业为贫困人口解决就业，如在旅游服务中心、餐饮、酒店、停车场等为贫困人口提供工作岗位，按时发放薪金，定期给予生活保障；同意贫困人口以土地使用权形式参与到旅游企业的入股分红中，这种方式随着旅游业的稳步发展，后期收益都会十分可观。

非正式旅游企业为不能参与旅游企业的贫困人口提供获益的渠道，如旅游小商品贩卖点、家庭旅馆接待、街边餐饮摊点等，为贫困人口间接从事与旅游相关的行业而取得收益。

旅游者对贫困人口物质和精神上的帮扶，如向贫困人口捐赠物品和资金，为他们传播发展旅游丰富的知识和信息，为贫困人口转变思想观念，促使他们脱贫致富。

3）“志愿者—社区”协作旅游扶贫模式

“志愿者—社区”协作的旅游扶贫模式是通过把志愿者和社区的发展有机结合起来，有促于社区的良好发展，提升旅游扶贫的效率（见图 5）。

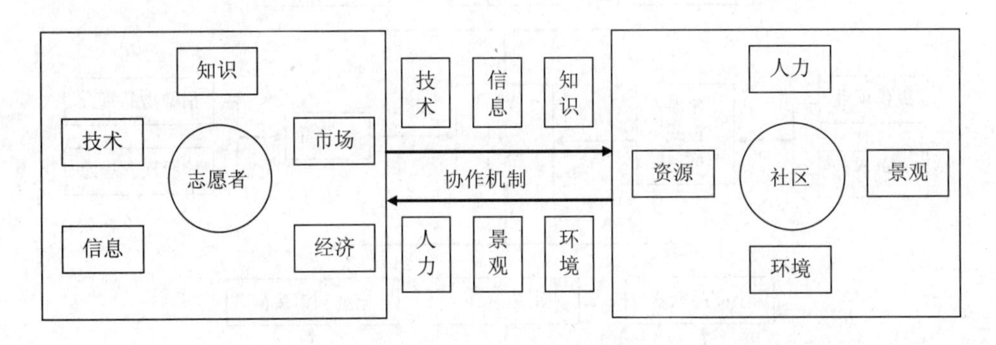

图 5 “志愿者—社区”协作旅游扶贫模式

转引自党荔，2016.

旅游志愿者有知识、技术、信息等方面优势，而旅游扶贫社区具有人力、环境、资源等方面的优势，基于旅游扶贫发展的需求和目标，以二者互助合作为核心，对旅游扶贫会有很大帮助。志愿者可以为乡村社区提供先进的旅游开发策略、旅游发展理念、环境保护意识；同时，有的志愿者是带着旅游观光的目的进入乡村地区，他们也是直接的旅游消费者，可以带动当地旅游市场和消费市场。

社区在这里起着催化剂作用。社区作为小尺度地区的缩影，能在政府、企业、贫困者等多方旅游扶贫受益体之间起着桥梁作用，及时反馈信息，让志愿者从较为专业的角度分析旅游活动中所出现的问题。另外，社区还可作为贫困地区对外开放的“门户”，通过及时了解志愿者带来的信息，从而加强当地扶贫的各项旅游活动，推动多边贸易关系中的扶贫活动。

当然，这种模式是有前提的，相互之间应该有互补性、互助性或者具有一定的旅游受益关系。

五、总结

通过前面的介绍，我们这四种模式（见表1），当然还有其他的模式，侧重点是不一样的，但是都是围绕旅游扶贫的宗旨和目标建立。政府扶持强调在旅游扶贫中政府的帮扶作用，企业主导强调各方旅游扶贫参与者带旅游活动中交互过程中获得各自的收益，贫困人口参与强调提高贫困人口进入旅游后提高自身的收入。这是四种旅游扶贫模式的比较。四种旅游模式并不是说单一的独立的模式，在不同的发展阶段不同模式起的作用是不一样的。起步阶段，政府帮扶的模式可能起主要的作用，中期发展阶段，要加强发挥乡村企业、贫困人口在旅游扶贫中的作用，加强对它们利益获取的保护力度，后期是更加注重区域中的交流。当然一个地区要因地制宜，不能说一种模式固守下去，旅游的阶段不同，扶贫的阶段和模式不一样，同一个阶段，各种模式也可以相互交融，相互结合，这样才能使得旅游扶贫的效果更好。

表1　四种旅游扶贫模式的比较

模式名称	核心主体	受益对象	受益方式
政府扶持模式	政府	景区、环境、贫困人口、乡镇企业、社区	政策、法规
企业主导模式	企业	社区、贫困人口、企业、旅游产品	资金、培训
贫困人口参与模式	贫困人口	贫困人口	外界帮助
“志愿者—社区”协作模式	整个地区	旅游扶贫所有受益体	协作交流

生态旅游，社区旅游，扶贫与服务学习

Ecotourism, Community-Based Tourism(CBT), Poverty Alleviation and Service Learning

香港理工大学酒店及旅游业管理学院
中国内地硕士课程主任、博士
黄志恩

生态旅游, 社区旅游, 扶贫与服务学习

Ecotourism, Community-Based Tourism(CBT), Poverty Alleviation and Service Learning

不同的研究试图找出在不同国家的模式，整合社区旅游（CBT）和减轻贫困，如肯尼亚，尼加拉瓜和老挝(Manyara & Jones, 2007; Zapata, Hall, Lindo, & Vanderschaeghe, 2011; Harrison & Schipani, 2007)。

本文尝试分享作者使用服务学习（SL）作为社区旅游和减轻贫困工具的经验，将讨论对未来研究的经验教训和影响。

Opening Minds • Shaping the Future • 啟迪思維 • 成就未來

Service Learning in PolyU
香港理大的服务学习

- PolyU is committed to providing a holistic education to our students. Our focus is not only in the core areas such as critical thinking, problem solving, professional knowledge, and career development, but also in intangible areas such as civic responsibility and social justice.

In the past several years our university has successfully encouraged many students to engage with society through community service, mostly in the form of non-credit bearing, co-curricular activities, both local and offshore. The 4-year curriculum takes the next logical step to strengthen the learning aspects of social engagement through academic credit-bearing subjects on service learning.

To ensure academic quality, these subjects must have proper teaching, practice, and assessment components. To ensure that all our students benefit from this form of learning, it will be made compulsory for all students. Students should also be provided with ample choices in terms of themes, scales, contexts, clients, and nature of involvement.

- 香港理工大学致力于为我们的学生提供全人教育。我们的重点不仅在于核心领域,如批判性思维、解决问题的能力、专业知识和职业发展，亦在于公民责任和社会公正等无形的领域。
- 在过去几年里，我们大学成功地鼓励众多学生，通过社区服务走入社会，大多数是以非学分的课外活动形式，在香港本地以及境外。四年制教学大纲采取的下一步合乎逻辑的步骤，通过有学分的服务学习科目来加强社会活动参与的学习方面，。
- 为了保证教学质量，这些科目必须有适当的教学、实践以及考评办法。为了保证所有学生都能受益于这种形式的学习，要求所有学生必须参加。还应当给学生提供大量的主题、规模、环境、客户和参与性质让他们选择。

School of HTM Hotel & Tourism Management 酒店及旅遊業管理學院

Opening Minds • Shaping the Future • 啟迪思維 • 成就未來

Service Learning 服务学习

"Service-learning is an experiential learning pedagogy that integrates community service with academic study and reflections to enrich students' learning experience, in order to achieve the intended institutional or programme learning outcomes. It enhances students' sense of civic responsibility and engagement on the one hand, and benefits the community at large on the other. It emphasizes *learning through engagement in services. Participating in voluntary* service activities alone does not qualify as service-learning"

Service Learning Handbook, Office of Service Learning, The Hong Kong Polytechnic University

"服务学习是一种体验式教学法，将社区服务与学术研究及反思相结合，从而丰富学生的学习体验，达到所期望的院校或专业课程学习结果。服务学习一方面可以提高学生的公民责任感和积极参与，另一方面还可以使更广泛的社区受益。强调***通过参与服务进行学习***。**参与志愿**服务活动还不完全是服务学习。"

香港理工大学服务学习办公室《服务学习手册》

School of HTM Hotel & Tourism Management 酒店及旅遊業管理學院

Opening Minds • Shaping the Future • 啟迪思維 • 成就未來

Ecotourism in Rural and Developing Regions
乡村与发展中地区的生态旅游

The objectives of this subject are to:

- Introduce to students the concept and practice of service learning
- Familiarize students the concepts and practice of ecotourism
- Develop students' competence of using ecotourism as a tool for poverty alleviation
- Enhance students' generic competencies of innovative problem solving, communication and teamwork
- Nurture students' sense of social awareness, responsibility and engagement

本科目之目的是：

- 向学生介绍服务学习的概念和实践
- 使学生熟悉生态旅游的概念和实践
- 培养学生把生态旅游作为扶贫工具的能力
- 提高学生创新解决问题的能力、沟通和团队合作的能力。
- 培养学生的社会意识、责任感和参与

Opening Minds • Shaping the Future • 啟迪思維 • 成就未來

Project in Sichuan – Qingping 2014
2014年在四川清平的项目

What service(s) did our students deliver in Sichuan?

- Assessed/reviewed the potential ecotourism resources for ecotourism development in Qing Ping, Sichuan
- Met and lived with local families to experience their daily life
- Carried out interviews and observations to understand the local culture and customs
- Design innovative ecotourism activities for eco-tourists
- Plan four different itineraries for different targeted markets

我们的学生在四川开展了什么服务?

- 评估和审核了四川清平开发生态旅游的潜在生态旅游资源
- 认识并与当地家庭住在一起，体验他们的日常生活
- 进行访谈和观察来了解当地的文化和习俗
- 为生态旅游者设计创新的生态旅游活动
- 针对不同目标市场策划四种不同的日程

Opening Minds • Shaping the Future • 啟迪思維 • 成就未來

Project in Sichuan – Qingping 2014
2014年在四川清平的项目

- Design brochures/website to promotion the project site
- Provide plan and suggestions to market the project site
- Provide various types of training to the local community such as: basic English to communicate with tourists, basic service skills, basic ecotour guiding skills
- Event Planning-Organized an Ecotourism related fun-fair for the local community

- 设计手册和网站推广项目点
- 提出方案和建议来宣传项目点
- 为当地社区进行各种类型的培训，例如:与游客沟通的简单英语、基本服务技能、基本生态旅游导游技巧
- 活动策划一为当地社区组织一次生态旅游相关的游乐活动

Opening Minds • Shaping the Future • 啟迪思維 • 成就未來

THE HONG KONG POLYTECHNIC UNIVERSITY 香港理工大學

Service Delivery -Group Task
服务递送一小组任务

- G1-Itineary Planning
- G2-Tour Guide Training
- G3-Training
- G4-Publicitiy
- G5-Event

- 第一组——日程策划
- 第二组——导游培训
- 第三组——培训
- 第四组——宣传
- 第五组——活动

Opening Minds • Shaping the Future • 啟迪思維 • 成就未來

Project in Sichuan – Qingping 2014
2014年在四川清平的项目

Who are the service recipients?

The recipients are the local community: children, women group providing services to tourists, social workers.

服务对象是谁?

服务对象是当地社区:向游客提供服务的儿童、妇女团体、社会工作者。

Opening Minds • Shaping the Future • 啟迪思維 • 成就未來

Project in Sichuan – Qingping 2014
2014年在四川清平的项目

简而言之,根据学生们此旅之后的反思,他们从中学到了什么?

- 大多数学生谈到认识到自己的一些优点和缺点;特别是人际关系和沟通技巧。通过此次科目与服务学习之旅,他们在这些方面有了很大的进步。
- 通过完成小组任务活动,他们还学到了团队合作的重要性。
- 通过与当地人民共同吃住、交谈、分享,学生们学习和了解了当地文化。

Opening Minds • Shaping the Future • 啟迪思維 • 成就未來

Project in Sichuan – Qingping 2014
2014年在四川清平的项目

清平社区与所有学生和课程教师合作并参与了他们所在社区的所有活动。主要是有一个妇女团体支持所有不同的活动。这个妇女团体安排所有膳食和家庭给所有留在当地的学生。他们还担任当地导游，并参加了生态旅游指导培训。他们帮助生态旅游活动准备，参加了与学生的会议，并回答了学生的问题。当然，当地人不仅参与，还通过为学生和教师提供不同的服务获得收入。不同的活动为他们提供就业机会，并通过额外收入改善他们的生活。他们还学习并升级了他们的生态旅游指导技能，更好地了解如何与城市的年轻人互动和服务。事实上，CBT的挑战之一是当地人的能力建设。通过我们的学生，他们学习了新的技能，增强了他们对游客的服务。

Opening Minds • Shaping the Future • 啟迪思維 • 成就未來

THE HONG KONG POLYTECHNIC UNIVERSITY 香港理工大學

服务学习项目

在2014年四川实施SHTM2S01项目这一年后，

2015年昆明市实施了类似项目

（请参见网站，了解该项目的更多成果http://htm2s01.wixsite.com/tjx2015）

2016年 柬埔寨实施了类似项目

（请参阅网站，了解该项目的更多成果http://sarahleunghl.wix.com/sl2016）。

2017年6月，在内蒙古将开展另一个项目

Opening Minds • Shaping the Future • 啟迪思維 • 成就未來

2015昆明西郊团结镇项目

在昆明项目中，对当地社区的影响之一是对儿童。培训团队组织了不同的课程，让他们了解一些简单的英语，并教育他们保护我们的环境的重要性。例如，他们教他们4Rs（再利用，减少，回收，替换）和废物回收的概念。他们为儿童设计了一种回收活动，他们将废弃物放入适当的回收箱中，以便他们有机会应用与可持续发展相关的知识。他们还安排了一个户外绘画活动给孩子们，所以他们受过教育，在环境中的乐趣。孩子们和我们的学生建立了很好的关系。通过不同的活动和互动，当地儿童也向外界敞开了眼睛。良好的教育和有机会与来自大城市的学生，确实有影响这个小村子里的孩子。另一方面，我们的学生也受益。一个学生在旅行后在他的反思杂志上写道："当地的孩子对我有很大的影响。我与当地的孩子建立了良好的关系。我明白他们感到失望，当我们离开。他们错过了我们，所以他们写信和送礼物给我们，以感谢和表示赞赏我们的服务。当我收到并阅读他们的信件时，我感动了，因为我珍惜友谊。这是一个意想不到的惊人的宝贵的经验。我会回信给他们，并与他们保持联系，以保持我们的关系和交流我们的文化"。

Opening Minds • Shaping the Future • 啟迪思維 • 成就未來

2016柬埔寨项目

今年柬埔寨项目其中一个感人的故事和一个良好榜样发生在我们的SL服务学习如何受益于当地人和支持扶贫的目标过程中。行程小组通过探访一些老人住所了解当地贫困情况，探索教育旅游的机会。一位老太太分享了她如何通过在街上拾塑料袋来生活的故事，并把它变成可以作为纪念品出售的手提包。学生被感动，还有来自Polyu SL 服务学习团体的其他学生甚至帮助她把这些手袋在Facebook上销售，并收到非常好的回应。通过这种方式，学生不仅更好地了解发展中国家的贫困是什么，而且还贡献了他们的知识和技能来帮助他们，实现了服务学习扶贫的目标。

Opening Minds • Shaping the Future • 啟迪思維 • 成就未來

服务学习与本地社区组织的一些成功因素

- 与生态旅游和社区旅游的许多项目一样，与不同利益相关者合作并不容易（Black＆Crabtree，2007; Yang＆Hung，2012）。 在SL服务学习中实施项目是复杂的。
- 教授这个课题的教师需要具有非常好的社会、人际和组织能力，以便在整个过程中处理不同的各方; 不仅仅是为任何研究组织实地考察（Wong＆Wong，2008; Wong＆Wong，2009）。
- 首先，教师应该彼此了解彼此的优势和团队合作的分工。 然后有需要招募仔细的学生，可以承诺的任务。

Opening Minds • Shaping the Future • 啟迪思維 • 成就未來

服务学习与本地社区组织的一些成功因素

- 此外，资源支持和工作量是教师的两个主要问题。 最好的SL科目被认为是另一个3学分的科目，但在最坏的情况下，它被认为不是成本效益，因为它只能容纳少数学生。 此外，教师常常需要寻求资金来支持学生的实地考察。
- 总而言之，服务学习是一个很好的学习/教育工具，以帮助学生发展。
- 具有生态旅游内容的服务学习不仅有利于学生更好地了解环境，负责任的旅行，更有助于地方社区发展和实现减轻贫困的目标。

Opening Minds • Shaping the Future • 啟迪思維 • 成就未來

对未来研究的启发

- 本文只是一个探索性研究，通过个人观察，SL服务学习作为CBT社区旅游和减轻贫困工具的贡献。
- 也许，未来有必要进一步和更严格的研究生态旅游服务学习对当地社区的不同影响。

Opening Minds • Shaping the Future • 啟迪思維 • 成就未來

参考文献
References

Mak, B., Wong, A. & Lau, C. (2016). Impact of Experiential Learning on Students: Service-learning Project of Ecotourism in a Rural Region *Journal of Teaching in Travel & Tourism (In Review).*

Kolb, D. A. (1984). *Experiential Learning: Experience as a Source of Learning and Development*. Englewood Cliffs, NJ: Prentice-Hall.

Black, R. & Crabtree, A. (2007). "Stakeholders' Perspectives on Quality Ecotourism. In Black, R. and Crabtree, A. *Quality Assurance and Certification in Ecotourism*. CABI International: Oxfordshire, UK. Chapter 9. pp-136-146 .

Harrison, D., & Schipani, S. (2007). Lao Tourism and Poverty Alleviation: Community-Based Tourism and the Private Sector, *Current Issues in Tourism*, *10*(2-3), 194-230.

Manyara, G., & Jones, E., (2007). Community-based Tourism Enterprises Development in Kenya: An exploration of Their Potential as Avenue of Poverty Reduction. *Journal of Sustainable Tourism*, *15*(6) 628-644

Seifer, S. D., & Connors, K. (Eds.). (2007*). Faculty toolkit for service-learning in higher*

education. Scotts Valley: National Service-Learning Clearinghouse.

Wong, A., & Wong, C.-K. S. (2008). Useful Practices for Organizing a Field Trip that Enhances Learning. *Journal of Teaching in Travel & Tourism*, *8*(2), 241 - 260.

Wong, A., & Wong, C.-K. S. (2009). Factors Affecting Students' Learning and Satisfaction on Tourism and Hospitality Course-Related Field Trips. *Journal of Hospitality & Tourism Education*, *21*(1), 25-35.

Yang, X. & Hung, K. (2012). Four Villages' Stories in Yunnan: The Role of Community-based Organizations in Pro-poor Tourism. In the proceedings of *11th Asia Pacific Forum for Graduate Students Research in Tourism and International Convention and Expo Summit 2012*, Hong Kong.

Zapata, M.J; Hall, C.M; Lindo, P; & Vanderschaeghe, M. (2011). Can community-based tourism contribute to development and poverty alleviation? Lessons from Nicargua, *Current Issues in Tourism*, *14*(8), 725-749

Opening Minds • Shaping the Future • 啟迪思維 • 成就未來

郴州水生态文明建设模式

湖南农业大学教授、博导 王 辉

研究背景

郴州市开展
试 点建设的
特有条件

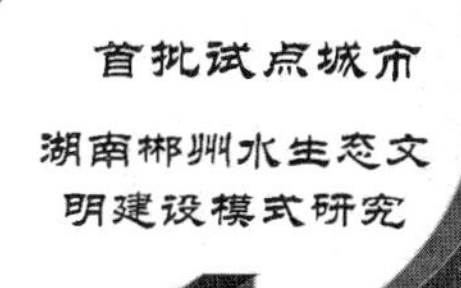

B 城市硬件、软件条件佳

国家森林城市　国家卫生城市
国家园林城市　交通管理模范城市
生态园林城市　环保模范城市
绿化模范城市　文明示范工程试点城市

A 典型南方山丘区水生态系统

（1）区域典型

地形地貌复杂、山地丘陵为主
城区无大江大河、但周边河网密布
降雨总量充沛、但时空分布不均
地表水聚集弱、但地下水资源丰富

（2）问题突出

水患突出
季节性缺水严重
水体重金属污染

试点概况

区域经济和社会发展

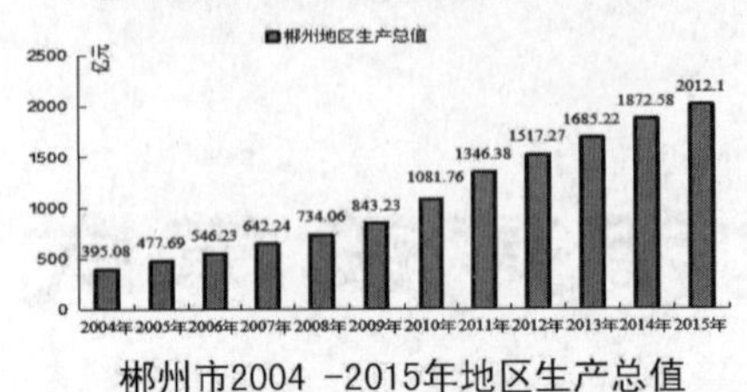

郴州市2004 -2015年地区生产总值

2004-2015年三次产业生产总值及增长速度

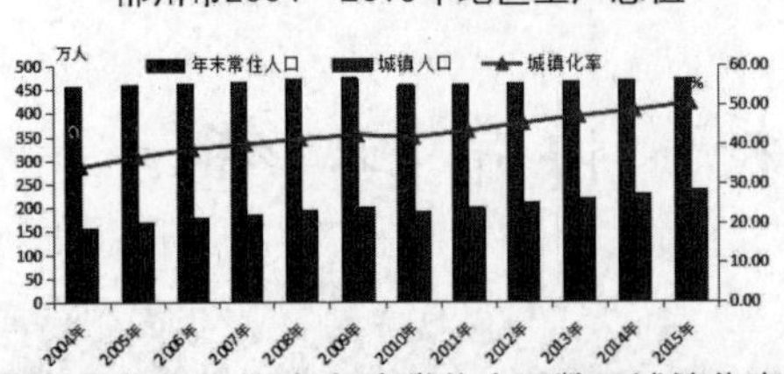

郴州市2004-2015年年末常住人口数及城镇化率

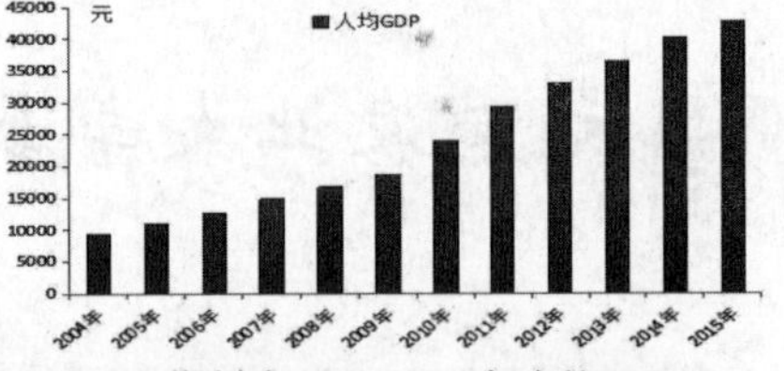

郴州市2004-2015年人均GDP

社会发展和谐稳定，人民生活水平显著提高

试点概况

区域自然状况和基本水情

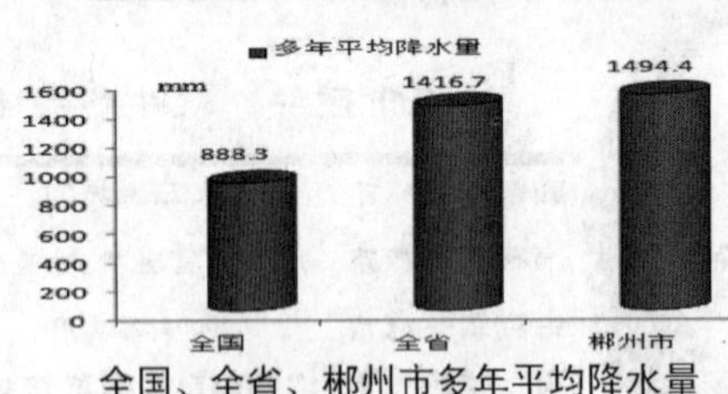

全国、全省、郴州市多年平均降水量

郴州市多年月平均降雨量

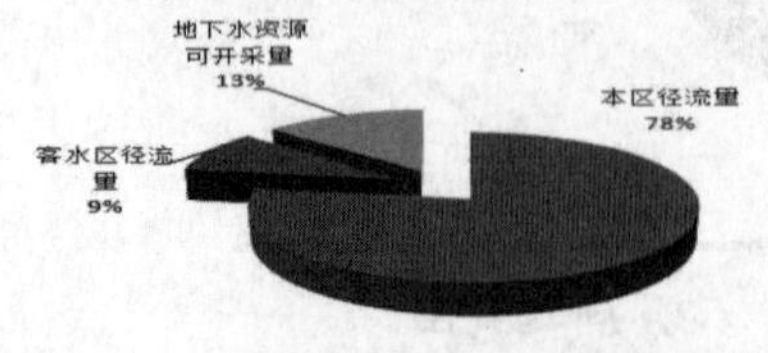

郴州市水量占比示意图

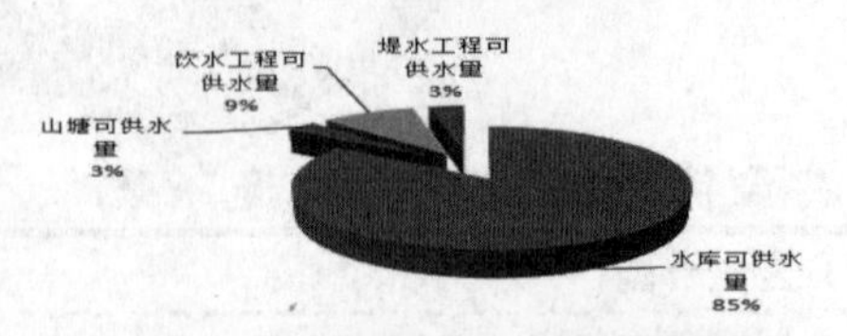

郴州市水利工程供水量占比示意图

郴州全市地表、地下水资源总量207.06亿m^3，约占全省水资源总量的9.93%。

发展历程

郴州城镇化加速；探索三个转变：

量变——质变

改造自然—— 规范人类活动

被动抗灾——主动抗灾

1999年前 2005 2008 2014年至今

水利工程以满足工农业生产需求为主

三次严重洪涝灾害、两次严重干旱、两次重度干旱 水资源管理方式转变；注重非工程措施，有部分生态措施

控制地表径流

建成城市内涝防治系统

提高城市管网建设标准

2010年开始通盘考虑水生态文明建设；2011年创建国家森林城市

向力力发表调研报告；郴州申请水生态文明建设试点城市

开展水生态文明城市建设；郴州申请海绵城市

建设实践

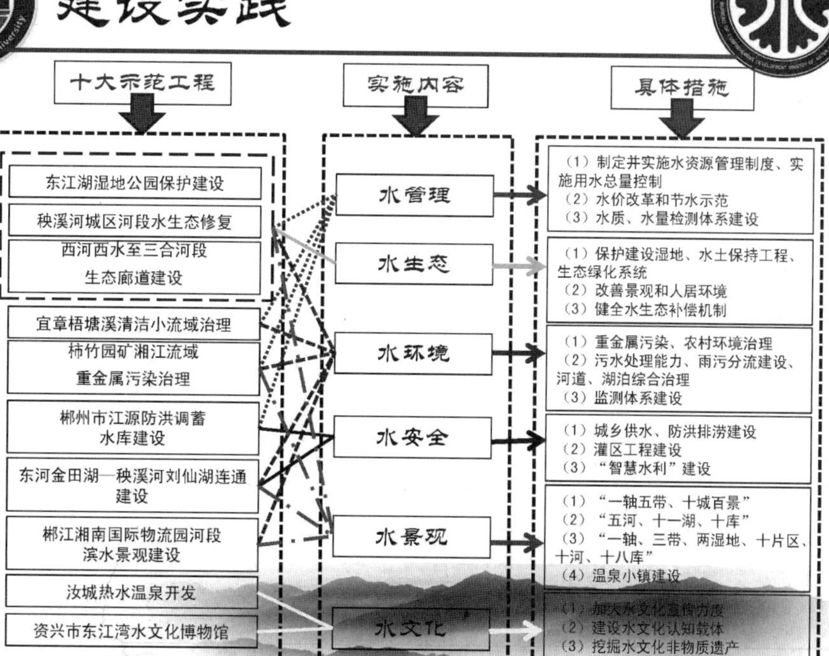

“调产业、控污染、绿矿山、净水体” 重金属污染治理体系

“供、蓄、排、净、景” 河湖库水系连通枢纽

郴州水生态文明建设特色

“国家、省、市、县”四水利风景区清零建设模式

“个性鲜明，主题突出，国际知名” 温泉开发利用途径

指导思想

以科学发展观和十八大精神为指导，实施最严格的水资源管理制度，通过优化水资源配置、加强水资源节约保护、实施水生态综合治理、加强制度建设等措施，着力解决城市缺水、洪旱并存、水环境污染三大突出水问题，建立现代和谐的人水关系，打造“山水名城美丽郴州”。

基础理论

资源型城市可持续发展理论、矿区生态经济学理论、山地城市生态学理论

生态经济学、河流景观生态学理论、城市水生态系统净污、城市生态学理论

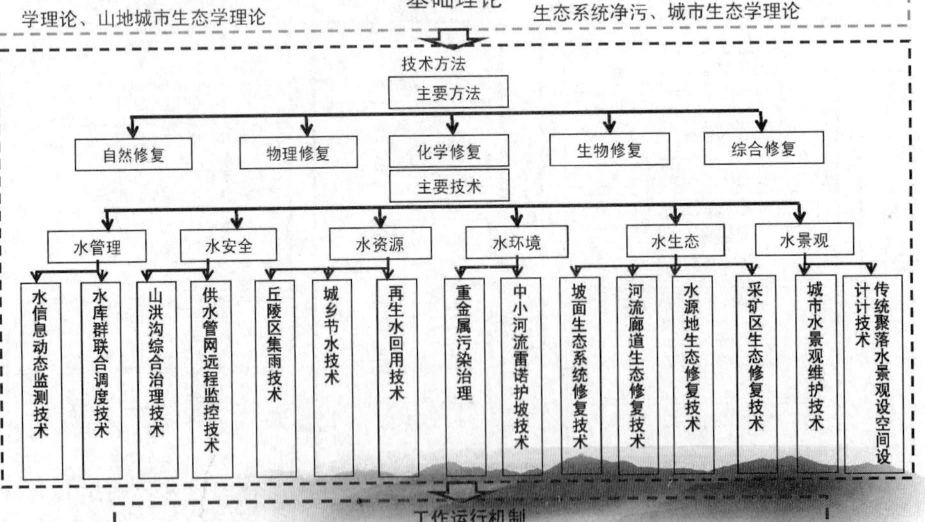

建设模式

模式构建原则

系统性原则：以自然（水）—城市经济—社会民生复合系统来构建

可操作性原则：站在实施者的角度，结合技术、环境、资源条件，从目标设定、任务分解、组织管理、运营维护等方面进行分解，实现可操作性

适用性原则：水生态文明城市建设与当地的地理、经济、社会、文化、历史条件密不可分，特定的区域背景和特色烙印，采取了相应差异性举措，不同模式适应性

建设模式

模式内涵

郴州模式林

通用模式

解决水生态文明城市建设普遍问题的通用方案，总结“既好又省”建设的共性模式

联系

补充

特色模式

选取郴州实践中的若干突出亮点，梳理而成的带有显著郴州标记的特性模式

“123468”模式

一个中心、两手发力 三程管控、四项统筹 六化同步、八大途径

＋

河湖库连通建设模式

水利风景区建设模式

温泉小镇建设模式

嘉禾城乡供水一体化模式

重金属污染防治模式

建设模式

通用模式

一个中心

以“水”为中心的基本理念

■以水为源，全面保护“山青水碧”环境

■以水为脉，精心打造“城水相依”景观

■以水兴业，加快发展“亲水经济”产业

■以水为魂，大力弘扬“人水和谐”文化

两个抓手

“政府主导”与“社会参与”两个”创建模式。

三程管控

“顶层设计（战略决策）

➔

过程监管

➔

考评激励”

三段管控模式。

四项统筹

■ 水与山：“十山十湖”特色的山水福城；矿山治理与恢复

■ 水与绿：植树造林；城市绿化

■ 水与城：移城就水；引水入城；水系互通；片区开发

■ 城与乡：城镇群建设；城乡供水一体

六大理念

雨洪资源化、城市海绵化、水域景观化……

八大途径

河湖搬过来、江河拦起来、降水蓄起来……

建设模式

实施途径

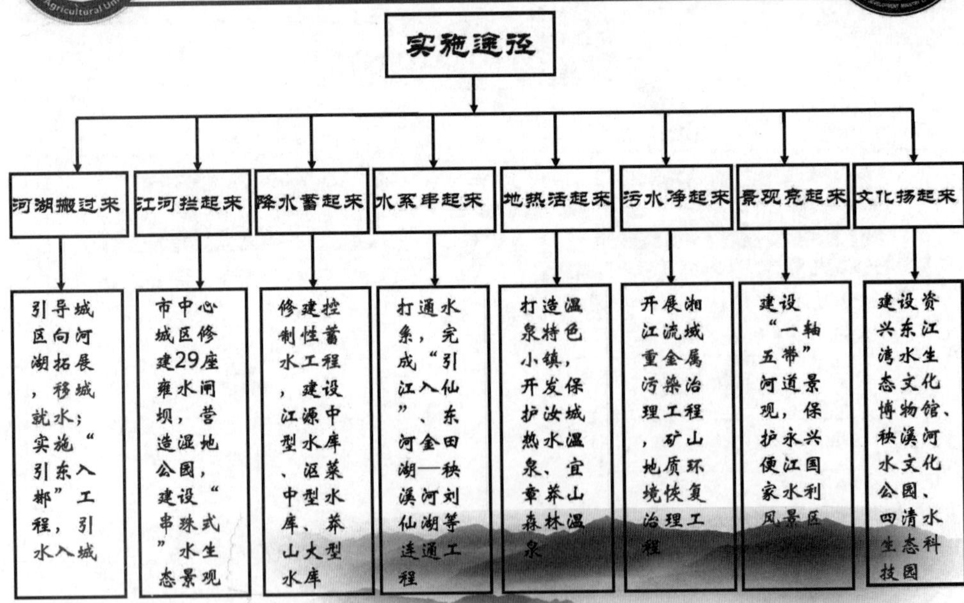

建设模式

特色模式—河湖库连通建设子模式

连通名称	连通概况	连通目的	连通对象	连通方式	连通原因	连通效益
东河—秧溪河	东河金田湖和秧溪河刘仙湖之间的地势高低开凿出人工运河：金田渠，通过进出口闸门控制	综合效益	河湖河连通	新建2座湖、新建湿地保护区	东河、秧溪河生态治理，治理尾矿区	实现两河之间的水体流动和水量交换，提高河湖水环境承载能力和水生态自我修复能力
引江入仙	江湖水库—仙岭水库—同心河的输水工程，将江源水库汛期弃水，调入仙岭水库，作为燕泉河生态用水水源	综合效益	河库连通	新建水库，利用天然河道自流	河流水质不好，水流量太少，生活污水污染严重，河流自净能力差	增加河道水量，净化河道水质，改善人居环境
引东入郴	雷溪水库—东湖—王仙湖的输水工程，将山河、雷溪、东波、高峰、观山洞水库统一调配，进入东河、秧溪河、郴江	资源型	库湖河连通	新建水库，利用高程的差异打隧道把水引入郴江	郴江河在枯水季节，流量很小，河流水质不好、生活污水污染严重，河流自净能力差	实行丰枯调剂，补充生态用水量
引郴入燕	郴江中游金银湖—燕泉河的输水工程，将郴江上游水经金银湖，调入燕泉河上游，再由裕后街进入郴江	综合效益	湖渠河连通	新建湖，通过新建渠道自流引	河流水质不好、水生态环境不优，生活污水污染严重，水流量太少，河流的自净能力差	解决市中心城区燕泉河生态基流不足、水质较差的问题，提高河湖联合调度能力，实现水资源的优化调度。改善燕泉河生态环境，为沿线居民创造良好的居住生活环境

特色模式—水利风景区建设子模式

实施理念

统筹水利工程建设与水利风景区建设

筑牢水利风景区发展根基

拓展水利风景区发展空间

实施途径

（1）各水利风景区积极申报国家级或省级水利风景区

（2）开展了“清零”行动，要求3年内每个县（市、区）至少成功创建一个省级及以上水利风景区，5年内全市国家水利风景区达到10家

保障措施

（1）《湖南省水利风景区建设与管理办法》

（2）《郴州市“十三五”水利风景区项目建设发展规划》及《水利风景资源调查评价报告》

（3）《打造国家级水利风景区 助推郴州水生态文明建设》等规划材料

（4）举行“水利风景区与水生态文明建设”专题讲座

（5）通过会议和媒体进行水利风景区宣传

（6）参加省内优秀水利风景区评选

实施内容

“国家、省、市、县”四级水利风景区建设模式

国家级水利风景区	省级水利风景区	市县级水利风景区
永兴县便江水利风景区 资兴东江湖水利风景区 永兴青山垅龙潭水利风景区 汝城县热水河水利风景区 郴州四清湖水利风景区	安仁县大石水库水利风景区 汝城县龙湖洞水库水利风景区 郴州高新区东河·秧溪河 水生态建设项目	莽山水库水利风景区 西河（北湖段、苏仙段、永兴段、桂阳段）水利风景区 十龙潭水利风景区 永乐江水利风景区等

特色模式—“温泉小镇”建设子模式

建设思路

围绕“林中之城、休闲之都”旅游品牌形象，做大做强温泉旅游产业

规划布局

以汝城县为龙头、以市中心城区为重点、以各县市区和各类特色镇为支点

实施内容

打造十泉十美，泉城相融总体格局，形成“一龙头、一重点、六小镇”绿色温泉产业整体布局

一龙头：汝城热水国家级温泉旅游度假区

一重点：仙岭温泉文化园

六小镇：苏仙区许家洞镇、宜章县一六镇、永兴县悦来乡、资兴市汤溪镇、安仁县龙海乡、嘉禾县珠泉镇

支持政策

（1）市财政资金引导旅游产业

（2）优先保障符合土地利用总体规划的重点温泉旅游项目用地

（3）引导银行业金融机构加大对温泉旅游项目的信贷支持力度

（4）对符合条件的温泉旅游项目给予补助、贴息等扶持政策

保障措施

（1）成立郴州市“中国温泉之城”领导小组

（2）各级各部门密切配合，不断优化温泉旅游发展环境

（3）形成省内独具特色的温泉旅游行业规范

（4）培养温泉产品研发、旅游营销策划、温泉企业管理等的综合性人才

特色模式—“嘉禾供水城乡一体化”建设子模式

核心理念

集中化供水

总体原则

农村供水城市化、城乡供水一体化

建设思路

大量吸引社会投资、加快骨干工程和管网延伸工程建设、确保工程质量和用水安全、建立完善的城乡供水体系、实现农村饮水安全目标

建设内容

打造“一个中心水源、五个重点水源、三个备用水源”特色供水格局

乡镇所在地和农村居民居住集中区域建设集中供水工程

完成东江二期饮用水工程、嘉禾县城乡一体化供水工程和永兴县青山垅至龙潭城乡供水一体化工程

成为湖南省首个城乡供水一体化示范县

保障措施

1、成立“嘉禾县城乡供水一体化工程”建设总指挥部与工程建设指挥部

2、出台《嘉禾县城乡供水一体化工程实施方案》；实行“建管分离”，推出“以奖代补”政策

3、《嘉禾县城乡供水一体化工程可行性研究报告》和《工程规划》

4、“公司+用户”、“公司+用水户协会+用户”管理模式

资金统筹

1、争取农村安全饮水资金，争取县财政每年投入

2、整合城镇管网建设等项目资金，打包使用涉水项目资金

3、通过县水利投融资公司向银行借贷建设资金

4、筹措社会捐资

5、用BT模式吸引社会各界投资建设

特色模式—重金属污染治理子模式

治理思路

理念转变—政策调整—产业转型—污染控制—污染修复—加强监管

实施内容

完成湘江流域（郴州段）重金属污染治理、矿山地质环境恢复治理、柿竹园矿湘江流域重金属污染治理等工程；构建“调产业、控污染、绿矿山、净水体”的重金属污染治理体系

调产业	控污染	绿矿山	净水体
1、调整产业结构 2、关涉重金属企业	1、控制工业污染源 2、治理历史遗留污染 3、加强河流综合整治，加强水土保持	1、建设矿山公园 2、开展国家级绿色矿山试点	1、城市排污系统、污水处理厂，提高城市生活污水集中处理率 2、加强废水处理及回收利用 3、加大对水源、水体、水通道的保护，建设多点、高品质的供水源

保障措施

1、《湘江流域重金属污染治理实施方案》，《郴州市最严格水资源管理制度实施意见》，《郴州市最严格水资源管理制度考核办法》等相关文件

2、将湘江重金属污染治理作为全省环境治理的

3、完成《苏仙区西河流域重金属污染治理总体规划》、《苏仙区玛瑙山矿区重金属污染综合治理规划》等14个专项规划

建设模式

模式适用条件

评判条件：“决定性-保障性-推荐性-可替代性

自然条件适用性

- 水资源禀赋条件较好
- 水生态和水环境本底条件较好
- 地形多山丘
- 特色水资源
- 矿产丰富

经济及社会条件适用性

- 处于城市转型期
- 经济基础较为牢固
- 创新投融资机制
- 制度建设的落实程度
- 群众水生态文明意识
- 城镇化率较大

生态风景道与社区发展

湖南师范大学旅游学院副教授、博士　郑群明

一、生态风景道已成国家战略

- 2016年8月《全国生态旅游发展规划（2016—2025年）》（国家发改委、国家旅游局）；
- 明确提出：建设国家风景道
- 依托国家交通总体布局，按照**景观优美、体验性强、距离适度、带动性大**等要求，以国道、省道为基础，加强各类生态旅游资源的有机衔接，打造25条国家生态风景道。
- **实现道路从单一的交通功能向交通、美学、游憩和保护等复合功能的转变。**
- 目的：

① 抓好集中连片特困地区旅游资源整体开发

② 引导生态旅游健康发展

③ 满足国民旅游休闲消费需求和生态环境需要

◆2016年12月5日《关于实施旅游休闲重大工程的通知》（国家发改委、国家旅游局）

◆到2020年，打造1000家新的精品景区

◆培育一批生态旅游协作区、国际生态旅游目的地、生态旅游重点景区和**国家生态风景道**。

◆目的：扩就业、增收入，推动中西部发展和贫困地区脱贫致富，促进经济平稳增长和生态环境改善

二、风景道的独特魅力——国际发展

◆ **诞生背景**

在资本主义世界工业化、城市化高速推进的历史大潮中，景观的破碎化、工业废弃物的大量排放、水面湖泊的污染充斥着西方国家的每个城市和乡村。

传统的协调手段如公园、片状绿地、自然保护区，对快速恶化的生存环境的遏制显得束手无策和力不从心川，各国社会经济的可持续发展受到了相当严峻的挑战。

◆ **思想体系形成**

Linkage

19世纪末美国著名的景观设计师F.L. Olmsted提出了景区间的“联动（linkage）”理念，随后运用于波士顿公园体系的规划设计中。

Parkway

20世纪初期，景区间的联动理念催生了公园道（Parkway）的发展。如Bronx River Parkway(1913), Blue Ridge Parkway(1935), Merritt Parkway (1934)。

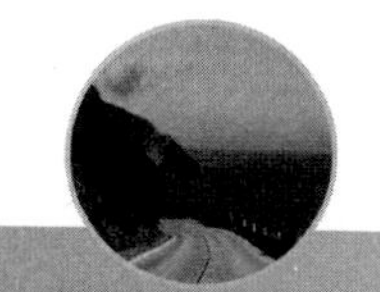

Scenic Byway

1991年美国冰茶法案(ISTEA)中的国家风景道计划对风景道的级别、标准、提名工作以及提名程序、功能、本质都作了详细说明，之后许多州开始效仿制定地方法案。

Blue Ridge Parkway 蓝岭公园道

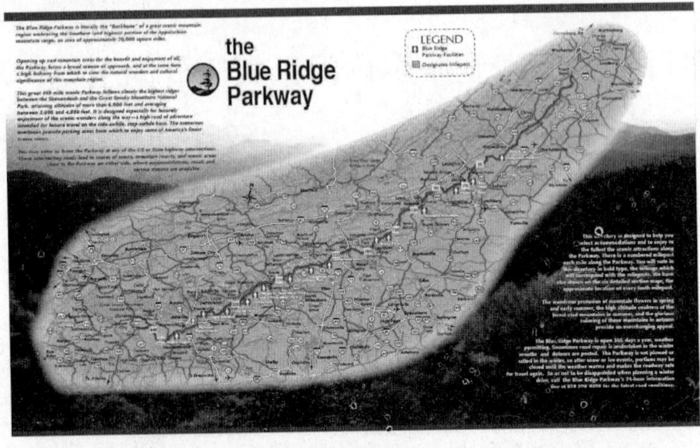

October 5, 2016 (Fall color report)

蓝岭风景道位于美国东部，连接了北部的仙纳度国家公园和南部的大雾山国家公园，为驾车者提供了长达469英里的连续的景观廊道。目前，蓝岭风景道已经成为美国最受欢迎的风景道之一，每年有超过2000万的游客前来参观游览。

蓝岭风景道的萌芽产生于20世纪初期，正式规划建设始于1933年，是西方风景道建设实践中比较早的一条。经过漫长的建设时期，蓝岭风景道在20世纪80年代开始全面投入到市场运营。发展到今天，已经形成了一套较为成熟和完整的开发与管理思路，并且取得不错的实践效果。

Blue Ridge Parkway

酝酿阶段（1933年前）

CRAGGY GARDENS - MP 364

◆在该阶段，“风景道”的概念首次被提出建设风景道的提议从个人层面提升到国家层面，尽管缘于经济上解决就业问题的一项举措，但是作为国家公共工程项目，逐渐受到国家及各州的充分重视；在土地权获取、资金来源方面都获得了很大的便利，促进了风景道建设进一步向前发展。

规划阶段（1933—1935年）

◆在该阶段，蓝岭风景道的规划设计和施工充分体现了对道路景观、历史资源的保护，强调美观和实用相结合，使风景道成为交通、游憩等多功能结合的产物的规划设计理念；其次，最大限度地获取社区支持，体现对社区、公众参与风景道建设的重视，通过社区参与管理促进风景道和社区经济的持续繁荣；最后，规划为后期建设提供指导性蓝本，使得风景道建设有章可循。

Blue Ridge Parkway

建设阶段（1935—1987年）

◆风景道的建设已经完工，但对北卡罗莱纳州的山附近到风景道南端一段长度为7.7英里路段，却花费了二十年的时间。为了解决1/5英里长的敏感路段的环境问题，提出了一个创新的解决办法，建造高架桥，1987年9月11日，在破土动工了52年以后，长达469英里的蓝岭风景道彻底竣工。

规范发展阶段（1987年至今）

◆1991年美国国会以法案形式通过“国家风景道计划（暂行）”后，蓝岭风景道积极参与国家风景道体系的申请和评定，北卡莱罗纳段、弗吉尼亚段分别于1996年、2005年被认定为“泛美风景道”。至此，全长469英里的蓝岭风景道完全被纳入了旨在“致力于取得经济发展和资源保护的平衡”的美国国家风景道体系。

三、风景道促进社区发展

- 风景道（Scenic Byway）是“一种路旁或视域之内拥有审美风景、自然、旅游、文化、历史和考古等价值的景观道路”（USDT，1991）。
- 美国国家风景道计划（NSBP）是一项“致力于取得经济发展和资源保护平衡”的国家级行动计划。

路侧
点状旅游资源
辐射带
游径
面状旅游资源
视域带
行车道

风景道空间结构图（邱海莲，2011）

◆风景道与社区发展

- 国外学者David（2000）调查了美国50个州的1380名游客，发现随着行程的时间和距离增加，风景道在路线决策中的重要性也在增加。
- Liechty（2010）调查发现，2010年23800位前来明尼苏达州保罗班杨风景道（Paul Bunyan Scenic Byway）的游客共消费了2160万美元，给当地创造了2120万美元的经济总量、331个就业岗位和720万美元的劳动收入。
- Kent（1995）发现具有自然和文化特征的风景线路应该成为绿道规划的重点，因为它为当地带来了环境、社会和经济效应。

◆ 风景道对社区的价值

① 线型旅游目的地；

② 解决了高速、高铁的“隧道效应”和“过滤效应”；

③ 带动社区产业，乡村旅游后备箱工程；

④ 促进旅游扶贫。

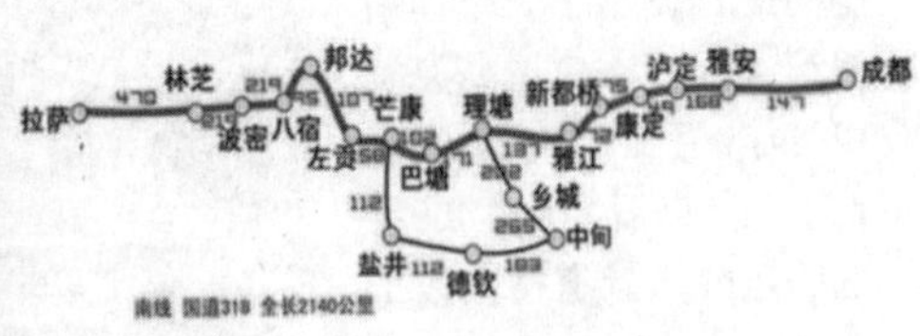

四、湖南实践

◆湖南武陵山片区

- 大湘西12条文化旅游精品线路
- 8地市（区），48县市（区），428个村庄

◆湖南罗霄山片区

- **神奇湘东——东方一号公路**
- 4地市（区），10县市（区），
- 101个村庄

- 重点建设：旅游交通标识、乡村游客服务中心（乡村综合体）、乡村营地、旅游氛围标志性景观、信息化建设、新业态（民宿、度假酒店、家庭旅管、自驾车房车营地、购物品牌店、非遗生产性保护项目）
- 沿线规划布局特色美食型、特色民宿型、特色景观型、特色文化型、特色产业型、综合型等村庄，实现功能互补，组团发展，最终带动社区发展。
- 这次的两条**沿武陵山国家风景道**和**罗霄山南岭风景道**实际上和13条精品线路有重合。

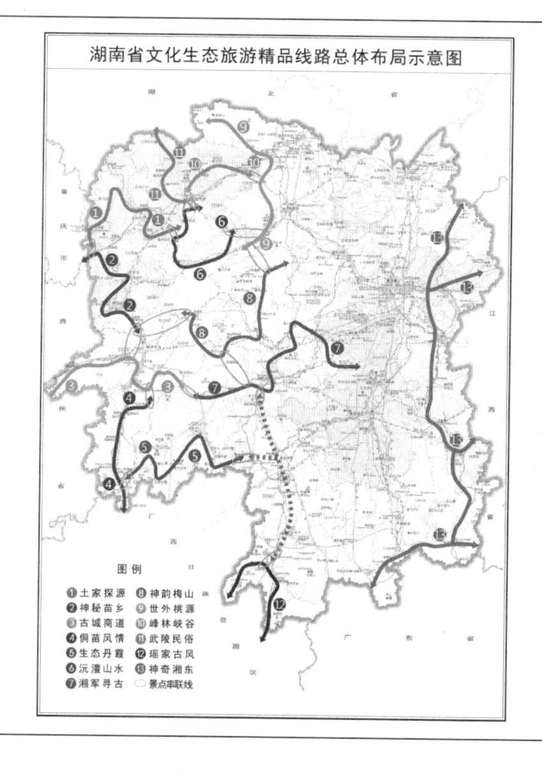

1. 土家探源
2. 神秘苗乡
3. 古城商道
4. 侗苗风情
5. 生态丹霞
6. 沅澧山水
7. 湘军寻古
8. 神韵梅山
9. 世外桃源
10. 峰林峡谷
11. 武陵民俗
12. 瑶家古风
13. 神奇湘东

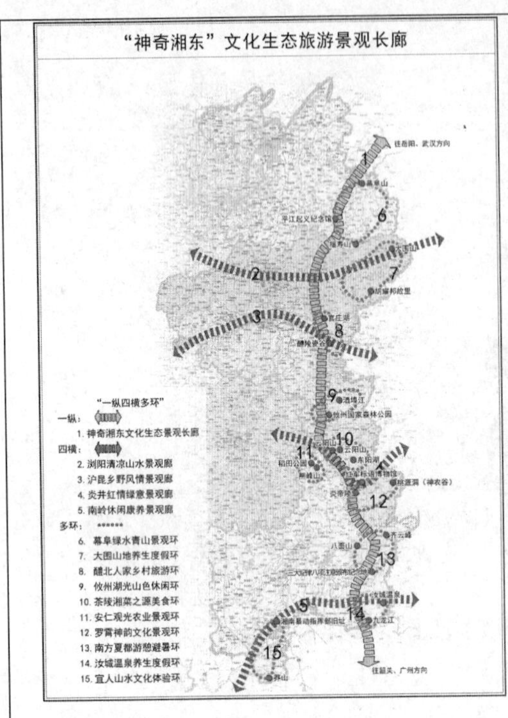

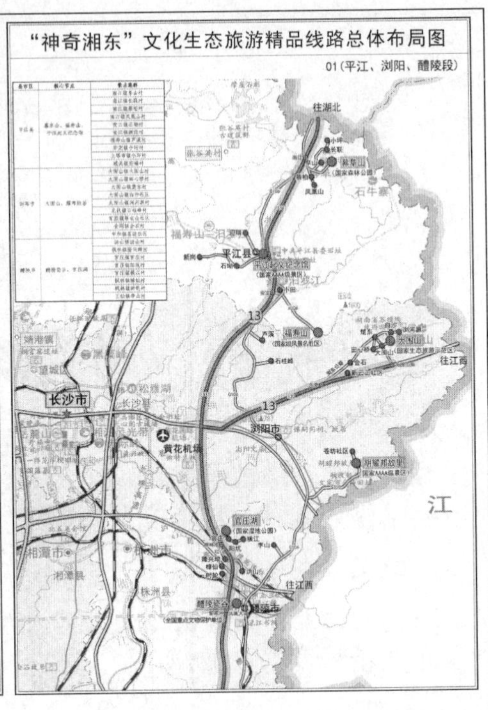

“神奇湘东”文化生态旅游精品线路公共服务设施2016—2017年建设方案

委托单位：湖南省发展和改革委员会　湖南省旅游局

编制单位：湖南山地旅游研创有限公司

“神奇湘东”推动全国乡村旅游扶贫重点村脱贫预测

序号	县（市）	景点集群数量	直接推动脱贫致富			间接带动全国乡村旅游扶贫重点村（个）	总计带动全国乡村旅游扶贫重点村（个）
			全国乡村旅游扶贫重点村（个）	建档立卡贫困户数量（户）	贫困人口数量（人）		
1	平江县	10	3	204	588	12	15
2	浏阳市	9	2	182	497	10	12
3	醴陵市	8	4	212	676	0	4
4	攸　县	11	2	119	357	3	5
5	安仁县	11	9	1047	3846	28	37
6	茶陵县	10	8	540	2086	4	12
7	炎陵县	10	5	97	300	34	39
8	桂东县	13	10	902	2744	25	35
9	汝城县	10	5	497	1544	27	32
10	宜章县	8	4	627	1931	16	20
小计		**100**	**52**	**4427**	**14569**	**159**	**211**

数据来源：《关于印发乡村旅游扶贫工程行动方案的通知》旅发〔2016〕121号文件中的附件《乡村旅游扶贫工程调查摸底汇总分省名单》

八、经济转型·绿色金融论坛

李育材同志在经济转型·绿色金融论坛上的致辞

第十一届全国政协委员
国家林业局原副局长、党组副书记　　李育材

中国生态文明研究与促进会的“积极发挥智囊智库、支撑服务、桥梁纽带”的三大功能与作用定位，极为精准，成效显著，希望研促会在第二届理事会的领导下，将经济与环境的深度融合发展，推向新的高度，让水更绿，山更青，让绿色财富更持久，根本性助推国家生态文明建设的进程。我们在学习姜春云总顾问讲话、讨论陈宗兴会长的工作报告时也备受鼓舞、深受启发。姜春云总顾问的讲话和陈宗兴会长的工作报告总结了研促会过去五年工作成果与社会价值创造，展望了下一届理事会的工作愿景，令人振奋，充满信心。我希望并坚信，研促会在第二届理事会领导下，承前启后、继往开来、加快发展，将“国家全面建成小康社会、推进生态文明建设的攻坚期，视为理事会身担大任、大有作为的机遇期，我们要大力聚合更多人才，创新人才培育机制，充分发挥智库的智慧生产力，为国家生态文明建设及人类社会可持续发展，做出更大的贡献！

改革开放以来中国经济发展取得了举世瞩目的成绩，但在经济发展中带来的高能耗、高排放、高污染对环境造成了极大的压力，低能耗的绿色生态社会建设势在必行。党的十八大把生态文明建设纳入中国特色社会主义事业“五位一体”总体布局，明确提出大力推进生态文明建设，努力建设美丽中国，实现中华民族永续发展。“绿水青山就是金山银山”更道出了人民的共同期待。把生态文明建设融入经济建设、政治建设、文化建设、社会建设各方面和全过程，形成节约资源、保护环境的空间格局、产业结

构、生产方式、生活方式。在 2016 年 8 月人民银行等七部委发布的《关于构建绿色金融体系的指导意见》中对绿色金融做出了深刻的解读，绿色金融要求环境保护与经济发展双向并重。金融业如何促进环保和经济社会的可持续发展是一个需要深入研究的问题。金融业应该在自身的可持续发展中注重对生态环境的保护以及环境污染的治理，通过对社会经济资源的引导，促进社会的可持续发展，走出一条以生态建设为方向的绿色金融道路，引导资金流向节约资源技术开发和生态环境保护产业，引导企业生产注重绿色环保，引导消费者形成绿色消费理念，保持金融业可持续发展，避免注重短期利益的过度投机行为。与传统金融相比，绿色金融更强调人类社会的生存环境利益，它将环境保护和对资源的有效利用程度作为计量其活动成效的标准之一，引导各经济主体注重自然生态平衡，最终实现经济社会的可持续发展。

当前，我国进入了经济结构调整和发展方式转变的关键时期，绿色产业的发展和传统产业绿色改造对金融的需求日益强劲，这使得“绿色金融”成为金融机构和银行业发展的新趋势和新潮流。但在具体实践中却又面临着诸多的障碍，缺乏良好的政策、市场环境、内外部激励和监督等问题使得金融机构发展绿色金融的战略工作进展比较缓慢。已经实践探索的金融机构实际上也大多还停留于某些具体经营层面，没有制定专项的战略目标和发展规划。如何开发绿色金融产品和服务、如何进行环境风险评估和管理等诸多方面还需要不断学习与实践。

总之，我们将继续实施可持续发展战略，全面促进资源节约，加大自然生态系统和环境保护力度，着力解决雾霾等一系列问题，努力建设天蓝、地绿、水净的美丽中国。

以绿色金融
促进环境质量改善

环境保护部政策法规司环境政策处副处长　赖晓东

一、重要意义

2016年8月30日，习近平总书记主持召开
深改组第二十七次会议
审议通过了《关于构建绿色金融体系的指导意见》

会议指出
发展绿色金融，是实现绿色发展的重要措施
也是供给侧结构性改革的重要内容
要通过创新性金融制度安排
引导和激励更多社会资本投入绿色产业
同时有效抑制污染性投资
要利用金融工具和相关政策为绿色发展服务

“十三五”生态环保投资需求大

生态环境质量总体改善

陈吉宁部长：“中国生态文明建设仍然滞后于经济社会发展，环境问题依然突出，必须付出巨大的、不懈的努力。”

“十三五”时期经济社会发展主要指标中

资源环境指标达10项，全部为约束性指标

占所有约束性指标（13项）的77%

占所有指标（25项）的40%

国家“十三五”规划纲要确定的环保指标

专栏2 “十三五”时期经济社会发展主要指标						
指标			2015年	2020年	年均增速[累计]	属性
（23）空气质量	地级及以上城市空气质量优良天数比率（%）		76.7	>80	-	约束性
	细颗粒物（$PM_{2.5}$）未达标地级及以上城市浓度下降（%）		-	-	[18]	
（24）地表水质量	达到或好于Ⅲ类水体比例（%）		66	>70	-	约束性
	劣Ⅴ类水体比例（%）		9.7	<5	-	
（25）主要污染物排放总量减少（%）		化学需氧量	-	-	[10]	约束性
		氨氮			[10]	
		二氧化硫			[15]	
		氮氧化物			[15]	

注：①GDP、全员劳动生产率增速按可比价计算，绝对数按2015年不变价计算。②[ ]内为5年累计数。③$PM_{2.5}$未达标指年均值超过35微克/立方米。

《大气污染防治行动计划》

《水污染防治行动计划》

《土壤污染防治行动计划》……

提出了环境改善的具体指标

《“十三五”生态环境保护规划》

将“十三五”期间生态环保目标

进一步细化为10个方面27项具体指标

其中12项为约束性指标

绿色金融是实现环境改善目标的重要手段

吸引社会资本进入生态环保领域

促进金融业向绿色化快速转型

《“十三五”生态环境保护规划》

专门阐述“建立绿色金融体系”

例如，“环境治理保护重点工程”“山水林田湖生态工程”

两大类25项重点工程需要绿色金融支持

二、进展现状

- 绿色信贷
- 绿色保险
- 绿色证券
- 绿色债券

……

绿色信贷启动金融“绿色化”进程

金融机构意识到

企业环境问题将带来信贷管理风险

2007年，原环保总局、人民银行、银监会联合发布

《关于落实环境保护政策法规防范信贷风险的意见》

《绿色信贷指引》《能效信贷指引》……

环保部门与金融机构
建立信息沟通机制

征信系统收录环保信息14万余条

涉及约10万家企业

环境违法信息5.2万余条

2016年，金融机构查询包含环保信息在内的

企业信用报告1200多万次

对节能减排等战略性新兴产业
绿色信贷支持

至2016年6月末

21家主要银行业金融机构

绿色信贷余额	7.26万亿元
占各项贷款	9%
战略性新兴产业贷款余额	1.69万亿元
节能环保项目和服务贷款余额	5.57万亿元
绿色信贷领域的贷款不良率	0.41%

绿色保险逐步发展成为风险防范重要“助力”

排污单位造成环境污染

致使第三者遭受损害的

应当依法承担赔偿责任

环境污染责任保险（简称“环责险”）

就是以排污单位 因其污染环境 致使第三者遭受

损害 依法应负的赔偿责任 为标的 的保险

国家出台系列文件

2006年国务院《关于保险业改革发展的若干意见》

2007年国务院《节能减排综合性工作方案》

水十条、土十条，重金属污染防治规划

发展保险服务业等政策文件

2007年两部门《关于环境污染责任保险工作的指导意见》

2013年两部门《关于开展环境污染强制责任保险试点工作的指导意见》

大部分省份开展试点

涉重金属、石化、危化、危废等行业

2015年，全国1.4万家次企业投保

保费2.8亿元

风险保障244余亿元

从2007年至今

累计保障超过1000亿元

环境风险防范和损害救济

“环保体检”

网上风险管理体系

环境风险专家库

及时赔付污染受害者

也避免企业因一次环境污染损害

就导致生产经营难以为继

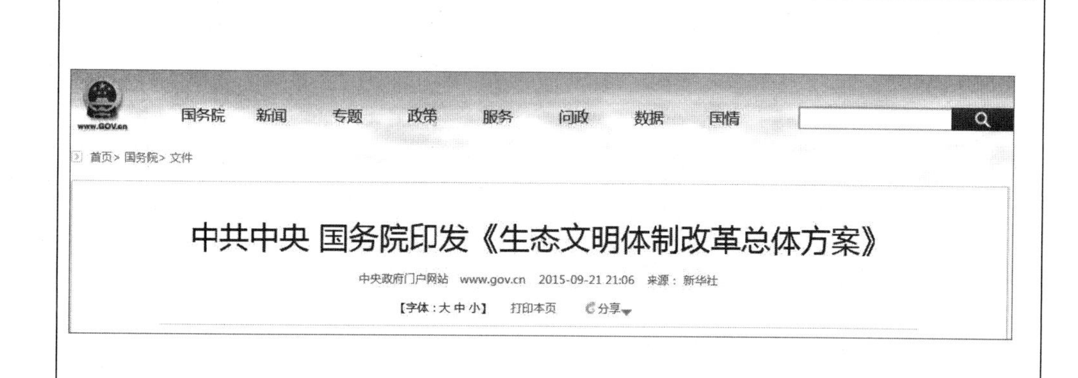

在环境高风险领域

建立环境污染强制责任保险制度

绿色证券推动上市公司

履行环保社会责任

2003年《关于对申请上市的企业和申请再融资的上市企业进行环境保护核查的通知》

2008年《关于加强上市公司环保监管工作的指导意见》

上市公司环保核查制度

环境信息披露制度

遏制“双高”行业过度扩张

绿色证券制度改革

2014年遵循“减少行政干预、市场主体负责”原则

环保部和地方环保部门全面停止上市核查

交由市场主体负责

转变为以环境信息披露为主要抓手

例如，IPO审核

将环保问题纳入重要审核内容

绿色债券为环保项目
提供新的资金渠道

绿色金融债券是募集资金

专项支持绿色产业项目的一类特殊债券

2015年12月人民银行公告

《绿色债券支持项目目录》

2015年12月国家发改委《绿色债券发行指引》

从2016年年初到8月

中国发行的绿色债券已近1200亿人民币

占全球同期发行的绿色债券的45%

2016年7月公布的《债券与气候变化》报告

全球共计6940亿美元存量绿色债券

36%来自中国发行人

35%以人民币计价

三、几点设想

- 严格法治，激发需求
- 部门联动，政策协同
- 关键机制，重点突破

严格法治、激发需求

环境保护法律	10件
自然资源法律	20件
环保相关法律	若干
环境保护行政法规（国务院令）	31件
地方性环境法规	700余件
部门规章（环境保护部令）	85件
国家环境标准	1600多项
签署国际环保公约	50余件
相关司法解释	若干

2015年环境执法情况

按日连续处罚	715	件
罚款	5.69	亿元
平均	79.6	万/件
查封扣押	4191	件
限产停产	3106	件
行政处罚	9.7	万余份
罚款	42.5	亿元
平均	4.4	万元/份
行政拘留	2079	件
涉嫌环境污染犯罪	1685	件

环境保护部通报2016年1-10月《环境保护法》配套办法执行情况

环境保护部今日向媒体通报了2016年1-10月各地《环境保护法》配套办法执行情况以及与司法机关联动的情况，对1-10月份案件数量在前三位的浙江、广东、江苏三地提出表扬。同时对执法力度不断加强，10月份案件数量跃居全国第一名的安徽省提出表扬。

1-10月，全国五类案件	14248件
按日连续处罚	592件
罚款数额	68629.9万元
查封扣押	6033件
限产停产	3400件
移送行政拘留	2722起
涉嫌犯罪移送公安机关	1501起

刑事追责

2011年《刑法修正案八》

第338条

- 原为“重大环境污染事故罪”修改为“污染环境罪”
- 原为“造成重大环境污染事故，致使……严重后果”

修改为“严重污染环境”

最高人民法院
最高人民检察院 司法解释

法释〔2013〕15号

最高人民法院　最高人民检察院
关于办理环境污染刑事案件
适用法律若干问题的解释

（2013年6月8日最高人民法院审判委员会第1581次会议、2013年6月8日最高人民检察院第十二届检察委员会第7次会议通过）

为依法惩治有关环境污染犯罪，根据《中华人民共和国刑法》《中华人民共和国刑事诉讼法》的有关规定，现就办理此类刑事案件适用法律的若干问题解释如下：

第一条　实施刑法第三百三十八条规定的行为，具有下列情形之一的，应当认定为“严重污染环境”：

—1—

民事赔偿

侵权责任法，2010年7月1日

第八章　环境污染责任（65-68）

- 损害担责　（无过错）
- 污染者：不承担责任/减轻责任/其行为与损害之间不存在因果关系，承担举证责任（举证倒置）
- 两个以上污染者污染环境（共同担责）
- 因第三人的过错污染环境造成损害的……

《生态环境损害赔偿制度改革试点方案》

应当赔偿的情形

- 发生较大及以上突发环境事件的
- 在国家和省级主体功能区规划中划定的重点生态功能区、禁止开发区发生环境污染、生态破坏事件的
- 发生其他严重影响生态环境事件的

环境保护部
国家发展和改革委员会
中国人民银行
中国银行业监督管理委员会
文件

环发〔2013〕150号

关于印发《企业环境信用评价办法（试行）》的通知

各省、自治区、直辖市环境保护厅（局），新疆生产建设兵团环境保护局，辽河保护区管理局，各省、自治区、直辖市、新疆生产建设兵团发展改革委，中国人民银行上海总部，各分行、营业管理部，省会（首府）城市中心支行，各银监局：

为贯彻落实《国务院关于加强环境保护重点工作的意见》（国发〔2011〕35号）关于“建立企业环境行为信用评价制度”的规定，

部门联动、政策协同

环保诚信企业	“绿牌”
环保良好企业	“蓝牌”
环保警示企业	“黄牌”
环保不良企业	“红牌”

环境保护部
国家发展和改革委员会
文件

环发[2015]161号

关于加强企业环境信用体系建设的指导意见

印发《关于对环境保护领域失信生产经营单位及其有关人员开展联合惩戒的合作备忘录》的通知

发改财金[2016]1580号

（四）其他惩戒措施

20.推动各金融机构将失信生产经营单位的失信情况作为融资授信的参考。

21.推动各保险机构将失信生产经营单位的失信记录作为厘定环境污染责任保险费率的参考。

22.在上市公司或者非公众上市公司收购的事中事后监管中，对有严重失信行为的生产经营单位予以重点关注。

23.各市场监管、行业主管部门将失信生产经营单位作为重点监管对象，加大日常监管力度，提高抽查的比例和频次。

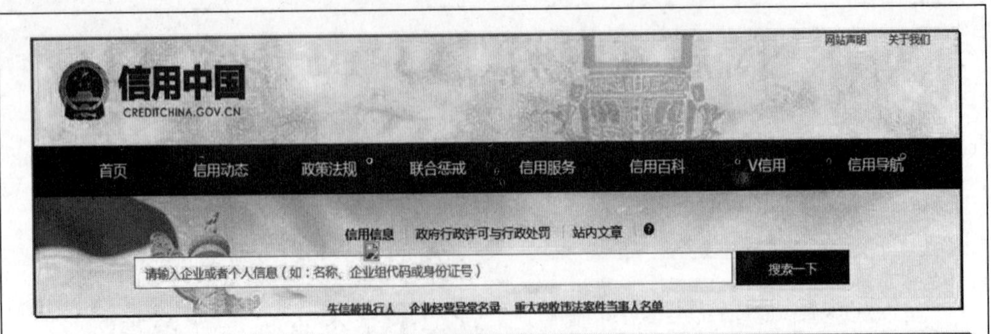

— 受惩黑名单 —

- 限制发行企业债黑名单
- 限制参与工程招投标黑名单
- 限制从事药品、食品行业黑名单
- 限制购买不动产及国有产权交易黑名单
- 限制设立保险公司黑名单
- 限制申报重点林业建设项目黑名单
- 限制使用国有林地黑名单

首页 / 受惩黑名单 / 限制发行企业债黑名单 /

企业名称	组织机构代码	归属地域
江苏斯维奇科技有限公司	690258120	浙江
新华电器集团有限公司	145583235	浙江
浙江新水晶电子有限公司	742040511	浙江
隆标集团有限公司	716110221	浙江
温岭市鑫隆板材有限公司	749820561	浙江
隆标集团有限公司	716110221	浙江
黑龙江万事利经贸(集团)有限公司	70264803-9	黑龙江
杭州恒通毛纺染整有限公司	71951401-0	浙江
台州市黄岩榜泰染色有限公司	704799690	浙江
厦门米雪儿服饰有限公司	76173763-X	福建

环境保护部办公厅函

环办政法函[2016]810号

关于转发江苏省根据环境信用评价等级实行差别电价、污水处理收费政策性文件的函

各省、自治区、直辖市环境保护厅（局），副省级城市环境保护局：

近年来，为贯彻落实党中央、国务院关于推进社会信用体系建设的部署要求，我部先后会同发展改革委、人民银行、银监会等有关部门，出台并实施了《企业环境信用评价办法（试行）》《关于加强企业环境信用体系建设的指导意见》，着力构建环境保护“守信激励、失信惩戒”机制。

地方各级环保部门主动联合相关部门，推动形成企业环境守法信用评价，以及企业环境信用信息部门共享、联合奖惩机制，在促进企业自觉守法、创新环保监管方式方面，取得了积极进展。

2015年12月14日，江苏省环境保护厅联合省物价局，印发了《关于根据环保信用评价等级试行差别电价有关问题的通知》（苏价工〔2015〕335号，见附件1，以下简称《差别电价通知》），对年度环境信用评价结果为“红色”“黑色”等级的高污染企业实行差别电价政策，主要内容是：对“红色”等级企业，用电价格在现行基础上每千瓦时加价0.05元；对“黑色”等级企业，用电价格在现行基础上每千瓦时加价0.1元。

2016年2月3日，江苏省环境保护厅联合省财政厅、物价局、住房和城乡建设厅、水利厅，印发了《关于印发江苏省污水处理费征收使用管理实施办法的通知》（苏财规〔2016〕5号，见附件2，以下简称《污水处理费通知》），鼓励有条件的地区，按照环保部门开展的企业环境信用评价等级，分档制定污水处理收费标准，主要内容为：对“红色”等级企业，污水处理费加收标准不低于0.6元/立方米；对“黑色”等级及连续两次以上被评为“红色”等级企业，污水处理费加收标准不低于1.0元/立方米。

关键机制、重点突破

绿色保险
按程序推动立法
“环保体检”

上市公司和发债公司
信息披露
重点排污单位全面公开
严厉打击伪造信息

绿色信贷信息共享……

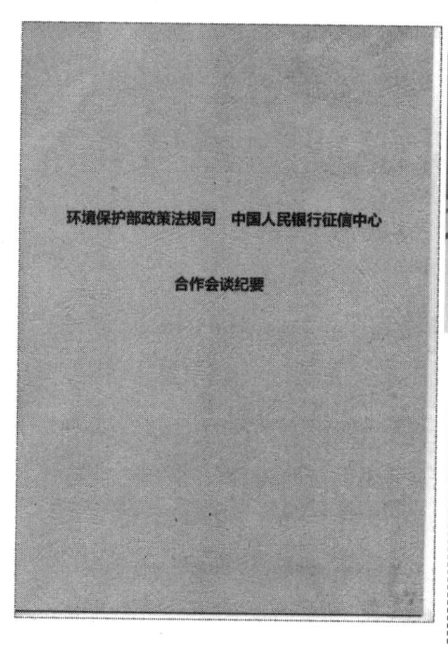
环境保护部政策法规司　中国人民银行征信中心

合作会谈纪要

“老赖”、环保“黑户”将上银行黑名单

中央政府门户网站　www.gov.cn　2014-12-09 18:35　来源：新华社

【字体：大 中 小】　打印本页　分享

新华社北京12月9日电（记者 姜琳、刘铮）中国人民银行征信中心8日与最高人民法院、环境保护部、国家税务总局等8家机构签订信息采集合作备忘，彼此实现在信息数据方面的互联互通。这意味着“老赖”、环保“黑户”、偷税漏税企业等将进入银行“黑名单”，并难以从银行贷款融资。

央行副行长潘功胜指出，为加快建设社会信用体系，近年来央行征信中心不断扩大征信信息采集领域，但是在政府部门行政执法信息方面还很不完善，有的执法信息难以持续。此次通过与高法、环保总局等部门合作，将全面实现信息共享，不仅将帮助银行降低风险，还将有助于加强对失信者的惩戒，加强执法机构的行政执法效果。

“银行‘绿色信贷’对环保支持非常大，这方面我们已经尝到了甜头。”环境保护部总工程师万本太告诉记者，“进入征信系统后，破坏环境的污染‘黑户’损失的将不仅是名誉，连贷款都有麻烦，无疑将震慑企业违法犯罪行为。”

绿色金融与生态文明建设

中国生态文明研究与促进会首席经济学家
中国地方金融研究院副院长 汤 烫

绿色金融包括两方面内容，一是对环保、节能、清洁能源、交通、建筑等领域投融资、运营、管理等提供的金融服务；二是社会公益金融、低回报可持续金融、银行社会责任金融，政府与全社会支持倡导的金融。

绿色金融发展情况是喊得多、做的少，文件多、落实少，雷声大、雨点少。具体如下。

（一）文件多。1995年中国人民银行《关于贯彻信贷政策和加强环境保护工作有关问题的通知》，2007年银监会《节能减排授信工作指导意见》，2012年《绿色信贷指导》，2013年《绿色信贷统计制度》，2015年银监会、发改委《能效信贷指引》，2016年《关于构建绿色金融体系的指导意见》，21年中就同一种金融服务模式连续发布了7个政策性文件。

（二）在金融系统不知道怎么做。一是绿色金融与监管指标并没有紧密挂钩，如2004年银监会《关于认真落实国家宏观调控政策，进一步加强信贷风险管理的通知》，强调的是风险。而一些传统的老信贷客户，尽管不环保但还款没问题，如山东东岳化工并不环保但利润高、贷款无风险，银行难以停贷。二是"三高"产业和企业同时也是"高回报"产业，资金快进、快出赚了就走，也没多大风险。三是没有几家信贷大户被强关、强压导致信贷损失的，因为有政府背景和信息渠道，可提前收贷退场。

（三）周边国家（东南亚、俄罗斯）、周边地方因"三高"产业赚了钱，觉得本地区作了牺牲，不愿推行绿色金融。

绿色金融与生态文明建设是命运共同体需要全社会的大金融、大生态意识。要实现绿色金融，应做到以下几点。

（一）任何一个国家和一个部门都不可能用绿色金融来建成生态文明社会。

（二）绿色金融要立法，要从法律层面实现全球、全国的资金与金融服务的保障。

（三）绿色金融要与美丽中国、美丽乡村、精准扶贫紧密结合。

（四）生态文明建设的核心是环保责任，银行应构建环保责任为核心的金融运行体系。

（五）国家财力应向人民生活稳定、方便的生活型社会投入，应避免用简单的人口城市化把农村人口赶进城、逼上楼。因造城造楼本身就不是绿色环保的，只有看得山、望得海、记得住乡愁，交通水电畅通，上学、就医方便的和谐乡村小镇生活才会有更多的幸福获得感。

坚持不懈走绿色开采、循环发展之路
积极推进绿色平朔建设

中煤平朔集团有限公司执行董事、总经理　马刚

二、平朔在矿山生态文明建设中的实践

三十多年来，平朔公司累计投入50多亿元专项资金，用于矿区环境保护、节能及生态建设工作。截至2015年底，平朔矿区复垦土地面积达4万亩，其中矿区土地复垦率达到90%，排土场植被覆盖率达到90%以上，远高于原地貌不足10%的植被覆盖率。

中煤平朔集团有限公司
CHINACOAL PINGSHUO GROUP Co.. Ltd
CCPS

规划引领

为实现最大可能回收资源的目标，根据平朔矿区煤炭赋存条件，创新性地编制了露天和井工联合开采规划，形成了近水平煤层露井联合开采技术。

实现露天矿资源回收率95%以上，井工矿资源回收率75%以上。同时，矿区生产与绿化复垦、生态再建同步规划、同步实施、同步发展。

采矿后的土地形态和生态环境都远远优于采矿前的原始状态，因此，被国土资源部确定为国家用地改革试点单位。

制度建立

中煤平朔集团有限公司
CHINACOAL PINGSHUO GROUP Co..Ltd

坚持技术创新，实现五大突破

平朔公司在露天煤矿剥采工艺、回收小窑资源和露天排土场生态治理复垦等关键技术研究上取得了突破，有效解决了制约绿色开采的技术瓶颈。

注重土地复垦

平朔公司累计投入20亿元用于生态环境治理。其中土地复垦投资10亿元，完成复垦面积4万亩，矿区土地复垦率达到90%以上，排土场植被覆盖率由原来不足10%提高到90%以上；井工塌陷治理面积2万余亩，投入资金约5.3亿元；矿区周边投入4.7亿元造林6万多亩。

中煤平朔集团有限公司
CHINACOAL PINGSHUO GROUP Co..Ltd

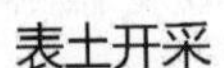
表土开采

岩石开采

复垦中

复垦后

复垦排土场生物多样性逐步显现

矿区现有各类植物213种，昆虫600余种，动物30余种，矿区生物多样性日益凸显，吸引多种动物，如蛙类、鼠类、蛇类、野兔、野鸡、石鸡、刺猬、狗獾、狍子、狐狸等来此定居，昔日寸草不生的矿区已变得绿树成荫、生机盎然的绿色生态园区。

注重信息化管理

平朔公司以打造“数字化”矿山为目标，通过自动化和信息化手段，满足矿山安全生产、过程监测、调度指挥、决策支持等要求。

目前，平朔公司已实现了煤炭生产各环节的过程监测,自动化、信息化的广泛利用，使矿山工效大幅提升，人工工效达到135.78吨/工，处于国内领先水平。

三、平朔大力发展循环经济　积极调整产业结构

平朔公司发展循环经济

平朔公司坚持以循环经济理念指导产业开发，构建起“以煤为主，煤矸石发电、煤化工一体化”的工业产业链和以土地复垦为主线的“农林生态旅游”生态产业链，初步建立起企业循环经济发展模式。

平朔公司产业规划

（一）做好清洁煤产业：

平朔公司依托丰富的煤炭资源，坚持走清洁化生产道路。形成了“原煤配采—全部入洗—洗煤厂在线配煤—清洁煤销售”主营业务产业链，现生产洗精煤、洗混煤、平混煤三大系列十个品种。

（二）做强发电产业：

目前平朔已经建成并运营的煤矸石综合利用电厂总装机容量达190万千瓦。正在推进木瓜界2×66万千瓦、安太堡2×35万千瓦低热值煤发电项目和东露天2×100万千瓦低热值煤发电项目的建设，规划装机总规模为590万千瓦。年消耗煤矸石及劣质煤2500万吨左右。

平朔公司产业规划

（三）适度发展煤化工产业：

平朔矿区煤炭资源硫分高，主采煤层中9煤硫分高达1.8%，11煤硫分超过3%。为了将劣质资源得到高效利用，公司实施了劣质煤综合利用项目，项目建成后，年产合成氨30万吨、硝铵40万吨、联产天然气1.1亿标准立方米，每年可消耗高硫煤约200万吨。

平朔公司产业规划

（四）做亮生态产业：

近年来，在矿区复垦土地上已累计投入1.5亿元发展现代农业和生态旅游，建成日光温室300座、智能温室16000平米，人工湖8万平米，库存17万立方米，年出栏4000只肉羔的羊厂一座。种植黄芪1000亩，安置失地农民110余人。2013年智能温室培养25万株蝴蝶兰，向北京市场供应并占北京市场总份额的7%以上。

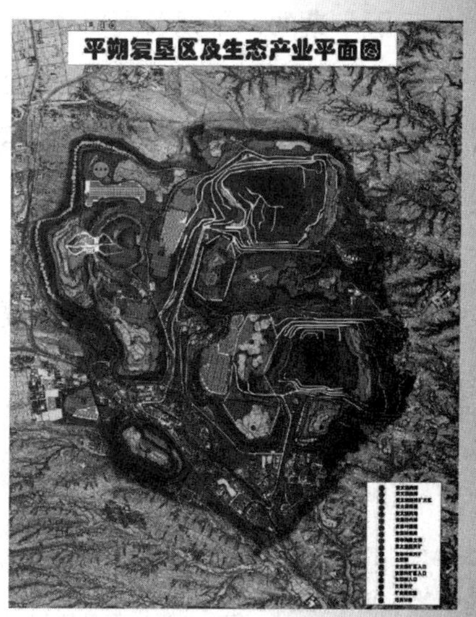

生态产业规划

目前，平朔公司正积极申报安太堡国家矿山公园项目，并规划建成了矿史展览馆，为平朔公司大力发展生态旅游、工业旅游奠定了良好的基础。

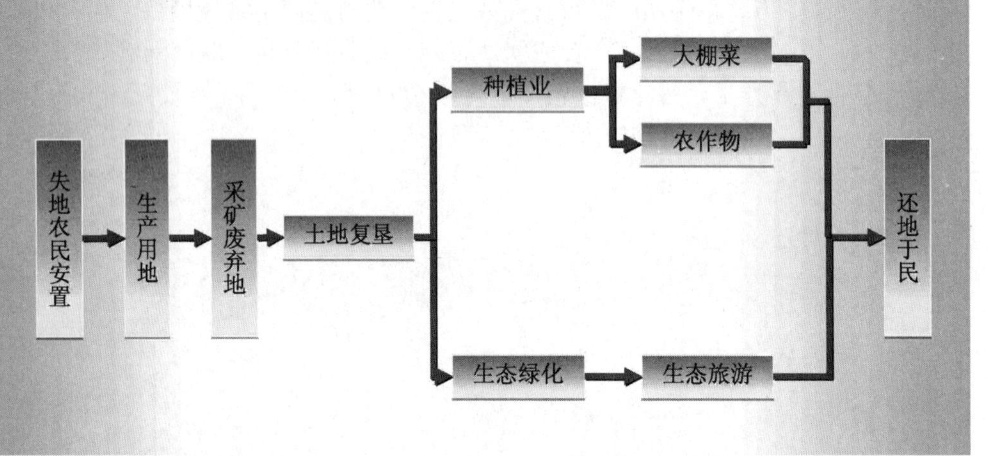

四、结语

十三五”期间，平朔公司将主动适应经济发展新常态，统筹推进“五位一体”总体布局和协调推进“四个全面”战略布局，牢固树立和贯彻落实创新、协调、绿色、开放、共享的发展理念，持续推进转型升级，协调发展煤炭、电力、煤化工、生态四大产业，集约高效发展煤炭产业，清洁低碳发展转型产业，因地制宜发展生态产业，力争将平朔矿区建设成为资源节约、产业多元、绿色低碳的煤电化一体的循环经济示范矿区，打造清洁高效能源供应商。

金融与生态产业深度融合
推动区域经济快速发展

煜环集团董事长 赵保军

概述
Summary

◆ 生态产业的重要性

生态产业是生态经济的重要组成部分，是实现经济生态化、生态经济化的重要载体，重要途径。

生态产业实质上是**生态工程在各产业中的应用**，从而形成**生态农业、生态工业、生态第三产业**的生态产业体系。从追求一维的环境增长或环境保护，走向富裕、健康、文明三位一体的复合生态繁荣。

生态产业发展现状
Development status of ecological industry

生态产业发展存在的问题

✓严重的生态环境挑战
✓资金短缺
✓认识不足
✓政策支持力度不够

生态产业发展出路思考
Thoughts on the way of ecological industry development

◆如何铺开生态产业发展之路？

生态产业发展的基础：
生态环境
生态资源

生态产业发展的前提：
生态规划

生态产业发展的动力与保障：
金融

运用金融手段，引入社会资本，盘活生态产业

金融与生态产业融合发展

Financial and ecological industry integration development

政策导向

社会资本到生态产业

《关于推进农业领域政府和社会资本合作的指导意见》发改农经（2016）2574号

发改委住建部联合发文《关于开展重大市政工程领域政府和社会资本合作(PPP)创新工作的通知》发改投资[2016]2068号

2016年6月29日七部委联合发文：鼓励社会资本以PPP形式参与开发区城市功能改造

中央全面深化改革领导小组审议通过《关于构建绿色金融体系的知道意见》，据统计，2016年以来，中国债券市场上的绿色债券发行量为195.46亿美元，占全球绿色债券发行量的44.1%

《政府和社会资本合作项目财政管理暂行办法》(财金（2016）92号)

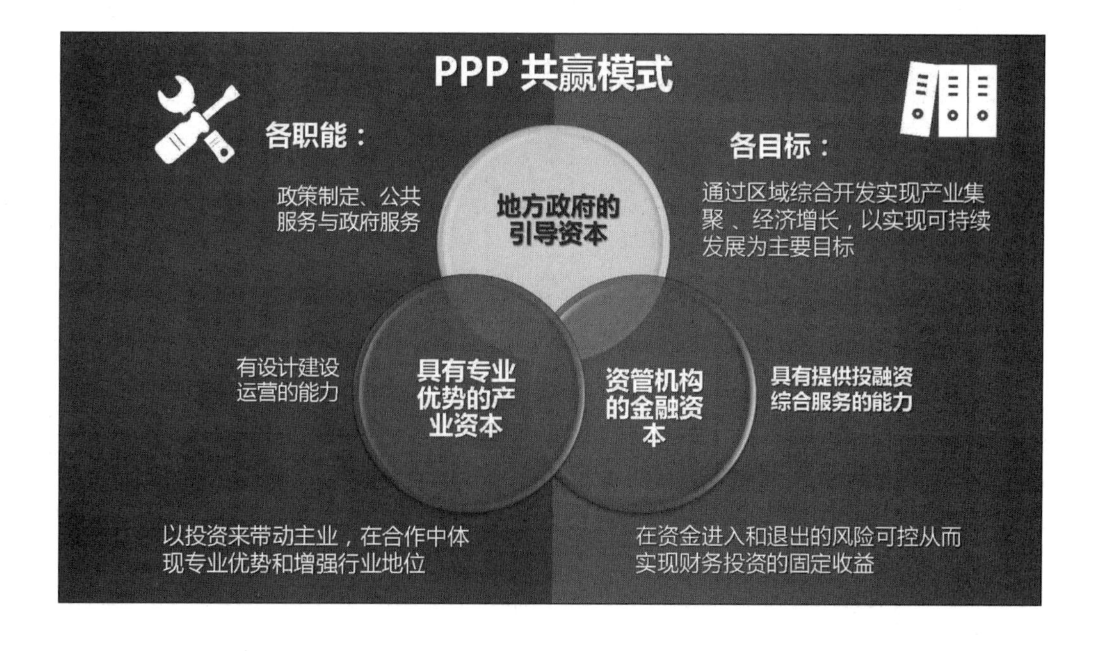

PPP如何服务并促进区域的可持续发展？

Financial and ecological industry integration development

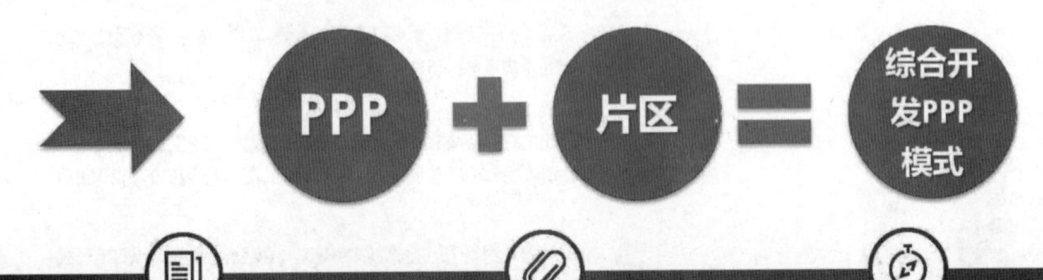

综合开发PPP模式本质是由社会力量为区域发展提供整体解决方案，社会资本利用其丰富的园区开发建设运营管理经验、资金优势与资源整合能力，实现产业规划、引导落地和聚集；

地方政府迫切需求，综合建设开发和区域开发类项目已入选财政部第三批PPP库，有积极的示范意义。

金融与生态产业融合发展

Financial and ecological industry integration development

区域综合开发建设是“政府+企业+金融”的PPP合作，金融是关键工具

区域综合开发建设是“政府+企业+金融”的PPP合作，金融是关键工具。金融不仅是融资，更应该引领制度创新。通过金融手段将优势产业要素聚集，合理分担风险，这个可能是金融对PPP更重要的功能。

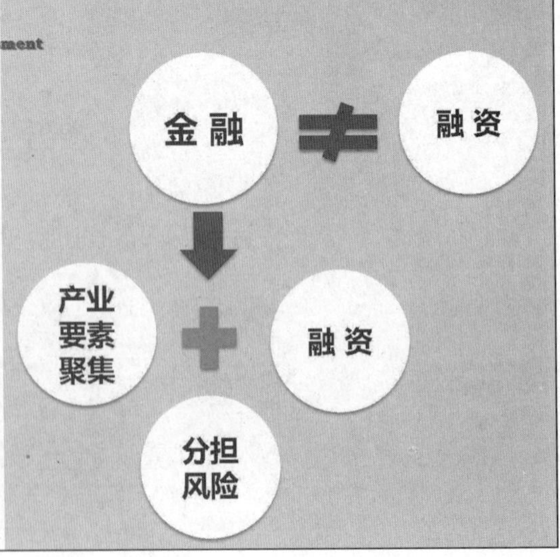

促进区域经济的发展

Promote the development of regional economy

区 域 发 展

煜环集团专注金融与生态产业融合发展

煜环集团为生态产业发展提供基础服务！ 煜环集团为金融与生态产业深度融合提供桥梁与纽带！

企业使命 1

通过积极主动的生态环境建设，绘制绿水青山，铸就金山银山。

发展目标 2

致力于成为国内领先的生态环 境建设综合解决方案提供商和全产业链运营商。

经营理念 3

认真贯彻习近平总书记关于“绿水青山就是金山银山”的指示，我们以创新的思维、发展的眼光、真诚的服务，面向流域性、区域性生态环境治理与综合开发，以生态规划与咨询为核心，聚焦山水林田湖板块，形成区域绿色发展全生命周期的业务布局。

规划咨询案例展示
抚仙湖流域水环境保护与生态文明建设综合规划
隆化县山水林田湖生态环境综合整治规划
银川市十三五产业规划
双鸭山老工业基地改造及生态文明示范城市规划
迪庆香格里拉——丽江高速服务区的设计
元宝山区露天矿生态环境建设规划项目（进行中）
中煤平朔生态文明示范区建设规划（进行中）
任县环保"十三五"规划
邯郸环保"十三五"规划
煜环集团专注金融与生态产业融合发展
煜环集团为生态产业发展提供基础服务！
煜环集团为金融与生态产业深度融合提供桥梁与纽带！

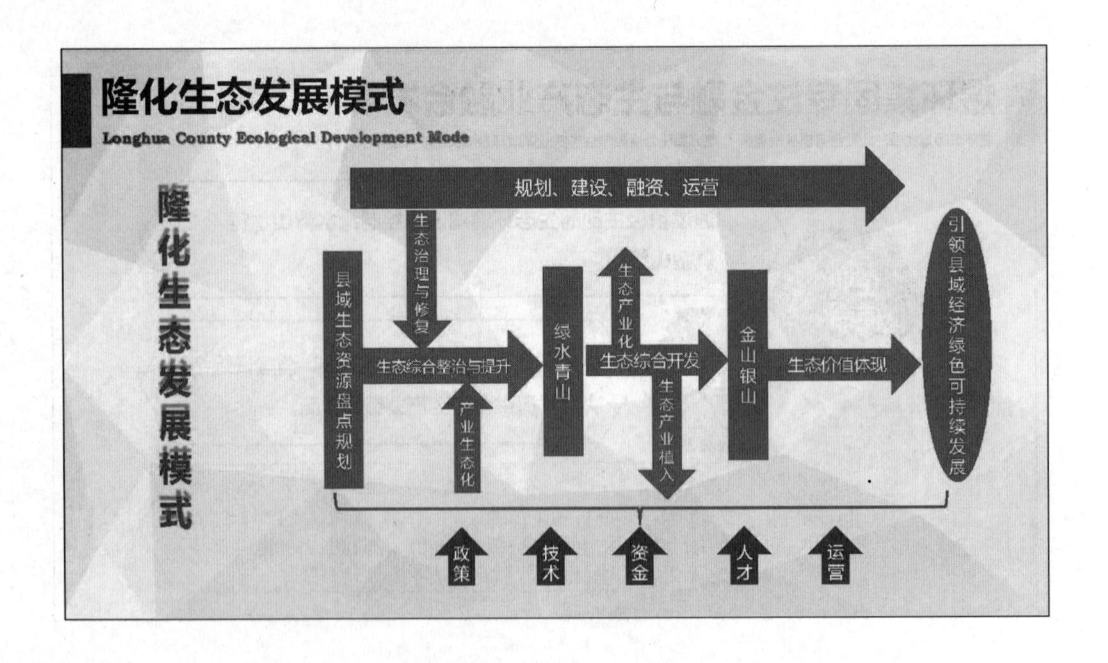
隆化生态发展模式
Longhua County Ecological Development Mode
隆化生态发展模式
规划、建设、融资、运营
县域生态资源盘点规划
生态治理与修复
生态综合整治与提升
产业生态化
绿水青山
生态产业化
生态综合开发
生态产业植入
金山银山
生态价值体现
引领县域经济绿色可持续发展
政策
技术
资金
人才
运营

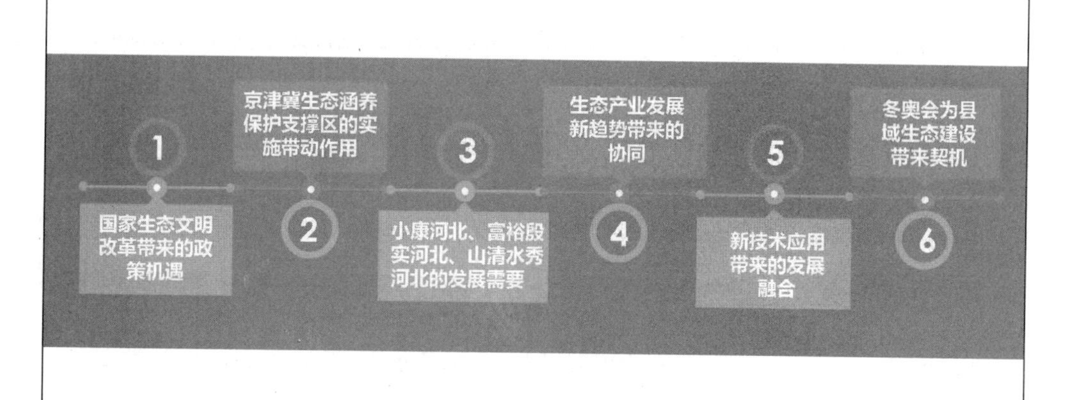
隆化发展模式—形式与机遇分析
Longhua County Ecological Development Mode
1
国家生态文明改革带来的政策机遇
2
京津冀生态涵养保护支撑区的实施带动作用
3
小康河北、富裕殷实河北、山清水秀河北的发展需要
4
生态产业发展新趋势带来的协同
5
新技术应用带来的发展融合
6
冬奥会为县域生态建设带来契机

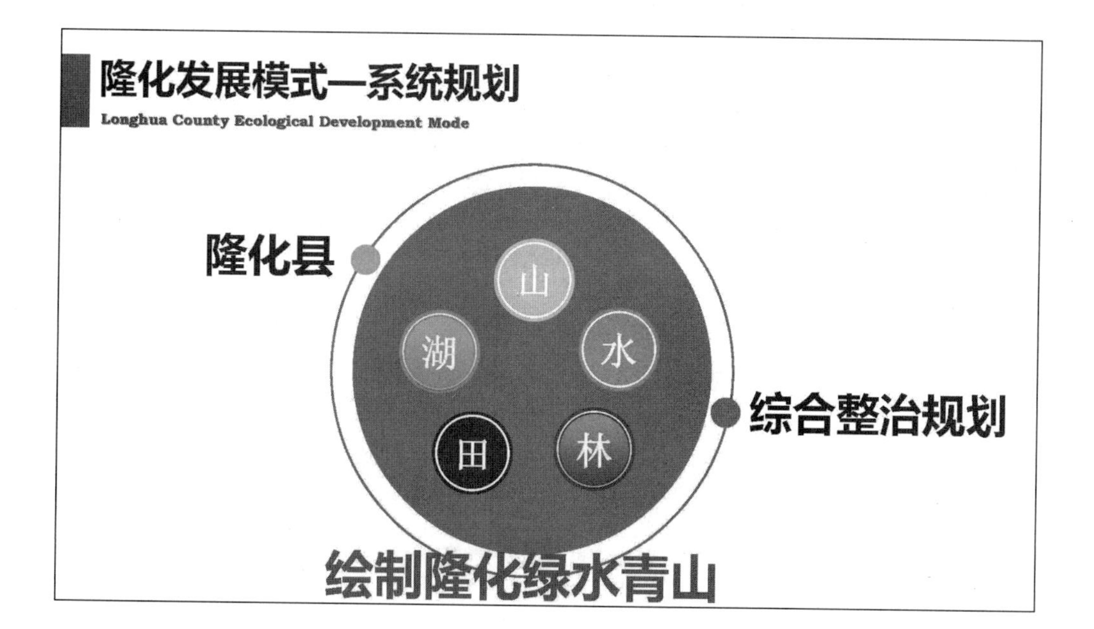
隆化发展模式—系统规划
Longhua County Ecological Development Mode
隆化县
山
湖
水
田
林
综合整治规划
绘制隆化绿水青山

隆化发展模式—生态产业打造

Longhua County Ecological Development Mode

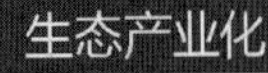

生态产业化

＋

产业生态化

＝

打造以“品四季草莓，赏皇家园林，泡天然温泉”为主题的

精品休闲农业观光和旅游服务基地

隆化发展模式—生态产业

Longhua County Ecological Development Mode

国家、地方专项资金申请

深入把握国家生态环境政策方向及各项资金申请要求，为区域、流域、市（县）域提供项目实施方案、资金申请报告等编制。

生态环境综合整治

煜环集团旗下河北煜环在土壤、地下等治理方面在国内名列前茅，此煜环集团与国内资质最全的环保工程施工单位山安集团形成机密战略合作。

社会资本运营团队引入

煜环集团已与九鼎投资、海通恒信、中交投等国内大型投资运营公司形成战略联盟

技术体系创新
建设绿色生态小镇

秦皇岛市建筑设计院党委书记、院长
秦皇岛市政协第十二届委员会委员　　倪明

1 绿色生态小镇

2016年7月份，住房城乡建设部、国家发改委、财政部联合下发《关于开展特色小镇培育工作的通知》，决定在全国范围开展特色小镇培育工作。

同时该《通知》中明确指出，绿色发展理念、绿色生态特色小镇的概念，把注重生态环境保护，作为基本原则之一。

特色小镇 必须是 生态小镇！

◆绿色生态小镇的愿景

- ✓ 低能耗
- ✓ 低排放
- ✓ 生态科技化
- ✓ 宜居
- ✓ 宜游

2 孤岛型社区绿色生态技术系统

资源节约、能源清洁、环境舒适

孤岛型社区绿色生态技术集成是指以水生态环境建设为基础，实现水资源循环利用，污染物零排放，空气质量良好，并且能自己提供维持日常运转的清洁能源，同时建筑节能，美学风格与周边环境协调一致的服务区。

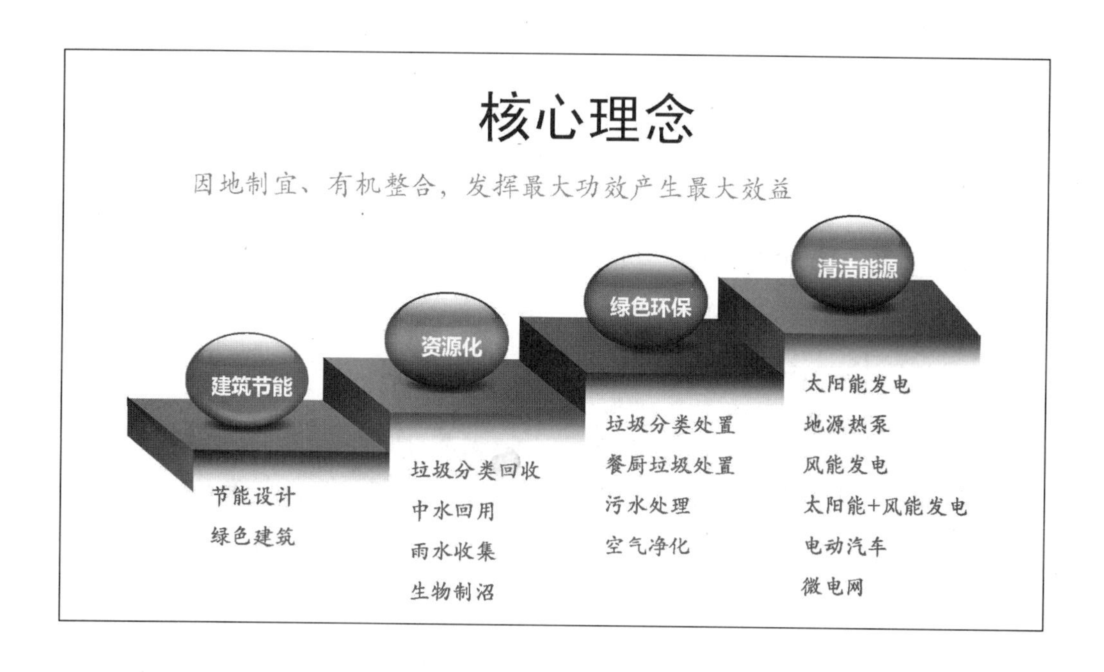
核心理念
因地制宜、有机整合，发挥最大功效产生最大效益
建筑节能
资源化
绿色环保
清洁能源
节能设计
绿色建筑
垃圾分类回收
中水回用
雨水收集
生物制沼
垃圾分类处置
餐厨垃圾处置
污水处理
空气净化
太阳能发电
地源热泵
风能发电
太阳能+风能发电
电动汽车
微电网

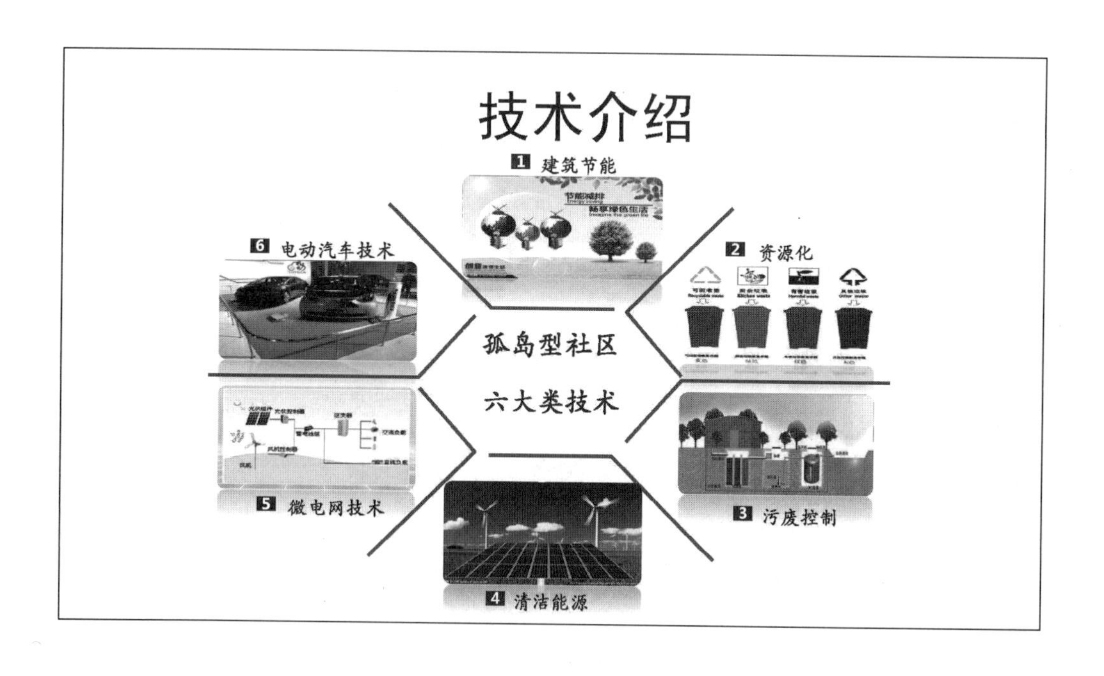
技术介绍
1 建筑节能
2 资源化
3 污废控制
4 清洁能源
5 微电网技术
6 电动汽车技术
孤岛型社区
六大类技术

重点发展方向

市政孤岛型社区

高速公路服务区

生态小镇

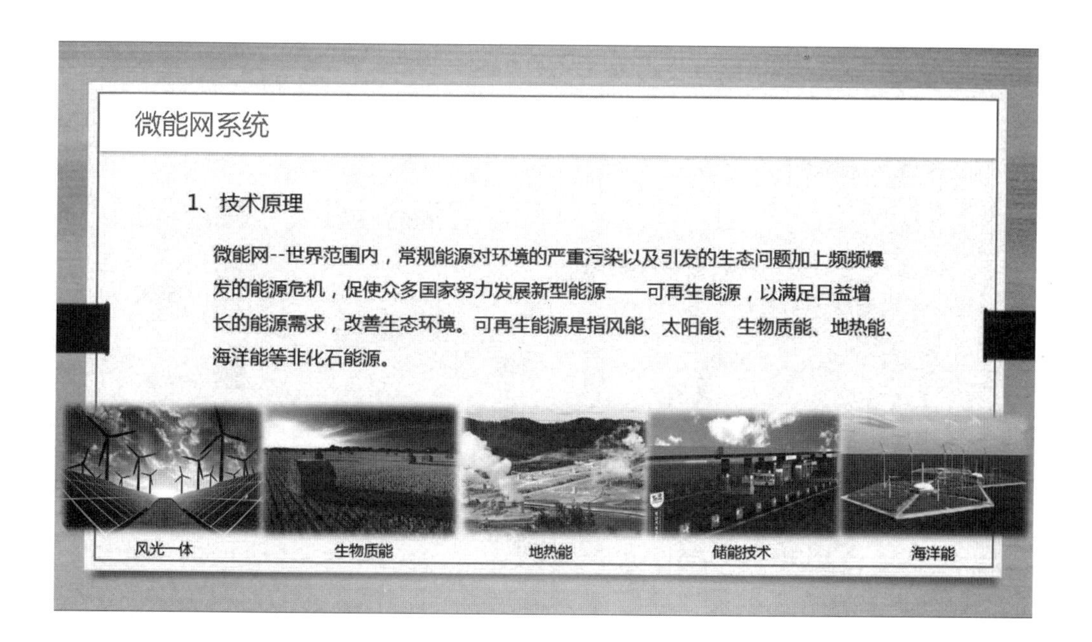
微能网系统
1、技术原理
微能网--世界范围内，常规能源对环境的严重污染以及引发的生态问题加上频频爆发的能源危机，促使众多国家努力发展新型能源——可再生能源，以满足日益增长的能源需求，改善生态环境。可再生能源是指风能、太阳能、生物质能、地热能、海洋能等非化石能源。
风光一体
生物质能
地热能
储能技术
海洋能

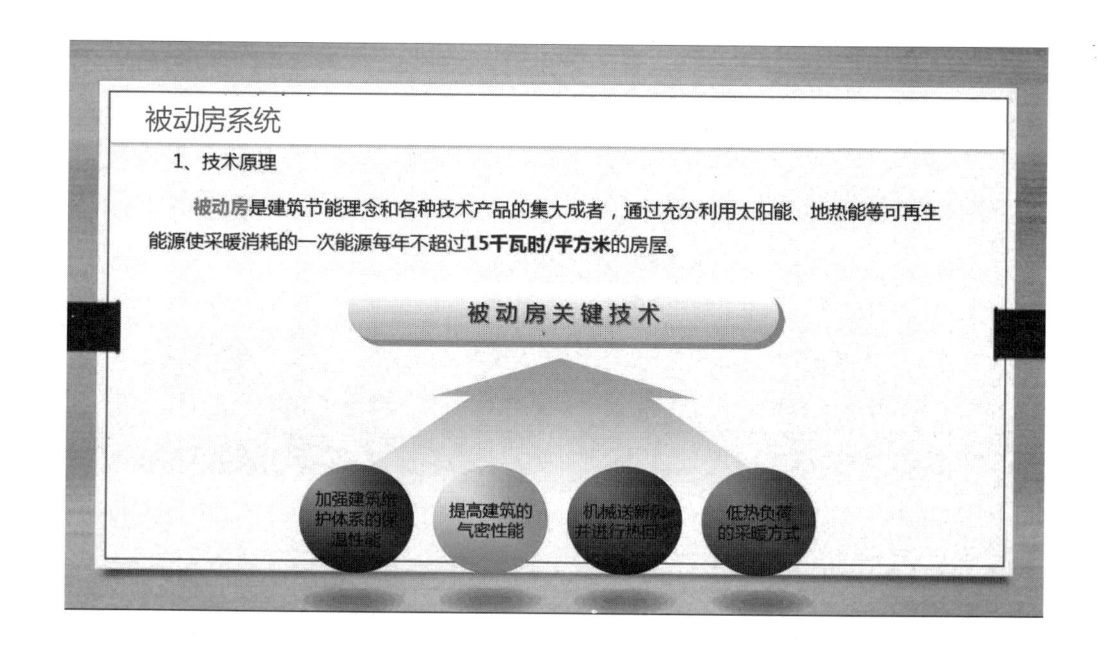
被动房系统
1、技术原理
被动房是建筑节能理念和各种技术产品的集大成者，通过充分利用太阳能、地热能等可再生能源使采暖消耗的一次能源每年不超过15千瓦时/平方米的房屋。
被动房关键技术
加强建筑维护体系的保温性能
提高建筑的气密性能
机械送新风并进行热回收
低热负荷的采暖方式

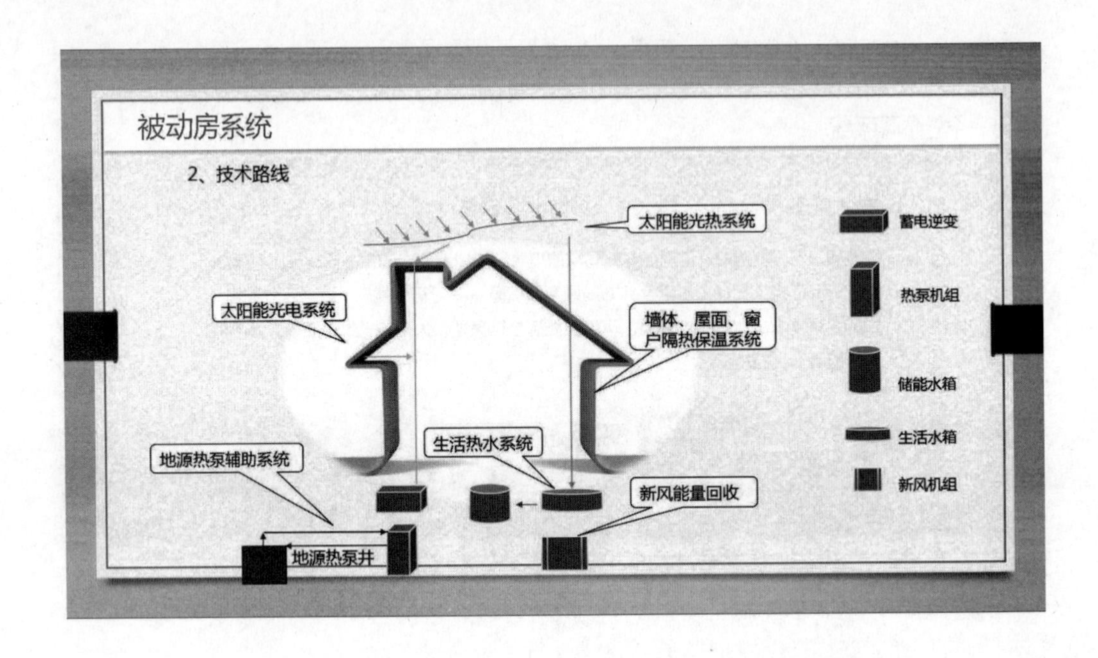
被动房系统
2、技术路线
太阳能光热系统
太阳能光电系统
墙体、屋面、窗户隔热保温系统
生活热水系统
地源热泵辅助系统
新风能量回收
地源热泵井
蓄电逆变
热泵机组
储能水箱
生活水箱
新风机组

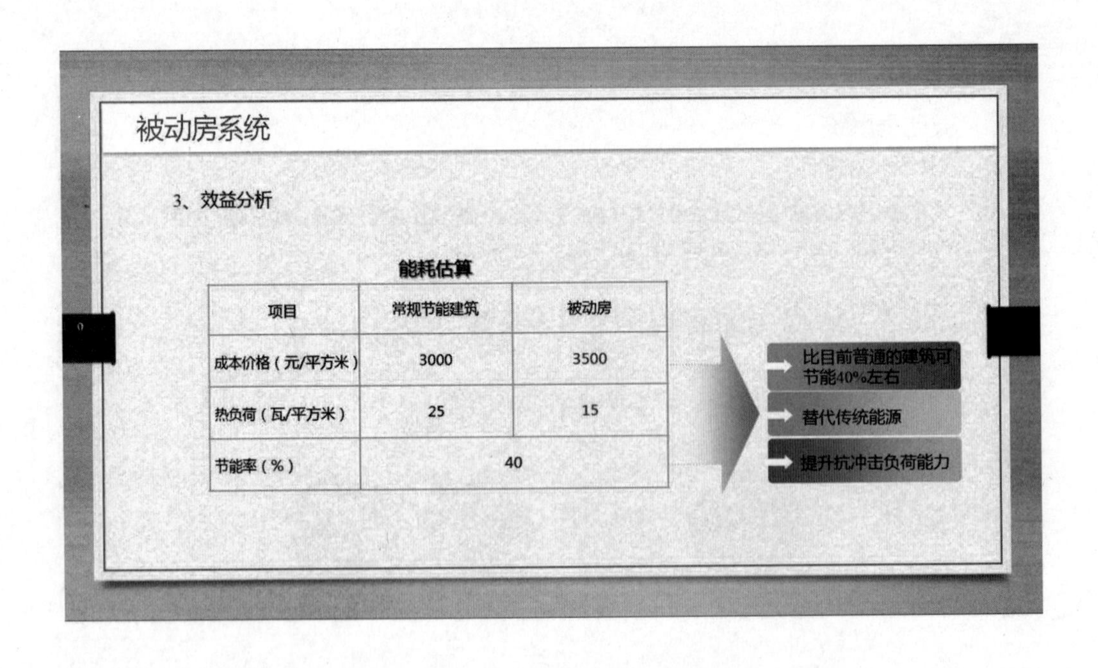
被动房系统
3、效益分析
能耗估算
项目
常规节能建筑
被动房
成本价格（元/平方米）
3000
3500
热负荷（瓦/平方米）
25
15
节能率（%）
40
比目前普通的建筑可节能40%左右
替代传统能源
提升抗冲击负荷能力

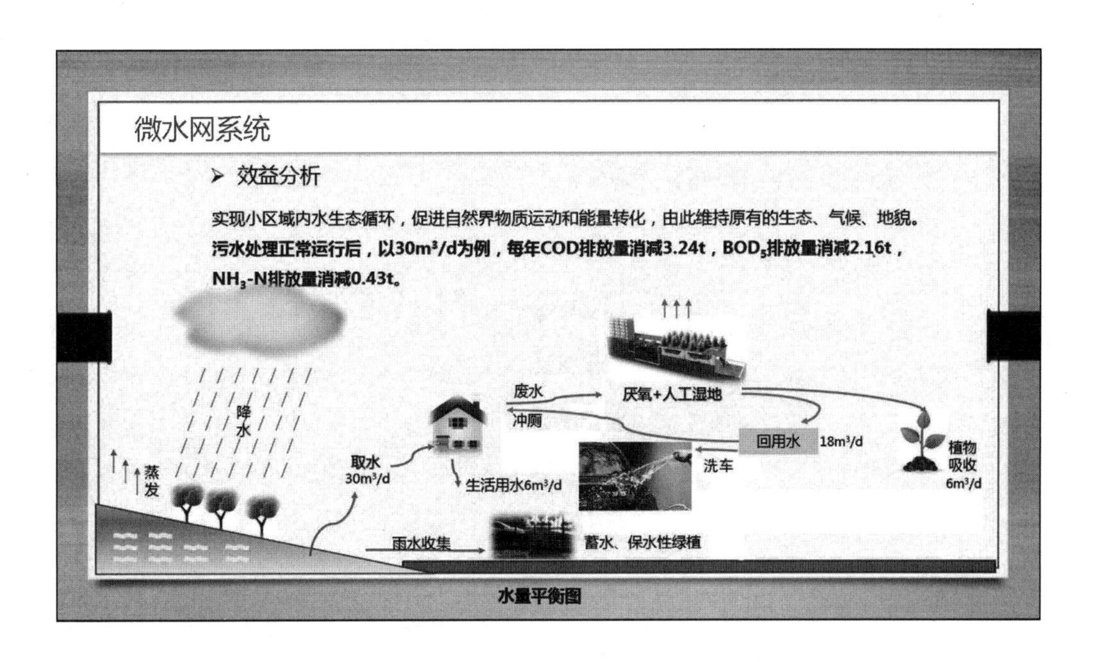
微水网系统
➢ 效益分析
实现小区域内水生态循环，促进自然界物质运动和能量转化，由此维持原有的生态、气候、地貌。
污水处理正常运行后，以30m³/d为例，每年COD排放量消减3.24t，BOD5排放量消减2.16t，NH3-N排放量消减0.43t。
降水
蒸发
取水
30m³/d
废水
冲厕
厌氧+人工湿地
回用水
18m³/d
植物
吸收
6m³/d
洗车
生活用水6m³/d
雨水收集
蓄水、保水性绿植
水量平衡图

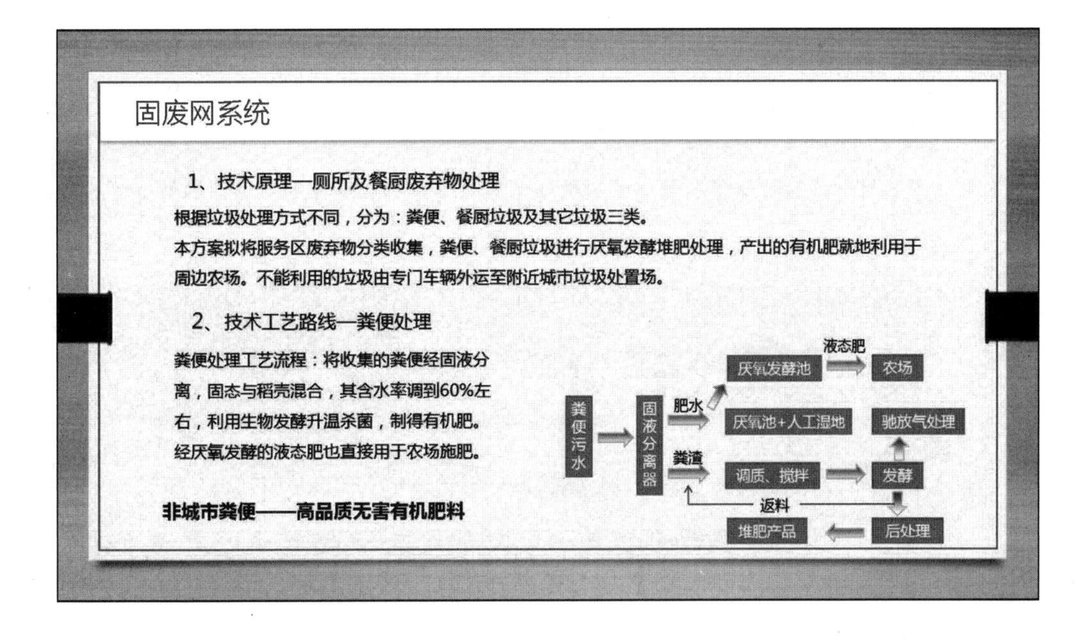
固废网系统
1、技术原理—厕所及餐厨废弃物处理
根据垃圾处理方式不同，分为：粪便、餐厨垃圾及其它垃圾三类。
本方案拟将服务区废弃物分类收集，粪便、餐厨垃圾进行厌氧发酵堆肥处理，产出的有机肥就地利用于周边农场。不能利用的垃圾由专门车辆外运至附近城市垃圾处置场。
2、技术工艺路线—粪便处理
粪便处理工艺流程：将收集的粪便经固液分离，固态与稻壳混合，其含水率调到60%左右，利用生物发酵升温杀菌，制得有机肥。经厌氧发酵的液态肥也直接用于农场施肥。
非城市粪便——高品质无害有机肥料
粪便污水
固液分离器
肥水
粪渣
厌氧发酵池
液态肥
农场
厌氧池+人工湿地
驰放气处理
调质、搅拌
发酵
返料
堆肥产品
后处理

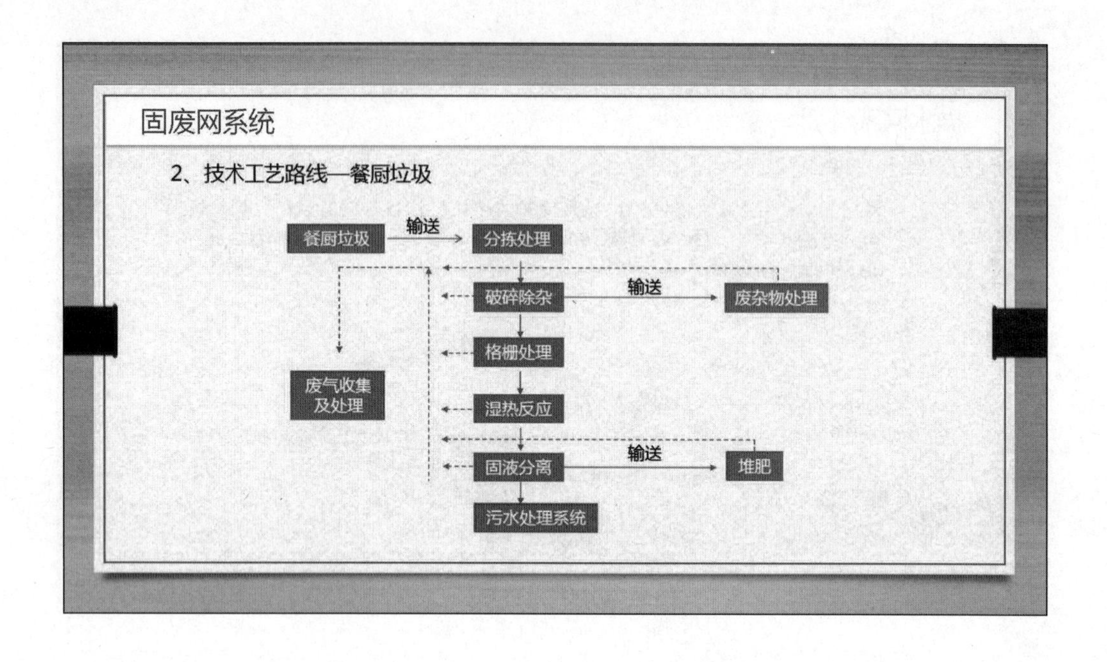
固废网系统
2、技术工艺路线—餐厨垃圾
餐厨垃圾
输送
分拣处理
破碎除杂
输送
废杂物处理
格栅处理
废气收集及处理
湿热反应
输送
固液分离
堆肥
污水处理系统

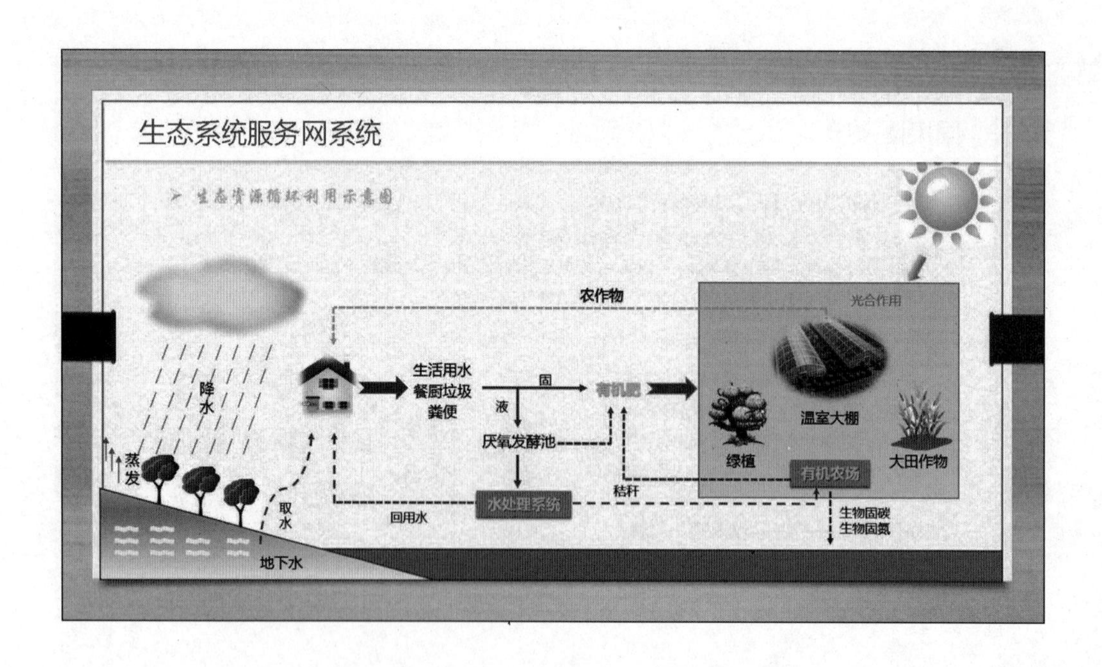
生态系统服务网系统
生态资源循环利用示意图
农作物
光合作用
降水
蒸发
生活用水
餐厨垃圾
粪便
固
液
有机肥
厌氧发酵池
温室大棚
绿植
大田作物
有机农场
秸秆
水处理系统
回用水
取水
地下水
生物固碳
生物固氮

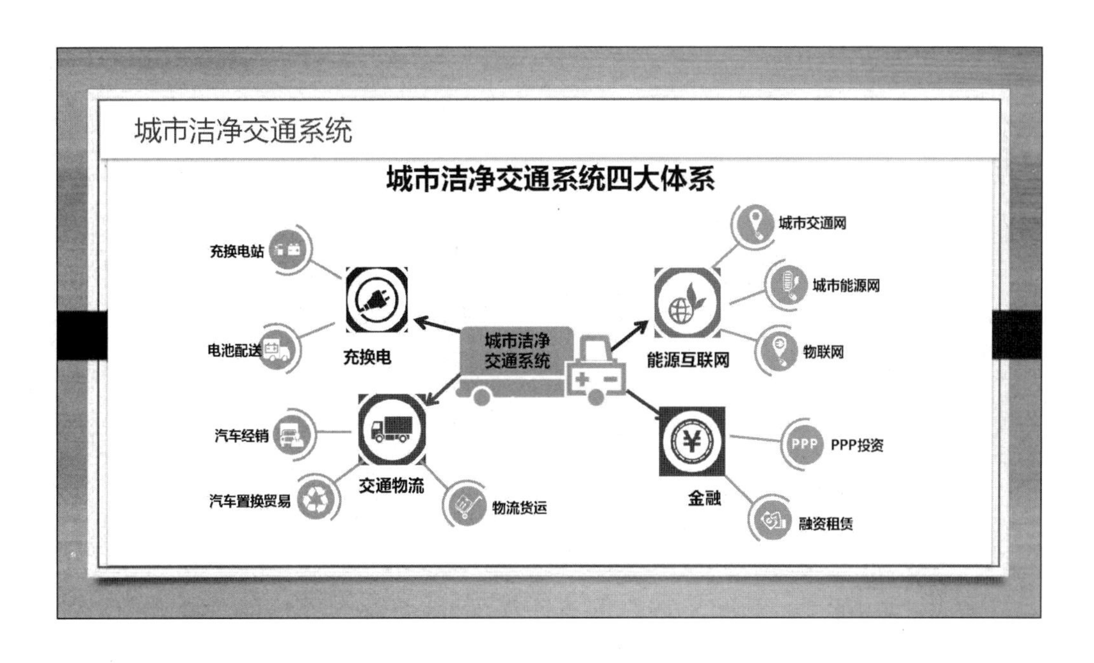
城市洁净交通系统
城市洁净交通系统四大体系
充换电站
电池配送
充换电
城市洁净
交通系统
城市交通网
城市能源网
能源互联网
物联网
汽车经销
汽车置换贸易
交通物流
物流货运
金融
PPP
PPP投资
融资租赁

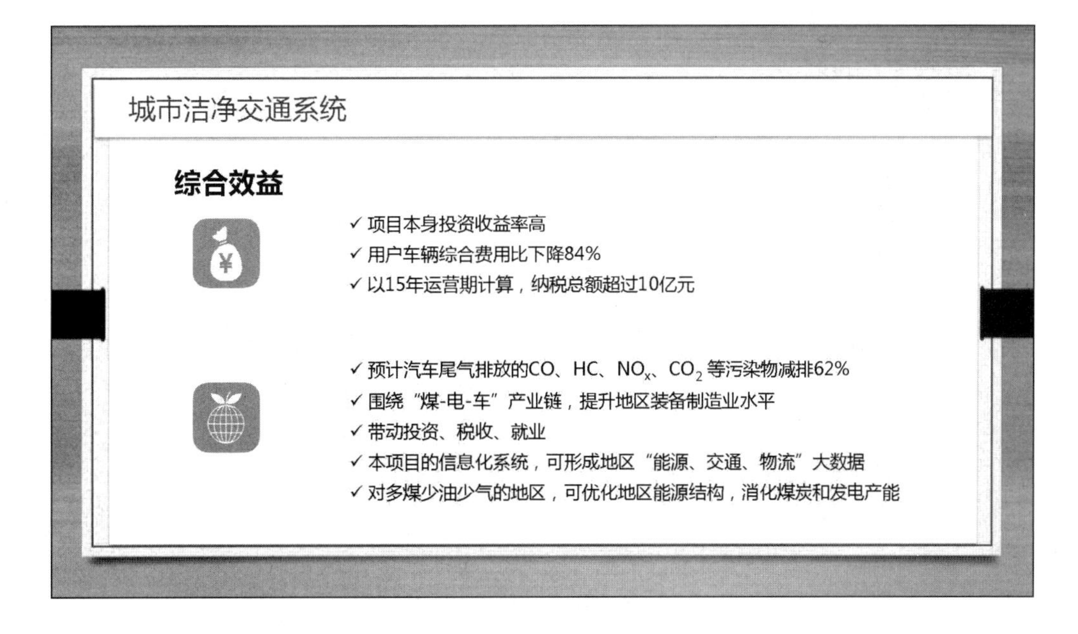
城市洁净交通系统
综合效益
✓ 项目本身投资收益率高
✓ 用户车辆综合费用比下降84%
✓ 以15年运营期计算，纳税总额超过10亿元
✓ 预计汽车尾气排放的CO、HC、NOx、CO2 等污染物减排62%
✓ 围绕“煤-电-车”产业链，提升地区装备制造业水平
✓ 带动投资、税收、就业
✓ 本项目的信息化系统，可形成地区“能源、交通、物流”大数据
✓ 对多煤少油少气的地区，可优化地区能源结构，消化煤炭和发电产能

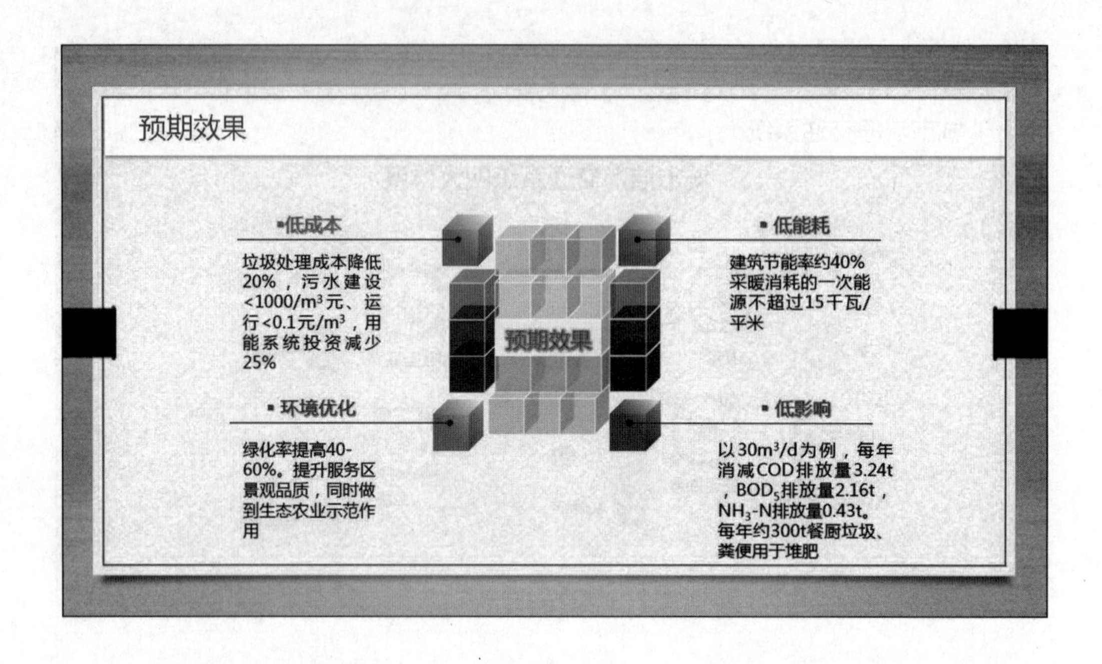
预期效果
▪低成本
垃圾处理成本降低20%，污水建设<1000/m³元、运行<0.1元/m³，用能系统投资减少25%
▪低能耗
建筑节能率约40%采暖消耗的一次能源不超过15千瓦/平米
预期效果
▪环境优化
绿化率提高40-60%。提升服务区景观品质，同时做到生态农业示范作用
▪低影响
以30m³/d为例，每年消减COD排放量3.24t，BOD5排放量2.16t，NH3-N排放量0.43t。每年约300t餐厨垃圾、粪便用于堆肥

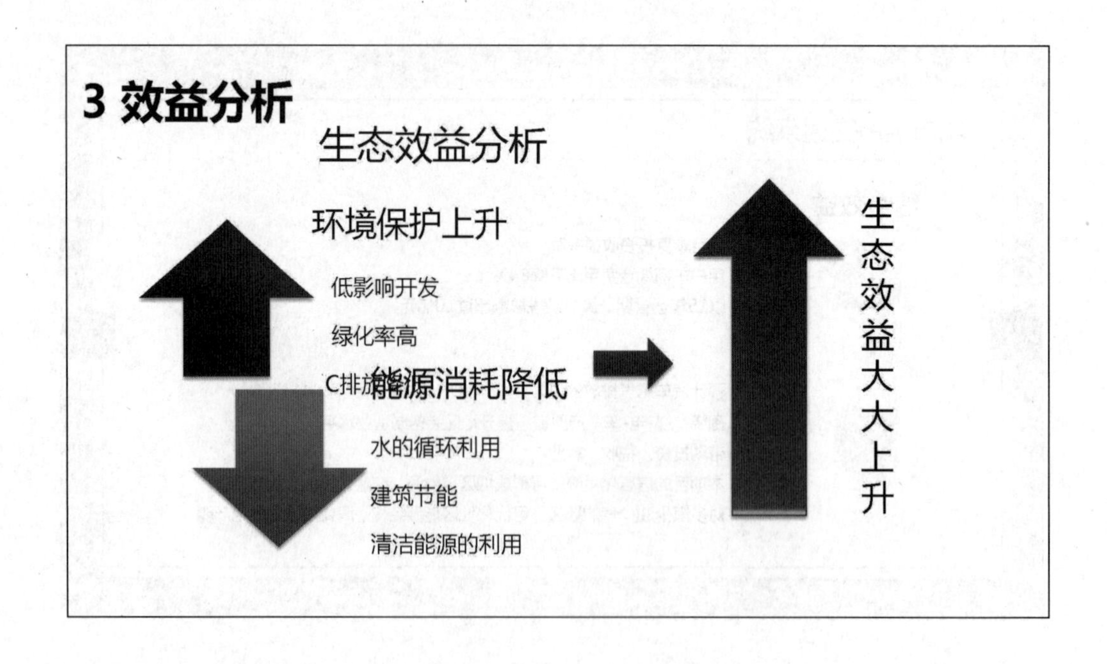
3 效益分析
生态效益分析
环境保护上升
低影响开发
绿化率高
C排放
能源消耗降低
水的循环利用
建筑节能
清洁能源的利用
生态效益大大上升

经济效益分析

成本低　　增加收入　　带动发展

成本低：
- ✓ 垃圾处理成本低；
- ✓ 污染建设、运行费用低；
- ✓ 用能系统投资减少25%；
- ✓ 运营、生活成本降低；

增加收入：
- ✓ 有机农场；
- ✓ 提供有机化肥；
- ✓ 项目投资本身的收益；

带动发展：
- ✓ 高速公路服务区系统发展；
- ✓ 洁净交通系统发展；

社会效益分析

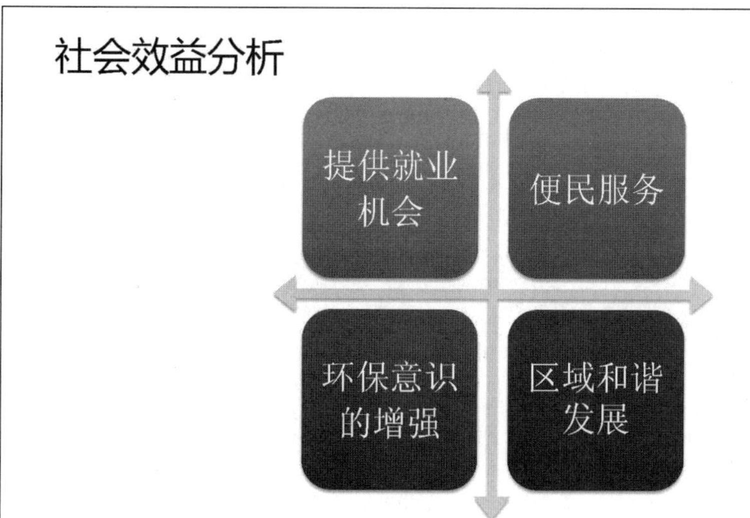

九、传承弘扬·生态文化论坛

荷担生态文明道义　建设美丽人间净土

中国佛教协会副会长
海南省佛教协会会长　印　顺

近年来，无论是国内还是全世界各地，对生态文明日益重视，提倡的也越来越多。习近平总书记曾经说过："生态环境保护是功在当代、利在千秋的事业。生态兴则文明兴，生态衰则文明衰。"习近平总书记在不同场合多次谈到生态文明的重要性，他对生态文明建设的论述，内容博大精深，涉猎十分广泛。这说明我国对生态文明的重视已经达到了一个前所未有的高度，这是非常令人欣慰的。

从我们佛教的角度来说，其实从释迦牟尼佛立教开始，就跟生态文明相关联，甚至可以说，生态文明是佛教的追求之一，尽管不是终极追求。因此，现在的生态文明理念不是今人的发明，而是对古老文明的一种回归。历史学家怀特先生在《生态危机的历史根源》一文中就曾说过："再多的科技也无法解除目前的生态危机，除非我们找到个新宗教，或重新审视我们原来的宗教。"为什么这么说呢？因为古往今来，众生的欲望未变，习气未除，与之相关的对治[1]方法也就继续有效。

下面我想谈谈几个内容，主要涉及两个方面，一方面是介绍佛教的一些基本观念对生态文明的意义；另一方面，是想向大家汇报一下我们关于生态文明保护的一些做法，一些具体的实践。

---

① 对治，梵语原意为否定、遮遣。于佛教中，则指以道断除烦恼等。

一、佛教的众生平等观

佛教讲“众生平等”，认为众生悉有佛性，因此，从究竟的意义上说，一切众生无二无别，因此是平等的。我们看待别的有情众生，应该像看待我们自己一样，像看待我们的累生累世的父母一样。这样的平等观，就是要我们从内心里去建立平等思想，不仅要消灭人与人之间的差别认识，也要善待其他的有情众生，因为一切众生都依因缘而生，都有生存的权利。

佛教的众生平等思想，和其他宗教是非常不同的。有的宗教是人中心主义，认为天生万物，都是为人类服务的，人类可以任意取用。实际上我们看到，正因为太强调以人为中心，人类的欲望没有得到节制，结果出现了一系列的社会问题、环保问题、国与国的关系问题。而商业的繁荣固然是为了人类的福祉，却也让人类的欲望更加放纵，为了满足这些欲望，又去制造更多的商品，又要挑起更多的欲望，这就变成了一个恶性循环，人成了欲望的奴隶。这个问题已经有越来越多的有识之士在思考，在谋划对策。无论他们怎么做，我希望他们思考一个基本的问题，那就是，人类在整个宇宙之中到底应该处于什么位置。

二、佛教的慈悲观

现在流行的词叫“爱”，而“爱”在佛教中并不是一个完全正面的语词。在“十二因缘”中，“爱”是产生贪著、趋向轮回的因素。因此，佛教使用的语词是“慈悲”。“慈悲”不是一般的人与人、人与其他众生之间的爱恋，而是一种无私的关怀，一种诚意的保护，一种发自内心的尊重，而且绝对不占有，绝对没有排他性。最高境界的慈悲，是“无缘大慈，同体大悲”，就是没有任何条件的关爱，不是关爱一个人，是关爱三千大千世界一切有情众生。

慈悲如何实现呢？众生平等的认知是一个基本条件。首先要戒杀，就是任何人不得剥夺其他人或其他众生的生存权。我们常常爱说三乘佛教，就是人天乘、声闻乘、菩萨乘。从究竟的意义上说，三乘其实就是一乘；但从方便的意义上说，三乘却各有各的趣求。人天乘佛法的目标是人天善果，尽管不能超凡入圣，但也要力求避免来世不堕三恶道，简单地说，就是下辈子还能做人，甚至做天人。但这是有条件的，条件就是行“五戒十善”。“五戒”的第一大戒，就是戒杀，就是要善待众生，不剥夺众生生存的权利。而“十善”与“五戒”紧密关联，其中第一善业也是戒杀。

我们讲生态文明，如果不能尽量地、尽最大限度地避免杀戮，生态文明是无从谈起的。戒杀不光是佛教的伦理学内容，也是佛教的认识论。佛教讲“缘起”，所谓：“诸法因缘生，缘尽法还灭。我师大沙门，常作如是说。”“缘起”就是指世间万事万物都共存于一个无尽的关系网中，“此有故彼有，此无故彼无”，尽虚空遍法界的任何事物都与其他事物以无穷的因缘关系相互联结，没有任何一个事物可以单独存在，而任何事物的产生、存在与变化，都会对其他的事物造成影响。因此，当我们杀生的时候，实际上是把与我们有关联的一些因素给消灭了，又怎么可能对我们没有影响呢？

三、佛教的心土不二观

我记得《维摩诘经·佛国品》上说：“菩萨欲得净土，当净其心。随其心净，则佛土净。”按照我们佛教的理念，我们所居住的世界，是释迦牟尼佛所教化的娑婆世界。什么是娑婆世界呢？“娑婆”在梵文的原意是“堪忍”，就是有缺憾，需要忍耐。

《法华文句》里说：“娑婆，此翻忍。其土众生安于十恶，不肯出离，从人名土，故称为忍。悲华经云：云何名娑婆，是诸众生忍受三毒及诸烦恼，故名忍土，亦名杂会，九道共居故。”我们这个娑婆世界，有乐也有苦，有清净，也有污秽。正因为不那么清净，不那么快乐，反而是修行的好地方。居住在娑婆世界的，除了无量无尽的众生之外，还有无数乘愿再来的菩萨。

那么，为什么娑婆世界不那么清净呢？这个问题唯识宗回答得最清楚。唯识宗认为，万法唯识，一切唯心。境是由心所造的。外部世界是我们的心灵世界的一种投射，也是我们心灵世界的一种结果，如果我们不能解决内心的问题，也就不能解决外部的问题。我们的内心庄严，外部世界才能庄严；我们的内心是一片净土，外部世界才能变成净土；我们的内心充满慈悲，外部世界才能和睦友善，才能停止相害相杀。

因此，根据《维摩诘经》所谈到的“唯心净土”，我们可以提倡“心灵环保”，让我们的内心先干净起来。但是，是不是我们只关注内求，反求诸己，而不用外求呢？当然不是！正因为我们的心灵世界和外部世界是非一非二的，因此，只是强调一边，不仅不符合佛法，也不能真正解决问题。在个人修行的部分，我们强调戒定慧三学，强调六度、四摄、五戒、十善；而在社会关怀的部分，我们要心怀天下，关注一家、一村、一区、一城、一国的净化和居住品质的改善。这才是真正的深观与广行相结合，自利利他，自度度人。我们改造了外部世界，保障了生态文明，自然也就保障了众生的生存环境。这其中也蕴含着众生平等和慈悲戒杀的内容。我们说，庄严国土，利乐有情。这两句话是并列关系，也有因果成分，只有庄严了国土，才能利乐有情，才能构建真正的人间净土。

四、佛教的少欲知足观

《佛遗教经》说：“多欲之人，多求利故，苦恼亦多。少欲之人，无求无欲，则无此患。”还说：“若欲脱诸苦恼，当观知足。知足之法，即是富乐、安稳之处。”

有人认为，佛教是完全禁欲的。实际上这样的理解有偏差。释迦牟尼佛悟道之后，所说的第一个“中道”，就是“苦乐中道”。佛陀主张节制自己的欲望，但并不主张一味地苦行。这样的主张，不光对我们的修行至关重要，在现实生活中也有重要的指导意义。

佛教通常把欲望分为五种：财、色、名、食、睡。大家想一想，社会上争来争去，也无非是在“五欲”上打转转。因为这五欲，影响和塑造了众生的习气，因此又有了“五毒”：贪、嗔、痴、慢、疑。我们凡夫众生，哪一个不是五毒俱全呢？差别只是在于各有侧重，多一点少一点而已。而这些习气，投射在人类对自然生态的介入上，必然会产生相应的影响。其中最重要的问题，便是人类的贪婪。

我看到过一个资料，人类到底需要几个地球？如果像中国人一样生活，人类需要1.1个地球；如果像法国人一样生活，人类需要2.5个地球，如果像美国人一样生活，人类需要4.1个地球；如果像阿联酋人一样生活，人类需要5.4个地球。

可以看出，人类贪婪的另一面是奢侈。最近有个报道，说中国每年浪费粮食够多少人吃呢？据中国科学院一个课题组针对2013—2015年的调查结果显示，我国餐饮食物浪费量约为每年1700万～1800万吨，相当于3000万～5000万人一年的口粮。问题是，根据联合国粮农组织2015年的统计报告，我国饥饿人口数字预计2014—2016年为1.34亿人，比例为9.3%。一边在挨饿，一边在浪费，这令人非常痛心！也是生态文明不完善的一种表现。

五、我们在生态文明方面的实践

我们在这方面的实践主要有以下几个方面。

（一）烧文明香

我们知道，烧香拜佛是民间最常听到的一个说法，实际上烧香是佛教传入中国以后，与中国本土习俗相结合的结果。烧香是从古代的祭礼中继承下来的。古代中国人在祭祀上帝和祖先时，往往要将祭品或者单单是某些植物放火焚烧，使之产生浓烟，认为即可以其香烟通达神明。《三国志·吴书》中提到道士于吉在江东教人烧香读道书。北朝时的道馆中例要设香炉，可见用香极为普遍。因此，烧香不是佛教所独有的，但是，既然已经与佛教相结合，谁也不可能强行禁止。普贤十大行愿之一，是“恒顺众生”，佛教只能方便善巧地去引导，去逐渐改变。

我们的做法是烧电子香，模拟烧香的形态，尽量避免烧真香。我们每年都做祈福大典，万众点灯祈福，我们用的就是一种用电的莲花灯，不仅不用点燃，而且还可以重复使用。

（二）更换OA系统，无纸化办公

早在几年前我们推出了OA自动化办公系统，一切的文件审批，都通过OA办公系统进行，这不仅提高了效率，也节省了纸张使用。

（三）倡导素食

如今生活条件改善，人们吃得越来越好，肉食的消费越来越多。为了满足口福，我们也付出了不小的代价。在我国13亿多人口中，高血压人口有1.6亿～1.7亿人，高血脂人口有1亿多人，糖尿病患者达到9240万人，超重或者肥胖症患者有2亿人，血脂异常的有1.6亿人，脂肪肝患者有1.2亿人。有研究数据显示：平均每30秒就有一个人罹患糖尿病，平均每30秒至少有一个人死于心脑血管疾病。

导致这种情况的因素是多方面的，包括缺乏锻炼、生活习惯不良、食品卫生欠佳等。但其中还有一点，就是饮食偏好荤食、偏好油腻食品，这是罪魁祸首之一。因此，我们一直提倡素食，我们庙里的斋堂，基本也是免费向大众开放的，为的就是让大众体验素食的好处。有很多信众，因此而吃长斋，或者改变了荤素比例。

（四）厉行节约

我师父本焕长老生前一直提倡厉行节约，从不浪费。跟老人家吃过饭的人都知道，饭桌上不能剩一粒米，不能剩一棵菜，甚至酱油都要吃掉。老人家用纸巾，也是撕开，每次只用一半。我们用水，水龙头多放一点水，老人家都有意见。老人家会说，你将来要生在一个缺水的地方，因为你这辈子把水用完了。有人也许会觉得老人家抠门，实际上，老人家把信众给他的所有供养，都用在建造寺庙和各种慈善上。

为了做到节约，我们最重要的方法就是量化管理，所以信众供养的财务，都登记在案；所有的花销，都有明确的去处。而对于大额的花销，要经过反复的讨论、反复的论证，认为是合理的才去做，不合理的坚决拒绝。因为我们认为，尽管我们是十方丛林，十方来十方去，但我们身负佛门的责任，佛门一粒米，大若须弥山。我们有义务把一切物品都管理好，绝不辜负大家。

最后，我给我的发言做一个小结。

如果从社会学的角度来看，生态文明是农业文明、工业文明之后出现的一种新的文明形态，是人类文明发展的一个新阶段，在这个阶段，人类更加重视人与自然、人与人、人与社会的和谐共生、良性循环、全面发展、持续繁荣。而这些理念，恰恰与佛教的诸多主张非常一致，非常贴合。对于佛教界来说，如果我们能做到如法地修行，如法地开办寺庙、管理寺庙，就是生态文明的一种表现。同时，我们的努力也不能局限于寺庙的小范围，社会上凡是有利于生态文明的各种善举，佛教界都要大力支持。佛教界还应该发挥自己的优势，推己及人，积极地向社会大众宣扬生态文明理念，为祖国的生态文明建设做出应有的贡献。

我们与东坡，距离是多远？

中国生态文明杂志总编
中国环境报社原社长 杨明森

佛教文化与生态文明，讨论这样具有穿越感的话题，我们自然会想到一位既有深厚佛学修养、又有热烈山水情怀的历史人物。让我们抬头仰望，这是一代文豪、文学家、诗人、书法家、画家，在唐宋文学八大家中位列宋六家之首，在宋代书法四大家中位列第一。当然，这就是伟大的苏东坡。

可能是命中注定，也许是机缘巧合，苏东坡曾经来过海南的儋州。那本是苦难的流放之旅，却被苏东坡修成了一段善缘。

苏东坡被贬儋州，是在1097年，实际上已是一贬再贬。1093年，他从中原被贬谪岭南惠州，现在再次被贬南下，对于62岁的苏东坡来说，几乎就是一次大灾难。初到儋州，病无药，居无室，出无友。处境狼狈的苏东坡，却能通过学禅修道，求得一念清净，从而坦然面对现实烦恼，获得精神上的大自由。有研究者统计，苏东坡在儋州创作了诗词140余首，散文等100余篇。乐观豁达的苏东坡，很快就成为当地人的朋友，并且以慈悲之心，大行善举。他设帐讲学，求学者趋之若鹜，偏远的儋州小城，一时间书声琅琅，弦歌四起。海南岛历史上第一位举人，第一位进士，都是苏氏弟子。

这样的被贬流放，苏东坡先后经历了三次。每一次都是对身体的巨大折磨，每一次又都能得到精神解脱。苏东坡走到哪里，就把哪里的山山水水变成笔下风景。把酒临风，对月放歌，尽情表达对生命、对大自然的挚爱。

长江边上的那座小镇黄州，地处偏僻，也没有什么名山大川，甚至赤壁大战到底是不是发生在这里，也不一定。而在苏东坡的《前赤壁赋》《后赤壁赋》《念奴娇·赤壁怀古》等著名诗词中，我们看到的却是大江东去，惊涛拍岸，山间明月，江上清风。目之所及，江山如画。

同样是在黄州，苏东坡以旷达的心态面对种种不公。此间写下的诗词，弥漫着挥之不去的禅意，有的被后人直接评论为禅诗。戴罪谪居，生活几近潦倒，苏东坡却能气定神闲。他在那片叫作东坡的荒野上开出几亩薄田，而后晴耕雨读，写词作画，研究佛学。东坡居士这个大号，便是由此而来。

再后来，苏东坡被贬惠州。期间爱妻因病故去，对于重情重义的性情中人苏东坡，打击实在是太大了。但是，苏东坡却能随遇而安，把惠州的三年过成了诗画的三年，美味的三年。他每每推开寓所合江楼的窗户，尽情欣赏江天景色，写下了那些令人百读不厌的著名诗篇。比如，“海山葱茏气佳哉，二江合处朱楼开。蓬莱方丈应不远，肯为苏子浮江来”。惠州有一座丰湖，非常美。苏东坡在诗中写到，“一更山吐月，玉塔卧微澜。正似西湖上，涌金门外看。冰轮横海阔，香雾入楼寒。停鞭且莫上，照我一杯残。”从此，这座湖就与杭州西湖共享美名。

作为宁远军节度副使，苏东坡在职责范围之内，尽最大能力，多做事情。为了解决西湖两岸的交通问题，东坡倡议筑堤建桥。这跟在杭州西湖修建苏堤简直是同一个美妙思路。

举起来千斤重，放下来四两轻。拿得起，放得下，然后还能拿得起，苏东坡就是这样的世内高人。失意和落魄的时候，远处有目标，春风得意的时候，把目标变成现实。尊重生命，尊重自然，心中有佛主，胸怀大山水，使得苏东坡这位官员显得卓尔不群。现在，我们必须说到苏东坡与西湖的故事了。

元祐四年，也就是公元 1089 年，苏东坡出任杭州知州。这是他仕途之路最顺的一段，踌躇满志。上任伊始，苏东坡最先查看，用现在的话说，第一个调研的地方，当然是西湖。而苏知州看到的西湖，竟然蔓草丛生，大半个湖面已经被覆盖。

西湖之于杭州，是生命之湖。杭州之所以能够从钱塘江边的一个小城，发展成为天堂般的繁华都市，正是由于唐朝的时候打开西湖，引水入城。到了宋代，西湖有些水利工程业已损坏，杂草开始蔓延，湖面逐渐萎缩。不过，十八年前，苏东坡担任杭州通判，相当于副市长兼法院院长的时候，野草还仅仅覆盖了三分之一的湖面。

在苏东坡眼里，西湖不仅是重要的饮用水源、灌溉水源和湿地生态系统，更是一幅画、一首诗。西湖破败，影响经济发展和市民生活，更使杭州美景黯然失色。这是知州和诗人不能容忍的，苏东坡决定疏浚西湖。

清淤工程一开始，就遇到了麻烦，堆积如山的淤泥怎么处理呢？看上去最简单，甚至是唯一的办法，就是运出去，找个地方堆了。不过那是低智商、低情商的官员的所为，诗人苏东坡自有奇思妙想。他俯下身去，展开西湖全景图，由南向北轻轻地画了一条线，一道绝妙风景随之跃然纸上。

苏东坡亲自指挥民工和船夫，把清理出来的淤泥，在湖的西部建了一道堤坝。

如果仅仅为了消化淤泥，这条堤坝之于西湖，就是多余的。而苏东坡设计的这道堤，首先是连通南北的一条捷径。有了这条堤坝，当地居民由南岸到北岸，可以节省两里地的路程。

如果只是一条路，横卧西湖之上，难免生硬。苏东坡在堤上安排了六座小桥，桥下可以通船。这样一来，不仅保持了湖水的流动，而且使得长堤灵动起伏了。

这六座小桥，苏东坡亲自命名，映波、锁澜、望山、压堤、东浦、跨虹，哪一个不是如诗如画？长堤之上，栽植垂柳、碧桃、海棠、芙蓉、紫藤、玉兰、樱花、木樨。想象一下西湖四季吧，鹅黄拂面，繁花如烟，秋雨梧桐，雪压枝头，那是什么样的景色？

西湖清淤之后，苏东坡想到，用什么办法防止野草再次泛滥成灾呢？以现在有些官员的思路来考虑，其实也简单，把湖岸或者湖底硬化就行了。苏东坡当然不能，那不符合生态规律和诗人的思维逻辑。

苏知州以生态的方式保护生态，这就是种植菱角。政府把一部分湖岸开垦出来，让农人种菱角。种了菱角，农人就会主动清理杂草。而农人所缴税款，又全部用来保养西湖。

但是，另一个问题来了。如果菱角的种植面积太大，也会影响西湖水质。苏东坡让人计算论证，划定了明确的种植范围。范围之外，严禁种植，相当于今天的生态红线。

为了明确标出禁止区域，在湖中竖了三个标志，相当于把红线划实了。苏东坡总有神来之笔，他把三个标志设计为三座小石塔，不经意间就显示了禅意和诗意。

这三座小石塔，实在是妙不可言。你看，那塔中是雕空的，每逢民间重大节日和佛教的大日子，夜晚在塔内点上烛火。于是，成就了著名的西湖一景，三潭印月。

而那石塔的底部，也有玄机。塔基深入湖底的部分，有一个标记，提示后人，清淤至此就行了。

这三座小石塔，走近了看，体量是很大的。五年前的一天，一艘游船误撞了其中的一座，塔身断作几截。打捞上来一看，每一截并未损坏，拼装之后，居然完好如初。这可是宋代的老物件啊，可见设计是何等科学，榫卯结构是何等精致。

一项实用工程，却做得如此浪漫，如此精美到每一个细节。苏堤、三潭印月等，都是人造工程，却又景自天成。《苏东坡传》的作者林语堂先生曾经说过，假如只是空空一片水，没有苏堤那秀美的修眉和彩虹般的仙岛，以画龙点睛增其神韵，那么西湖将望之如何？

苏东坡治理西湖的理念，体现了中华传统生态观和佛家思想真谛。我们不妨看看，苏东坡与西湖的故事里面，有些什么古今通用的道理。

首先，我们看到，佛教文化与生态文明，强调的都是信仰。

苏东坡之为人，事佛，虔诚；对朝廷，忠诚；待人，真诚；讴歌山水大自然，热诚。他相信善恶因果，相信正义终究是正义。有了坚定信仰，才能屡遭劫难而初心不改。苏东坡担任过好几个重要职务，曾经级别非常高。同时，也多次遭受打击，贬谪，罢官，直至入狱。而在苏东坡看来，自己人生最有作为的三个时期，恰恰是被贬官流放的三个时期。临近生命尽头，苏东坡给自己的官场生涯和诗人经历做了概括，这就是，闻汝平生功业，黄州惠州儋州。

作为官员的苏东坡，其实是很单纯的。他几度由于写诗而被陷害，却始终不肯放下那支如椽大笔。在残酷的官场倾轧之中，他不能独善其身，却能坚守做人底线，清廉，不害人。这一点，连他的对手也不得不敬重。苏东坡曾经面临杀身之祸，关键时刻，他最大的政敌王安石，居然出面向皇上求情。而当他身陷囹圄的时候，杭州市民甚至焚香祷告，祈求佛主保佑东坡平安。这应该是一种因果善报。

苏东坡对佛的信仰和尊重，由内心而行为，是自然而然的。他请求批准疏浚西湖工程的奏折，一共五条理由，第一条，就与佛教有关。他说，西湖一直就是最适合放生的地方，每年四月初八，信众数万聚于西湖，所放生之鸟类、鱼类高达百万计。如果西湖萎缩了，乃至干涸了，湖里的鱼鳖虾蟹怎么办？又让僧众和皇上心何以安？

这条理由，与生态保护不谋而合。疏浚，不是把西湖搞成盆景，或者蓄水的大池子，而是要保持西湖的生态原貌，使之成为鲜活的湖，有生命的湖。保护西湖生态，就是要保护西湖的生物多样性。佛在心中，山水在心中，苍生万物在心中，这就是一种信仰。有信仰的人，必然有追求，也必然能自我约束。做人有原则，做事守方圆。该做的事情，努力去做，不能做的事情，坚决不做。有些官员，明知破坏生态会遭大自然的报应，但为了政绩，仍然一意孤行。说到底，还是没信仰，起码信仰不坚定。

第二，佛教文化与生态文明，都注重作为。

爱惜生命，保护生态，不是消极地不作为。我们强调的自然恢复为主，恰恰就是大作为。苏东坡治理西湖，是把善念变成善举、善行。佛家讲修为，儒家讲有为，道家讲无为，却是为了无不为。一个有信仰、敢担当的官员，一定要想干事，能干事，并且能够干成事。

在苏东坡治理西湖的故事里面，有个细节很有趣，就是让农人种植菱角，可以说是古代的 PPP 模式。种植户要清理相应的湖面杂草，有钱出钱，没钱的出力，相当于吸引社会投资。疏浚西湖这么大的工程，需要资金三万四千贯，杭州本地只能筹到一半。苏东坡向中央财政申请，朝廷没给钱，只给了一百张度牒，也就是僧人出家的身份凭证。苏东坡把这些度牒换成了钱，余下的资金缺口，靠以工代赈和菱角种植户的投入来补充。

苏东坡在杭州担任知州不过短短两年，却做了大量利国利民的实事。苏知州拨出财政资金，自己又捐出黄金五十两，建立了杭州第一家公立医院。据林语堂先生考证，这也是中国最早的公立医院。整理西湖，只是苏东坡时期诸多民生工程中的一个。与之相比，疏浚运河、修建饮用水源水库等工程，规模更大，时间更长。

第三，佛教文化与生态文明，都是一种大智慧。

生态文明建设的理论体系，最早由中国提出，具有历史的必然性。中华民族的传统文化，历来强调天人合一，道法自然，讲究缘起。

西湖不在天堂，在人间。城市要发展，市民要生活，想要对生态一点影响都没有，是不可能的。苏东坡的智慧在于，找到了发展与保护的平衡点，实现了建设工程与诗情画意的完美结合。

林语堂先生说，古人虽然在西湖四周建设，但知道不可超越的界限，知道不要进犯自然。西湖是人工点缀的自然，不是人工破坏后的自然。人类真正智巧所创造的，并非过度的精巧。一片仙岛，上面的垂柳映入一平如镜的湖面，似乎那就是西湖本来所有。苏堤上的拱桥，往上看有云峰，往下看有渔船，中间一桥如虹，正相配合。而远处的千年古塔，矗立天际，让人想起往日的高僧，往日的诗人。

林语堂先生的这段话，非常精辟。古往今来，生态观最终一定是调整人与自然关系的基本准则。我们强调要尊重自然、顺应自然、保护自然。这是中华传统生态观的继承和升华，人强大，也承认自然强大；人自尊，也敬畏自然的尊严。保护自然，前提是要尊重，而最大尊重，则是顺应。顺应自然，是尊重与保护的核心和路线选择。

这些道理，很难懂吗？不是。我们之所以走过不少弯路，不是不懂，而是不顾。毫无疑问，对传统文化是要有选择地继承，但是，在很长一段时间里，我们把选择当成了全面否定，即使留下一些，也要对另一些严加批判。再后来，我们太浮躁、太急功近利了，为了一己之利，眼前之利，不惜牺牲环境，破坏生态。

苏东坡疏浚西湖，是在1089年。我们与东坡之间，不止隔着1000多年，更遥远的距离是，在欣赏苏堤春晓的时候，想不起苏东坡，很多人已经不怎么记得大江东去，只知道东坡肘子、东坡肉。

释儒道哲学与生态文明

中央党校哲学教授、博导　　乔清举

释儒道（家/教）哲学与生态文明

释儒道（家/教）哲学与生态文明	
释儒道与生态文明的相关性	释儒道哲学不是围绕生态目的建立体系的，但与自然和谐是这三种思想体系成立的基础。
释儒道生态思想的体系	释儒道生态哲学思想具有体系性，可分为天人关系论、生态共同体论、范畴论、功夫论、境界论、实践论几个方面。
释儒道生态思想的特点	整体主义、主客统一论、责任/德性主体论、非人类中心主义、自然与价值统一、道德与审美统一。

	儒家	道家 道教	佛教
天人关系论	天人合一	道法自然	依正不二
	主题："究天人之际"。 宗旨："天人合一"。 "与天地参"、"与天地合其德"、"与天地万物为一体"	道是本原、本体、根据；天人关系的原则："道法自然"。 人是"万物之灵"，"天地无人则不立"。人的职责是顺应自然规律，与自然生态和平相处，"辅万物之自然而不敢为"。	虽然是宗教，但没有创世说。 "自然本有论"、自然缘起自生论。 人和自然的关系是一体的。 "依正不二"：依报：生命依存的环境；正报：生命的主体，二者有差异，而又为构成统一的整体而运动着。

	儒家	道家 道教	佛教
天人关系论	天人合一	道法自然	依正不二
	天是自然生生不息的合目的性。 人是促使自然实现这一目的的责任主体。 "为天地立心"、"延天佑人"	庄子："与天和"、"与人和"。 人只有与其他物相关联，才能凸现自身的价值。"通天地一气地人"、天与人相感，"人病，天亦病之"，"一体之盈虚消息，皆通于天地，应于万类。"	因果报应。人和天地万物构成一个无尽的因果链条。 心净则国土净（《维摩经》） 唯识宗：唯识无境、境由心造；。 天台宗："一念三千"。 华严宗："法界缘起"、"理事无碍"、"事事无碍。" 禅宗："青青翠竹，尽是真如。郁郁黄花，无非般若。"

	儒家	道家	道教	佛教
生态道德共同体论	道德地对待的对象的范围：释儒道的道德共同体是整个外部世界。			
	“仁：爱人以及物。” 仁的对象不仅是人也包括外部世界。 动物：德至禽兽、 植物：泽及草木 土地：恩至于土 河流：恩至于水： 山脉：恩至于金石 观天地之生意，与万物为一体。	万物一体的平等观。 庄子：“道通为一” “天地，人之父母也。” 以物种多寡论贫富。 “天上急禁绝火烧山林丛木之乡”；不能过度开发地下水：地下水是大地的乳汁，过度开发会消耗太多，就不能很好地养育地上的万物。 兼怀万物，天地情怀、山水意趣，忘情山水，与之为一。		众生皆有佛性，无情有性，皆可成佛，人与自然万物平等一体。 “依正不二”，业报轮回，生命形态转化，善待生命、善待动物。慈悲利生，慈，给予众生欢乐，悲，拔除众生痛苦。 报国土恩。藏传佛教：神山圣湖崇拜，保护神山圣湖生态环境的禁忌…… 精神的解脱与自然审美相结合亲和的自然关系。禅意是生机目击而道存。

	儒家	道家	道教	佛教
生态德性论	德性是人的道德心性。儒释道的德性论均为非主客对立、非人类中心主义			
	仁、义、智、信、忠、慈、俭、恕。 董仲舒：“质于爱民，以下至于万物莫不爱，不爱，奚足为人。”郑玄说，“仁，爱人以及物”。“仁的本体化”	老子：“德”、“玄德”。 庄子：“以明”、“环中”、“寓诸庸”、“照之以天”。 “原天地之美而达万物之理”，而不是“判天地之美而析万物之理”。		无我、清净、无欲、克制、正念、慈悲、智慧。

	儒家	道家	道教	佛教
生态范畴论	自然的运行模式以及天人关系的认识。			
	气、通、和、生、生生、时几、道、乐、合、参、一、心、性、感、应。	道、德、有、无、自然无为、气、阴阳、气化天、人、生、神、神明真、美、明法、因、独化、玄冥、性分、自足		缘起、依正不二、共业、众生皆有佛性、无情有性、无明、无我、中道、慈悲、清净、净土。

	儒家	道家	道教	佛教
生态功夫论	所谓功夫是指进行修养、实践，使某种道理与自己的心灵和身体达到统一、成为自己的德性、理性甚至身体的一部分，并能自觉地灌注于日常生活的活动，使自己能够没有迟疑、不加思虑、不存计较、自然而然地按照这种道理应对世事的活动。儒释道的功夫论思想都包含有生态的意义。			
	“四勿”、“寡欲”“实有诸己”、“主敬”、“格物穷理”、“事上磨练”、“知行合一”、“致良知”“随处体认天理”。 朱熹的格物：“物理即道理”事实与价值统一。 阳明致良知：与天地万物为一体。	玄览、致虚极、守静笃、坐忘、、气功、修炼等功夫其洞天福地、宫观建筑、斋醮科仪。		佛教修行功夫甚多，多为具体的主体性功夫这种功夫不与客体隔离而是可以灌注到与外部世界的关系中。如，大乘佛教“心净则国土净”，注重通过教化众生实现净化生态环境的观念，清净本源和天地相通。

<table>
<tr><th></th><th>儒家</th><th>道家</th><th>道教</th><th>佛教</th></tr>
<tr><td rowspan="2">生态境界论</td><td colspan="4">境界论是冯友兰先生的观点。“宇宙人生对于人所有底某种不同底意义，即构成人所有底某种境界。”境界是由人对于自己与自己存在于其中的世界之关系的理解构成的。</td></tr>
<tr><td>天地境界。天是宇宙。天地境界的人知道自己是宇宙的一分子，从宇宙的角度看万物，获得一种新的意义，一种新境界。“”天地境界中的人参天地、赞化育，与天地万物为一体，达到自己和宇宙同一。</td><td colspan="2">“以道观之”、“回归自然”，不与物争。致虚守静无为不争、由容至公、顺物自然、“抱德炀和，以顺天下。”
与“造物者”游</td><td>佛教生态境界论内涵：净土观有彼岸净土、唯心净土、人间净土。
禅宗中有诗意地栖居的境界。
华严：事事无碍。
罗汉、菩萨、佛。</td></tr>
</table>

<table>
<tr><th></th><th>儒家</th><th>道家</th><th>道</th><th>佛教</th></tr>
<tr><td rowspan="2">生态实践论</td><td colspan="4">儒释道都是知行合一的教化性思想体系，其理念落实到现实生活是其实践论内容。儒释道的生态思想都是通过实践论进入普通百姓的日常生活的。</td></tr>
<tr><td>儒家生态哲学理念在传统社会中通过《礼记·月令》政令、科举、蒙书、戏曲等形式传播和普及到了底层大众在实践方面发挥了重要的作用。</td><td colspan="2">用神的名义颁布保护法令如《老君说一百八十戒》、《太上洞玄灵宝智慧定志通微经》、《受持八戒斋文》《三百大戒》、《太极真人说二十四门戒经》等，发展了一套行之有效的方法来推动动物保护。</td><td>农禅合一、植树造林、风水、戒杀、禁忌、护生、放生、素食、节俭惜福等产生活方式、生态实践模式，影响了民众思想观念、民俗文化的方式。</td></tr>
</table>

寺院生态文明建设的路径探索

深港环境科学研究院副院长　吴　锋

我的发言包括三个部分，一是寺院生态文明建设目的意义是什么，二是当前寺院生态文明建设存在着哪些问题，三是未来寺院生态文明建设可通过哪些方式实现。

为什么要进行寺院生态文明建设？这是基于当前人类所面临的严峻的环境问题而提出的。面对日益严重的环境问题，我们必须树立尊重自然、顺应自然的生态文明理念，因而生态文明建设的提出是必然的。国家层面把生态文明建设放在突出地位，发布了多项重要文件推动全国生态文明建设。而作为中国传统文化的重要组成部分的佛教，其蕴含着丰富独特的生态思想。如注重自然界整体相互关联、珍爱生命、爱护环境等，这些思想与生态文明的理念有着许多契合之处。比如，佛理中的“西方净土”其实描绘了一个理想的生态王国；“众生平等”是进行生态文明建设的思想核心；“和谐相生”是生态文明的内涵；“慈悲护生”正是实现生态文明的重要途径；而“心灵环保”正是我国进行生态文明建设的至高境界。如果将佛理融入生态文明建设中去，其将会是我国生态文明建设的意识形态、价值观念上的保障，是促进生态文明建设的宝贵文化资源。因此，可以说，开展寺院生态文明建设是很有必要的。并且国家宗教部门近年来也发布了多项文件，倡导建设生态寺院，为寺院的生态文明建设奠定了一定的基础。

简言之，寺院生态文明建设的目的是为指引寺院生态环境治理、基础设施建设，实现寺院生态文明建设的规范化、程序化，发扬佛教生态观，推动宗教界生态文明建设。寺院生态文明建设具有重要意义，其是佛教界投入生态文明实践的基础条件，是现今佛教界树立自身良好形象的重要途径，是佛教弘扬佛理的必然选择。

就我国宗教旅游景点景区分布特点而言，最为密集的是华东地区，江苏、浙江、安徽、山东所占的比例都很高，中部地区的河南省和西部的四川、甘肃宗教旅游景点景区的数量也较多。这些地区往往人口较为密集，经济基础较为发达，具备了开展生态文明建设的基础条件。同时有些寺庙存在基础配套设施不完善、交通不易、指示不明、参观不畅等问题。游客人流量大导致的环境压力较大，游客的不文明行为也造成了寺院生态环境的污染，正是这些现存的问题使得开展寺庙生态文明建设具有重要的现实意义。

具体来说，寺院生态文明建设当前主要面临三个方面的问题。

一是生态系统方面。寺院的生态系统主要受到 4 个方面的威胁。第一个方面是寺院内珍稀动植物的损害。这里有一个泰国寺院的案例。虽其因饲养老虎闻名，但光彩的名号后面却做出伤害动物的行为，受到公众的指责。第二个方面是不仅是寺院内，整个大环境的生物多样性也受到了威胁。这里主要指的是因放生不当导致的生物多样性的危害。放生是体现慈悲与践行修学的佛教传统之一。但现今社会的放生行为多出于功利心，放生多作为信众利益交换的筹码。并且，放生后，鲜有信众关心放生的动物能否生存。同时，现今盲目放生多换来的是生态环境方面的问题。比如，信众选来放生的物种多为人工饲养，不适应野外生存，放生后大量死亡。甚至有些物种是外来物种，不科学放生后造成生物入侵。更严重的是，现今放生背后已经形成了一条“利益链”。比如，放生鸟类，放生者向鸟贩预订，鸟贩接下“订单”后，便向捕鸟者下“订单”，捕鸟者按“订单”捕捉，然后送到鸟贩处，鸟贩再按“订单”卖给放生者，放生者再预订……从而就形成了这样一条恶性循环的“利益链”。放生个体/团体、商家正是“放生”变“杀生”这一染缸的执行者。第三个方面是园林环境保护与建设不当。我国的佛教寺院，常常是以园林化的寺庙建筑和自然环境相结合，形成了园林化的寺庙环境，极具文化、艺术价值。但现今寺院多对文化景观资源保护与建设不到位。这里有一个案例。一个寺院景区在刚获得4A级称号的两年时间内，不注重景区环境质量的提升，最终被旅游部门警告。虽然这是景区管理部门的失职，但是不能否认的是这一行为没有注重对寺院园林周围环境的控制，未能好好保护寺院宝贵的文化景观资源，也并未发挥寺院的文化教育功能。第四个方面是园林空间规划不完善。上海玉佛禅寺是一个典型的例子。闻名于海内外的上海玉佛禅寺地处于繁华的市区，虽说是闹市中的一片净土，但其交通环境存在安全隐患。寺院东南两侧的道路均是双向两车道，狭窄逼仄，且周边无停车场，不能满足日益增加的信众香客需求，导致了占道停车等问题。每逢重大香期，实行交通管制，安远路全封闭，江宁路半封闭，公交车辆绕行；周边地区城市道路均被迫占道停车，影响正常交通。这一园林空间规划明显不利于该寺院生态文明的建设。

寺院生态文明建设面临的第二个问题在于其生态环境方面。新闻报道，西安千年佛教寺院净业寺遭受雨水损害。由于一些寺院选址多地处幽僻，人迹罕至，寺院建筑年久失修，加上人类对山上树木的砍伐，大量雨水容易导致水土流失，造成问题的发生。更典型的是，利用信众热衷于多烧香、烧头香、高香、大香的心理，而衍生的“香火利益链”导致寺院的香火问题成为大气环境问题的重点。

寺院生态文明建设面临的第三个问题在于佛教与社会的关系方面。一方面，佛教的教化力度不够。究其为何教化力度不够较为复杂，但是观察教化力度不够的表现就较为直接。比如，寺院寺庙的被商业化，信众盲目崇尚“头柱香”“新年钟声拍卖”“错误放生”等，以及进入寺院景区的游客乱扔垃圾、不爱护寺院文物、园林环境等的行为。可以说，我国佛教虽有广泛信众基础，但教化力度不够。另一方面，佛教社会参与的深度与广度不足。虽然我们提倡佛教要跳出寺院的围墙走向社会，但是佛教在社会参与方面的阻力太大，造成其参与的深度与广度不足。

既然我们弄清了寺院生态文明建设的内涵，也发现了建设过程中面临的问题，那我们可以从哪些方面开展寺院的生态文明建设呢？我们认为，为引导寺院生态文明建设实践，可以从生态系统保护、生态环境治理、生态文化弘扬和生态制度完善四个领域入手。简单来说，就是要体现 4 个生态化：服务设施生态化、景观生态化、旅游项目生态化、旅游线路生态化，从源头的开发设计到后期的运营管理，都渗入生态元素，体现寺庙参与生态文明建设的同时，体现寺庙的特色。

具体而言，生态系统保护方面。寺院生态系统保护包括 4 个方面的内容。第一个内容是区域生态系统保护。同样是以上述上海玉佛禅寺修缮改建项目为例，如果不对玉佛禅寺进行修缮改建，我们将会失去其宗教文化价值、历史价值、建筑价值；但也不能修缮过度，即使修复后也不能难以获得以上价值，同时损害周围生态环境。因此，寺院建设应在不破坏生态系统的前提下，体现景观的原生性与整体性，以达到环保、节能、人性化、与景观环境相得益彰的目的。第二个内容是绿化环境。佛教寺院素来在建筑与植物配置、山水体植物配置方面都极为讲究。山林寺庙多坐落于风景优美的山林之中，其天然植被极为丰富，而寺院的园林环境则借此充分体现其“禅林”的主题。比如碧云寺的满目青翠为禅家实现“不与物拘，透脱自在”的精神境界提供了很好的自然环境。同时，我国寺院不仅注重外围环境的绿化，还十分注重庭院内绿化，因植物景观其实都是悟道对象。峨眉山报国寺中有联道：“翠竹黄花皆佛性，白云流水是禅心”，把花与竹看作是佛性。另外，寺庙园林寓宗教与游乐于一身，因此在植物配置上要满足两方面的功能要求，如在进行佛事的庭院内多植与佛都有关的树种。如戒台寺的古松，久负盛名，十大名松更是广为吟咏“十松庄严皆异态，各个凌霄斗苍黛”。因此，寺院园林绿色建筑应体现出具有宗教特色的园林式、山林式特征，实现与周边自然环境的协调。第三个内容是生物多样性保护。比如在保护珍稀动植物方面，红螺寺是个好的例子。在二十几年前，由于红螺寺所在的红螺山没有得到保护，树木植被破坏严重。但红螺寺景区成立后，红螺寺景区摸索了很多保护古树的成功经验。按要求，古松林中步道两侧必须有防火隔离带，但这样对古树的水墒保养有较大破坏，易造成古树死亡和损害。针对这种情况，景区工作人员就想出好办法：沿古松林步道两侧栽种四季常绿的“麦冬草”，在起到防火作用的同时也有绿化效果。此外，景区在古松林旅游步道两侧栽竹子，既起到绿化美化又有隔离游人入林的作用。为消灭害虫，保护古树，景区采用生物防治。现在古树群中的食虫鸟的种类多达 20 多种，日均食虫上万只。比如科学放生方面，寺院可多发挥其教化功能，启发信众慈悲为怀，量力而行。如通过采取多种形式宣传佛教戒杀护生、健康素食的理念；多为信众组织讲座，讲解放生意义；或者更实际地制作放生指南，为信众提供正确的放生方法。同时在放生活动组织方面，多向专家或机构寻求咨询和帮助，并精心组织，减少放生动物的死亡。另外在具体活动的举行方面，实践佛教生态观。如劝导信众无定物、无定日、不固定位置放生，不公布、不泄露、随缘实施放生行为。第四个内容是，生活空间优化。“海绵城市”这一概念，大家都不陌生。针对寺院生活空间的优化，我提出“海绵寺院”这一概念。由于一些名山古刹多地处幽僻，容易受到自然灾害的影响。将普通寺院通过雨水回收利用系统建设为“海绵寺院”是生活空间优化的一种方式。典型的雨水回收利用系统包括透水铺装集水、道路雨水集水。

环境污染治理方面。寺院的环境污染治理主要是“水、气、声、固废”四个方面的污染治理。针对水环境，寺院治理的宗旨是水资源利用最大化，污水排放最小化。寺院污水主要包括生活污水及雨水。针对生活污水，其首先应必须避免直接排入自然水体，需收集处理，确保寺庙污水收集处理率达 100%。生活污水的处理应集中纳入排污管网，实现污水集中处理。对于污水管网覆盖率很低或不能接入管网的生活污水，寺院应统一收集，经化粪池、净化沼气池或就地生态处理等措施进行分散处理后，上清液引至中水处理站，中水回用于寺院公共卫生间冲厕、绿化浇洒及道路冲洗。寺院处理后排放的生活污水水质不得低于受纳水体水质排放要求，至少达到《城市污水再生利用　景观环境用水水质》（GB/T 18921）要求。针对雨水，寺院雨水屋面及路面排水应采用生态排水的方式，最终经喷灌、滴灌、管渗等先进灌溉技术解决绿化用水。具体来说，雨水首先通过有组织的汇流与转输，经前置塘、植被缓冲带、植草沟等预处理措施后，引入寺院内以雨水渗透、储存、调节等主要功能的设施进行资源化利用，或经预处理后汇入城市雨水管渠系统。

针对大气环境，寺院治理的宗旨是废气排放最小化、文明进香规范化。北京雍和宫实施免费赠香是寺院治理大气环境污染的典型的成功例子。雍和宫实施免费赠香后，其日均燃香数量由原来的 7000～8000 把缩减为 4600 把左右，约降低了 50%，而香灰重量也降低了 2/3。同时，雍和宫寺院内空气环境得到改善，信众环保意识提升，而游商侵扰寺院的难题也得到基本解决。而这一免费赠香行为的实施，是离不开前期准备的工作。首先是香支的准备，寺院需遴选制香厂家，采购环保、质量过关的香作为储备。接着是场所、人员的准备，寺院要修缮具体的赠香亭，并配备相关人员进行赠香工作。然后是前期宣传准备。寺院在行动前撰写、张贴《免费赠香通告》，告知广大信众。最后也是最关键的是，寻求政府部门的配合，制定应急预案。具体来说，针对寺院大气环境整治，需要从三方面入手。一是法律法规约束。国家宗教部门颁布了一系列文明敬香的意见及规范，各寺院应严格执行。二是佛教理念的宣传，如通过讲经弘法、宣传品、宣传栏或网络、刊物等平台宣传文明敬香的理念。三是先进寺院相关措施的先试先行，如全国重点寺院或创建和谐寺院的先进集体。

针对声环境，突出体现寺院的“静”，其宗旨是噪声排放最小化。寺院举行宗教活动，或信众进行佛教行为时，有时会因动静太大，影响到他人。针对寺院声环境的整治，最根本的应是回归佛理本质，规范宗教活动。寺院可在播放佛号、音乐或讲经视频的时候，以不影响周边居民休息为原则，尽量减小音量。针对大型宗教活动，可采取措施控制噪声。如果实在无法避免的，可以通过完善寺院规划实现，如隔离宗教、旅游场所，巩固宗教场所的法律地位，使寺院回归祥和静修的环境。

针对固体废物，寺院治理的宗旨是废弃资源利用最大化、固体废物排放的最小化。南普陀寺打造首个无垃圾桶场所的寺院是个经典的例子。由于南普陀寺地处繁华都市，每逢黄金周旅游高峰时，南普陀寺内都要留下大量的垃圾，而固定设置的垃圾桶则不利于环卫保洁，特别在当下炎热的夏季，垃圾积淀的异味冲散了大众供佛的清香。出于还寺庙一份清净需要，所以决定取消殿内所有的垃圾桶。但是，想要在所有的寺院内实行这一措施，有时也不怎么现实。所以，针对寺院的固体废物整治，可以根据不同类型的固体废物从五方面入手。针对生活垃圾，寺院生活垃圾应事先分类收集，且分类收集应与处理方式相结合。一般无机生活垃圾进入周边城镇垃圾处理系统，对可分类收集循环利用垃圾（纸类、金属、玻璃、塑料等）应回收利用。有害、危险废弃物的处理按相关标准执行。针对餐厨垃圾，应资源化处理，处理后可产生资源化产物。餐厨垃圾无害化处理率达100%。针对香灰，寺院烧香后的香灰应该妥善处理，不可让人直接踩踏，宜用作植物的肥料，其灰水用于洗碗、洗盘。针对园林绿化垃圾，寺院园林绿化垃圾处理不应就地焚烧及填埋，应实现资源化再利用。针对建筑垃圾，寺院建筑垃圾应分类收集及堆放，配备专人管理及进行清运处理、规范运输。

生态文化弘扬方面。所谓文化，是指人类在生产生活过程中所创造的物质财富与精神财富的综合。佛教物质文化主要包括佛教建筑、佛教雕塑、佛教绘画、佛教饮食等。佛教精神文化主要包括佛教音乐、佛教伦理、佛教礼仪、佛教节日等。在生态文明领域内，佛教建筑体现了佛教的生态价值，佛教伦理体现了佛教和谐社会价值，而其他文化体现了佛教的艺术、旅游价值。寺院的生态文化弘扬可以通过传统文化传承、生态意识提升、践行宣传教育三方面实现。针对传统文化传承，寺院应总结和整理传统文化资料，深化特色文化研究与保护，建立其传统文化管理制度，编制历史文化遗存资源清单，落实管护责任人，形成传统文化保护与传承体系。针对生态意识提升，寺院应挖掘和弘扬佛教生态文明思想，将生态文明理念渗入佛教法会、研讨会、慈善会、庙会等活动中。寺院应大力弘扬“心灵环保”“社会净化”观念，将心灵净化、社会净化与环境保护共同建设工作相结合，将精神文明教育与环境保护工作渗透到社会各阶层。同时，寺院应将生态文明教育纳入宗教界人士培训的重要内容，结合时代要求，汲取生态科学的知识，必要时与政府环保部门、社会环保组织做好沟通，争取协助，学习借鉴其他寺院在生态保护方面的有益经验。针对践行宣传教育，寺院可利用文化墙、图书馆、陈列室等宣传品，丰富寺院生态文明建设内容，增强生态文明建设的自觉性和主动性。寺院也可利用重要纪念活动、庙会等，积极开展植树护林、保护动植物、旧品回收、节电节水等环保类公益活动，广泛宣传和普及生态文明意识。同时，利用图书、报刊、广播、网络等各种载体，采用专访、培训、研讨会等形式，积极开展生态文明教育活动。

生态制度完善方面。寺院可从建立健全合作机制、完善公众参与制度两方面入手完善寺院生态制度。针对建立健全合作机制，寺庙建设开发会涉及政府、景区管理者、佛寺管理者、当地居民等不同的利益主体，对这些利益主体会产生不同的价值，但相互并不矛盾，而是协调的、重合的。对于政府而言，其希望在寺庙旅游地得以保护的前提下产生经济效益、文化效益和生态效益等有益于社会的各项效益；景区管理者，是一个经营者，其最大目的即为经济效益；于佛寺管理者，其最大价值为佛寺文化与遗迹的保护，当然也希望通过开展寺庙旅游产生经济效益，以支持宗教事业的发展，解决宗教文化传承和保护的资金问题；于当地社区居民和相关组织，其价值主要体现在经济利益上，即居民通过接待游客获得经济效益来提高自身的生活质量；于游客，主要体现在其旅游价值上，表现在宗教价值、社会历史文化价值和景观审美价值三个方面。如果这种多维价值体系管理同时实现了寺庙建设开发的各主要利益相关者的利益，这实质上就实现了寺庙旅游的可持续发展。因此，寺院应注重寺院内部管理和外部沟通协调工作，联合推进寺院生态文明建设，以增强环保工作的灵活性和专业性，如加强与政府、景区、社会组织、游客信众的交流合作，建立寺院生态文明建设合作机制。

针对完善公众参与机制，要从广度、深度以及可行度三维体系角度进行构建。明确各利益主体的参与方式及参与内容。如政府可以资本参与的方式参与到寺院生态文明建设中，可通过制定和完善本地区的旅游发展规划，对寺院旅游进行引导性投资等。如引导游客以策略参与、行为参与形式参与到寺院生态文明建设。寺院可通过设置游客留言册等方式，听取游客对景区生态文明建设的意见和建议，也可引导游客生态旅游，使游客的行为参与到景区的环境保护中。

中国佛教为国家的物质文明建设、政治文明建设和精神文明建设做了卓越的贡献。相信在实现寺院生态文明建设后，其在促进我国生态文明建设，促进人与自然环境的和谐、经济社会与生态环境的协调发展的实践中也一定能够做出新的贡献。

十、开放互通·生态环境大数据论坛

环境大数据与环境管理创新

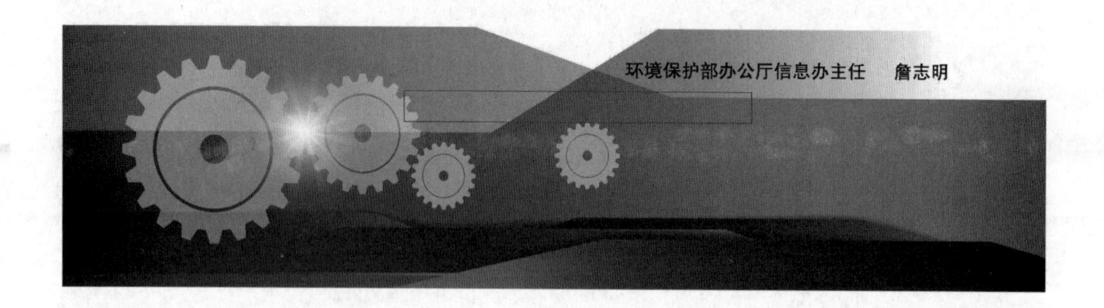

环境保护部办公厅信息办主任　詹志明

大数据的发展与哲学思考

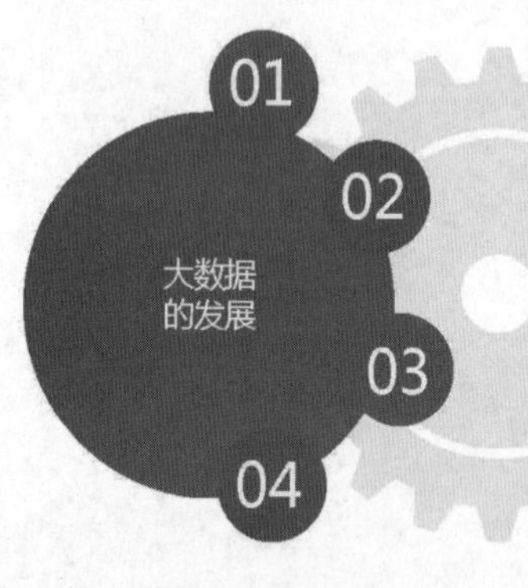

大数据的概念自2008年《自然》杂志提出以来，受到了各界的强烈关注。

2012年美国奥巴马政府发布《大数据研究和发展计划》，将大数据研究作为国家战略，在科学发现、环境保护等领域大力开展研究；日本随后也推出“新ICT战略研究计划”，重点关注“大数据应用”。

我国也于2015年出台《促进大数据发展行动纲要》等战略性文件，将大数据上升到国家战略，明确了大数据未来5～10年的发展目标和主要任务，推动大数据的发展和应用，建立经济运行新机制，打造社会治理新模式。

2016年环保部发布了《生态环境大数据建设总体方案》，积极推动生态环境大数据的建设与应用。

大数据的发展与哲学思考

近年来，大数据迅速进入大众视野，掀起了一场新的数据技术革命，也即将引发一场彻底的哲学革命。大数据正在改变我们的诸多领域以及认识、理解世界的方式，对我们的世界观、认识论、方法论、价值观和伦理观将带来的深刻变革。

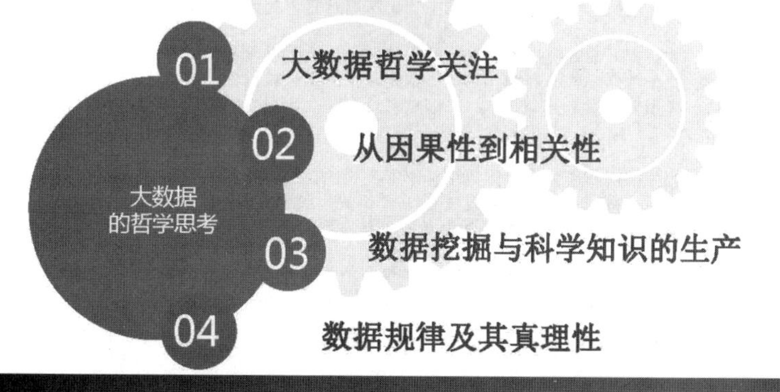

大数据哲学思考

一、大数据哲学关注

古希腊数学家、哲学家毕达哥拉斯，他在古希腊早期就破天荒地提出了“数是万物的始基”，将数提升到本体论的高度。

英国学者、“大数据时代的预言家”维克托·迈耶-舍恩伯格在其畅销书《大数据时代》一书中开门见山地提出了大数据的哲学意义：“大数据开启了一次重大的时代转型。就像望远镜让我们能够感受宇宙，显微镜让我们能够观测微生物一样，大数据正在改变我们的生活以及理解世界的方式，成为新发明和新服务的源泉，而更多的改变正蓄意待发。”

大数据哲学思考

二、从因果性到相关性

科学研究就是寻找研究对象的现象之间的因果关系，没有因果性，科学研究也就失去了基础。我们在科学研究中却无法离开它，更无法超越它。

正在兴起的大数据革命却提出了超越因果性的问题。大数据学者们认为，追求因果性是小数据时代的产物，也是小数据时代的理想和目标。在大数据时代，“相关比因果更重要”，“知道‘是什么’就够了，没必要知道‘为什么’”。

大数据通过相关性对传统科学的因果性提出了尖锐的挑战。“相关关系的核心是量化两个数据值之间的数理关系”，“相关关系通过识别有用的关联物来帮助我们分析一个现象，而不是通过其内部的运作机制”

大数据时代为什么要放弃因果性而只问相关性？相关性并不是抛弃或排斥因果性，而是既肯定因果性又不拘泥于因果性，并通过相关性来超越因果性。

大数据哲学思考

三、数据挖掘与科学知识的生产

大数据学者认为，数据世界里蕴藏着丰富的宝藏，我们利用先进技术手段从中可以发掘出我们所需要的知识或规律，甚至发现我们之前未曾想到的东西，这种先进手段就是数据挖掘。

知识的来源问题一直是认识论的核心问题
“科学始于观察”。“科学始于经验”“科学始于问题”的著名观点。大数据学者提出了“科学始于数据”。

大数据哲学思考

四、数据规律及其真理性

通过数据挖掘从大数据中生产的知识、发现的规律，我们可以称之为数据规律，而基于因果关系而得来的规律叫做因果规律。

数据规律的出现是否意味着传统因果规律的 终结呢？有人就这么认为："大量的数据从某种程 度上意味着理论的终结"，"在大数据时代，我们不 再需要理论了，只要关注数据就足够了"。"如今，重要的是数据分析，它可以揭示一切问题。" ？？？

不过，舍恩伯格不这么认为，他说："大数据绝对不是 一个理论消亡的时代，相反，理论贯穿于大数据分 析的方方面面。""大数据绝不会叫嚣理论已死，但它毫无疑问会从根本上改变我们理解世界的方式。很多旧有习惯将被颠覆，很多旧有的制度将面临挑 战。"由此可见，大数据规律并不排斥传统的因果规律，但它的确只是对因果规律的重要补充和发展。

环保大数据促进环境污染防治管理创新的关键点

1、开放：用开放的态度转变、创新思维

3、标准：用标准规范打破创新壁垒

2、共享：用共享的模式来激发创新活力

4、融合：用数据融合增添创新价值

环保大数据促进环境污染防治管理创新的关键点-开放

要充分发挥大数据的作用和价值，就必须要用更**“开放”**的思维来拥抱大数据。

以大气污染防治为例

一方面加大监测的力度，把监测的数据**开放**给社会，同时也要考虑把更多的数据引入环保。

另一方面，通过建立适当机制，可以引导和鼓励企业或个人监测的设备加入环保监测网络

环保大数据促进环境污染防治管理创新的关键点-共享

污染防治不是一个区域、一个部门所能完成的，尤其是大气污染，其区域性、复合型特征日益明显，对于数据**共享**的要求日益增大。而数据资产的优势在于，一份数据可以在非常低的成本下为多方所**共享**、使用，而且不减少数据拥有者的价值。但现在很多环保数据虽然开放，但获取的成本较大，还没有形成长期共享、合作的机制，尚未达到**真正共享**的要求。

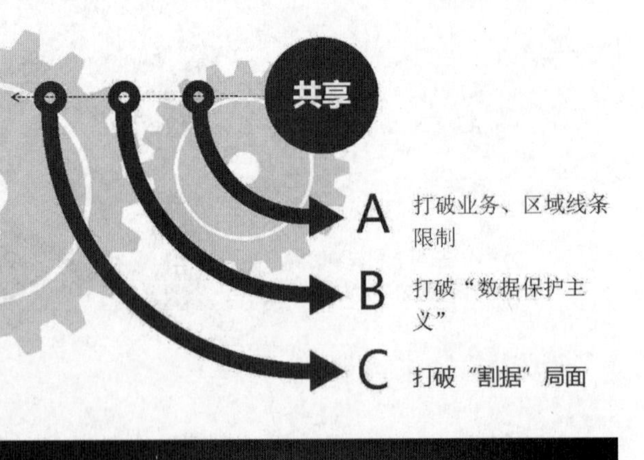

环保大数据促进环境污染防治管理创新的关键点-标准

在我国，在环保部的组织下，已经出台了多个业务**标准和规范**，这个在一定程度上标准化了业务。但环保数据的标准化还面临着较大的挑战，如当前环保业务应用的数据类型就高达几十种，来源于不同的数据生产部门，其组织管理的方式、**标准**、参考体系也各不相同，给环境大数据的快速形成与综合应用提出了挑战。

环保大数据促进环境污染防治管理创新的关键点-融合

大数据的魅力在于数据之间的关联、**融合**，从而找出新的洞察，为决策提供科学依据。数据简单堆在一起不会创造更多价值，必须将数据与数据进行融合，才会达到1+1>2的效果，创造更大的价值。

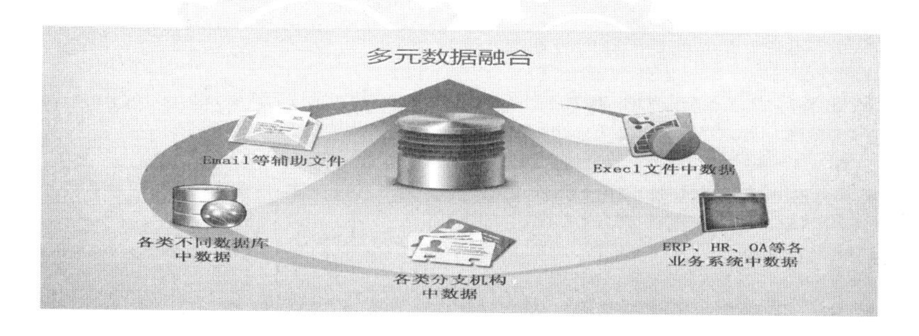

环保大数据在环境污染防治管理创新中的应用方向探讨

1、建设基于物联网技术的高密度监测网络，形成全区域、多方位的环境监测体系

2、构架大数据共享平台，实现不同来源数据的有机融合

3、搭建自适应大数据处理平台，提供高性能、高可扩展性的数据服务

4、推进“互联网+”和新媒体技术的应用，提升公众服务质量和满意度

5、构建基于认知计算和数值模型的大气污染防治体系

环保大数据在环境污染防治管理创新中的应用方向探讨-1

1、建设机遇物联网技术的大数据环境监测体系

由于原先的城市环境监测点已经无法准确地反映城市内环境质量的变化。为了加强对城市环境质量的监控，建设基于物联网的高密度监测网络，形成由固定监测站点、流动监测车、在线监测系统组成的全区域、全天候、多方位的**环境质量监测体系**，使得监测数据能够更准确地反映局地污染和区域污染传输过程，同时提高预报准确度。

通过分析环境监测的应用需求，结合物联网全面感知、可靠传递、智能控制的特征，构建基于物联网的高密度监测网络平台，提供了物联网应用所需的公共能力，如处理不同设备之间的兼容性、海量数据实时处理、设备的监控和管理等，从而构建了一套稳定、可靠、安全和可扩展的**网络体系**。

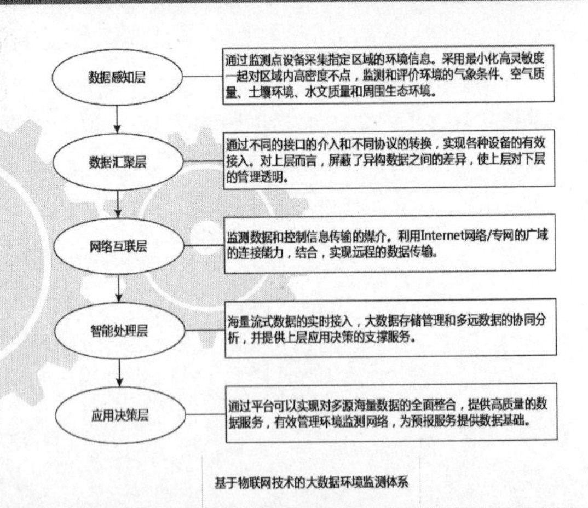

基于物联网技术的大数据环境监测体系

环保大数据在环境污染防治管理创新中的应用方向探讨-2

2、构建大数据共享平台，实现不同来源数据的有效融合

为改变数据传统的根据系统进行条块分割造成的对数据利用的限制，建立**大数据共享平台**，并具有数据维护管理、数据服务、数据共享功能，从而实现环境信息数据的整合和充分利用，为决策者提供360度视图，支持科学决策。

（1）建立统一的信息资源库：实现数据维护、数据服务和数据存储管理功能，定义明确的数据管理、数据服务接口。

（2）规范的数据运维机制：严格数据的质量审核、原数据的留存、数据归档回调等，支持数据的灵活扩展（监测手段的改进、新数据源、新字段、数据时空颗粒度的提升、数据精度和量纲的改变等），以及数据生命周期管理，对数据进行全方位地保护，实现分布式备份和灾难恢复。

环保大数据在环境污染防治管理创新中的应用方向探讨-3

3、搭建自适应大数据处理平台，提供高性能、高可扩展性的数据服务

为了实现高性能、高可扩展性的数据服务，基于**大数据管理平台**技术，结合Hadoop和Spark等框架，构建**大数据处理平台**，提供对各类观测数据、业务产品数据、辅助数据、运行支撑管理数据等结构化、半结构化和非结构化海量数据的综合管理、存储、应用数据支持，提供契合现有业务逻辑的数据服务。

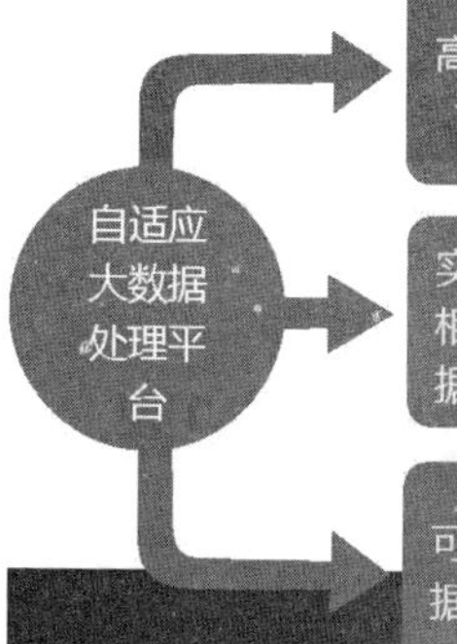

高性能数据访问服务：根据数据特性，配置合适的存储模型：数据库存储，或者分布式文件存储，例如HDFS，实现结构化、非结构化数据统一管理；通过MapReduce架构和联合数据仓库，实现Non-SQL和SQL快速联合查询；采用分布式索引和动态缓存机制，提升数据查询的性能，其中，对于时空相关的关系型数据表，进行时空索引以提高效率。

实时与离线相结合的数据分析服务：设计传统关系型数据库，组成并行处理集群，并采用内存计算平台，以提高实时数据分析的性能，同时基于Hadoop架构，定制MapReduce数据挖掘分类器、分布式索引和趋势分析等分布式算法库、实现对非结构化和半结构数据的深度分析与挖掘。

可视化大数据挖掘展示：通过启发式聚类算法和位置索引技术，以实现深度的挖掘大数据；通过高级数据可视化技术，形象直观展现和灵活地查询分析数据，并自动相互关联数据源，从而提高业务效率。

环保大数据在环境污染防治管理创新中的应用方向探讨-4

4、推进“互联网+”和新媒体技术的应用，提升公众服务质量和满意度

现有的数据发布方式是发布者通过文字、图片、音频、视频等传播数据，向受众进行单方向的线性传播，而受众被动接收信息。在发布过程中，通过发布者制定数据格式和数据内容等，无法全面考虑**公众**的自身需求。

为了紧扣**环境管理和社会公众**的需求，提高了公众的环保意识，提升了环境监测的形象，通过推进**互联网+和新媒体**在环境监测方面的应用，将单向的线性传播转变为基于公众需求为基础的双向传播模式，结合语音识别、人工智能等技术，搭建综合性环保信息化服务平台，实现个性化、互动化和细分化的数据服务。

线上监督体系：一改往昔只由政府发布数据，公众接收的模式，转为公众与政府共同参与，搭建基于微信、微博、手机APP等环境监测信息公众社交环境，促使环境监督与公众参与实现无缝对接。

交互式数据分发：支持用户对环境数据内容进行自定义订阅，同时基于语音识别、人工智能和认知计算等技术，基于微信或者手机APP实现“环境保护智能小机器人”，通过交互式智能问答增加公众与环境管理部门的趣味性和互动

个性化数据推送：针对不同类型、不同地域的用户进行个性化推送。其次，结合不同场景做一些定期提醒，结合时令的推广，可以提高用户的使用满意度。

环保大数据在环境污染防治管理创新中的应用方向探讨-5

5、构建基于认知计算和数值模型的大气污染防治体系

构架基于认知计算的高精度空气质量预报模型

实时分析污染物演变过程和交通污染动态排放

基于认知计算提升大气污染防治决策支持能力，化应急管控为常态化管理

为了提高预报准确度，**构建基于认知计算的高精度空气质量预报系统**，从而克服单模式的预报带来的较大误差，进一步发挥不同空气质量模式在不同气象场、不同地区、不同季节的优势。

通过认知计算整合优化各类等模型，再通过大数据的方式进行交叉印证，使模型、数据和专家经验以自动训练、自我学习的方式不断积累，从而为**精准预报、可靠溯源、精细减排**等决策提供科学支撑。

结语

大数据是一种新的思维方式，在环境保护尤其是在日益受到关注的环境污染防治中，大数据创新应用的重要性也日益突出。科学认识大数据，提高数据意识、发展数据精神、理解数据实质，从环境大数据中发现新知识、创造新价值、提升新能力、形成新业态。用开放的态度转变创新思维，用共享的模式激发创新活力，用标准规范打破创新壁垒，用认知融合提升创新价值，促进环境管理创新。

iKingcity 清城联控 | 公司简介

北京清城联控科技有限公司（简称“清城联控”）致力于我国环境保护行业信息化的创新与发展，向环境领域提供“环境咨询投资服务、环境大数据技术服务、智慧环保创新应用服务、本地化运营服务”四大核心优势服务，已经成为国内环境行业领先服务厂商。为了实现上述服务目标，公司提供了以下产品：智慧环保咨询与投资运营、环境自动监测设备、环保物联网平台、智慧环保云平台、环境大数据平台、智慧环保运营管理平台，以及大气网格化监测、环境监察执法综合管理、生态环境地图、燃煤锅炉综合整治、VOCs综合整治等创新应用。

清城联控建立了“1+2+3+N”的公司战略体系，即一张生态环境监测物联网，云和大数据两大技术平台，面向政府、企业、公众三类用户，提供N种环保大数据创新应用。该体系帮助环境行业用户实现信息共享、工作高效、精准管理，更好的面对“十三五”环境形势变革。

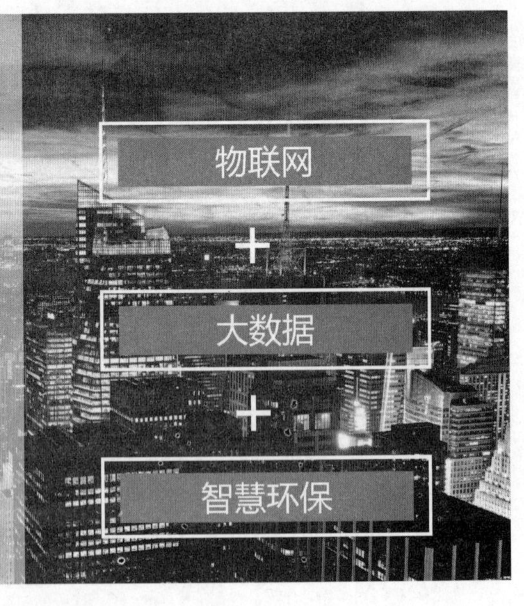

背景篇 | 环境监测数据造假问题频现，智慧环保物联网为精准持续数据监测带来契机

2015年1月1日正式实施的新环保法明确对数据造假“明正典刑”。1年里2658起监测数据造假案例被环保部门“揪出”,17个省区市对发现的问题立案78起。环保部通报15起污染源自动监控设施及数据弄虚作假典型案例。

——破坏自动监控设施采样管线、擅自更改自动监测设施。

——在“特定”样本中检测,偷梁换柱。

——“污染大户”人一来就停摆,人一走就运转。

布“景” 新华社发 徐骏 作

物联网是指通过各种信息传感设备，实时采集任何需要监控、连接、互动的物体或过程等各种需要的信息，与互联网结合形成的一个巨大网络。

连续监测　多因子监测　多协议监测　设备互联

背景篇 | 环境监测数据分散，规则多样，智慧环保大数据为数据集成提供可行方案

目前，环境信息化存在体制机制不顺，基础设施和系统建设分散，应用“烟囱”和数据“孤岛”林立，业务协同和信息资源开发利用水平低，综合支撑和公众服务能力弱等突出问题，难以适应和满足新时期生态环境保护工作需求。

---关于印发《生态环境大数据建设总体方案》的通知

大数据是一种规模大到在采集、存储、管理、展现和应用方面大大超出了传统数据库软件工具能力范围的数据集合，具有海量的数据规模、快速的数据流转、多样的数据类型和价值密度低四大特征。

背景篇 生态环境监测网络建设需要实现监测数据的实时接入并面向各类用户提供大数据分析及应用，智慧环保物联网大数据一体化解决方案势在必行

2015年7月26日，国务院办公厅以国办发〔2015〕56号印发
《生态环境监测网络建设方案》

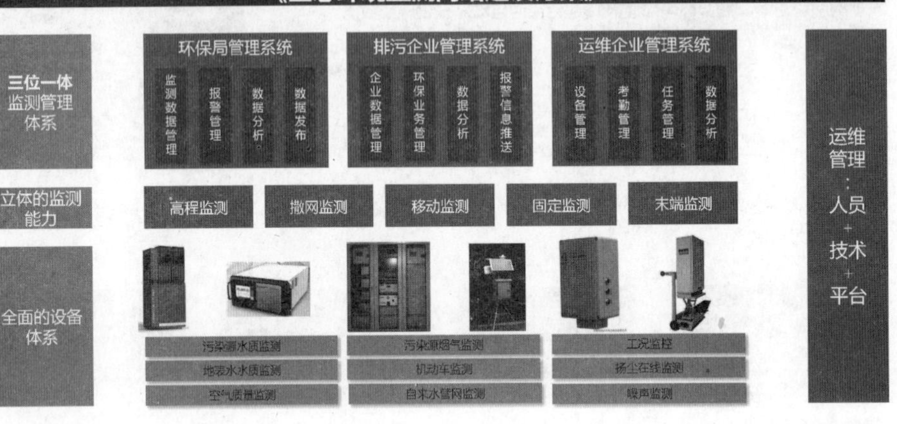

IKC – IOT 产品定位

物联网大数据：

实现秒级响应与处理分析

我们的技术创新模式

拥抱开源，专注智慧环保物联网与大数据技术的集成与应用

“产-学-研”相结合，提供完整、成熟的智慧环保数据采集、整合与数据分析

我们的研发合作单位

数据科学中心
Center for Data Science

方案篇 | 智慧环保物联网大数据平台的总体架构

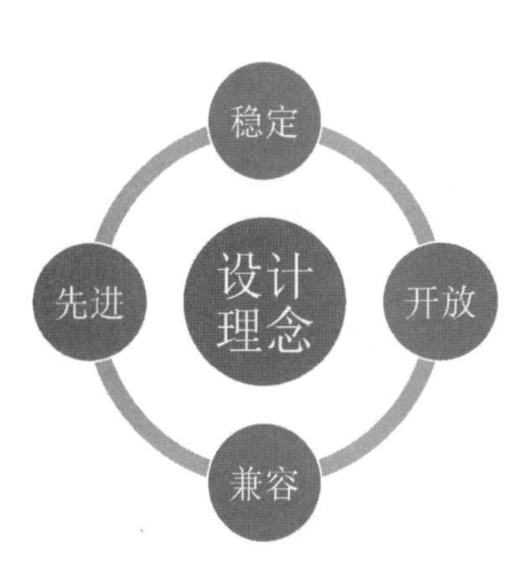

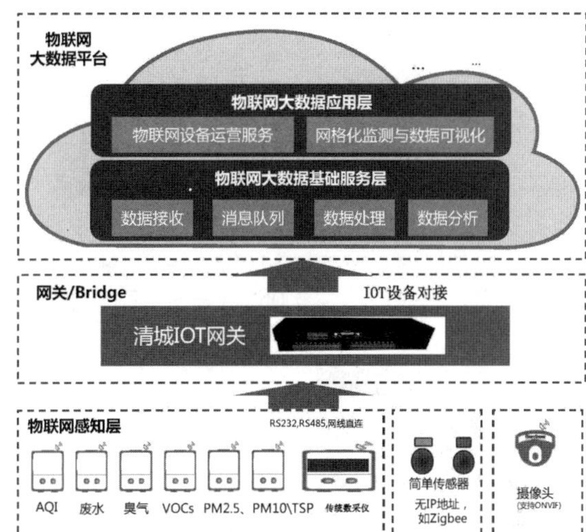

方案篇 | 物联网感知接入层技术方案

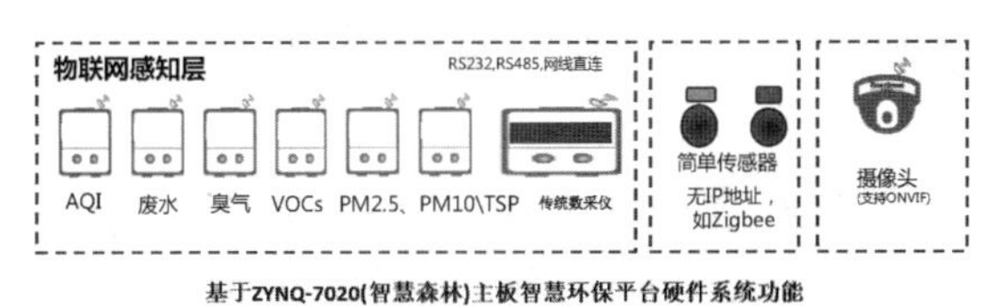

物联网感知层能够同时支持：

- AQI，废水，废气，臭气，VOCs，PM2.5,等多项监测因子及设备的接入；
- 支持传统数采仪接入；
- 支持摄像头；
- 支持简单传感器设备；
- 能够通过4G，NB-IOT等协议进行数据传输

基于ZYNQ-7020(智慧森林)主板智慧环保平台硬件系统功能

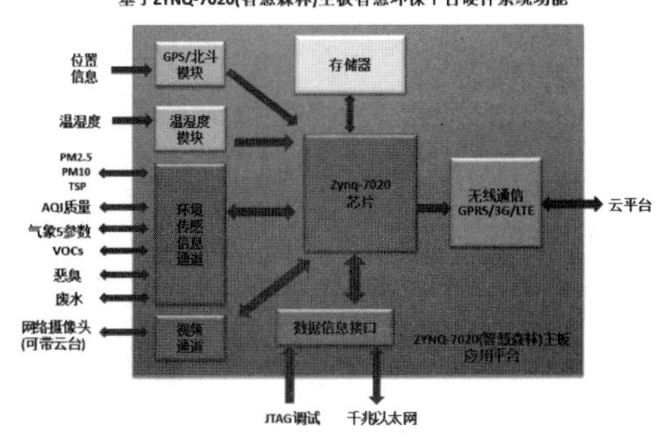

方案篇 | 物联网感知接入层设备

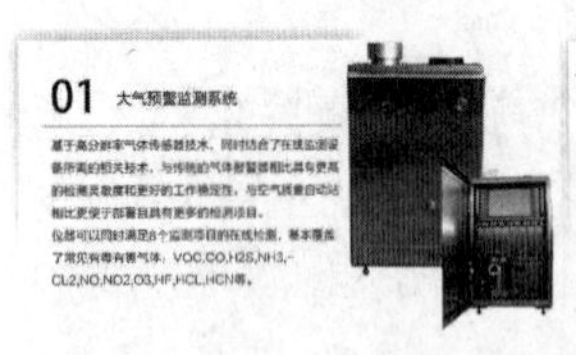

01 大气预警监测系统

基于高分辨率气体传感器技术，同时结合了在线监测设备所需的相关技术，与传统的气体报警器相比具有更高的检测灵敏度和更好的工作稳定性，与空气质量自动站相比更便于部署且具有更多的检测项目。

仪器可以同时满足8个监测项目的在线检测，基本覆盖了常见有毒有害气体：VOC,CO,H2S,NH3,-CL2,NO,NO2,O3,HF,HCL,HCN等。

02 城市环境网格化云监测仪

通过采集空气特征因子参数，通过GPRS\3G\WIFI等无线传输方式传送数据到云平台的数据接入服务，全面收集和掌握辖区内的扬尘污染源信息。产品适用于公共场所、道路、园区、生产车间等不同的监测环境，便于大规模网格化部署。

仪器主要监测PM2.5\PM10\TSP空气特征因子参数。

03 空气质量检测仪

具备自学习功能，依托国家大气背景站和国家标准站可以进行数据校核，值域源特征校准，采样校准，对标校准。适用于区域考核、园区污染定位、社区微环境监测、道路扬尘监管、建筑工地扬尘监管等。

仪器主要监测PM2.5、PM10、PM100、SO2、NO2、CO、O3、噪声、温湿度及大气风速风向等。

04 大气恶臭污染在线监测仪

大气恶臭污染在线监测仪能实现政府环保监管部门、污染气体排放单位、周边生活居民三位一体动态在线监测、实时发布和自动预警，实现三者之间良性互动，解决恶臭监测"最后一公里"难题。主要适用于：政府环保监测部门、大气污染企业，化工园区、垃圾处理厂、污水处理厂、制药厂、酿酒厂、能源电力企业、纺织厂、城乡居民生活区等。

仪器主要监测恶臭强度OU，大气的温度、湿度、气压、风速和风向等气象参数。

05 污染源一站式自动监控系统

运用先进的传感器技术、现代通讯技术和现代控制技术，对以数作为存储、各种变化的组合在线分析仪表、门禁、视频等各种器件，实现多个水质指标的实时测量、显示、存储和传输的控制，支持远程控制数字并执行相应的操作。实现污染源监控模式从"抗减性"到"有效性"，从"粗放性"到"整体性"，从"片面性"到"全面性"的转变。

仪器主要监测污染源水质常规因子，包括PH、流量、COD、氨氮等。

06 浮标式水质自动监测系统

采用现代化传感技术，将测量仪器和数据采集控制器、外围通讯物理上集成在一起，可进行悬位测量，有较保证较强长期稳定。

仪器主要监测常规参数：溶解氧、温度、pH、ORP、电导率、浊度、透度、总氮（叶绿素a、蓝绿藻）、fDOM；

化学参数：氨氮、硝氮、亚硝氮、正磷酸盐、硅酸盐和总磷总氮；

气象参数：风速、风向、气压、气温、湿度、光强度和雨量；

水文动力学参数：流速、流向、浪高；

位置参数：GPS经纬度。

07 IOT智能数采

自主研发了智能IOT利关硬件及配套软件。支持各类环保设备协议，实现对不同在线监测设备的全面接入；并支持设备反控等功能，有效防止伴随数据造假。

08 微型多参数水质自动监测站

是一款满足环保部、住建部、水利部等相关部门对水质常规检测的要求的水质监测设备。广泛应用于地表水监测、城市水库监测、水源地监测和污水处理厂及相关企业。

仪器主要监测温度、PH、电导率、浊度和溶解氧、总磷、COD、氨氮。

方案篇 | 物联网大数据基础服务层技术方案

数据接收 消息队列 数据处理 数据分析

- 对设备所生成的数据进行实时分析
- 针对多样化设备协议建立了API统一接口，保障了各类设备快速接入
- 基于NewSQL分布式内存处理技术和分布式文件系统HDFS，支撑数据运算的集群化

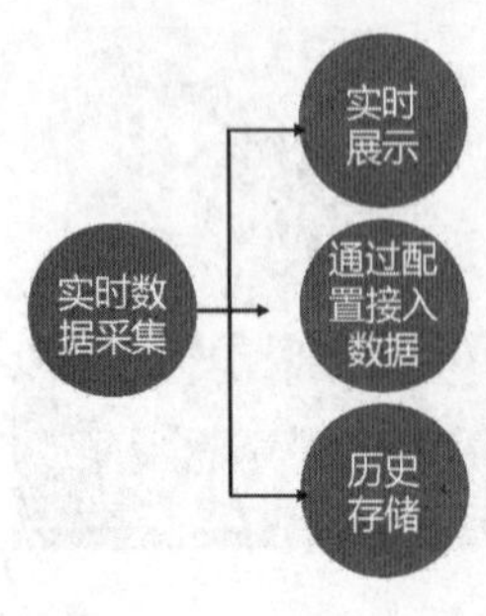

支持标准网络传输协议：

- 支持TCP/IP、HTTP、MQTT、自由定制多行业数据格式

高吞吐量

- 每秒100000条以上监测设备数据正常接收

实时预警

- 流式计算技术保证数据接收到之后进行事前分析和告警提醒

系统能够面向政府以及环保局用户提供最全面的应用功能，也能够根据物联网设备运营商、污染源企业提供差异化的应用功能，实现：

多租户：支持多租户，一套系统支持多个局点；
计费能力：能够支持对用户的灵活计费，灵活支付；
分权分域：支持针对用户不同的权限管理，针对不同的用户分为不同的权限组和数据应用内容；
设备添加模板化：可以针对不同设备添加不同的设备模板，并在不同的设备模板中定义设备不同的功能服务；
设备远程控制：能够对设备进行远程控制，调整斜率、进行校准等
故障上报能力：可以通过前端应用对设备出现的故障进行保修和工单管理

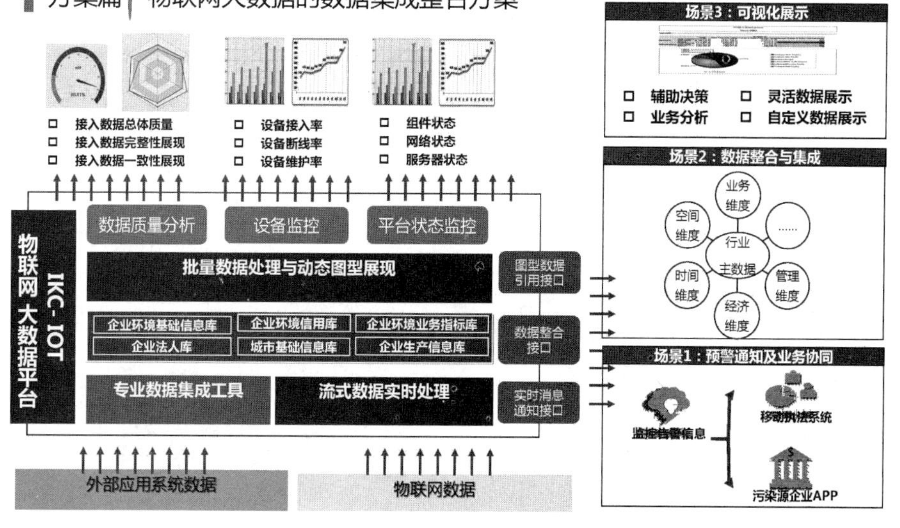

大数据平台与开源社区组件

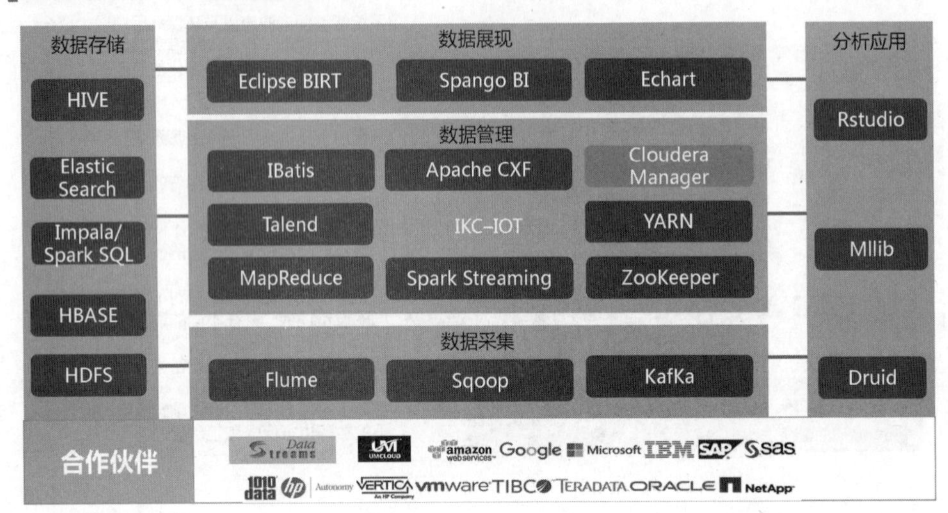

方案篇 | 物联网大数据平台的运营模式

针对投资量大、内容复杂、管理要求高的项目，采用PPP模式，企业垫资建设供环保局和企业使用每年由财政结算运维/服务费的方式支付费用。从而形成先体验后付款，总包总管的良好模式。

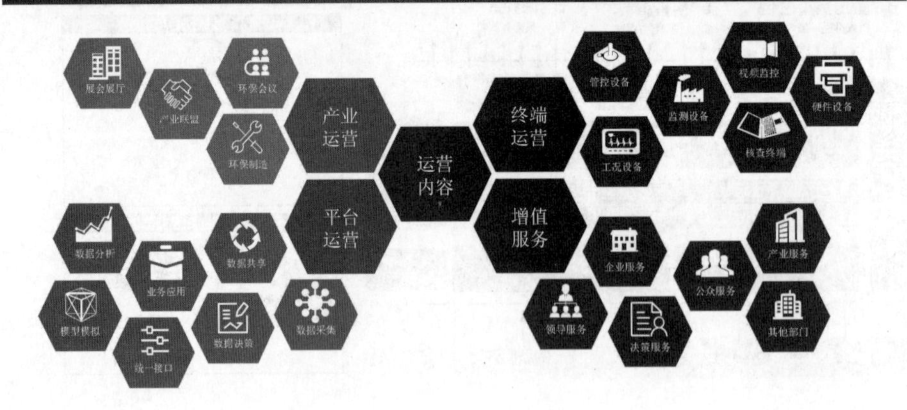

场景1 生态环境污染源大数据主题库模型

场景2 大数据实时处理确保污染源全生命周期数据精准整合

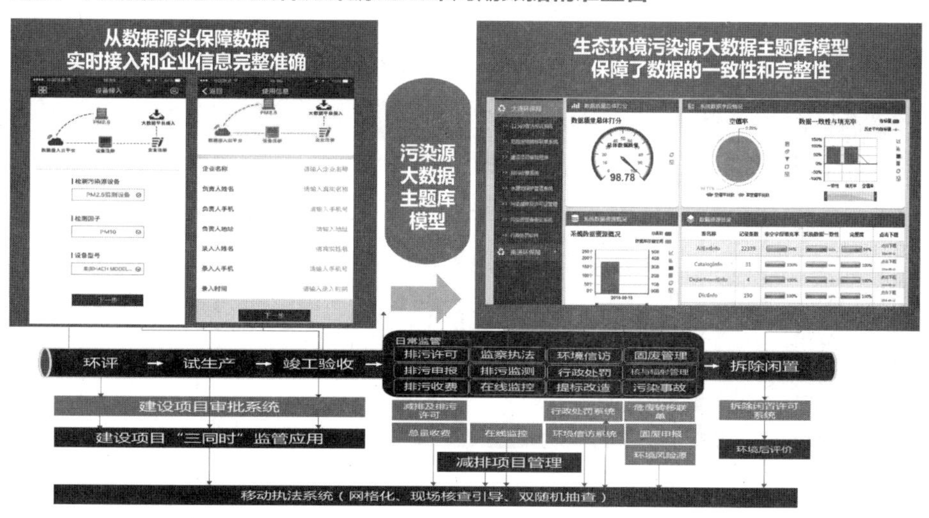

场景3 智慧环保大数据分析与可视化展示

宏观决策分析

- 环境经济形势分析
- 绿色GDP分析
- 区域污染强度分析

管理决策辅助

- 建设项目选址分析
- 总量减排项目分析
- 子站超标原因分析
- 排污费变化分析
- 企业生命周期画像

工作绩效评估

- 环境执法绩效
- 环境信访绩效
- 污染减排绩效

实时指标分析

- 环境质量指数
- 污染排放指数
- 物联网传输率指数
- 监察执法指数

40.2
40.0
39.8
39.6
39.4
39.2
39.0
38.8
121.0 121.5 122.0 122.5 123.0 123.5

场景4 预警通知及业务协同—监测监察联动响应体系

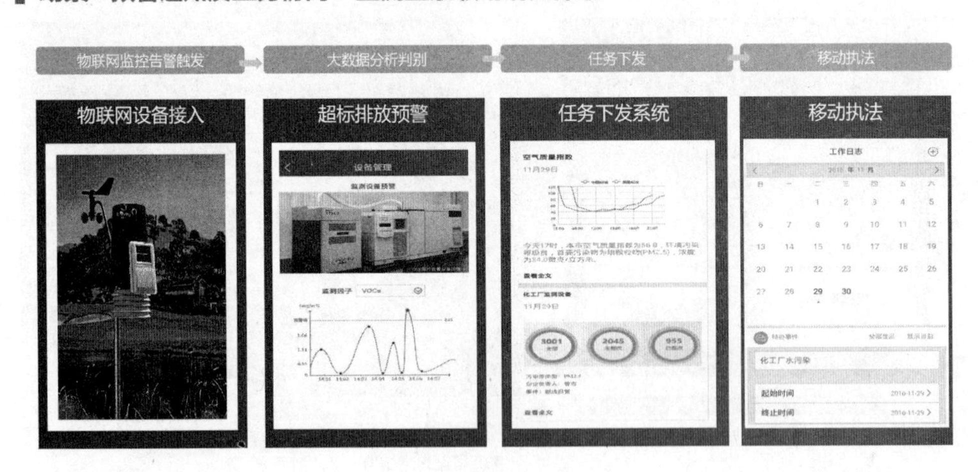

物联网大数据平台的项目实施

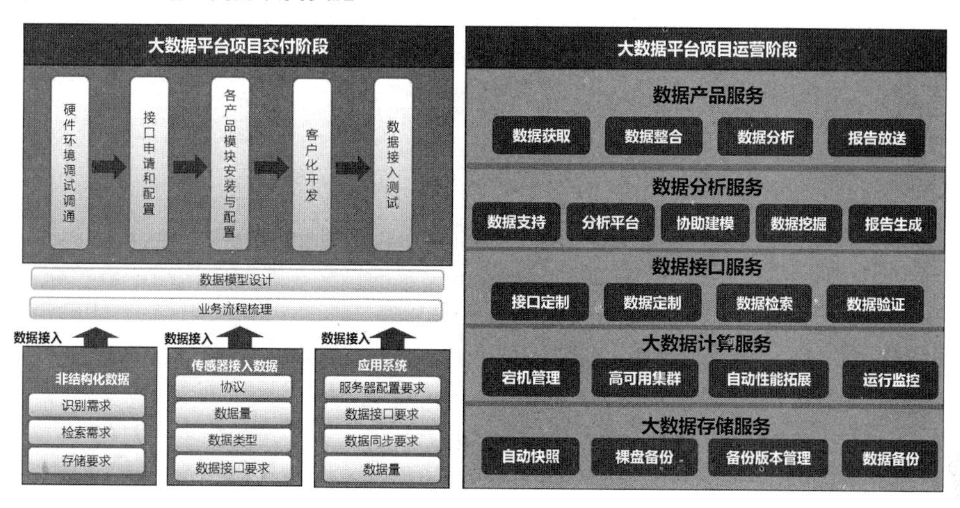

物联网大数据平台的运维服务标准

以服务水平协议和6西格玛质量管理为标准，建立3个层次的服务级别

服务内容	系统运行保障		系统性能问题		关键数据保全		数据备份与恢复		服务可用性	数据持久性	数据可迁移性	数据私密性	数据知情权
服务级别I	7*24 - 1现场服务		7*9 任务接受	24小时 解决方案	7*24 - 1 现场服务	专家远程 支持	7*9 现场服务		可用时间 不低于 99.00%	备份及快 照保存3个 月	数据接口 方式	隔离数据	政府监管 部门需要 可协商客 户提供
服务级别II	7*24 - 1 现场服务	专家远程 支持	7*24 任务接受	24小时 解决方案	7*24 - 1 现场服务	+专家远 程调试	7*9 现场 服务	备份平台 提供	可用时间 不低于 99.80%	备份及快 照保存半 年	数据库备 份文件		
服务级别III	7*24 - 1 现场服务	专家远程 调试	7*9 任务接受	专家实时 解决方案	7*24 - 1 现场服务	+专家远 程支持	7*24 - 1现 场服务	备份平台 及实施	可用时间 不低于 99.95%	备份及快 照保存1年	定制导出 格式		

十一、共建共享·一带一路国际论坛

孙世文同志在共建共享·一带一路国际论坛上的致辞

海南省海口市人民政府副市长　孙世文

很高兴与各位嘉宾相聚在我们美丽滨江滨海花园城市——海口，共同参与以“一带一路”生态环保国际合作为主题的论坛。一起探讨“一带一路”战略的政策、机制创新、环保国际交流与合作以及探索国内外环保社会组织实现民心相通的途径。在此，我谨代表海口市政府向各位参会嘉宾表示衷心感谢，向远道而来的各国朋友表示热烈欢迎！

海口市地处海南岛北端，是海南省的政治、经济、文化和交通中心，是“21 世纪海上丝绸之路”战略支点城市。迷人的椰风海韵、优美的生态环境是海口市最大的发展优势。长期以来，海口市坚持生态立市，把建设生态文明、保护生态环境放在社会经济发展的首要位置，坚定不移地走科学发展、绿色崛起之路，悉心呵护海口的青山绿水和碧海蓝天。树立“创新、协调、绿色、开放、共享”的五大发展理念，以创建全国文明城市和国家卫生城市为动力，将绿色生态的理念贯穿到城市定位、产业选择、发展规划、社会管理等方方面面，通过科学规划引领、城市管理优化、环境综合整治，不断提升全市生态环境质量，提高全市生态文明建设水平。

环境保护是跨越国家界限的全球性问题，需要各国付出共同努力行动，呵护我们共同的家园。而“一带一路”战略完全可以成为凝聚这些努力和行动的纽带。

今天，我们在此召开共建共享·一带一路国际论坛，将为各国以及政界、商界、学界的朋友，提供了一个生态理念与技术交流的大平台。希望各国朋友参与这个平台，用好这个平台，畅所欲言，发表真知灼见，将共建共享·一带一路国际论坛打造成更加务实、更富启迪的高水平论坛。希望在座各位携手并肩，共同讲好“一带一路”环保故事、传播“一带一路”生态理念、续写“一带一路”生态建设的新篇章。

宋小智同志在共建共享·一带一路国际论坛上的致辞

环境保护部国际合作司副司长　宋小智

相信通过上午的会议，大家对中国环境保护的观念、行动及最新进展已有所了解。实际上，中国在解决自身环境问题的同时，也在积极参与国际环境合作。如中国已批准加入并认真履行 30 多项与生态环境有关的多边公约或议定书，2016 年全国人大审议批准加入《关于汞的水俣公约》《关于遗传资源获取与惠益分享的名古屋议定书》以及新增列受控制物质的斯德哥尔摩公约修正案。又如，我们积极与发展中国家开展南南合作，仅 2016 年，环境保护部就举办了 12 期针对发展中国家的培训班，共有来自 43 个国家的 280 多名环境官员和专家来华学习交流。我们愿继续加强国际合作，借鉴国际经验，应对环境挑战，分享成功实践，与各国共同推动 2030 年可持续发展目标的实现。

2013 年，中国国家主席习近平提出了共建“丝绸之路经济带”和“21 世纪海上丝绸之路”的重大合作倡议，为区域可持续发展注入了活力。生态环保是“一带一路”建设的重要内容，习近平主席强调，要着力深化环保合作，践行绿色发展理念，加大生态环境保护力度，携手打造“绿色丝绸之路”。

环境保护部高度重视绿色“一带一路”建设，加强政策沟通，依托各种多双边平台，积极分享生态文明与绿色发展的理念与实践，与联合国环境规划署签署建设绿色“一带一路”谅解备忘录；强化信息服务，建成“一带一路”生态环保大数据共享平台及其网站，发布《“一带一路”生态环境蓝皮书》；开展务实合作，建设“一带一路”环境技术交流与转移深圳中心，并与多个国家和地区组织开展合作项目；推动互联互通与国际产能合作的绿色化进程，环境保护部与国家发展改革委、商务部共同支持 19 家相关企业发布《履行企业环境责任，共建绿色“一带一路”》倡议。此外，我们也将在绿色“一带一路”建设的顶层设计和政策制订方面进一步开展工作，统筹谋划“一带一路”生态环保合作，为绿色“一带一路”建设提供支撑、服务和保障。

共建绿色“一带一路”，既是“一带一路”建设的内在需求，也是推动绿色发展，落实联合国 2030 年可持续发展议程的重要举措，符合各国的共同利益和各国人民的共同期望。一个星期以前，我们在深圳举办了“一带一路”生态环保国际高层对话会。会上，环境保护部翟青副部长就进一步深化生态环保国际合作，共商、共建、共享绿色“一带一路”提出了三点意见：一是要践行生态文明理念，共建绿色丝绸之路。将生态文明和绿色发展的理念和要求融入“一带一路”建设的各方面和全过程。二是要构建绿色发展合作平台，引领绿色标准。加强环境法规、标准和技术的衔接，发挥深圳等环境技术交流与转移中心和示范基地的积极作用，以生态环保务实合作践行生态文明和绿色发展理念。三是加强人员交流与能力建设，建设生态环保高速路。推动实施绿色使者计划，与沿线国家政府、研究机构、智库、社会组织等合作，开展形式多样的交流、研讨和能力建设活动，提高环境保护意识和环境保护能力，共同推动绿色“一带一路”建设，推动区域可持续发展。

中国有句古话，国之交在于民相亲。建设绿色“一带一路”，绝不是中国政府一家独奏，而应该是中国与沿线国家相互呼应、相互衬托的协奏曲。分享发展理念，增进理解与共识，促进民心相通，需要环保社会组织的积极参与。环保社会组织具有公益性、非营利性、志愿性的优势，应充分发挥其桥梁和纽带作用，积极与沿线国家非政府组织、社区、企业、媒体互动交流，为政府和企业合作拾遗补缺，增信释疑，促进沿线各国人民对绿色“一带一路”建设的理解和支持，共同推动可持续发展进程，把“一带一路”建设成共同繁荣之路和友谊之路。中国政府发布的《“一带一路”愿景与行动》明确提出“要突出生态文明理念”，中国生态文明研究与促进会作为全国第一个以生态文明命名的非营利性社会组织，理当率先垂范，积极探索环保社会组织参与绿色“一带一路”建设的新模式。我们也欢迎相关环保社会组织、研究机构、企事业单位积极参与，形成合力，开展形式多样的交流活动，增进沿线各国民间的相互了解与信任，促进民心相通，为绿色“一带一路”建设作出积极贡献。

郭敬同志在共建共享·一带一路国际论坛上的演讲

中国—东盟环保合作中心主任　郭　敬

首先，要祝贺中国生态文明论坛海口年会的召开，中国生态文明研究与促进会已成为中国生态文明研究的一面旗帜，也成为一个重要的品牌，过去几年来，为推进中国生态文明理念的传播，做了大量卓有成效的工作。

上午我们听了姜春云总顾问的讲话、陈宗兴会长的工作报告。讲话和报告从国家的高度、从宏观的角度，总结了研促会几年来的工作和发挥的作用，对研促会今后工作提出了新的要求，也对对我们今后在生态文明研究和理念传播等方面提出了新的标杆要求，我们十分愿意为研促会的工作继续做出力所能及的贡献。

我本人所在的机构是环境保护部中国—东盟环境保护合作中心，这个机构还有一个牌子是中国—上合组织环保合作中心，我们是开展南南环境合作的支撑平台，工作的主要方向一个是东盟、东南亚方向，另一个是上合组织、中亚方向，恰好契合了“一带一路”两个大的方向，所以环境保护部把“一带一路”生态环保合作的技术保障支撑工作放到我们这个机构，在环境保护部的统一部署下开展工作。我们主要起到牵头作用，还有环保部的其他机构也会参与相关工作，我们不少的合作伙伴，包括今天参加会议的 WWF 等一些民间组织，也都对“一带一路”生态环保合作有很大的兴趣并提供了支持。

我想主要分享一下工作中的一些体会，主要是三个方面：第一，我们为什么强调“一带一路”建设一定要是绿色的环保的；第二，介绍一下我们在“一带一路”生态环保方面做的一些工作；第三，跟大家分享一下我们在工作中面临的一些挑战。

我们今天讨论的主题是“一带一路”生态环保合作或者叫建设绿色“一带一路”，实际上，在中国提出“一带一路”倡议的时候，所确定的八大合作领域已经明确突出了生态环保。我认为，之所以要突出“一带一路”建设的绿色化，大概有以下这么几个驱动力。

第一是我们国内的绿色发展政策驱动。中国提出新的五大发展理念，其中绿色发展是最关键的一个方面，“一带一路”建设要绿色化、要生态环保，与中国国内的政策要求是相契合的。“一带一路”建设不仅涉及“一带一路”沿线60多个国家，还涉及中国的18个省、自治区、直辖市，这个面积是非常庞大的。在18个省、自治区、直辖市里面，有相当一部分是我们中西部地区，或者边境省区，相对来讲是经济没有发展起来的地区。这些区域的发展，我们更加需要对生态环境加以保护，实现绿色发展，避免传统发展模式对环境造成的重大影响。我想这是建设绿色“一带一路”的第一个重要的驱动力。

第二是国际上的绿色转型政策驱动。我们知道现在国际上处于一个重要的转型时期，其中一个重要的趋势就是全球经济的绿色转型，自2008年全球金融危机以来已经持续了将近10年。联合国2015年通过了2030年的可持续发展目标，全球绿色的转型进入了一个新阶段，更何况国际上对贸易的绿色化也是呼声群起。全球的背景、全球的绿色转型，是我们的“一带一路”绿色化的另一个驱动力。

第三是绿色技术的创新驱动。我们知道我们现在有很多的技术是传统的技术。与此同时，绿色的、环保的技术也已经进入了一个最具潜力的时代，绿色环保技术的创新也受到了广泛的关注，获得巨大的投入。在这里，我要为中国的绿色环保技术做一做广告，我们中国很多企业具有非常好的绿色环保的技术，我们的标准很好，我们的技术很好，并且我们的价格很公道。所以我也希望我们“一带一路”沿线的国家，能多跟我们中国环保的企业打打交道，多采用我们中国的技术。一般来讲，好的价格就没有好的技术，而中国恰恰就是我们的技术又好价格又公道。在技术创新方面，我们要特别注意到，互联网、物联网等新技术的发展，对我们建设“一带一路”建设的影响不能忽视，尤其是涉及平台的搭建、技术的传播、信息的共享等，要充分利用这些新技术新领域，使其为“一带一路”建设发挥积极作用。

以上三点不一定很全面，但我觉得至少是我们有必要建设绿色“一带一路”的几个驱动力，这是我想分享的第一个方面的想法。

第二个方面，愿意借这个机会，分享一下我们这几年在“一带一路”建设生态环保方面做了哪些工作。为推动“一带一路”建设，环境保护部提出了具体的工作方案、明确的要求和路径。总的来讲是打造三个体系、搭建三个平台。三个体系中，一个是环保交流合作体系，一个是生态环境风险的防范体系，再一个是“一带一路”生态环保服务支撑体系；这三个体系下面，要求我们形成三个平台，这三个平台一个是“一带一路”生态环保沟通对话平台，一个是环保技术产业合作平台，另一个是生态环保信息支撑平台。

围绕这三大体系、三个平台的建设要求，我们首先花大力气做了几件事情。第一个工作是与沿线国家开展环保政策对话交流与环保能力建设交流，与东盟、上合组织等国家举办了不同规模、层次的研讨培训。初步的统计，过去2年参加的沿线国家人数达到了600人次，为沿线国家增进交流，沟通信息，了解需求，提升能力，发挥了较好的作用。

第二个工作是构建生态环保信息共享平台。我们已经启动了“一带一路”生态环保大数据服务平台的建设，期待通过这个平台，与各国共享生态环保的信息。

第三个工作是我们逐步推动中国与“一带一路”沿线各国在环保技术与产业方面的合作。前不久在深圳，启动了环境保护部与深圳市政府共同建设的“一带一路”环保技术交流与转移中心。这是一个开展技术交流合作的高端平台，我们期待它在不久的将来，能发挥很好的作用。我也希望各位出席这次论坛的沿线国家使节代表和朋友能够关注这个中心，因为你们在广州，距离深圳非常的近。

第三个方面，想跟大家谈谈我们面临的一些困难，或者说是我们需要进一步加强去做的一些工作。一是加强相互的了解和交流。我们对沿线各国了解的还很不够，沿线的各国对我们的了解可能也不够。沿线 65 个国家，很多区域都是生态环境的脆弱带，或者叫生物多样性保护的独特地区。我们应该考虑在重点的区域联合起来开展评估，最大限度地避免大量的投资、大量的经济活动对当地生态环境产生的影响，这里面也包括贸易带来的环境影响，这方面预先提出防范的政策是十分重要的。

第二就是就对沿线各国的环境技术需求，我们现在了解得不是特别够。中国现在有很多实用的环境技术，因为我们恰恰处在一个大规模环境治理的阶段，这个阶段很可能还会持续 15 年或以上。我们的企业开发的大量的实用技术，我们很愿意把这些技术与“一带一路”的其他国家分享。但是我们不清楚我们沿线国家的需求，这是一个问题，我们希望相互之间能有更多的交流。跟这个相关的，就是有的时候我们的企业有技术，也找到了项目，但是缺乏融资的渠道。这个不仅是我们国内的问题，恐怕也是一个区域间的问题，我们需要去打造一种绿色金融、绿色融资的平台，这方面还有待大家共同去努力。

第三个我们需要努力做的工作是交流渠道以及交流的效率应该加以改进。目前我们是官方的交流，有机制、有渠道、有活动、有效果。但是我们民间的交流这个渠道和平台搭建的没有这么快，有些滞后。在座的，希望各位政府代表、社会组织、民间机构，能共同努力把这个交流平台更好的搭建起来。我们中方提出的“五通”，我想最重要的就是民心相通，这个是最基础的。

最后，“一带一路”能否建设成为生态环保的高速路，需要各方的共同努力，尤其需要企业界的共同努力，毕竟所有的合作最后都是要由企业界来实施来落地的，我们应该对此充满信心。

英国作家狄更斯曾说过：我们处在一个最好的时代，我们也处在一个最坏的时代。我相信，中国目前正处在过去200年以来的一个最好的时代，我们非常愿意把这个最好的时代带给“一带一路”沿线的各个国家，通过国际合作，把“一带一路”打造成绿色之路、合作之路、共享之路。

卡里尔·希尔高拉米在共建共享·一带一路国际论坛上的演讲

伊朗驻广州总领事馆总领事　卡里尔·希尔高拉米

我非常荣幸能够参加中国生态文明论坛海口年会。当前，世界各地在生态与环保领域都面对共同的挑战。而随着中国提出伟大的“一带一路”战略，此论坛的召开必将有力推动各方在这一领域的理解与合作。

“一带一路”沿线各国，包括伊朗在内，都面对共同的生态、环境与气候问题挑战。生态文明建设已成为新时期的主题，因此我认为“一带一路”倡议同样可以涵盖生态建设与环境保护的内容。

可行的方法有许多，例如开展多边合作的环保项目，通过培训、教育等途径来深化有关国家政府、企业对于绿色治理、可持续发展理念的理解。

经济合作组织的成员，包括伊朗、巴基斯坦、土耳其和中亚国家，都是中国“一带一路”战略的重要合作伙伴。在经济合作组织内部已经有一些关于生态建设和环境保护的合作项目正在进行。生态建设的紧迫性与重要性已成为共识，我们期待着与经合组织、东亚国家尤其是与中国方面开展更高层次、更大范围的在环境保护与绿色治理领域的合作。

我谨提出以下合作领域供大家参考：

（1）环境标准发展与协调的可行性研究；

（2）城乡环境管理；

（3）自然与人为灾难下的环境管理；

（4）清洁、可持续发展机制；

（5）气候变化的教育、培训及公众普及；

（6）生物多样性保护；

（7）水资源保护与管理；

（8）生态旅游可持续发展；

（9）陆海活动影响下的海洋环境保护，海洋敏感生态系统保护，海洋环境监测系统建设；

（10）绿色、可再生能源的基础设施与发展；

……

在这些领域，与“一带一路”沿线国家探索签订跨区域和次区域性的绿色治理与环境保护公约、协议，可以作为协调推进和共同努力的良好开端。

伊朗伊斯兰共和国真诚地欢迎此类合作。中国是伊朗一贯友好而重要的伙伴，我方愿意与中方继续保持积极、高效的务实合作。

海外项目案例及海外业务实战经验分享

北控水务（中国）投资有限公司海外事业部
副总经理　　罗学耕

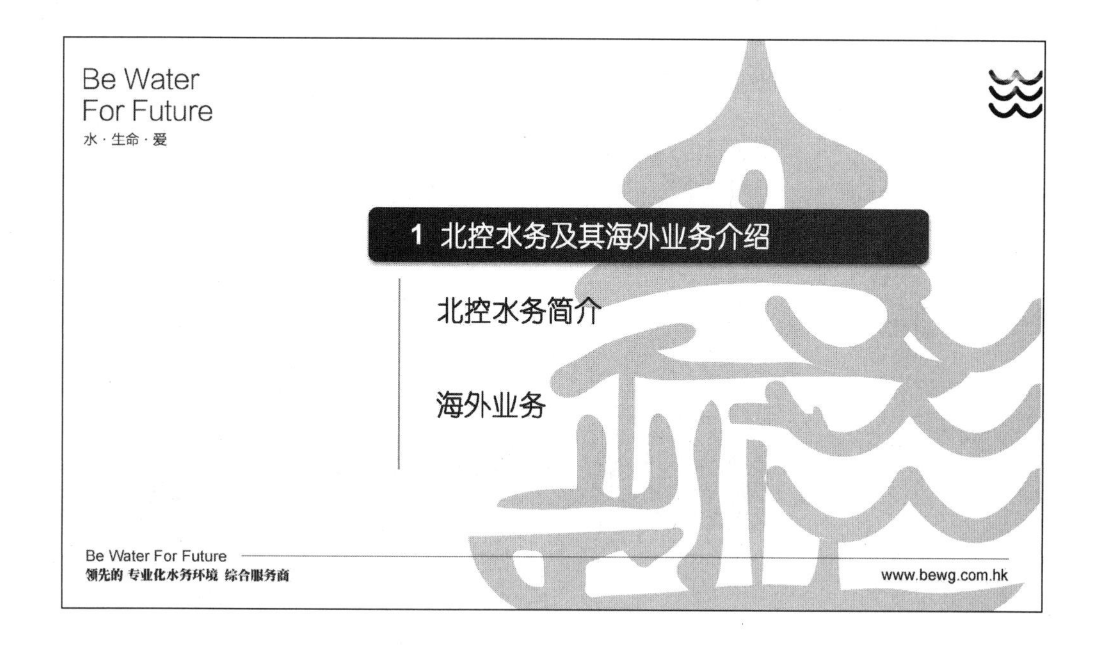

1 北控水务及其海外业务-北控水务

北控水务“2+3+3”的业务布局，即两项主营业务，三项重点业务，三项新兴业务。

Be Water For Future
领先的 专业化水务环境 综合服务商
www.bewg.com.hk

1 北控水务及其海外业务简介-海外业务

北控水务海外业务始于**2011**年，目前业务遍及：

马来西亚
新加坡
葡萄牙
中国澳门
中国台湾

投资及**EPC**累计完成**50**亿人民币

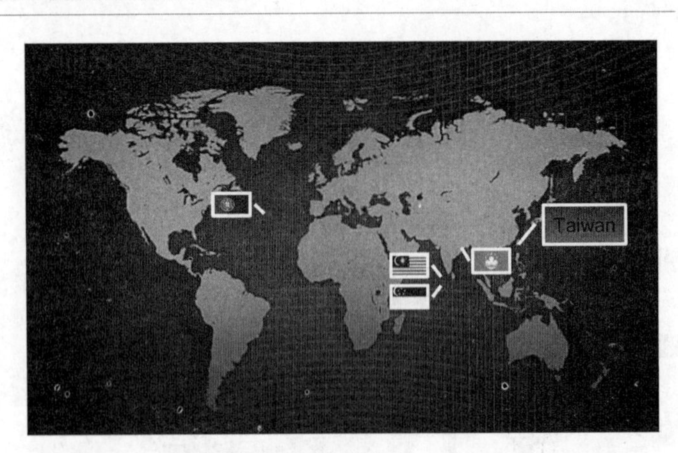

Be Water For Future
领先的 专业化水务环境 综合服务商
www.bewg.com.hk

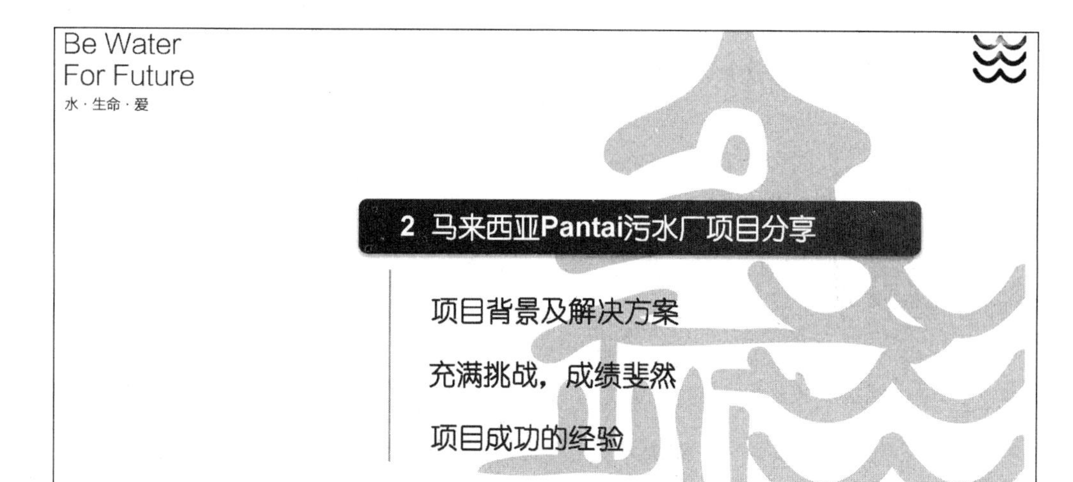
Be Water
For Future
水·生命·爱
2 马来西亚Pantai污水厂项目分享
项目背景及解决方案
充满挑战，成绩斐然
项目成功的经验
Be Water For Future
领先的 专业化水务环境 综合服务商
www.bewg.com.hk

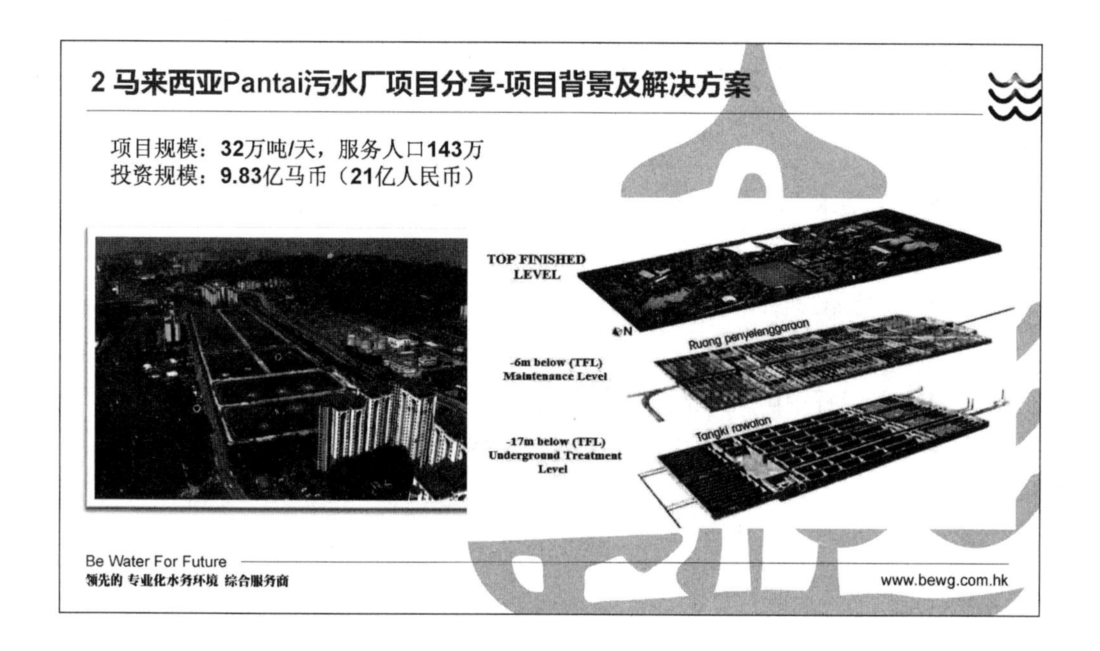
2 马来西亚Pantai污水厂项目分享-项目背景及解决方案
项目规模：32万吨/天，服务人口143万
投资规模：9.83亿马币（21亿人民币）
TOP FINISHED LEVEL
Ruang penyelenggaraan
-6m below (TFL) Maintenance Level
Tangki rawatan
-17m below (TFL) Underground Treatment Level
Be Water For Future
领先的 专业化水务环境 综合服务商
www.bewg.com.hk

2 马来西亚Pantai污水厂项目分享-充满挑战，成绩斐然

挑战

技术标准规范不同；
环保法律不同；
项目管理模式不同，监管严苛；
文化差异；
地下污水厂本身的技术难度；
复杂地质条件下的深基坑施工；
热带雨林气候；
劳务未开放；
第一个海外项目，团队弱，无经验。

实施成果

按期履约；
经济技术指标良好；
建造质量优良；
深受政府及各界好评。

Be Water For Future
领先的 专业化水务环境 综合服务商
www.bewg.com.hk

2 马来西亚Pantai污水厂项目分享-项目成功的经验

- 技术上融合中西：科学合理处理技术标准差异；
- 项目管理：解放思想，接受和适应新事物；
- 深刻理解和认识文化差异，直面冲突，解决问题；
- 合约上讲求合作而非对立；
- 发挥中国企业的长处和优势；
- 作品意识，中国企业的品牌意识。

Be Water For Future
领先的 专业化水务环境 综合服务商
www.bewg.com.hk

Be Water
For Future
水·生命·爱

3 海外业务经验分享

慎选市场，主动出击（项目）

入乡随俗，才能做好项目实施

分享，合作共赢

Be Water For Future
领先的 专业化水务环境 综合服务商
www.bewg.com.hk

3 海外业务经验分享-慎选市场，主动出击（项目）

市场选择的原则：

地缘政治因素
法律体系
投资环境
市场成熟度

项目获得：

与国内方式不同
主动，不等不靠
耐心和韧劲

紧跟国家“一带一路”战略布局市场

Be Water For Future
领先的 专业化水务环境 综合服务商
www.bewg.com.hk

3 海外业务经验分享-入乡随俗，才能做好项目实施

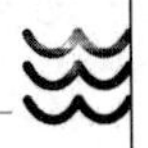

- 正确处理技术标准差异及工程习惯的不同；
- 尊重本地文化，加强沟通，促进文化融合，化解文化差异带来的影响；
- 正确理解合约，诚实经营；
- 项目管理，与国际接轨
- 解放思想，避免用国内思维看待及处理国外事情。

Be Water For Future
领先的 专业化水务环境 综合服务商
www.bewg.com.hk

3 海外业务经验分享-分享，合作共赢

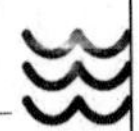

- 与本地人合作投资，是实现资产运营管理长治久安的有效手段；
- 所在国华人华侨，是合作的首选；
- 投资的同时，分享我们的技术和管理；
- 做中国文化的传播者。

Be Water For Future
领先的 专业化水务环境 综合服务商
www.bewg.com.hk

打造绿色“一带一路”的技术支撑和服务保障

中科宇图科技股份有限公司董事长兼总裁
姚　新

“一带一路”国家战略背景

- 2013年9月和10月，中国国家主席习近平在出访中亚和东南亚国家期间，先后提出共建“丝绸之路经济带”和“21世纪海上丝绸之路”的重大倡议，得到国际社会高度关注。

2014年5月21日，中国国家主席习近平在上海举行的亚洲相互协作与信任措施会议第四次峰会上发表题为《积极树立亚洲安全观 共创安全合作新局面》的主旨讲话。

2015年，博鳌亚洲论坛开幕式上，习近平发表主旨演讲，表示“一带一路”建设推动沿线各国实现经济战略相互对接、优势互补。

- 2015年3月，中国政府特制定并发布《推动共建丝绸之路经济带和21世纪海上丝绸之路的愿景与行动》。

- 2016年1月，在亚洲基础设施投资银行开业仪式上，国家主席习近平表示，我们将继续欢迎包括亚投行在内的新老国际金融机构共同参与“一带一路”建设。

“一带一路”国家战略背景

问题和挑战：

- （1）中国针对海外投资企业的环境规制不完善。
- （2）“一带一路”沿线不少国家和地区生态环境脆弱。
- （3）“一带一路”沿线各国经济发展阶段与环保诉求不同。
- （4）“一带一路”绿色化区域合作平台支撑不够。

“一带一路”沿线国家的环保需求

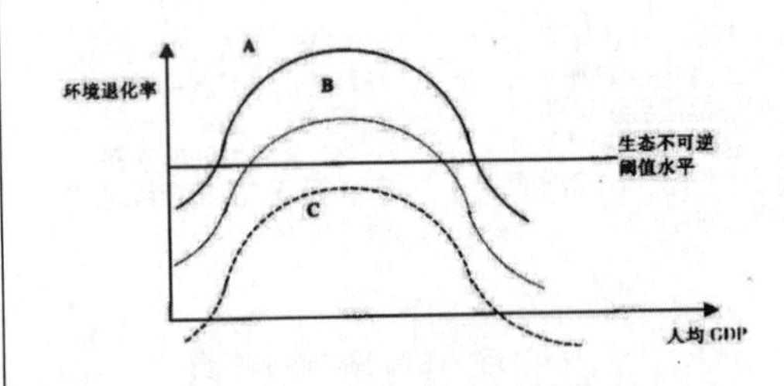

帮助“一带一路”沿线国家实现环境保护与经济社会的协调发展。避免重走“先污染，后治理”的老路。——让环境库兹涅茨曲线的拐点提前到来！

- “一带一路”沿线不少国家和地区是人类活动比较集中和强烈的国家和地区，同时不少国家的生态环境脆弱，这导致中国与“一带一路”沿线各国的投资与合作面临较大的生态环境风险。

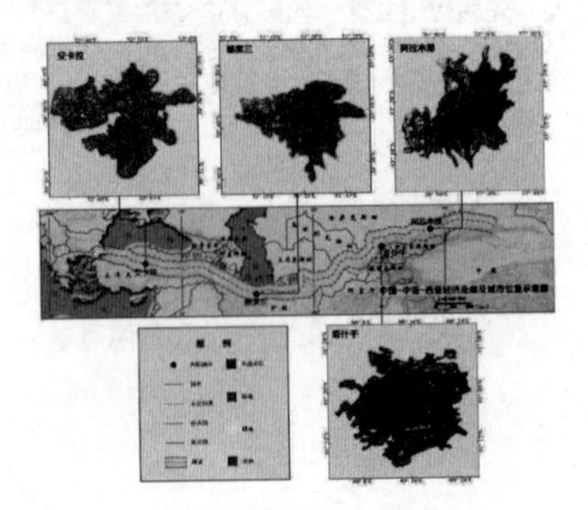

中科院“一带一路”水科技合作计划

打造“绿色一带一路”我国的环保企业和科研院所已经在行动：

- 2016年6月15日下午，中国科学院-发展中国家科学院（CAS-TWAS）水与环境卓越中心组织召开了中科院“一带一路”水科技合作计划项目启动会。
- “一带一路”清洁水技术及水务合作计划主要针对“一带一路”沿线发展中国家存在的环境基础设施薄弱、饮用水安全保障及水环境保护能力弱等问题，在帮助沿线国家解决民生问题的同时，带动国内水务产业走出去。

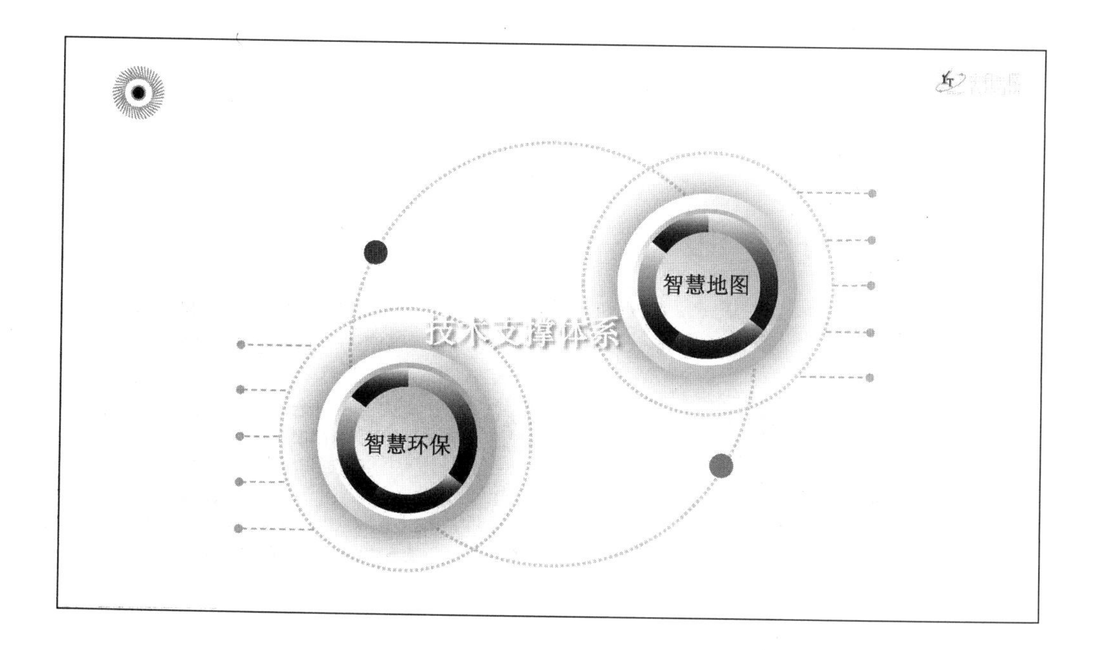

中科宇图提供智慧环保服务

利用先进的物联网技术、云计算技术、遥感技术和业务模型技术，以数据为核心，把数据的获取、传输、处理、分析、决策、服务形成一个一体化的创新、智慧模式，让环境管理、环境监测、环境应急、环境执法和科学决策更加有效，更加准确。

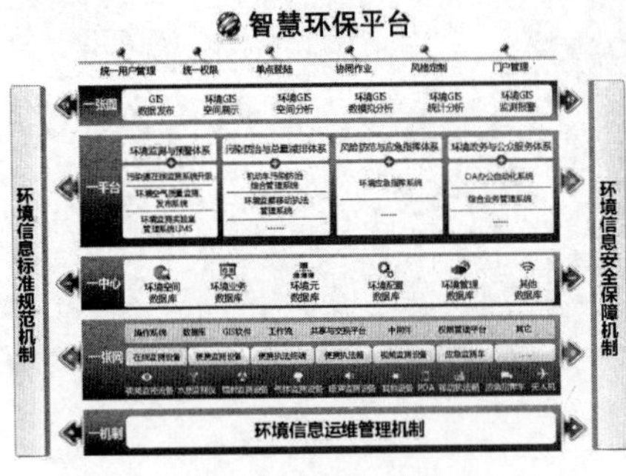

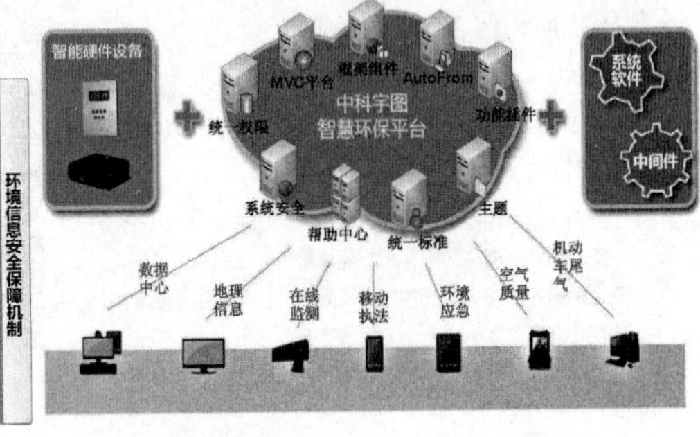

• 大力推动“智慧环保”体系建设与研发平台化！

• 平台产品和业务产品同发展！

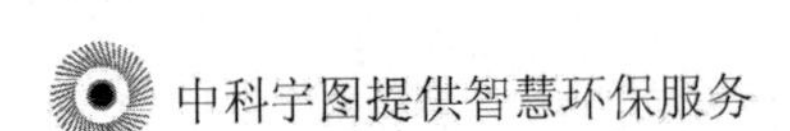

中科宇图提供智慧环保服务

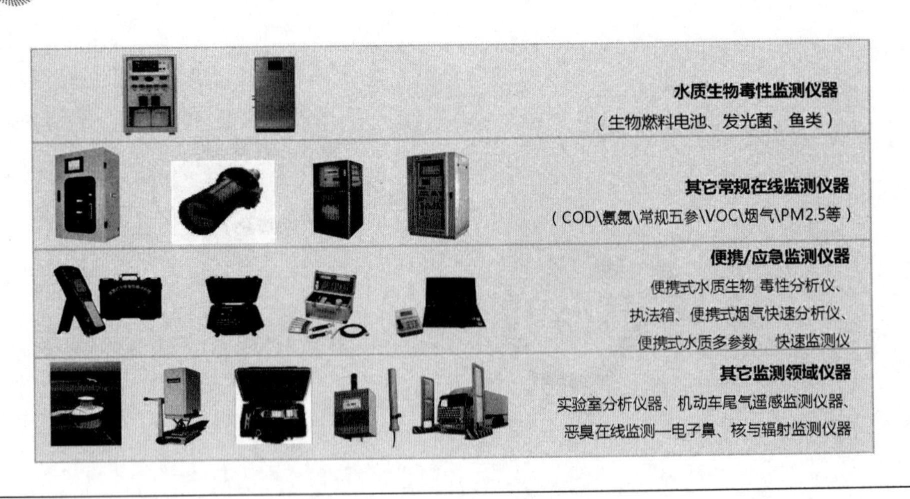

中科宇图提供智慧环保服务

微保移动应用产品-APP海外版

微保App为公众提供全方位的环境信息咨询、生活健康指导、分享、参与服务，旨在打造成为反馈民意的信息通道及公众精致健康生活的新载体。

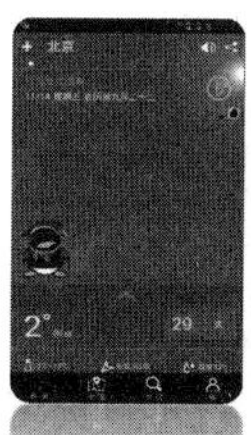

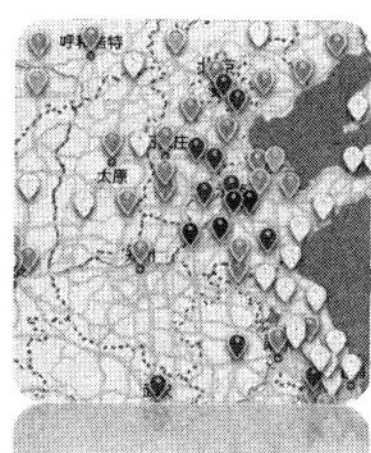

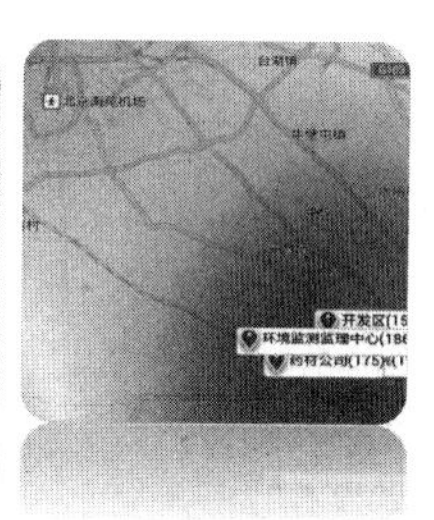

- 提供城市的实时空气污染数据、城市污染源数据，以及天气预报服务
- 首款利用腾讯大数据技术，手机噪声监测技术，为人们的生活健康提供更多服务
- 集成空气质量地图与生活服务地图两种服务内容，给出生活与出行建议护卫健康
- 环境说构建出用户积极参与环境保护的窗口，为汇聚环保智慧与力量提供交流通道

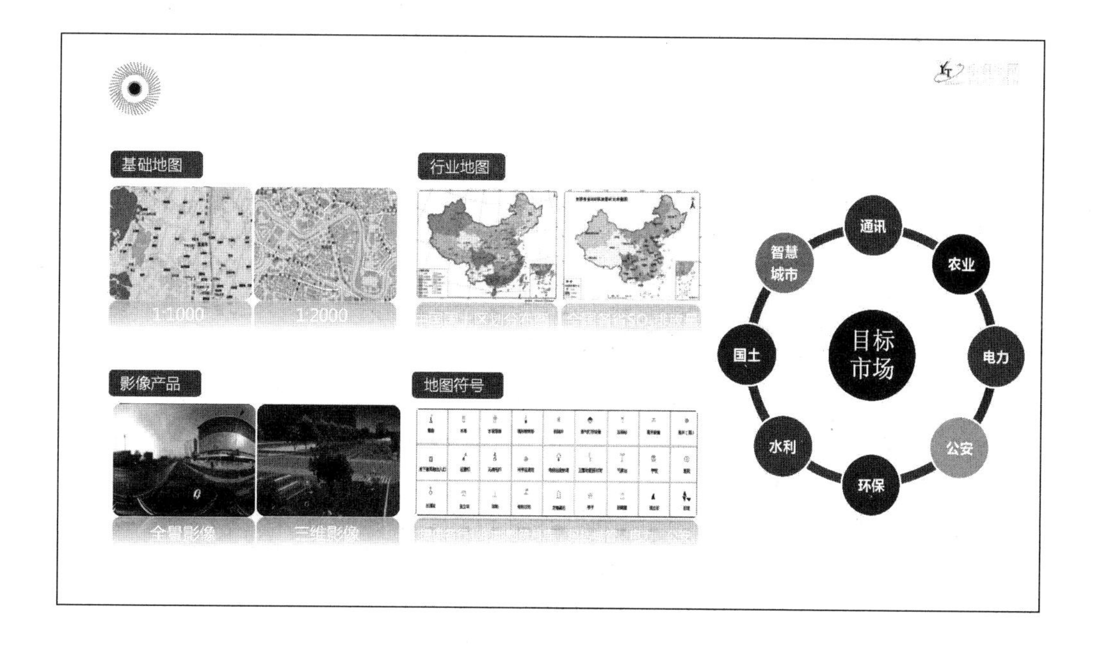

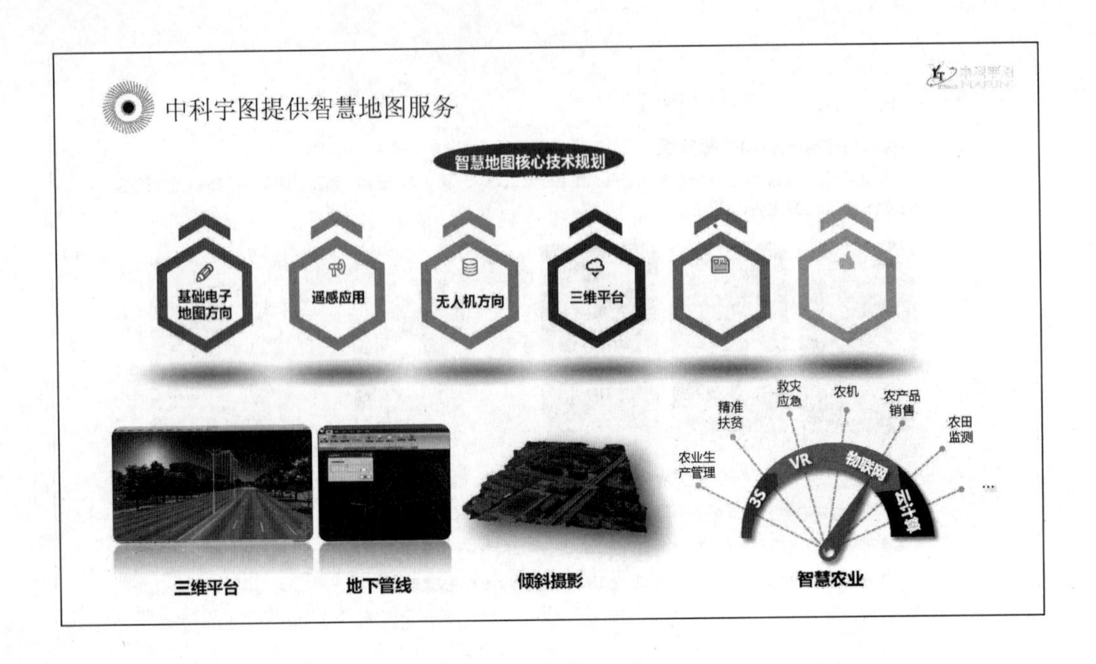
中科宇图提供智慧地图服务
智慧地图核心技术规划
基础电子地图方向
遥感应用
无人机方向
三维平台
三维平台
地下管线
倾斜摄影
农业生产管理
精准扶贫
救灾应急
农机
农产品销售
农田监测
...
3S
VR
物联网
云计算
智慧农业

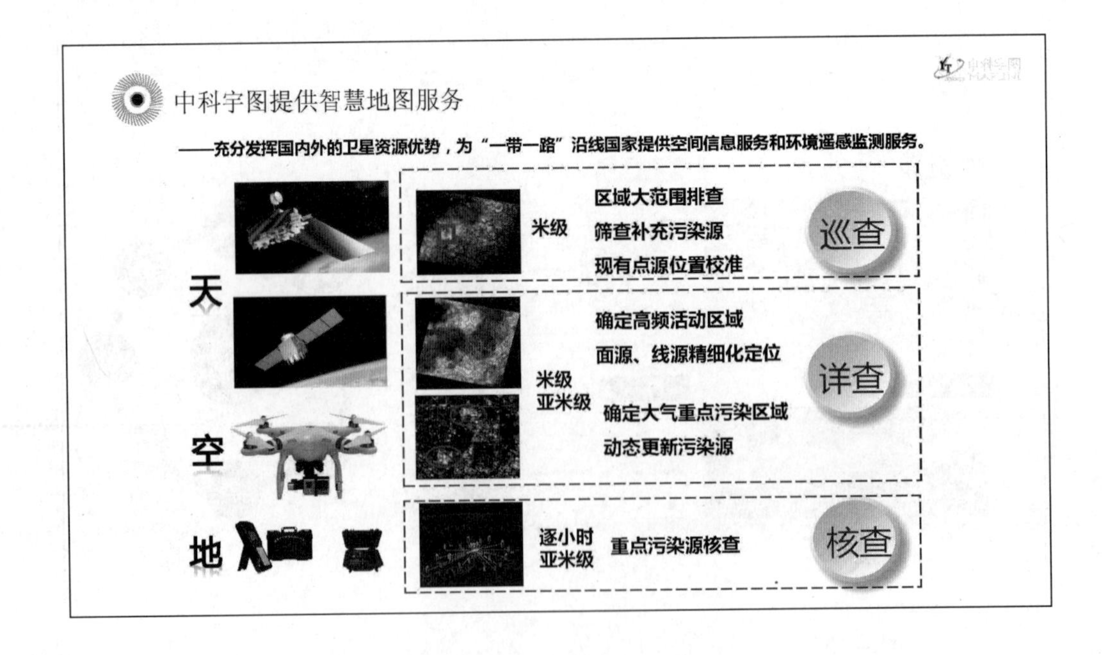
中科宇图提供智慧地图服务
——充分发挥国内外的卫星资源优势，为“一带一路”沿线国家提供空间信息服务和环境遥感监测服务。
天
空
地
米级
区域大范围排查
筛查补充污染源
现有点源位置校准
巡查
米级
亚米级
确定高频活动区域
面源、线源精细化定位
确定大气重点污染区域
动态更新污染源
详查
逐小时
亚米级
重点污染源核查
核查

中科宇图提供智慧地图服务

——充分发挥国内外的卫星资源优势，为“一带一路”沿线国家提供空间信息服务和环境遥感监测服务。

开展自然保护区人类活动变化遥感解译

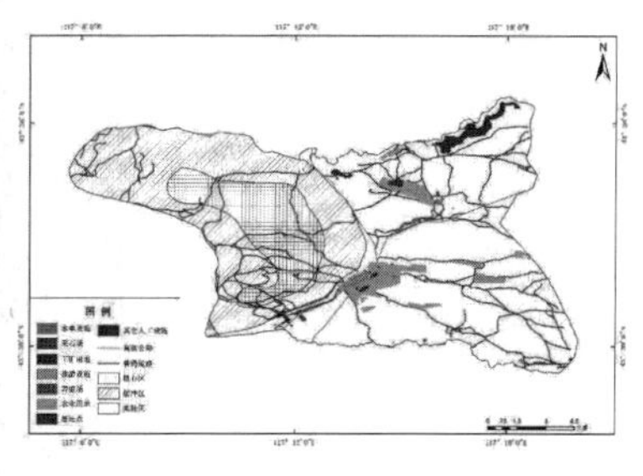

2015年10月　　2016年3月

（保护区内新增人工设施）

白音敖包国家级自然保护区人类活动监测图

中科宇图提供智慧地图服务

——充分发挥国内外的卫星资源优势，为“一带一路”沿线国家提供空间信息服务和环境遥感监测服务。

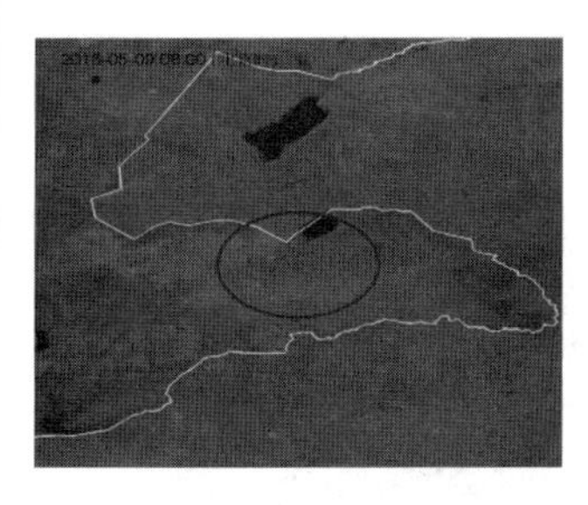

葵花静止卫星10分钟监测1次，可以获得高时频的秸秆焚烧和气溶胶监测结果。

- **燃烧时间：高时频卫星；**
- **火点面积：高空间分辨率卫星；**
- **生物质类型：土地利用数据**

2015年6月11日上蔡县过火区分布图

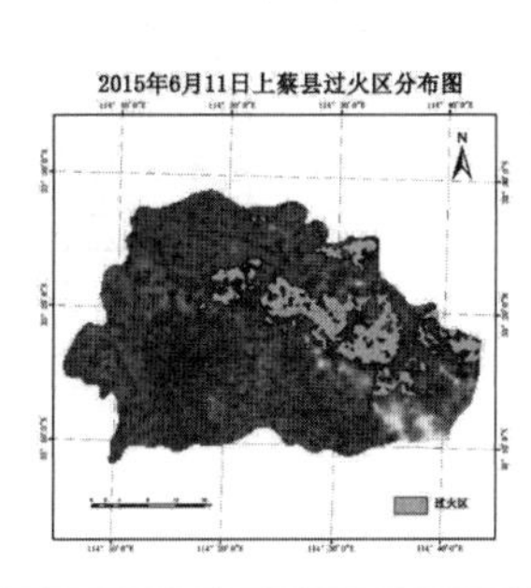

延津县及周边过火区分布图 2016年5月29日

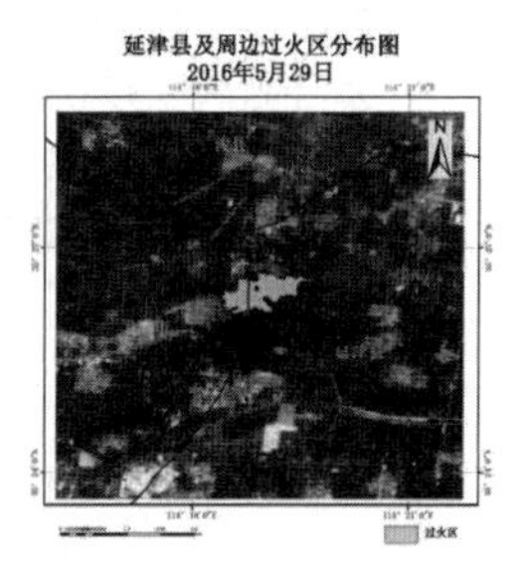

中科宇图提供智慧地图服务

——充分发挥国内外的卫星资源优势，为“一带一路”沿线国家提供空间信息服务和环境遥感监测服务。

开展水质遥感监测

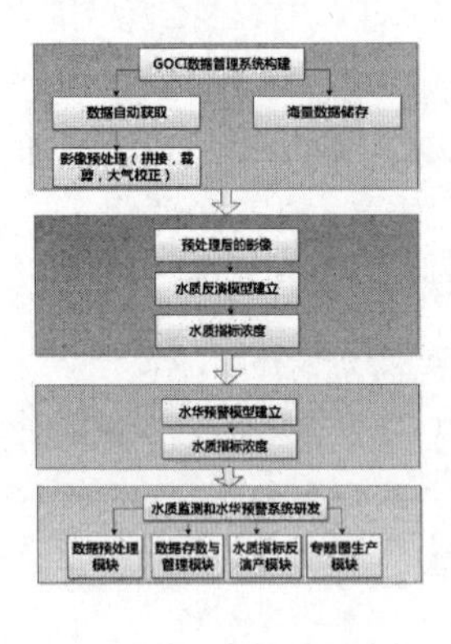

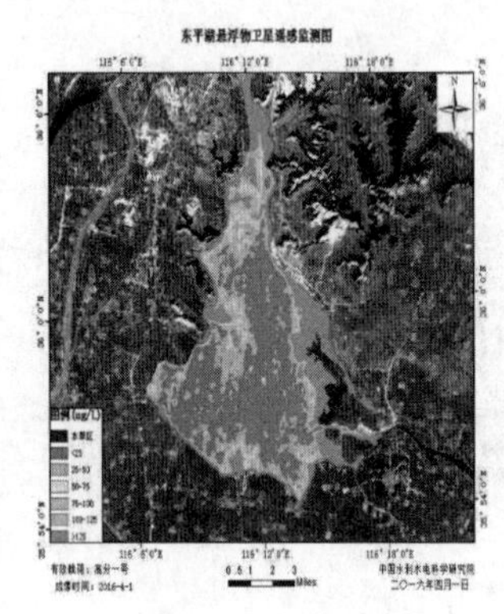

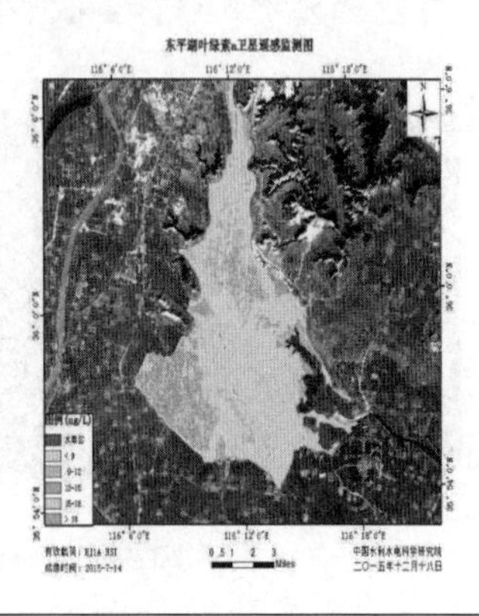

政府搭台 企业唱戏

- “政府搭台，企业唱戏”——政府组建环保企业国家队，积极开展与海外市场的需求对接，帮助中国环保企业走出去。

建设绿色“一带一路”，为有效防范产业、投资“走出去”的生态环境风险，打造保障利益共同体，责任共同体和命运共同体，实现民心相通提供根本保障。

建立产业联盟

- 建立政产学研结合的国际性产业联盟，帮助企业“借船出海”。

推动国内“智慧环保产业联盟”的国际化发展

实施援助

- 在资金保障、人才交流、人员培训方面为企业企业提供咨询服务。

十二、热点对话

中国生态文明论坛海口年会市长热点对话实录

对话嘉宾：

万本太——环境保护部原总工程师

倪　强——海南省海口市市长

麦教猛——广东省惠州市市长

张维国——湖北省十堰市常务副市长

王　毅——中科院科技战略咨询研究院副院长

何巧女——北京东方园林股份有限公司董事长

主持人：

王　洲——中央电视台

王　洲：

尊敬的各位领导、各位来宾，女士们、先生们，大家上午好！

欢迎来到“中国生态文明论坛海口年会”之市长热点对话的现场。我是来自中央电视台的节目主持人王洲，非常高兴能和大家共同感知中国生态文明建设的前沿城市和先进的经验。在这里，我首先代表主办单位和主办城市，对各位来宾的光临表示热烈的欢迎和衷心的感谢！

党的十八大以来，生态文明建设已成为建设“美丽中国”的一个非常重要的任务，它关系到人民的福祉、民族的未来，也是实现中华民族伟大复兴的一项非常重要的任务。但是我们同时必须清醒地看到，中国经济在经历了飞速发展到今天的中高速发展，其间付出了非常巨大的环保代价。

呼吸一口新鲜空气，喝一口纯净的水，吃点安全食品，住一个宜居的城市，在当下一些地方可能都成为一种奢望。习近平总书记提出“生态兴则文明兴，生态衰则文明衰”。如何科学有效地推进生态文明建设、坚持绿色发展之路，已成为各级政府必须面对的一个非常严峻的问题。而作为一个城市的引领者和推动者，我们的城市市长在面对生态文明建设方面，他们的观念、态度包括所具体实施的举措，对于一个城市的发展来说有着巨大的影响。

今天我们邀请到包括三位市长在内的六位嘉宾，和大家共同探讨“绿色发展 智慧生态”的城市生态文明建设之路，其实就是希望把一些优秀城市的经验与大家分享，集思广益，把我国生态文明建设提升到一个新的高度。

在这里我宣布，中国生态文明论坛海口年会——市长热点对话正式开始！

首先请允许我邀请环境保护部原总工程师万本太先生，为我们作主旨发言，掌声欢迎！

万本太：

各位领导，同志们，女士们、先生们，上午好！很高兴能够在魅力海南、阳光椰城参加“中国生态文明论坛海口年会”。这里的环境优美、空气清新，2015 年城市空气质量优良天数率达到 98.3%，在全国 74 个重点城市空气质量排名连续三年排第一，在一个这么环境优美的地方，我们和嘉宾对话、交流，毫无疑问，心情是舒畅的。

建设生态文明关系人民的福祉，关乎民族的未来，是实现“中国梦”的重要内容。党的十八大以来党中央从中国特色社会主义事业“五位一体”的总体布局和“四个全面”战略布局的高度，强力地推进生态文明建设，先后出台了《加快推进生态文明建设的意见》《生态文明体制改革总体方案》《大气十条》《水十条》《土十条》，印发了《关于设立统一规范的国家生态文明试验区的意见》，12 月初又印发《“十三五”生态环境保护规划》，这些决策部署充分显示了党中央、国务院为推进生态文明建设的坚定态度和决心，顺应了人民的新期待。

与此同时，各地区、各部门贯彻落实，全社会共同努力行动，生态文明建设扎实推进、生态文明理念深入人心。“生态”“环保”“绿色”已成为人们关注的热词，并正转化为积极的行动和强大的合力。

但是从总体上看，生态文明建设水平仍滞后于社会经济发展，生态文明恶化趋势尚未得到根本扭转。比如说环境污染问题，我举几个例子。大气，以 2015 年为例，全国 338 个城市，以年均标准来评价，空气质量超标率 78.4%，京津冀地区 13 个城市 100%超标，长三角 25 个城市里 24 个城市超标，超标率 96%，珠三角 9 个城市里 4 个城市超标，超标率 44.4%。地表水，有 10%～15%的比例断面水质是劣Ⅴ类，全国有 75%的城市 1897 条河全长共 7000 千米的黑臭水体，1/3 是重度黑臭。地下水，我们调查 198 个城市、4929 个点，点位超标率 57.3%，还有近岸海域四类水体的比例占 18.6%。全国土壤污染状况调查中，我们一共采了将近 5 万个点，面上点位超标率 16.1%，耕地点位超标率 19.4%。重工业周边的土壤、工厂遗弃地、采矿区加上工业园区周边的土壤点位超标率都达到 30%以上。以上说的是环境污染严重。

生态系统退化，大家如果关注的话，2016 年第 6 期《国家地理杂志》上登的数据说，与 20 世纪 50 年代相比，我国滨海湿地面积减少了 57%，红树林面积减少了 73%，珊瑚面积减少了 80%。还有林业局调查的数据，近 10 年来全国湿地面积减少 9%，滨海湿地减少 15%。

另外，我们的湖泊干涸。长江中下游的湖泊干了 80%，鄱阳湖面积减少 24%，洞庭湖面积减少 39%。新疆、内蒙古和湖北的湖泊个数都减少 30%～45%。还有河流干涸，水利部的数据显示，新中国成立初期流域面积在 100 平方千米以上的河流有 5 万多条，水利部前年公布现在剩 22909 条，50%多河流干涸。

根据水利部公布的数据，水土流失面积达到 37%。林业局公布的数据显示我国沙化土地面积占国土面积的 18%。我国濒危的动物物种有 250 多种，濒危的高等植物有 350 多种，外来有害入侵物种 544 种。还有地面下沉的问题，现在有30多个城市200多个县757处地面裂缝和下陷等。

这些都告诉和提醒我们，当下经济社会发展不平衡、不协调、不可持续的问题仍然突出。生态环境与人民群众需求和期待之间的差距仍然很大，生态文明建设工作仍任重道远，生态文明建设水平仍需更上层楼。我们要切实贯彻创新、协调、绿色、开放、共享的新的发展理念，树立“绿水青山就是金山银山”的强烈意识，把党中央、国务院关于生态文明建设的决策部署落到实处，开创社会主义生态文明新时代。

“十三五”是全面建成小康社会的决胜期，也是全面推进生态文明建设的重要历史机遇期，将国家生态文明建设战略部署付诸实践并取得实效，还需要我们在推动绿色发展、严守生态红线、调整经济结构、创新发展模式方面作出更大的努力。

“中国生态文明论坛”市长热点对话作为展示城市生态文明建设实践经验的重要平台，已经成功连续举办三届，每届都邀请生态文明建设工作走在前列的城市政府相关负责人、国内知名专家学者进行对话交流，与大家分享经验，为其他地区生态文明建设提供可复制、可操作的模式和方法。今天的市长对话我们请到了海口市、惠州市和十堰市的市长及国内知名专家、企业家，就“绿色发展 智慧生态”主题进行交流。我认为在当前我国经济社会步入新常态、三期叠加压力凸显的大背景下，探讨交流推动绿色发展、构建智慧生态是非常必要和及时的，也是深入贯彻落实“十三五”规划的重要举措。

衷心预祝本次市长热点对话取得圆满成功，谢谢大家！

王洲：

非常感谢万总工的主旨发言，刚才我们也听到了万总工如数家珍而且忧心忡忡地列举了一组数据，在生态环保领域的确有很多指标都已经超标了，都已经亮了红灯。如何改善这些？如何让我们的生态文明建设迈上一个新台阶？今天的这个年会对话就显得尤为重要，大家集思广益，提供更多的思路，才能对症下药、药到病除。

今天的舞台上诸位市长和嘉宾将在这里和我们进行头脑风暴。接下来请允许我为大家介绍即将就坐的各位嘉宾，他们分别是：

刚才致辞的环境保护部原总工程师万本太先生；

本次论坛主办城市海口市市委副书记、市长倪强先生；

本次市长热点对话主宾城市广东省惠州市市委副书记、市政府党组书记、市长麦教猛先生；

湖北省十堰市市委常委、常务副市长傅继成先生；

中科院科技战略咨询研究院副院长王毅先生；

北京东方园林股份有限公司董事长、研促会副会长何巧女女士。

刚才万总工也提到这三位市长分别来自海口、惠州和十堰，这三座城市都是生态文明建设示范市的创建城市，而且也都是旅游城市。绿色建设、绿色发展对于这三个城市来说意义深远。

今天我们对话的主题是“绿色发展 智慧生态”，将围绕四个方面的内容展开，分别是：

绿色空间——红线保护，推动绿色发展；

绿色经济——规划先行，引领产业转型；

智慧科技——创新驱动，支撑生态建设；

以人为本——全民行动，打造共治共享生态圈。

另外再说明一下，今天我们的活动现场还开通了微博互动，大家都可以通过您的手机来关注我们，@海南生态文明的官方微博，所有对生态文明建设有兴趣、非常关注的朋友，都可以通过我们的这个微博平台把您的意见、观点发布出来，并且也可以对我们现场的嘉宾和市长提出问题，我们将在稍后的环节专门就这些问题和我们台上的嘉宾进行互动，欢迎您的积极参与！

接下来就进入我们今天的第一个环节——绿色空间——红线保护，推动绿色发展。在海口市的东海岸有一片占地 5000 多公顷的海上森林，摇曳于清波之上，景色怡人，如诗如画，虽然它曾经遭受过重创，但是在海口市政府和人民的努力下，已经焕发出昔日的美景——海口东寨港红树林国家级自然保护区，首先通过一个短片来了解这个保护区的美景。

（视频）

短片当中有一个关键词特别值得跟大家强调一下，东寨港红树林是目前全国连片面积最大、种类最多，而且也是保存最完整的红树林。当然，有这样的规模和成绩肯定不是植物野蛮生长造成的，是由海口市市委、市政府与全市人民的共同努力出来的结果。首先想把问题投向海口市倪市长，我们近些年在保护红树林方面都做了哪些工作？

倪强：

首先非常欢迎也非常感谢中国生态文明研促会的各位专家、各位领导，以及社会各界的朋友们，来到我们美丽的海口，为我们海口的生态文明建设传经送宝、指导帮助。

一直以来，环境保护部等国家有关部委以及中国生态文明研究与促进会对海口市生态文明建设工作都很支持。海口市的生态文明建设这项工作，一直是按照中央、省委省政府的要求来做的，一直把这项工作放在首要的位置。我们设立了“生态立市”、生态引领规划来发展我们的生态文明建设。

刚才主持人给大家看了东寨港红树林的片子。东寨港红树林于 1980 年列为国家保护区，已经 36 年了，历任省委、省政府领导都非常关注。但曾经有一段时间东寨港红树林的生态环境走过下坡路。这些年来，海南省委书记罗保铭讲话强调 24 个字：规划控制、立法保护、科学修复、合理利用，社会监督、造福子孙。刘赐贵省长也特别强调，对保护区的生态建设一定要注意紧盯不放，特别是海口自身一定要让红树林更加强健。我们按照省委、省政府的要求做了以下工作：

第一，科学规划和控制。我们完成了海口整个环境 2013—2030 年的总规划。并单独为红树林做了一个国家级的保护规划，划分了核心区、缓冲区和试验区。从原来5万亩的保护区扩展到了12万亩，特别是除了红树林以外的周边地区，我们也专门制定了总体规划、产业规划、生态保护规划，让周边的规划与红树林保护规划相配套。

第二，立法保护。海口市人大专门出台了关于加强红树林管理的决定。不光是要保护，而且扩大了它的保护面积，建立了一整套保护管理机制，切实对非法捕捞、毁林占地等行为采取法律措施严厉打击。

第三，强化整治。我们叫“铁腕整治”。红树林沿岸原来还是有点乱象。海口市委、市政府进行“铁腕治污”。周边的违章建筑，上游的一些产业，一些石场、养殖场，周边的餐饮店，不按照要求达标的我们全部整治。政府也拿出巨资，让周边的虾塘“退塘还林”，整个保护区周边得到了有效的整治。

第四，开展红树林恢复工作。我们发动了全社会“认养认种”，让全社会开展公益活动种红树林。这两年我们新增恢复红树林4500亩。受人类活动影响，全国的红树林曾经一度是往下走的，减少的幅度很大，而恢复性的数据一般都是负增长，全国的平均恢复率是1%，我们的恢复率1.75%，将近2%。我们恢复性的增长数据超出全国平均水平一大部分。

第五，合理利用开发。红树林周边还有很多生产生活，怎么结合？我们就把红树林的保护和开发有机地结合，在科学保护的地方合理地利用。依托红树林，在红树林的外围搞一些精品的生态旅游，能够带动周边的老百姓转产就业，原来做捕捞的，现在都让他们转业了。刚才视频中有一个镜头，有一个渔民把桨、橹交出来，转产就业了，开始吃旅游饭了。这几年通过发展旅游加上周边农民的转产就业，在保护区外一千米范围内，有14个村委会，大概130个村民小组，收入有了大幅度的增长。从一年大概6000多元的收入，到现在人均约1.5万元，翻了1倍多。这样既保护了红树林，又把周边的旅游业带动起来。

通过这几项工作，东寨港这几年的生态基本上日渐恢复，鸟类也回归了，红树林的面积也大了，水质也改善了。我们的面积不是全国最大，但是我们是连片面积最大、保育最好、品种种类最多的。《人民日报》最近对我们有一个点赞，国家一级保护动物黑脸琵鹭，这种鸟非常珍稀，现在回归红树林了。非常感谢一直以来国家有关部委对红树林保护给予的指导，借此机会再次表示感谢！

王洲：

的确，国家一级保护动物能够再次重返红树林，是对我们的生态保护成绩的最自然的、最生态的肯定。现在的东寨港红树林能呈现这样的一幅面貌，与海南省委省政府、海口市委市政府长抓不懈、措施得当有密不可分的关系。刚才提到的无论是生态保护，还是红树林周边的老百姓改吃旅游饭，全市的旅游经济一盘棋，都是在造福于民，为老百姓做好事。

再请教一下倪市长，环保部颁布《生态保护红线划定技术指南》以来，海口在生态红线方面的工作都有哪些探索？

倪强：

关于生态红线，我们始终牢记总书记讲的“保护生态就是保护生产力，改善生态就是发展生产力”。按照环保部的要求，我们主要做了四个方面工作。一是制定技术指南、技术指引。我们先后颁布了地方关于城市绿线、公园条例等 7 部地方法规和规章。

第二，制定城市的蓝线规划、水系规划，划定水源保护区、自然保护区、重要的生态湿地森林等。

第三，我们成立了市环境委员会，是高于其他部门的设置，由市环境委员会来牵头。

第四，我们建立了市、区、镇街、社区街道等四级网格化的直管的监管体系，确保海口的绿色发展。

王洲：

在生态红线问题上不允许半点马虎，这是一个底线，是保证我们生态安全的一条底线。感谢倪市长和我们分享！

刚才我们看到的是美丽的海口东寨港，其实在惠州市还有一条壮丽的东江。近几年惠州市将绿色发展理念贯穿于整个社会经济发展的全过程，在经济高速发展的同时，环境质量也一直保持着优良，这是非常难得的。我们通过一个短片来了解一下。

（视频）

大家知道吗，东江其实是珠江的干流之一，整个香港的用水都来自于东江。东江水质的好坏，它的政治意义和生态意义可见一斑。接下来这个问题就想请教麦市长，刚才短片当中提出了“一镇一厂”等治理污水的概念，我们在治理东江方面还有哪些措施？

麦教猛：

谢谢主持人，刚才的视频把我们这几年来对东江的保护措施和治理水源方面的工作做了介绍。

水是生命之源，一个地方的生态好不好，水质是一个重要标志。这几年在治水方面，我们既舍得下重本，同时也舍得下狠手，在财政并不是特别宽裕的情况下，惠州市每年拿出 20 亿元用于种树、20 亿元用于治水。特别是编制实施了整治河涌的五年规划，从 2015 年开始，推进市区 14 条河涌、县镇 69 条河涌的整治，实现了水清岸绿。注重系统治理、源头治理，创新开展了美丽乡村、清水、治污三大行动，有效地保护了惠州的好山好水好空气。到目前为止，我们全市集中饮用水的水源水质 100%达标，近岸近海的水质在广东省名列第一。

特别是刚才讲到的东江，东江是我们的母亲河，肩负着深圳、东莞、河源等地市的供水使命，也是香港市民的重要饮用水水源。到 2016 年，我们已经为香港供水51周年。保护好东江水，事关香港的繁荣与稳定。在我们看来，东江水不仅是生命水，同时也是政治水，保护好东江，惠州义不容辞，我们也不辱使命。

正如刚才大家在视频中看到的，在各方面的努力下，东江水质现在保持了地表Ⅱ类水以上的标准，确保了沿岸4000多万民众的饮水安全，为香港的繁荣稳定做出了应有的贡献。

王洲：

的确，刚才您提到每年会有20亿元种树、20亿元治水，我们真的花了血本在生态文明建设方面做了很多工作。现在正因为有了这么多具体措施的出台和实施，才能够确保我们东江的一江清碧。再请教一下您，惠州在严守生态红线方面又做了哪些工作？

麦教猛：

在这方面，我感觉最重要的一条：守住生态底线还是要靠法律红线。

第一，加强环保立法。我们实行了最严格的水资源管理制度，并将水质的保护工作上升到立法的层面。我们获得地方立法权的头一年，就把《惠州市西枝江水系水质保护条例》第一个立法。立一部法，护一江水。

第二，严格环保准入，特别是实施“三个限批”“三个一律不批”。每年我们在上项目方面，环保拒绝率都在10%以上，特别是原来有一家很有实力的美国企业，在美国它的环保是过关的，在我们这里计划投资2亿多美元，但是按我们的标准它是不达标的，我们坚决拒绝了。我们当地有一家企业计划投资200多亿元的项目，但是考虑到可能会对东江水形成压力，所以我们坚决拒绝了。不该上的项目一个都不要。

第三，严格环保考核，要将生态保护、环保的绩效纳入限期政绩责任考核体系，以责任来倒逼，用制度来管住，对生态环境损害责任实行终身追究。

第四，严格环保执法，强化执法的刚性约束，加重环保违法的成本。近五年来我们在环保执法方面力度是非常大的，处理的环境违法行为8000多宗，特别是向司法机关移送涉嫌环境方面犯罪的案件92宗，用法律的红线牢牢地守住了生态的底线。

王洲：

的确，用法律来坚守生态红线，也让政府的管理更具实效。非常感谢麦市长！湖北十堰在这方面又有哪些经验要和大家一起来分享呢？我们通过短片来了解一下。

（视频）

地处十堰的丹江口水库是目前中国最大的饮用水水源地，接下来的问题要请教一下傅市长，为了守住丹江口水库的生态红线，包括在污水处理方面，十堰市政府都做了哪些工作呢？

傅继成：

谢谢主持人，湖北省十堰市是南北水调中线工程的核心水源区，水源就是湖北省的丹江口水库。这个水库横跨湖北、河南两省，在湖北十堰市和河南南阳市境内。

为了保护好这股清水，我们对库区进行了红线管控。我们现在生态红线区划定的面积达到了15768平方千米，占我们整个十堰市23648平方千米面积的67%，也就是说我们十堰市2/3都划定为红线保护区，在湖北省里是比例最高的。

有一个数据概括起来就是“998666”，六个数据给大家报告一下我们水源区的重要性。

第一个“9”，我们十堰市国土面积是23648平方千米，这里面的90%都是水源区。

第二个“9”，丹江口水库年汇入量达到328亿立方米，这里面汉江干流流经十堰境内5个县（市、区），每年入库流量的90%就是从汉江干流流到丹江口水库的。

第三个“8”，丹江口水库横跨湖北和河南两省，在湖北省十堰市境内库岸线占80%。

第四个“6”，丹江口的水域面积是1050平方千米，十堰市境内为620平方千米，占60%。

第五个“6”，丹江口水库十堰移民50万人，占整个丹江口水库移民的60%。

第六个“6”，十堰丹江口库区淹没的土地，十堰境内52万亩，占整个丹江口水库的60%。

用“998666”这六个数据向大家报告我们这个水源区的极端重要性。

为了保护好这股清水，我们采取了很多措施：

第一，深入地贯彻落实习总书记五大发展理念，大力实施“生态立市”战略，深入推进“外修生态、内修人文”方略，把生态保护区的保护放在压倒性位置，坚决守住生态红线。我们在全市范围内开展了四轮清水行动，这几年拒批的环境风险项目120个，取缔“十小”企业329家。关闭了库区老百姓赖以生存的黄姜加工企业，因为这些企业有污染，所以我们坚决关掉，关了106家。拆除库区老百姓赖以生存的网箱12万箱。通过这些整治措施，汉江干流十堰段丹江口水库的水质长年稳定保持在国家Ⅱ类水标准，17个集中饮用水的水源地水质达标100%。

2016年1月全国环保大会期间，环保部陈吉宁部长专门安排《中国环境报》到十堰市采编，并且在头版刊登了《十堰打造黑臭河治理样本》，宣传推广十堰城区五河治理的经验。2016年4月环保部在浙江召开全国水环境综合治理的现场会，我们也参加了这个会，会上陈吉宁部长再一次高度肯定了十堰市水污染治理的经验。

王洲：

非常感谢，同样地还是刚才我向其他两位市长提问的，十堰对于生态红线又是如何理解的？

傅继成：

生态红线划定不是划个圈就完事，关键要落实落细。这几年我们牢牢地守住这根红线，找到抓手，扭住龙头。

第一，我们将生态红线的保护纳入国民经济和社会发展的总体规划和土地利用规划、城乡建设规划，合理地用规划进行管控。第二，我们合理地确定城镇、农业和生态三类空间比例，生态空间不能小于 80%，进行空间管控。第三，对产业制定负面清单，进行产业管控。第四，对土地进行管控，符合环保要求地供地，并且对 GDP 的地耗进行考核。

第二，我们机制上积极探索，并建立了党政同责、一岗双责的引导机制。我们调整成立了市委市政府最高规格的领导机构——环保委员会，市委书记是第一主任，市长是主任，其他的常委都在其中各负其责。我们组建了生态文明建设的专家咨询委员会，聘请了中国工程院院士、中国环科院院长、全国人大环资委副主任孟伟和其他 14 名国内外知名专家作为我们抓生态文明建设的执行委员会成员，借智借力借外脑确保生态文明建设顺利推进。

第三，在考核上树立正确的考核导向，建立了以绿色 GDP 为导向的生态文明考核机制，对县市区的考核体系进行了重新调整和优化。加大了生态文明建设的考核权重，过去在百分制里面只占 5 分，现在是 25 分。在湖北省率先实施环境保护一票否决制，破坏环境一票否决，并且对环境损害的责任实行终身追究制度。生态建设实行一把手负责制，对不达标的河流实行河长制。中央号召各大河流都要实行河长制，我们十堰在几年前已经建立了河长制。

第四，在引进市场机制上探索建立了第三方营运机制。我们在全市污水、垃圾两方面的处理委托北京北排、碧水源公司进行第三方营运。现在所有的县、市、乡镇、村都有污水处理和垃圾处理设施，全市建了 78 个乡镇污水处理场、32 个垃圾处理场，都通过第三方营运的方式，也就是县乡污水垃圾处理设施建设管理运营一体化，得到了国务院和省委、省政府的高度肯定。全市污水集中处理率和垃圾处理率分别达到了 90%和 96%。这是我们划定红线以后采取的一些具体的措施。

王洲：

的确，十堰市在生态文明建设方面的这四点举措，包括重拳出击，非常值得其他的地市来借鉴和参考。

我想请问中科院科技战略咨询研究院副院长王毅研究员，刚才听了三位市长就各个城市在生态文明建设，包括坚守生态红线以及绿色发展领域的举措及取得的成效，您对刚才听到的这些有什么样的评价？

王毅：

谢谢主持人，特别感谢刚才三位市长的介绍，听了也很受启发，学到很多东西。这里头有几个特点：

第一，这三个城市都选择他们生态保护中最突出的问题入手，包括海口的红树林、十堰的丹江口和惠州的东江，在这些重点问题上采取综合措施，取得成效。这也符合我们十八大以来生态文明建设的基本方针，特别是明确生态红线和生态空间。这两个词要在十年、二十年之前是不可想象的，这也说明第一大家的意识提高了，第二社会经济发展到了一个新阶段，第三真正地改变了我们的治理思维、治理模式，这是一个很重要的执政理念。

第二，这三个市都是从制度入手，我们要用制度来保护生态环境，包括立法、规划、管理体制和考核体系。建立一整套的长效机制，通过这些机制来推动，这也是符合十八届三中全会相关精神的。包括像红树林保护、西枝江水质的条例、丹江口水系保护的相关办法，这都是用制度来保护生态环境。

第三个比较突出的特点是，他们现在保护生态环境并不仅仅是保护本身，而是跟区域的经济结构调整和区域发展结合在一起，包括旅游开发、美丽乡村。这种思路跟过去不一样，一方面突出了生态文明建设，另一方面突出绿色发展、转型发展，因为除了惠州之外其他的都是在中部地区，它的转型发展压力是很大的。现在实现生态文明建设的重要特点，就是要跟社会经济的转型发展结合在一起，才能在经济发展新常态下构建未来的发展前景。

第四个特点，不仅是政府来做，还要多方参与，论坛的主题是“生态文明　共治共享”，希望大家一起来做，政府、企业、民众一起来参与，这样才能更好地推动生态文明建设。当然，这只是第一步，我希望这几个城市未来能够在这种正确的路径下探索、尊重科学治理的规律，能够更好地推动成本有效，对于政府来说不计成本做环境保护当然好，但是关键是要成本有效，而且要注意统一规范，在统一规范的基础上总结地方的最佳实践，自下而上地推动整个生态文明建设，使全国的生态文明建设做到可以推广的模式，可以在全国范围内有更好的参考。

王洲：

的确，三座城市都在重点项目、重点问题上下大力气来重点整治，而且也要和社会的转型发展、全社会的共治共享密切结合在一起，才能有非常显著的成效，这是我们王院长的观点。万总工，您听了三位市长的经验分享之后有什么看法？

万本太：

我听了三位市长的发言之后，总的感觉是这三个市用生态红线保护绿色空间、推动本市的绿色发展做得都不错。但是各个市都有各个市的特点，海口保护红树林的特点是保护国家级自然保护区，保护区面积不减反升，水质明显改善了，这一点成绩很突出。

它这里边的经验可以考虑三条：第一，东寨港红树林是第一个国家红树林保护区，1980 年就建立自然保护区，1986 年建立国家级自然保护区，1992 年申请国际重要湿地，现在是国家自然保护区，有保护条例的，所以用条例、法律来保护它力度更大，这是重要的一条。

第二，领导重视，成立一个生态保护委员会，投入的力度大，尤其是陆源污染治理。不客气地说，头几年我去了东寨港几次，水污染很严重，养猪的排泄物都往里面投，还有网箱养鱼。这几年它投入大了，把养猪、养殖业都清理了，所以水质明显改善，这方面也了不起。

第三，值得称道的是，把保护区和社区老百姓的致富结合起来，这是非常重要的长效机制。你光叫它保护，不叫它周围的老白姓致富，这玩意儿不行。现在他们结合好了，这几年周边老百姓的年收入是以前的两倍多，这个是非常了不起的。有一个数据，环保部和中科院搞了一个十年生态状况评估，2000—2010 年这十年，整个海南的红树林面积减少了 56%，海口市东寨港的保护区不但没减少，面积还增加了，这一点是相当不错且值得肯定的。

惠州这个地方也不错，我也去过几次，2015 年空气质量优良天数 97.5%，不简单。74 个城市空气质量排名第三，海口第一。一江清水向西流，而且我看那个水真的是比较清的。惠州的特点也有三条值得称道：

第一，一江一法一镇一水，这个经验做得了不起。

第二，严把环境关，叫“三个一律不批不准”，这个不简单。

第三，投入大，一年光种树 20 亿元、治污水 20 亿元，这个投入是真刀真枪不是唱高调，非常了不起。

十堰，陈部长说“三个没想到”确实不简单。没想到你为南北水调做出的牺牲这么大，而且作为一个市级单位在生态红线划的区域能够达到

67%，这在全国也是很少有的。一个行政区67%都圈起来，那还了得吗？但是他们做到了，说明他们丧失了好多发展的机会成本，做的牺牲很大。他们有三条经验值得称道：

第一，领导的认识觉悟非常到位，不仅认为是生态水，而且是政治水，把67%圈起来，而且治理非常严格，成立保护委员会，实行责任制，年年考核，这个了不起。

第二，战略方略值得称道，外修生态、内修人文，这个有远见。现在是光说这个制度、那个体制，毫无疑问是重要的，但不是根本。我认为根本在于人，人的素质不上去，你怎么整都不行。法是死的、制度是死的，人不行那把好法也变成恶法。所以内修人文战略非常了不起。

第三，光有红线、边界圈起来67%还不行，还要有硬措施保护好，这个非常了不起。

王洲：

的确，万总工对刚才的三位市长的表述进行了仔细地聆听，也做了精准的点评。我们对能够进入到中国生态文明论坛的城市都经过了精挑细选，在生态文明建设方面一定都是走在全国前列的城市、优秀的城市。根据万总工对三个城市的总结大概梳理一下：法律制度的保障、领导的重视、制度的严格、战略的深远，保护与老百姓致富相结合的经验，这些都是可以在全国进行推广的。

刚才我们看到的一个视频是有关丹江口水库的视频，它只是我们十堰市的一部分。接下来我们通过一个完整的视频，更详细地了解一下十堰的美丽。

（视频）

十堰用它的城市面貌以及在生态文明建设方面取得的成果，再次诠释了“青山绿水就是金山银山”。

接下来要进行的是“绿色经济——规划先行，引领产业转型”的话题。

在中国有很多城市的经济很发达，也有很多城市的环境保护得很好，但是这二者似乎是个矛盾体，似乎是个鱼和熊掌不能兼得的问题。但是在诸位市长当中，惠州市就是一个在经济发展和环境保护取得双赢的杰出代表。惠州在“十二五”期间经济保持年均12%的快速增长，而且全市环境质量始终保持在优良的水平，而且“惠州蓝”也和当年的“APEC蓝”一样被老百姓津津乐道。这样优异成绩的取得并不是偶然，离不开对生态文明建设的科学规划。惠州在生态文明规划方面又做了哪些具体的工作？再通过一个短片来了解一下。

（视频）

这个问题还是要请教麦市长，惠州市在“十二五”期间取得了经济发展和环境保护双赢的局面，跟制定的一系列生态保护的规划是分不开的。惠州市在制定生态文明规划方面的理念和思路都有哪些？

麦教猛：

非常感谢主持人，也感谢各位专家。惠州的空气质量，我们都知道，海口空气质量六年来都是全国第一。平时人家问起来惠州的空气怎么样，我们说了一句话：“一般一般，全国第三。”谢谢万总工记得那么清楚，我们2015年的空气质量是全国第三，2016年1—11月也是全国第三。

惠州既是一个风光秀美的生态绿城，更是一座特色鲜明的产业新城，多年来我们高度重视生态文明建设，始终坚持既要金山银山，更要绿水青山，同时把绿色发展理念贯穿于经济社会发展的全过程。

在空气质量好的前十个城市里，惠州如果有特色的话，那就是既有快速发展的经济速度，又有碧水蓝天好空气。特别是整个“十二五”期间，我们GDP增长年均12%，财政增长年均21%。但是就是在这种前提下，我们的空气质量实现了一年比一年更好，特别是空气质量优良天数每年都在攀升，2015年达到97.5%。在这方面，我们主要抓三个方面：

第一，强化碳规引领。我们是广东省第一个，也是全国较早制定低碳生态规划的城市，将绿色生态理念落实在规划上，大力推进“多规合一”，从源头上保护生态环境。

第二，优化区域功能分区，制订了惠州市主体功能区规划，将全市划分为五大功能区，特别是形成了核心优化、向海拓展、北部保育的国土开发的总格局，将保护与开发提到重要的议事日程同步来部署。

第三，做好产业规划。特别是注重构建绿色的产业体系，将生产方式绿色化，推动产业的高端化、集约化、低碳发展并行考虑。

大家留意一下就可以知道，惠州是一个工业新城，而且在环保部监控的十个排在前面的城市里，不仅有大工业，而且有大石化。到目前为止，我们已经有 1200 万吨的炼油厂、100 万吨的乙烯，但是我们引进的标准是很高的。特别是我们在推动整个产业发展的过程中，是全链条去推进的，做得比较好。我们当初引进英国壳牌的环保和安全标准做得非常极致。另外我们注重全链条招商引资，到目前为止，石化区已经有 78 家下游产业。第二，我们的产业里有两大支柱：电子信息和石油化工。电子信息 2015 年产值 3367 亿元，也是全链条的。主板块一个是手机，高峰期是年产 2.87 亿台，大约占了全球 1/8、全国 1/5，每一秒就有 8 台手机从惠州走向世界。但是大家知不知道一台手机涉及的零部件就有 1000 多个，现在惠州单单手机以及配套的零部件厂家就达到 1000 多家。所以我们在整个产业规划方面是全链条打造的，特别是谋定而动，规划好再去推动。韩国最大的手机生产基地在惠州，这几年每年产值都超 1000 亿元。TCL 是本土企业，这几年产值也都超千亿元。苹果整机不在惠州，但是它的面板、电池、电控系统将近 70%都产自惠州。我们现在正在打造“世界手机之都”。

我们说的“金山银山”必须要要，但是“绿水青山”不能不要。绿水青山好空气，这是老祖宗留给我们的宝贵资源和财富，我们一定要传承好、保护好。但是不发展，可能绿水青山也很难保得住。特别是我们地处珠三角区域，前沿就是深圳、东莞、广州，前沿城市的开发强度已经超过 40%，2015 年年底惠州的开发强度还没达 9%，这中间好山好水好空气也不是凭空而来的。

我们往深层面思考，好山好水好空气，一个是靠天帮忙，第二还是要靠人努力。天帮忙，城市形态很关键，惠州市的土地面积62%都是森林覆盖。在人的努力方面，我们要做到极致。这方面是一种责任担当，我们将继续在这方面下足工夫，保好碧海蓝天和空气。

王洲：

的确，一般一般，全国第三，这个成绩的取得不容易，而守住这个成绩其实更难。十堰市在生态文明建设规划方面又有哪些工作，我们来通过短片了解一下。

（视频）

刚才傅市长提到了十堰在打造生态文明建设示范区方面引入外脑，请了著名的专家学者给我们提供意见和建议。我们在生态文明建设规划方面的编制是如何制定的？

傅继成：

生态文明建设也必须规划先行。这几年我们坚持把生态规划作为总的规划来统领其他的规划。我们高标准制定十堰市创建国家生态文明建设示范区的规划，并以此和其他的国民经济社会发展规划、城乡建设规划以及生态农业、生态园区的规划相衔接，从规划的角度进行总体设计和顶层设计。

第一，确立了“生态优先、绿色发展”的目标，这几年市委、市政府秉承“生态立市”的理念，确立了“外修生态、内修人文”的方略，生态文明建设的转型跨越发展走在湖北的前列，这是我们的奋斗目标。

第二，廓清了“生态优先、绿色发展”的思路，坚持生态引领、规划先行，把十堰作为一个全域生态区、全域景区和全域水源区进行总体设计和谋篇布局，提出了以体制机制创新为动力，以绿色发展为路径，把自然美与人文美、百姓富与生态美、经济发展与生态保护有机地结合，把十堰打造成为生态文明建设的中国标杆、全国示范的总体思路。

第三，明确了“生态优先、绿色发展”的举措。我们制定了生态文明工业经济、现代农业规划等。因为十堰是汽车城，出台了包括我们的新能源车规划等一系列重大决策。《山体保护条例》是立法权下发以后我们市制定的第一部地方性法规。

十堰正在向一个环境优美、要素富集、创新开放、宜居宜业的现代生态文明城市方向迈进，也从此走向了二次转型跨越的新征程。

王洲：

的确，十堰被誉为汽车城、东方底特律，对于这些工业为主的城市来讲，能够把环境保护方面做得很好，非常不容易。现在我们生态文明建设的规划有了，如何来落实呢？

傅继成：

规划有了，关键在落细落实。为了做好规划的实施，我们这几年采取了一系列措施。

第一，深化“绿满十堰”，全面加强生态文明建设。我们始终把绿色化作为推进经济社会发展的生命线，这个绿色化不仅仅是种树，关键是要用绿色生态的理念来引导地方的经济社会发展，这就是规划的引领。这几年来我们守住山头、管住斧头、护好源头，大力地推进全民全域植树造林。这几年我们对环境进行了综合整治，对裸露山体进行了治理，所以十堰的森林覆盖率现在已经达到了64.7%。十堰的林地面积、森林面积和活立木蓄积量这三项指标在湖北省排第一。绿色已成为十堰的基本色调、底色，绿色发展成为我们这个地方经济社会发展的主旋律。

第二，我们以“五城联创”为抓手来推进规划的实施。“五城联创”，目前我们已经成功创建国家卫生城市和国家森林城市，目前我们是湖北省唯一一个环保模范城市，正在创国家的环保模范城市。我们现在是湖北省连续七年的文明城市，全国文明城市我们已经实现了提名城市的两连贯。我们通过“五城联创”来推进整个生态文明建设。在农村，我们实行连片整治，这两年环保部非常支持我们的连片整治工作。准备用2015年、2016年、2017年三年的时间把所有的村进行综合整治。目前我们已完成80%，到2017年年底我们要实现农村连片整治的全覆盖。

第三，坚持低碳发展，积极推行清洁生产。十堰是个山区，水电资源非常丰富，我们现在的水电、天然气、太阳能的能源使用量超过了55%，在清洁能源的结构上进行了优化。其次是实行严格的土地、水资源的管控，单位GDP的地耗、水耗远远低于全国、全省的平均水平。近几年我们成功引进了北京的北排、碧水源，何女士的东方园林，深港公司，中广核等一大批环保企业，在污水垃圾处理、工业危废、废旧家电回收、报废汽车拆解、污泥利用等方面都进行了广泛的合作。可以说，现在十堰是我们全球污水治理技术及应用的富集地。

2015年11月13日，陈吉宁部长专程到十堰视察，刚才万总讲了，有“三个没想到”。

第一个，十堰市委、市政府主要领导对环保工作的重视程度如此之高没有想到。

第二个，十堰围绕南北水调特别是十堰库区移民50万人做出了巨大牺牲，失去了很多发展的机会成本。在移民上做出的巨大牺牲，在保水质上做出的巨大努力和巨大贡献，没想到。

第三个，十堰城区环境质量和城市整洁做得这么好，没想到。

习近平总书记说长江要搞大保护、不搞大开发，习总书记的号召成为我们抓生态文明建设的强大动力，谢谢大家！

王洲：

陈部长的三个没想到是对十堰生态文明建设方面所取得的成绩的充分肯定。刚才我们也看到十堰的城市形象宣传片，也从画面当中感受到了十堰的城市之美。说到城市之美，现在我们所处的海口也是一座美丽的海滨城市，而且它也是集聚南国的风情和美景。其实良好的生态环境已经成为了海口最大的本钱和优势，也是海口的核心竞争力之一。要做好生态文明建设，那么规划先行是非常重要的。再通过短片来了解一下这座美丽的城市——海口。

（视频）

海口市启动了“多规合一”改革，这方面走在全国前列。想请教一下倪市长，海口在生态文明建设方面的特色，来给大家分享一下！

倪强：

谢谢主持人！“多规合一”我估计这是这次大家比较关注的一个热点，2015年6月，习近平总书记主持召开了中央深化改革领导小组第13次会议，会议决定海南全省进行省域的“多规合一”，我们在全国是率先的。

海南省委、省政府把海南国际旅游岛作为一个大的城市、作为一盘棋来规划，划定生态保护红线、资源利用上限、环境质量底线，用问题和目标作为导向来规划整个全岛的“多规合一”。

我们主要的做法是：

第一，确保“一张蓝图画到底”。我们统筹生态、生产、生活空间，很多平时“打架”的规划，包括总体发展规划、国土规划、海洋生态规划、林地规划等，其实还不止，把好几类规划统到一张蓝图上。我们核心是把这张蓝图的发展目标、各项指标和坐标“三标”落在一张图上，这张图一旦落定了，所有相关各个部门的这张图就不能再变。

第二，“一张蓝图管到底”。我刚才说，海南全省规划的理念叫“日月同辉满天星”。“日”就是北部地区，就是我们的海口，属于“日”，以海口为主的海澄文（海口、澄迈和文昌）地区。南部三亚叫“月”，我们把三亚周边地区叫“月”，“同辉”就是除了海口和三亚之外的全海南岛的各个兄弟市县叫“满天星”。“日月同辉，我们海口是海南唯一大城市，西边是澄迈，东边是文昌，澄迈有一些港口、软件园、低碳制造，我们的东边文昌有航天卫星发射基地，还有一些旅游资源。在海南规定的12大产业里面，海口能做11大产业，这11大产业里面主要是医药制造、低碳制造、互联网、现代金融、现代物流、现代高效农业等。根据全省的“多规合一”，2020年海澄文所有的产值、指标要占全省的50%以上。三亚作为一个片区的规划，它的周边一个是乐东，一个是陵水，还有一个是保亭，它们同样以旅游业为主，到了2020年，它的旅游总产值要占全省的50%以上。其他市县“满天星”又叫“百千工程”，即100个城镇、1000个美丽村庄，也是建立在生态环保的基础之上的。“多规合一”最大的优点首先就是红线意识，首先把红线划定，在这个基础上再实行多规的“三标”。我们海口在海澄文一体化的基础上，实行产业布局、城镇空间、生态保护等六个一体化，整个北部片区一体化。第二在管理上要一体化，现在海口正在积极地申请国家新区，国务院和发改委已经在受理当中。我们要把这三个区域通过国家新区、“多规合一”，实现跨区域、能够突破行政区域和行政壁垒之间的相互的管理。第三个是机制创新。海口现在有一个在全国创新的——“公安+城管”，全市管理从行政处罚到刑事犯罪之间的管理无缝衔接，这也是我们在执行当中的一个创新。接下来我们还要更大范围的机制创新，我们要把环保、国土、旅游、工商、食药监再进行多部门的综合执法，这个方面也是“多规合一”给我们带来的一个体制机制创新的机会。

第三，“一张蓝图干到底”。我前面说叫画到底、管到底，第三个叫干到底，这三个都是在“多规合一”的创新下形成的。干到底，顾名思义怎么来保护？首先，人大立法“多规合一”，我们制定了海口总体规划的管理办法。其次，建立管理机制，我们是编、审、管、监四个分离的综合管理机制，这是我们的一个重要的手段和机制，要求蓝图定了不能再折腾，一届接着一届干，一任接着一任干，一干到底。

王洲：

海口市在坚守红线的前提下，一张蓝图落地、到位、到底，让“多规合一”改革不断走向深化。刚才我们三位市长也都提到了各个城市在生态文明规划建设方面的经验，还是想请教一下王院长，您听了他们的这些讲话之后有什么样的评价？

王毅：

我一个最深的体会是，实际上现在无论从规划、技术、管理方面，都是现成的，关键是能不能做到。这几个城市告诉我们是可以做到的。实际上你从国外的发展地区来看，比如东京地区，濑户内海周边都是重化工业，为什么人家能搞好我们搞不好呢？第一是可以做到的。

第二，确实有难点，难点在哪儿？其实我对于沿海地区并不担心，他们的能力已经提高了，意识、技术、资金、管理都可以，但是中西部存在一点问题，无论它的经济发展水平和管理能力各方面还是有差距的，这第一个难点。第二个难点，你的成本怎么去分摊，环保肯定意味着成本增加，成本增加意味着竞争力下降。成本怎么去考虑，在经济下行的情况下，这是一个要思考的问题。不同地区有不同的要求，比如说东部地区像惠州、海口有更高的要求，你将来的产品不能光考虑自己，循环经济怎么做，搞了那么多电池和车，将来报废的系统怎么弄。要发展，你要有绿色的价值链和供应链，这样就能把产业带起来。像十堰地区现在政府考虑做了很多牺牲，那国家是不是要给一定的补偿？还有，流域是不是能更好地考虑，除了丹江口整个库区外，所有的支流治理都要上一步，所以这个任务还是比较重的。另外丹江口是跨省的，湖北、河南这两个省应该怎么合作，不同的地区有不同的治理办法。更多地需要利用创新，利用中华民族的智慧想办法解决问题，这样才能更好地推进我们的绿色发展和生态文明建设，谢谢！

王洲：

对，不同的地区要有不同的治理方法。的确在治理方面有难度，但是不能找借口，我们要重新做一个成本的核算，必须要有绿色发展的观念。

接下来我们进入我们第三个话题，就是智慧科技——创新驱动 支撑生态建设。生态文明建设是始终要坚持创新的理念，创新就离不开智慧的思考，而且还要通过高科技反过来推进我们生态文明建设的向前发展，接下来我们通过有关惠州的短片了解一下。

（惠州短片播放）

请教一下麦市长，惠州如何在创新驱动发展方面体现生态与绿色两个关键词？

麦教猛：

惠州在推动发展过程中高度重视创新平台的搭建，搭建了绿色引擎跟蓝色引擎，我们刚才看到潼湖生态智慧区，就是我们所讲的“绿色引擎”。这里规划面积 128 平方千米，但是其中 55 平方千米就是做湿地公园，建筑面积仅剩 38 平方千米。省委书记看了之后要用潼湖生态智慧去打造成广东省创新发展基地，省长也说这里将是广东最大的亮点。定位上，我们以前说是惠州硅谷，现在省里明确定位为广东硅谷。生态力量是无穷的，形成了非常强烈的聚集力，就如刚才片子介绍的，我们把规划做出来之后效益马上出来了，包括思科、华大基因，比利时的微电子研究中心，大批研发机构大量涌入，将来我们在这个区域全部都是创新要素的高度聚集区，像美国硅谷一样这里将来是广东的硅谷。

王洲：

惠州大规划、大手笔也是大智慧，海口市在智慧生态方面也有自己的尝试，我们通过短片了解一下。

（海口短片播放）

内河治理一直是很多城市的老大难问题。海口是临海城市又有很多的内河。海口市在治理水体，包括治理内河方面都有什么经验？

倪强：

水体应该说也是一个比较长期、比较困扰的一个问题。这几年我们市里面下了决心，启动全市所有 31 个水体治理，主要三个做法。

第一个做法是吸引社会资本参与水治理，这个也是一个创新。我们采取一河一策，就是治理加上修复，采取控源截污、消除内源、河水畅流、生态修复、综河治理，包括海绵城市的理念，从源头上做一个总的思路。我们采取的创新办法就是 PPP，政府和社会资本，加上 EPC，加上我们的全程跟踪审计，再加上全程的专家监督，以及第三方验收这样的一个模式。

第二个做法是把九龙治水变成一龙治水。这是政府比较困扰的。治一条水体很多部门，我算了一下有十一二个部门，这个是市政管，那个是水务管，那个是农口管，那个环保管、园林管等。我们把九龙治水变成一龙治水，由一个部门牵头，我们叫作市政市容委牵头，这样确保了这项工作有一个主体责任也不交叉。

第三个做法是深入推进河长制。我们出台河长制的实施办法，成立领导小组，实行市区镇的三级的联控联防。我们跨区域由市长，就是我来当河长。再落实到片区的区长，一直落实到每一个镇。把我们市长、河长的电话全部向社会公布，接受社会监督，这个方面也是一个探索。

王洲：

海口市也是花大力气治理内河，包括水体，那么成效怎么样，接下来我们看一下海口的城市宣传片，了解一下海口这座宜居、宜业、宜学、宜游的美丽城市。

（海口宣传片）

大家有没有留意到，在宣传片最后一个画面当中有一行小字，海口是一个宜居、宜业、宜学、宜游的美丽城市，海口市政府能敢打出这样的一个城市宣传的口号，也能够体现海口市政府的底气跟自信，来过这边的人应该都能够认同这些，觉得真的是名副其实。

习近平总书记曾经指出只有实行最严格的制度最严密的法治才能为生态文明建设提供可靠的保障。建设生态文明是一场涉及生产方式、生活方式、思维方式，以及价值观念的革命性的变革，而这种变革需要制度和法律的保障，同样也需要全民的参与，接下来进入第四个环节，以人为本——全民动员，打造共治共享的生态圈，通过一个短片再了解一下。

（短片播放）

自 2015 年海口市开展“双创”工作以来，城市的市容市貌发生了巨大变化，短片当中提到海口的“双创”已经形成了一种模式、一种速度和精神，倪市长我想请教一下您觉得海口“双创”工作开展以来取得了哪些成绩，您感触最深的有哪些？

倪强：

十堰的傅市长讲了他们是五城联创，比我们力度更大，我们讲的“双创”就是全国文明城市跟国家卫生城市。应该说全国省会城市还没有拿到全国文明城市的还有九个，我们已经落后了。所以我们这一届的市委市政府在省委、省政府的坚强领导下，下大决心一定要把这个“双创”的牌子拿回来。就像刚才视频当中，刘云山讲，城市变化了，文明向上的精神提高了，社会发展的各项事业也快速增长了，我感觉有以下几点。

第一，我们整个城市的文明程度提高了。你到我们海口市来看，社会主义核心价值观就像空气一样的无处不在、无处不有，到处都在宣传。通过我们的创文活动之后，整个海口市的凡人善举、好人好事层出不穷、每天都有。我印象比较深的是 2015 年 12 月 31 日有一个跨年的演唱会，从晚上 8 点多到第二天凌晨的 0 点 30 分，万绿园五万人的露天晚会。晚会结束，五万人走了没有留一片垃圾，大家都把垃圾带走了。

第二，城市面貌变美了。三大改造和修复、六大专项整治、九大战役改造我们的城市，我们的环境质量有很大的提高，我们连续六年 74 个城市第一，靠守是守不住的，这个第一很难得。我们通过各项整治来打造，生活垃圾无害化处理 100%，在全国率先探索了全城的环卫一体化 PPP 模式，从源头治理到利用，是一个创新。近海水域、水源保护地水质达到了 100%。还有一条补民生短板，我们便民生活区 15 分钟就要到了，海口的农贸市场像超市一样，希望大家去看看。

第三，全民参与。人民日报给海口点了一个我们叫作志愿者之城。我们这个城市志愿者 25 万人，总人口 223 万人，志愿者占了 16%。特别是这次台风来了之后，全城出动，14 级台风来了之后第二天正常生活生产，就像台风没有来过一样。2015 年全国“创文”省会点评当中我们拿了第二。“创卫”2016 年通过了暗访，也是成绩名列前茅。这次通过暗访群众市民对于我们的政府的满意率达到了历史上的最高——98.7%。

王洲：

海口市在“双创”工作方面初见成效，而且对于全面胜利充满了信心。今天我们的主宾城市是惠州，并且 2017 年中国生态文明论坛的举办地也是惠州。惠州有一句城市宣传语：惠州惠州惠民之州。这个怎么样解读呢，我们通过短片了解一下。

（短片播放）

惠州有包括历史文化名城在内的诸多国字号的称谓跟美誉，惠民之州给市民最实惠的生活环境、最宜居的生存环境。刚刚结束不久的惠州市第十一届党代会中最火热的话题就是报告当中提到的努力建设成为绿色化、现代山水城市的城市发展定位，您对这样的城市发展目标是如何来解读的？

麦教猛：

感谢给我这样的一个机会，也感谢研促会让惠州成为明年论坛的举办单位。我们在谋划发展定位时考虑更多的是惠州人民想要一个怎么样的城市，什么样的城市定位能够最大限度地激发全民共建共享的动力和活力。群众过去要温饱现在要环保，过去要生活现在要生态。站在新的历史起点上，我们尊重规律、注重特色、发挥优势，提出了努力把惠州建设成为绿色化、现代山水城市。这既贯彻了总书记的“两山”理论，也非常切合惠州人民的期盼，最终目的是把惠州建设成为依山伴湖与拥江抱海浑然天成、都市繁华与田园风光交相辉映、“绿水青山”与“金山银山”互融共赢的绿色化的现代山水城市。

围绕这个定位，我们还提出了五大任务，包括打造更具创新特制的智造高地，更具综合竞争力的区域枢纽，更具绿色现代化内涵的生态丽市，更具现代化气质的文化名城，更具幸福感认同感的惠民之州，共同形成“1+5”的城市发展目标。

时间关系我不展开了，这个其中的绿色化确定了对未来发展的路径选择，绿色化并非仅仅是一个环保意义上的概念，而是涵盖了包括生产方式、生活方式、价值取向等的方方面面。生产方式里面的科技含量要高、资源消耗要低、环境污染要少，生活方式里面的勤俭节约、绿色低碳、文明健康，价值取向里面的崇尚生态文明等。现代体现了我们对于未来发展的持续要求，我们依然要坚持发展第一要务，发展要以质量和效益为中心，在发展中保护，在保护中发展。同时要适应未来城市发展的趋势，注重应用现代科技注入现代元素，使城乡交通更加畅顺，产业体系更加完善，居民生活更加时尚。

山水城市反映了我们惠州城市的自然特征跟城市的形态，正如大家看到的，惠州本来拥有得天独厚的自然禀赋和生态资源，山水城市的定位是促进人造景观与自然景观的深度融合，人与自然的和谐共生。

所以建设绿色化、现代化山水城市是对惠民之州传承和发展，是对“绿水青山就是金山银山”发展理念的生动实践，顺应了人民群众对更美好生活的向往，不仅是对当下的民生负责，也是对历史和子孙后代负责。谢谢！

王洲：

今天在场的诸位嘉宾当中有一位是东方园林的董事长何巧女女士。我们知道一个有社会责任感的企业要懂得如何取之社会、回馈社会，而何女士所在的东方园林的确做了很多公益方面的项目，您认为生态文明建设当中全民共同参与这一点您是如何理解的？

何巧女：

我想先讲一句今天的感受，因为一直听三位市长以及万总工和王毅院长的讲话，我觉得有一点特别的感动。我们看到了激情澎湃的污染治理和生态修复的历史进程，我们几乎已经看到未来已经来到了，我们可以相信中国的所有城市都会迈入这样的进程里面。只是我们看到的三个市长，是这个进程当中跑得最快的榜样，所以我觉得挺感动的。另外大家知道这样的一个进程当中，东方园林也是把这件事情当做使命的一个重要的参与者，我们主要做了三件事情。

第一件事情就是河流的综合治理。我们让两百座城市和两百条河流水系清澈而美丽，我们帮助市长解决九龙治水的问题，我们既做水又做污染还做河流边上的公园，我们要让他变得清澈美丽。

第二，东方园林的理想是每位市长都谈到的生态旅游。大家知道一个生态城市建设起来之后，最想引进的一个产业就是生态旅游。也是这么多年在市长们的感召下，东方园林开始了生态旅游投资开发这样一个战略部署。我们的一个理想是要守护最美的风景，创造休闲运动新生活，我们要在非常好的生态的美景里面嵌进去休闲、运动的项目让它变成一个产业。

我们的目标是建60个全域旅游，我们现在在腾冲、凤凰古城、杭州的临安、北京的顺义这些地方签了协议发展生态旅游。

还有一个，大家看到了我们每个城市都在划生态红线，划了生态红线之后就会出来很多的自然保护地，我们的巧女公益基金会就是推动自然生态保护地。巧女公益基金会的理想就是保护地球保护大自然，我们的目标是在未来几年实现100块自然保护地，希望保护面积超过一万平方千米。巧女基金会自己投入50亿元。我们还是希望用会员的方式再募集一部分钱，汇集200多亿元，保护100块自然保护地。美国四大著名保护地的保护面积超过美国国土面积的20%，在国外很多保护地也是公益基金会在运作，也不是政府投钱在做。虽然我们东寨港做起来了，但是后面还有很多的地方需要持续保护的。我们巧女基金会愿意来海南再做一个红树林的保护地。

我们的三个理想，不管让两百条河流清澈而美丽，还是60个全域旅游运动休闲新生活，还是保护100块大自然保护地，我相信这同时也是在座的我们每个人的理想，也是我们每一位市长的理想。我们需要市长们跟我们这些实践者们，还有在座的每一个关心生态环保的人，团结起来，共同参与才能实现我们生态文明的伟大梦想。

王洲：

谢谢何女士在企业发展的同时也在为社会贡献自己的一份力量。活动开始之前，我们这次对话活动搭建了一个微博互动的平台，希望大家踊跃参与来向嘉宾提问。刚才中间茶歇的时候工作人员给我提供了现场的朋友提出的几个问题，因为时间的关系我就选择一个问题来进行提问。一位来自福州的朋友，他说福建是全国森林覆盖率最高的省份，在生态发展方面有得天独厚的优势，福州作为福建的省会城市，请问在推动生态发展什么举措？据我了解今天有来自福州的领导，来做一个解答。

福州：

我是来自福建省福州市人民政府的副秘书长林强，我想福州的生态是非常优美的，福建正在实现党中央、国务院赋予的生态文明实验区的建设任务。福州市在全面对接各项生态文明建设举措之外，我想有几点可以在这里跟大家分享。第一个，福州市这两年开始注重创造新的生态产品。我们 2015 年开始进行森林赎买，将重要区位的商品林赎买，发展林下经济森林旅游还有森林的康养。第二个，我们实行了水权交易、排污权交易和碳汇交易。第三个，我们成立了自然资产登记交易中心，将自然资产资源作为政府的表外资产为筹措资金实现发展。

保护生态能够让生态产品成为有价值的东西，能够实现总书记说的“绿水青山就是金山银山”。谢谢！

王洲：

感谢林秘书长。现在已经进入今天市长热点对话的尾声，相信在座的各位收获也是满满当当。这里援引习近平总书记反复强调的一句话，“我们要向对待生命一样对待生态环境”。面对这个课题我们要不断地去探索，不断的去创新而且要付出更多的努力。

让我们共同肩负起历史赋予我们的责任，努力建设美丽中国，努力实现中华民族伟大复兴和持续发展，我们坚信明天会更好，今天市长热点对话到这里结束了，感谢各位嘉宾也感谢现场的朋友们。

十三、海口倡议

生态文明·海口倡议

隆冬时节，我们齐聚在绿意盎然、生机勃勃的美丽海口，围绕“生态文明·共治共享——谱写美丽中国新篇章”的主题，深入学习贯彻习近平总书记前不久对生态文明建设作出的重要指示和党中央、国务院关于生态文明建设的重大决策部署与周密制度安排，从“五位一体”总体布局和“四个全面”战略布局的高度，认真研讨推进生态文明建设与绿色发展的重大问题，交融智慧，分享经验，形成共识，取得丰硕成果。

我们看到，党的十八大以来，习近平总书记高瞻远瞩地提出了一系列新思想、新论断和新要求，“绿水青山就是金山银山”“要像保护眼睛一样保护生态环境，像对待生命一样对待生态环境”等理念深入人心。全国上下对生态文明建设认识高度、实践深度、工作力度前所未有，加快生态文明建设和生态文明体制改革，大力推动绿色发展，从严落实领导干部生态环境保护责任，社会各界广泛参与，生态文明建设取得了重大进展和积极成效。

同时，我们也要看到，我国生态文明建设水平仍滞后于经济社会发展，环境形势依然严峻。“十三五”期间，经济社会发展不平衡、不协调、不可持续的问题仍然突出，多阶段、多领域、多类型生态环境问题交织，生态环境与人民群众需求和期待差距较大。改善生态环境，提高生态文明建设水平，是当前和今后一个时期的重大任务。

破解难题，补齐短板，路在何方？

我们认为：

提高生态文明建设水平，要以供给侧结构性改革为主线，坚持把生态文明建设放在更加突出的位置，加快推动绿色、循环、低碳发展，形成节约资源、保护环境的生产生活方式。要牢固树立底线思维、系统思维和人本思维，严守生态保护红线，增强生态产品生产能力，坚持法治和德治并重，走生态文明共治共享的绿色发展新路。

我们倡议：

共治共享，首要的是解决好损害群众健康和可持续发展的突出环境问题。要着力推进污染防治和自然生态保护，切实抓好大气、水、土壤等重点领域污染治理。要大力推进绿色城镇化和美丽乡村建设，以创造优良人居环境为目标，让人民群众拥有更多的获得感、归属感和幸福感。

共治共享，要深化生态文明体制改革。要把生态文明制度的“四梁八柱”建立起来，用制度保护生态环境。要积极建设绿色市场体系、发展绿色金融，推进绿色转型。要构建充分反映资源消耗、环境损害和生态效益的生态文明绩效评价考核和责任追究制度，着力解决发展绩效评价不全面、责任落实不到位、损害责任追究缺失等问题。

共治共享，要凝聚共识形成合力。要倡导全社会共同行动，坚持政府主导、企业主体、多方参与、全民行动的基本工作格局，依靠全社会的共同努力，促进生态环境质量不断改善，加快建设生态文明的现代化中国。

海南坚持生态立省，充分发挥自身优势，转化和升级生态价值，实现和扩大生态红利；推动陆海统筹，主动融入国家“一带一路”和南海生态保护战略，构建陆地文明与海洋文明相容并济的发展格局；一张蓝图抓到底，促进了人与自然、经济与社会、城镇与农村的协调发展。

“十三五”是全面建成小康社会的决战决胜期，也是全面推进生态文明建设的重要历史机遇期。我们要紧密团结在以习近平同志为核心的党中央周围，开拓创新，务求实效，努力当好生态文明建设的引领者、推动者和实践者，以优异的成绩迎接党的十九大胜利召开。